液压气动经典图书元件系列

液压多路阀原理及应用实例

吴晓明　编著

机 械 工 业 出 版 社

本书系燕山大学吴晓明教授总结多年的教学与科研实践经验，从工程应用出发，编著的一本多路阀技术书籍。其主要内容包括：液压基础知识；多路阀技术基础；多路阀的结构组成；常用多路阀控制回路；典型多路阀的结构和工作原理；多路阀的维护、保养和故障排除；多路阀在液压挖掘机上的应用。

本书适合液压专业的科研人员，设计、制造调试和使用维护部门的工程技术人员，工程机械现场工作人员，大专院校有关专业师生使用。

图书在版编目（CIP）数据

液压多路阀原理及应用实例/吴晓明编著．—北京：机械工业出版社，2022.2（2024.1重印）

ISBN 978-7-111-69871-5

Ⅰ.①液…　Ⅱ.①吴…　Ⅲ.①液压控制阀　Ⅳ.①TH137.52

中国版本图书馆CIP数据核字（2021）第260130号

机械工业出版社（北京市百万庄大街22号　邮政编码100037）
策划编辑：张秀恩　　　　　责任编辑：张秀恩　刘本明
责任校对：陈　越　刘雅娜　封面设计：马精明
责任印制：邓　博
北京盛通数码印刷有限公司印刷
2024年1月第1版第3次印刷
169mm×239mm · 22.25印张 · 432千字
标准书号：ISBN 978-7-111-69871-5
定价：89.00元

电话服务　　　　　　　　　网络服务
客服电话：010-88361066　　机　工　官　网：www.cmpbook.com
010-88379833　　机　工　官　博：weibo.com/cmp1952
010-68326294　　金　书　网：www.golden-book.com
封底无防伪标均为盗版　　机工教育服务网：www.cmpedu.com

前　言

多路阀（即多路换向阀）是用于控制多负载（多用户）的一组方向控制阀，它是以两个以上的换向阀为主体，多联组成，外加功能阀（限压阀、限速阀、补油阀、单向阀等）组成的控制阀组。该阀具有阀体结构集成度高、通用性好、油路连接行程短、流道阻力损失小及速度响应灵敏等特点，被广泛应用于工程机械领域。

随着科学技术的进步，多路阀的结构和控制方法发生了很大的变化，一些新技术，例如正、负流量控制，压力补偿（阀前补偿、阀后补偿），负载敏感等已经广泛应用于多路阀液压系统中，这些技术的应用大大提高了工程机械的行驶性、作业性、安全性、舒适性和经济性。

近年来，随着我国工程机械行业的迅速发展，人们对工程机械性能的要求也越来越高。同时一些企业为了提升行业的竞争力，对工程机械的作业性能以及能源利用率等提出了更高的要求，这就使得传统的多路阀在技术性能上相形见绌，无法满足用户的需要。而且，目前决定工程机械性能的主要产品之一的多路阀却主要依赖进口，国内生产的多路阀产品大多结构简单，因此对国内的企业和研究机构来讲，急需加大对多路阀的设计研发力度，开发有自主知识产权的多路阀产品。

遗憾的是，国内高校的液压专业并不讲授多路阀的知识，以往的一些教科书、液压手册当中专门介绍多路阀的内容要么较少，要么不系统，这给从事液压专业的广大技术研发人员带来诸多不便。由于我国的技术人员不了解多路阀的结构组成和工作原理，因此也很难做到正确使用和现场维护，同时也影响了新产品的研发。

为了适应当今多路阀技术的发展变化，并满足各类读者特别是从事液压技术工作的读者需要，提高科研技术人员使用和维护多路阀的水平，促进国内多路阀液压技术的普及和提高，作者在总结多年从事液压技术教学、科研经验的基础上，广泛收集了国内外有关多路阀方面的资料，历时三载，编写了《液压多路阀原理及应用实例》一书，

其目的是希望能对从事工程机械的科技人员了解多路阀有所帮助，也希望本书能像作者编写的《液压变量泵（马达）变量调节原理与应用》一书一样通俗易懂，以提升工程机械领域广大液压技术人员的技术水平。

本书旨在为对生产、维修和开发多路阀和行走机械液压系统方面感兴趣的读者提供原理性和系统应用方面的基本知识，全书以液压基础知识、多路阀技术基础、元件、回路、典型结构和工作原理、维护保养故障排除和应用作为内容的结构主线，对多路阀的液压技术进行了系统的阐述。本书适合液压专业的科研人员，设计、制造调试和使用维护部门的工程技术人员，工程机械现场工作人员，大专院校有关专业师生使用。

本书侧重从工程应用角度出发，介绍了几种典型多路阀的基本类型和技术性能，多路阀的结构组成，压力补偿和负载敏感技术，常用多路阀控制回路以及多路阀的拆装、调试、试验等方面的内容。

在本书完稿之际，作者感谢燕山大学机电控制工程系同仁们所给予的意见建议和大力支持。

在本书的编写过程中，引用了 Rexroth、Parker、Danfoss、Linde、Kawasaki、Hawe、Hydac、Eaton-Vickers 等公司产品样本、培训教程的一些内容，在此一并感谢。

由于时间和条件限制，再加上作者水平有限，书稿虽几经修改，难免还有疏漏和错误之处，请读者指正。

作者于秦皇岛渤海海滨燕山大学

2022 年 3 月 5 日

目　录

第1章　液压基础知识

1.1　液压传动技术的理论基础

1.1.1　流体传动与控制（液压与气动）的定义

在密闭的回路（或系统）中，以受压流体为工作介质，进行能量转换、传递、控制和分配的技术，简称“液压与气动”。

液压传动技术（Hydraulics）——以液体为工作介质的流体传动与控制技术，简称“液压传动”。

在液压传动中，能量通过管路系统以压力液流的形式被控制和传递到液压执行元件上进行做功。液体可看成是不可压缩的，可将封闭的受压液体看成刚体，封闭的受压液柱像固体一样，可对力、运动以及功率进行传递。

气动技术（Pneumatics）——以压缩空气为工作介质的流体传动与控制技术，简称“气动”。

液力传动技术（Hydrodynamics）——利用液体压力势能和动能的流体传动与控制技术，简称“液力传动”。

1.1.2　液压传动的优缺点

1. 优点

- 结构紧凑，功率-质量比大。输出功率大而质量小且安装尺寸小，如图1-1所示。
- 动力能轻易地通过管道进行传输，传递距离较长。
- 元件安装灵活，可按实际需要选择最恰当的位置。
- 生产率高，操作人员可利用手柄、脚踏板等先导控制元件，以遥控的方式轻松自在地同时控制多个功能。

液压马达：
- 排量5mL/r(0.30 cu in/r)
- 连续工作转速8500r/min
- 连续功率13kW(17.5hp)
- 最小长度134mm(5.28in)
- 质量5kg(11lb)

电动机：
- 转速2900r/min
- 功率11kW(15hp)
- 最小长度320mm(12.6in)
- 质量65kg(145lb)

图1-1　功率相当的液压马达和电动机的比较

- 易于实现自动化，能与现代电气和计算机控制技术紧密结合，对大功率的传动系统进行控制。
- 易于实现过载保护，并不会损坏液压元件和系统。

2. 缺点

- 噪声大。
- 外部泄漏会造成环境污染，即使是少量的矿物油漏泄，也会毁坏大片的地表水。不过现在已越来越普遍地使用可生物降解的液压油液。
- 易受污染，液压工作介质中的污染物质会导致介质变质、元件磨损、系统性能恶化。
- 对环境温度较敏感，温度过高或过低均会影响甚至破坏元件的可靠性和系统的性能。
- 液压油液中的气体会破坏系统的刚性，引起气穴，导致液压泵和其他液压元件的损坏。

1.1.3 力学基本定律（牛顿第一、二定律）

（1）牛顿第一定律（静力平衡公式） 如果一个物体所受的所有作用力的合力为零,则该物体将保持其原来的运动状态。换言之，如果一个物体处于平衡状态，则其所受全部作用力的合力为零。

$$\Sigma \boldsymbol{F} = 0 \quad \begin{matrix} \Sigma F_X = 0 \\ \Sigma F_Y = 0 \\ \Sigma F_Z = 0 \end{matrix} \tag{1-1}$$

（2）牛顿第二定律（动力学公式） 牛顿第二定律的常见表述是，物体加速度的大小跟作用力 F 成正比，跟物体的质量 m 成反比，且与物体质量的倒数成正比；加速度的方向跟作用力的方向相同。动力学公式为

$$\Sigma F = m\frac{\mathrm{d}v}{\mathrm{d}t} \tag{1-2}$$

1.1.4 帕斯卡原理

在密闭容器内的平衡液体中，任意一点的压力如有变化，施加在静止均质流体边界上的压力，只要不破坏流体的平衡，该压力变化值将传递给液体中的所有各点，且其值不变。处于密闭容器内的液体对施加于它表面的压力向各个方向等值传递。

速度的传递按“容积变化相等”的原则。液体的压力由外负载建立，认为泵一出油就有压力是错误的。

压力及力的传递（图 1-2）：

$$F_2 = pA_2 > F_1 \tag{1-3}$$

F_1与F_2做的功相等。

图1-2说明了静压原理，由其可导出以下的方程式

$$p = \frac{F_1}{A_1} = \frac{F_2}{A_2} \tag{1-4}$$

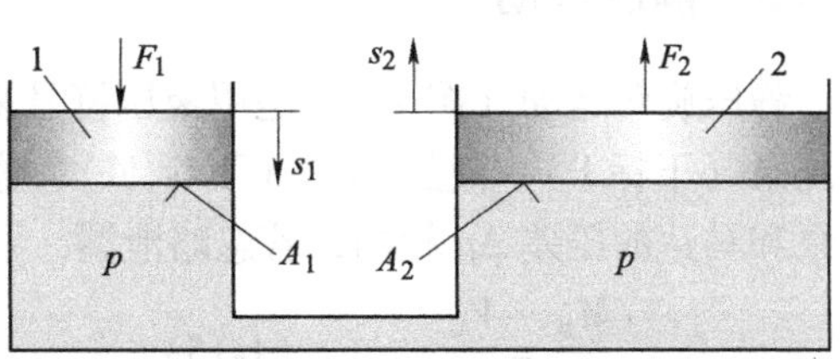

图1-2　压力及力的传递

随着活塞1移动距离s_1，产生的体积

$$V_1 = s_1 A_1 \tag{1-5}$$

接着活塞2会产生位移s_2，释放产生的体积

$$V_2 = s_2 A_2 \tag{1-6}$$

若是理想的流体，油液是不可压缩、无黏性、无质量的，系统无泄漏损失发生，则V_2等于V_1

$$V_2 = V_1 \text{ 和 } s_1 A_1 = s_2 A_2$$

$$\frac{s_1}{s_2} = \frac{A_2}{A_1} \tag{1-7}$$

式（1-7）表示了活塞1和活塞2的位移关系，因为位移s_1和位移s_2是在相同的条件下相同的时间内走过的距离，那么活塞1和活塞2的速度关系是

$$\frac{\dot{s}_1}{\dot{s}_2} = \frac{A_2}{A_1} \tag{1-8}$$

因此，静压传动流量连续性定律为

$$\dot{s}_1 A_1 = \dot{s}_2 A_2 = q \tag{1-9}$$

活塞所做的功

$$W = F_1 s_1 = F_2 s_2 \tag{1-10}$$

$$\frac{s_1}{s_2} = \frac{F_2}{F_1} \tag{1-11}$$

式（1-11）被称之为液压杠杆定律。

式（1-7）和式（1-11）产生了静压力之间的联系

$$\frac{F_2}{F_1} = \frac{s_1}{s_2} \tag{1-12}$$

功率P被定义为单位时间里所做的功，由整个时间内对所做的功W进行微分得到

$$P = \frac{\mathrm{d}W}{\mathrm{d}t} = F\dot{s} \tag{1-13}$$

由于$F=Ap$，$\dot{s} = q/A$，所以功率的公式为

$$P = pq \tag{1-14}$$

1.1.5 静压传动

静压旋转运动（图 1-3）是用液压符号来表示的理想的静压传动系统，它由液压泵（下标 P）、液压马达（下标 M）、连接管路和液压油箱构成。由于作用于泵和马达的压差 Δp 相同，若忽略泄漏，泵与马达的转矩比为

$$\frac{M_M}{M_p} = \frac{V_M}{V_p} \tag{1-15}$$

式中 V_p、V_M——泵与马达的排量；

M_p、M_M——泵与马达输出转矩。

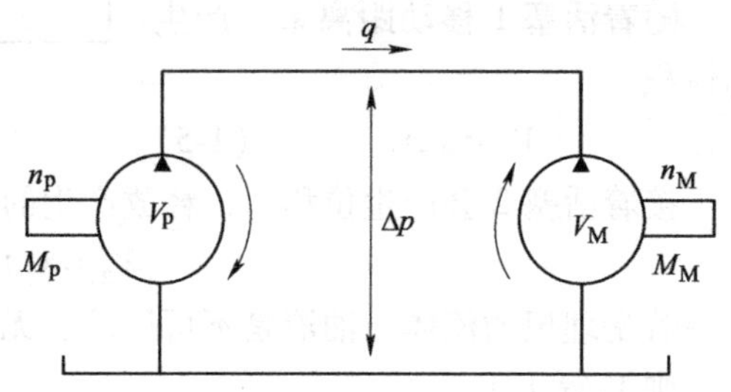

图 1-3 理想的静压传动系统

在无泄漏的场合，泵输出的液压功率等于驱动泵的机械功率，即

$$P_p = M_p\omega_p = q_p\Delta p$$

因为泵输出的流量等于马达入口的流量，所以有

$$q_p = q_M$$

或者

$$V_p n_p = V_M n_M$$

因此，无泄漏静压传动转速之间的关系为

$$\frac{n_M}{n_p} = \frac{V_p}{V_M} \tag{1-16}$$

类似原理

$$P_M = M_M\omega_M = q_M\Delta p$$

理想静压传动系统的效率定义为

$$\eta = \frac{P_M}{P_p} = 1 \tag{1-17}$$

1.1.6 流体动力学质量守恒定律

流入一个特定体积的质量减去流出该体积的质量等于在这个体积中流体质量的积累用数学表达式描述的质量连续性方程为

$$\int_A \rho v_n \mathrm{d}A + \frac{\mathrm{d}}{\mathrm{d}t}\int_V \rho \mathrm{d}V = 0 \tag{1-18}$$

法向速度 v_n（也就是垂直于控制体积表面积 A 的速度）与密度 ρ 的乘积在控制体积为 V 的面积 A 上积分，与控制体积 V 的质量与密度的乘积随时间变化的积分，相加的结果等于零。

下面举一例说明连续性方程的应用，考察一个无油箱的通过管道的稳态流动，如图 1-4 所示。

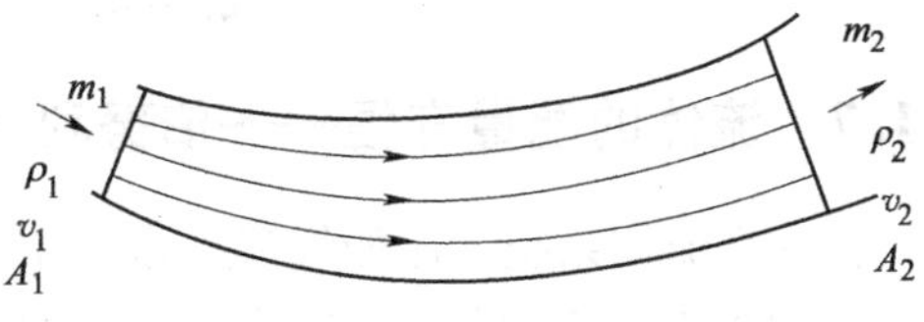

图 1-4　通过一个管道的稳态流动

这里流入的质量

$$m_1 = \rho_1 q_1 = v_1 A_1 \rho$$

等于流出的质量

$$m_2 = \rho_2 q_2 = v_2 A_2 \rho$$

假如流体的密度是相等的，得到

$$v_1 A_1 = v_2 A_2 \tag{1-19}$$

如此，得到了静压传动连续性方程。

进一步讲，当一个不稳定的流动经过一个液体的油箱时，如图 1-5 所示，液位 l 是瞬态变化的，假如液位随着 dl/dt 升高，油箱中的质量也随之增加，即

$$m = \rho A \frac{\mathrm{d}l}{\mathrm{d}t}$$

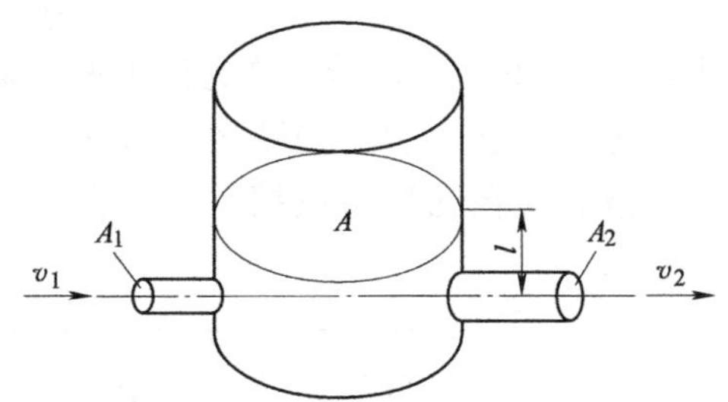

图 1-5　通过一个油箱的不稳定流动

流出的质量流量因此小于流入的流量，由此得到

$$\rho v_1 A_1 - \rho v_2 A_2 = \rho A \frac{\mathrm{d}l}{\mathrm{d}t}$$

对于常值密度 ρ

$$v_1 A_1 - v_2 A_2 = A \frac{\mathrm{d}l}{\mathrm{d}t} \tag{1-20}$$

在管路中，因为液体被看成是不可压缩的，在封闭的容积中既不能吸收流量，也不会生成流量，因此，串联管道中流量处处相同，即

$$q_1 = q_2 \text{ 或 } A_1 v_1 = A_2 v_2$$

对于液压系统的一个部分，其输入流量之和等于输出流量之和，如图 1-6 所示。

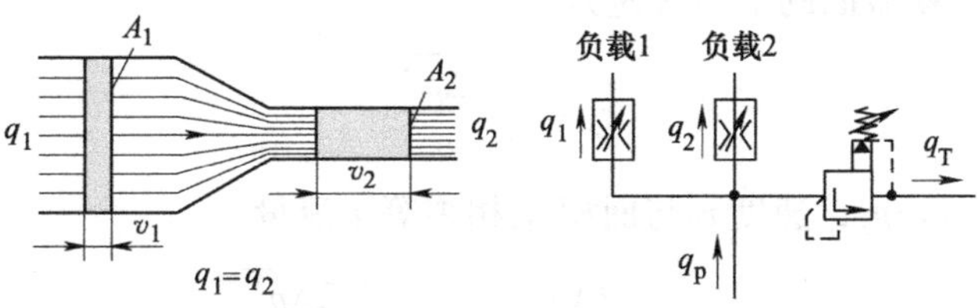

图 1-6　通过管道的流量连续性

$$q_p = q_1 + q_2 + q_T \tag{1-21}$$

1.1.7 流体的能量守恒——伯努利（Bernoulli）方程

在一个流体系统，比如气流、水流中，流速越快，流体产生的压力就越小，这就是“伯努利定理”。由不可压缩、理想流体沿流管作定常流动时的伯努利定理可知，流动速度增加，流体的静压将减小；反之，流动速度减小，流体的静压将增加。但是流体的静压和动压之和，称为总压始终保持不变。由于它是有限关系式，常用它来代替运动微分方程，因此在流体力学的理论研究中也有重要意义。假设流体是不可压缩的，并且忽略泄漏，伯努利方程可用下式表示：

$$z_1 + \frac{v^2}{2g} + \frac{p}{\rho g} = \text{constant} \tag{1-22}$$

式中，z、$v^2/2g$、$p/\rho g$ 分别称为位压头、动压头和静压头。

伯努利方程广泛用于黏度被忽略的应用场合。图 1-7 所示为通过孔口的稳态流动，该流动在孔口后收缩，并且在位置 3 处具有最小的横截面，这一点很重要。

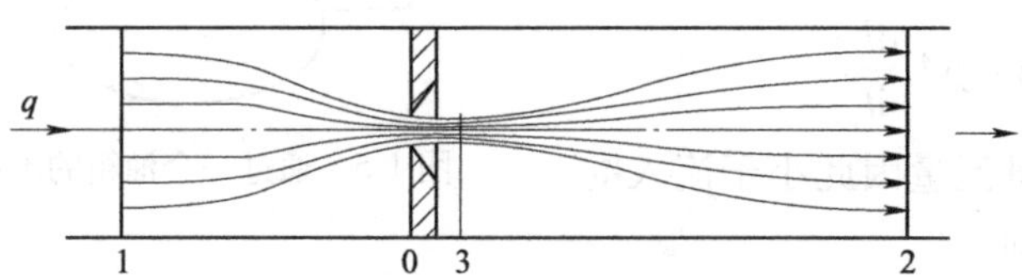

图 1-7　通过孔口的稳态流动

在此条件下流体横截面的面积

$$A_3 \ll A_1$$

因此，位置 1 的速度与位置 3 的速度相比也是非常小的

$$v_1 \ll v_3$$

在位置 1 和位置 3，伯努利方程被简化为

$$p_1 = p_3 + \frac{\rho v^2}{2} \tag{1-23}$$

因而在最小横截面的平均流速为

$$v_3 = \sqrt{\frac{2\Delta p^*}{\rho}} \tag{1-24}$$

其中 $\Delta p^* = p_1 - p_3$，速度 v_3 与面积 A_3 相乘等于流量

$$q = A_3\sqrt{\frac{2\Delta p^*}{\rho}} = \alpha_k A_0\sqrt{\frac{2\Delta p^*}{\rho}} \tag{1-25}$$

收缩系数 α_k 描述了孔口下游喷射收缩，得到

$$A_3 = \alpha_k A_0 \tag{1-26}$$

该系数通常由实验来确定，取决于开口的几何尺寸，对于锐边孔口，其取值在 0.60~0.64 之间。

实际上，以上导出的关系在许多时候并不是最常用的，因为在流动阻力存在时会产生摩擦损失，假如要测量图 1-6 中喷口后的位置 2 流体全部充满了整个横截面处的压力，将观察到在位置 3 压力能转换为速度能不可能被完全恢复，因此，更有意义的是考虑这些摩擦损失，并且说明在横截面受限情况下的流动

$$q = \alpha_D A_0 \sqrt{\frac{2\Delta p}{\rho}} \tag{1-27}$$

式中　α_D——流量系数；

Δp——很容易测量的 Δp 作为压差。

$$\Delta p = p_1 - p_2 \tag{1-28}$$

在阻力流动期间发生的所有损失都记录在流量系数 α_D 中，这些损失归属于摩擦并在能量平衡中作为流体的热能再一次出现。

1.2　几个基本概念

1.2.1　油液的体积弹性模量

一个充满油液的液压缸如图 1-8 所示，移动活塞可以改变液体的容积，通过用活塞使原始压力 p_0 增加一个 Δp 的增量，原始体积 $V_0 = Al_0$ 则被减少了一个 ΔV_{Fl}，因为压力流体是可压缩的，考虑到由于压力增大时体积减小，因此式（1-29）右边需加一负号，以使压缩系数为正，因此有：

$$\Delta V_{Fl} = A\Delta l = -V_0 \frac{\Delta p}{\beta_e} \tag{1-29}$$

有效体积弹性模量 β_e（Pa）可用下式表示：

$$\beta_e = -V_0 \frac{\partial p}{\partial V} \tag{1-30}$$

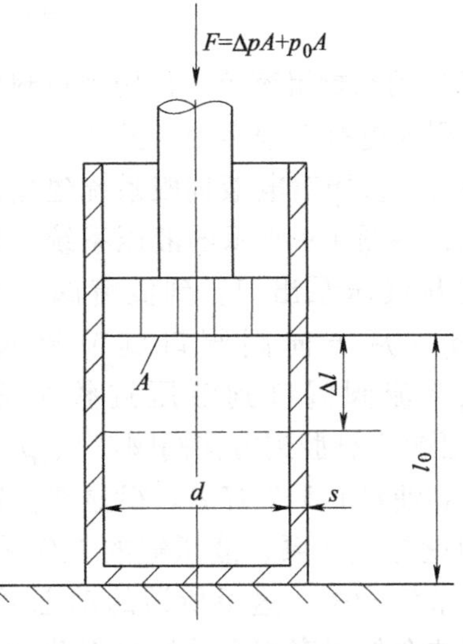

图 1-8　液体容积的可压缩性

对式（1-29）微分可得到压缩性流体的流量 q_k，其正比于压力变化率 $\dot{p}$

$$q_k = \frac{dV_{Fl}}{dt} = \frac{V_0}{\beta_e}\dot{p} \tag{1-31}$$

有效体积弹性模量β_e不是一个常数，其取决于各种变参数，如压力、温度和未溶解在压力油中空气的含量。此外，容器壁的弹性也影响体积弹性模量。为了确定该模量，常用考虑所有这些影响的等效体积弹性模量计算。

β_e在通常的温度和压力范围内可以被近似认为是常量，对于基于矿物油的压力流体，它等于

$$\beta_e \approx 1.6 \times 10^9 \text{Pa} = 1600\text{MPa}$$

假如未溶解的空气存在于压力流体中，其对可压缩性会产生严重的影响。空气的溶解过程取决于气泡的尺寸和对其作用的时间。因此液压系统的等效体积弹性模量，假如计算难以确切地确定 β_e 值时，应该通过实验的方法来精确确定该值。

1.2.2 动态封闭容腔和动态封闭容腔压力

（1）稳态封闭容腔　若只考察体积变化引起的稳态压力变化，没有考虑时间的因素，那么这就是一种稳态的考虑。也就是说，在稳态的封闭容腔中，压力的变化与有效体积弹性模量β_e和封闭容腔 V_0体积的减小量 ΔV_{Fl}成正比，而与封闭容腔的总体积 V_0成反比。这里把容腔 V_0称为稳态封闭容腔。

由式（1-29），可以得到稳态封闭容腔的压差变化基本公式：

$$\Delta p = \frac{\beta_e \Delta V_{Fl}}{V_0} \tag{1-32}$$

（2）动态封闭容腔　借用稳态封闭容腔的概念，引入更有工程实用意义的动态封闭容腔这一概念。参照对电液伺服系统建立系统模型的办法，将图 1-9 所示的液压系统，划分为对应 p_1（从液压泵出口，到溢流阀、方向阀阀口）、p_2（从方向阀阀口到节流阀阀口）、p_3（从节流阀阀口到液压缸整个无杆腔）、p_4（液压缸有杆腔到方向阀阀口）、p_5（从方向阀阀口到油箱）5 个容腔。很显然，这些容腔的界面就是液压泵、液压缸的工作腔、管壁、阀口、节流阀等。这里所谓的动态封闭容腔，就是指这个封闭容腔不是静止不动的，在考察的时间段 ΔT 中，既有流量流入，也有流量流出。

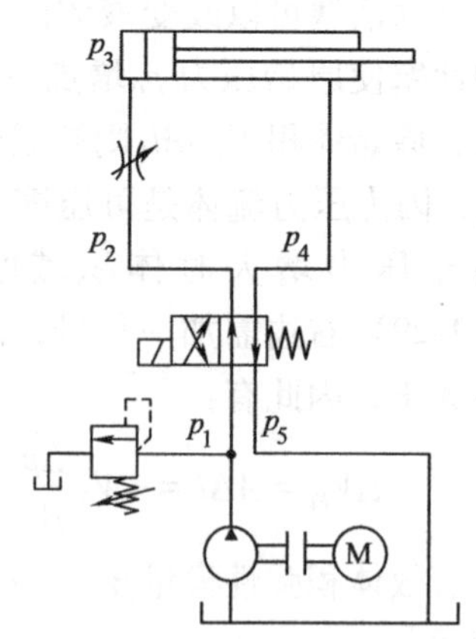

图 1-9　液压系统压力区的划分

参照对液压系统建立动态数学模型的办法，可以写出各动态封闭容腔流量连

续性方程的通用表达式，经整理得到动态封闭容腔压力变化的基本公式：

$$\Delta p = \frac{\beta_e \Delta q}{V_t}\Delta T \tag{1-33}$$

式中　Δp——在时间间隔为 ΔT 时，动态封闭容腔压力的变化值；

Δq——在时间间隔为 ΔT 时，流入与流出动态封闭容腔的流量之差；

V_t——动态封闭容腔的总容积；

β_e——容腔有效体积弹性模量。

式（1-33）表明：

1）动态封闭容腔压力的变化与流进、流出容腔的流量之差成正比，也就是说流进流量多于流出流量时，容腔压力升高；反之亦然。在使用时，关键是分清哪个流量是流进的，哪个流量是流出的。

2）动态封闭容腔压力的变化与容腔的总容积成反比。同样的进出口流量变化时，容腔总容积越大，压力变化越小。

3）有效体积弹性模量的影响是显然的，要留意的是 β_e 包括了油液、管件等容腔包容体的弹性模量，还包括油液中的含气量等因素。

4）如将式（1-33）右边的时间 ΔT 移到左边，$\Delta p/\Delta T$ 就是一般概念上容腔的压力飞升速率，可见压力飞升速率与有效体积弹性模量和流进与流出动态封闭容腔（压力区）液流流量之差成正比，与动态封闭容腔的总容积成反比。

由上述可见，式（1-33）是反映动态封闭容腔中压力与流量，以及容腔容积、有效体积弹性模量之间的基本关系式，它适用于所有的液压系统，不论是高频响的伺服系统，还是一般的开关系统。

1.2.3　压力

压力单位为：米制 Pa（帕，N/m^2）、MPa（兆帕，10^6 Pa）或 bar（巴，10^{-1} MPa）（bar 为非法定计量单位，国外常用 bar 作为压力单位），英制 psi（lbf/in^2），1psi = 0.069bar。

液体自重所产生的压力（式中 γ 为液体的重度）：

$$p = \gamma h \tag{1-34}$$

图 1-10 中，不管容器的外形如何，只要所盛液体的高度（h）相等，则容器底面的压力就相等，即：$p_1 = p_2 = p_3$。若底面积相等（$A_1 = A_2 = A_3$），则底面处的作用力亦相等，即：$F_1 = F_2 = F_3$。

参见图 1-11，大气压——包围地球的大气是有质量的，也会产生压力，这种由大气产生的压力即称为大气压。

大气压也常用汞柱高度表示（mmHg）。

表压力——以大气压为基点（零）计量的压力值。

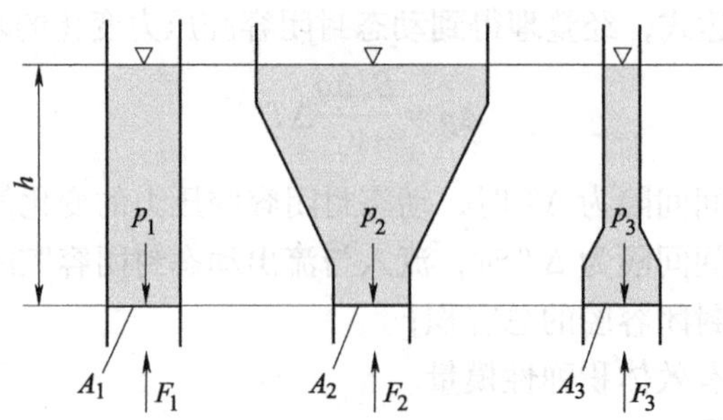

图 1-10 液体自重所产生的压力

绝对压力——以绝对零压力为基点（零）计量的压力值（bar）。

真空度——低于大气压的绝对压力与大气压的差值。

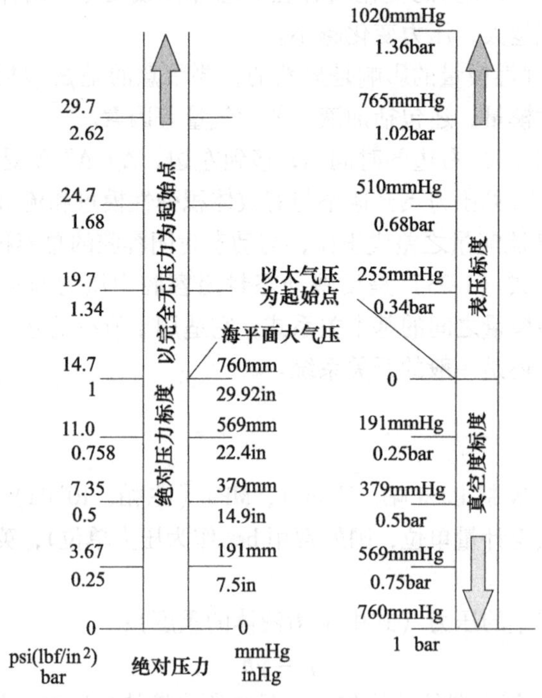

图 1-11 绝对压力、表压力和真空度（1bar=0.1MPa）

1.2.4 流量

流量分体积流量和质量流量。体积流量为单位时间内通过封闭截面的流体体积。液压系统中所用的流量一般是指体积流量。用公式表示就是体积 V 比上时间 t，也等于速度 v 与面积 A 的乘积：

$$q = \frac{V}{t} = vA \tag{1-35}$$

流量的单位为：米制：L/min（Lpm，国外这样表示）；美制：gpm，1gpm=3.785L/min；英制：1gpm=4.546L/min。

在液压系统中流量大小意味着负载速度的大小。

液压系统中的压力由负载或元件对油液的阻力所产生。液压泵输出的是流量，而不是压力。图1-12中若液压缸的无杆腔面积是$1\times10^{-3}m^2$，则系统的压力为10MPa。

油液总是进入阻力最小的通路，即：对于并联的负载，最小（要求的工作压力最低）的负载最先动作，动作完成后，其他负载再按由小到大依次动作，如图1-13所示。

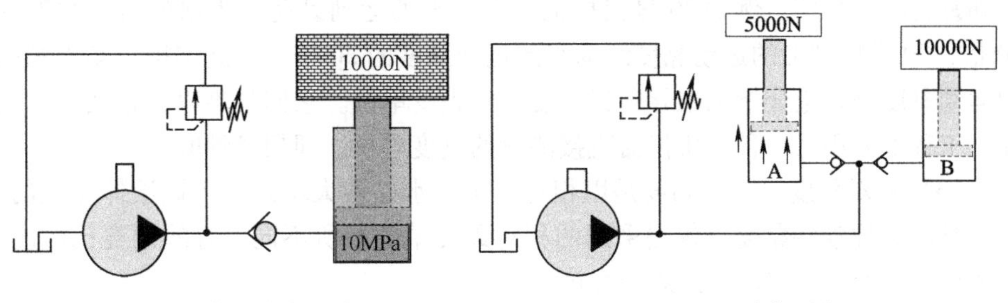

图1-12　负载决定压力　　图1-13　动作顺序

1.2.5　液压油动力黏度和运动黏度

按牛顿液体内摩擦定律，其内摩擦力为

$$\tau = \mu \frac{dv}{dy} \tag{1-36}$$

式中　μ——动力黏度；

dv——相邻油膜层间的相对滑动速度；

dy——相邻油膜层的间隔距离。

运动黏度用式（1-37）表示，其单位使用cm^2/s（St）或mm^2/s（cSt）。

$$\nu = \frac{\mu}{\rho} \tag{1-37}$$

式中　ρ——油液的密度。

流体的黏度通常有以下不同的测试单位。

（1）绝对黏度μ　绝对黏度又称动力黏度，它直接表示流体的黏性，即内摩擦力的大小。动力黏度的国际单位制（SI）计量单位为牛·秒/米^2，符号为$N\cdot s/m^2$，或为帕·秒，符号为$Pa\cdot s$。

（2）运动黏度ν　运动黏度的SI单位为米^2/秒，符号为m^2/s。还可用CGS制单位：斯［托克斯］，符号为St。St（斯）的单位太大，应用不便，常用1%斯，即1厘斯来表示，符号为cSt，故：$1cSt=10^{-2}St=10^{-6}m^2/s$。运动黏度$\nu$没有什么明确的物理意义，它不能像$\mu$一样直接表示流体的黏性大小，但对$\rho$值相近的流体，例如各种矿物油系液压油，还是可用来大致比较它们的黏性。由于在理论分析和计算中常常碰到绝对黏度与密度的比值，为方便起见，才采用运动黏度这个单位来代替μ/ρ。它之所以被称为运动黏度，是因为在它的量纲中只有运动学的长度要素和时间因次。机械油的牌号上所标明的号数就是以mm^2/s（厘斯）为单位的、在温度50℃时运动黏度ν的平均值。例如10号机械油指明该油在50℃时其运动黏度ν的平均值是$10mm^2/s$（cSt）。蒸馏水在20.2℃时的运动黏度ν恰好等于$1mm^2/s$（cSt），所以从机械油的牌号即可知道该油的运动黏度是水的运动黏度的多少倍。例如20号机械油说明该油的运动黏度约为水的运动黏度的20倍，30号机械油的运动黏度约为水的运动黏度的30倍，如此类推。动力黏度和运动黏度是理论分析和推导中经常使用的黏度单位。它们都难以直接测量，因此，工程上采用另一种可用仪器直接测量的黏度单位，即相对黏度。

（3）相对黏度　相对黏度是以相对于蒸馏水黏性大小来表示该液体黏性的。相对黏度又称条件黏度。各国采用的相对黏度单位有所不同。有的用赛氏黏度，有的用恩氏黏度，我国采用恩氏黏度。

1）赛波特通用秒——液体黏度的一种计量方法（简称赛氏秒SUS或SSU）。赛氏黏度，即赛波特（sagbolt）黏度。赛波特通用秒是一定量的试样，在规定温度（如100°F、210°F或122°F等）下从赛氏黏度计流出60mL液体所需的秒数，以“秒”为单位。

赛波特黏度计：在容器中倒入液体，加热至规定的温度。在保持该温度的状态下拔掉容器底部的塞子，同时按动秒表，记录液体流入烧瓶的容积达到60mL时的时间，该时间即为赛氏黏度值。若该时间为150s，则赛氏黏度表示为：150SUS@100℉。

2）恩氏黏度°*E*——英文Engler viscosity，恩氏黏度全称“恩格勒黏度”或“恩格尔黏度”，亦称“相对黏度”“条件黏度”，指用恩格勒黏度计所测得的液体运动黏度。恩氏黏度的测定方法如下：测定$200cm^3$某一温度的被测液体在自重作用下流过直径2.8mm小孔所需的时间t_A，然后测出同体积的蒸馏水在20℃时流过同一孔所需时间t_B（$t_B=50\sim52s$），t_A与t_B的比值即为流体的恩氏黏度值。被测液体温度t℃时的恩氏黏度用符号°*Et*表示。

$$°Et = t_A/t_B$$

工业上一般以20℃、50℃和100℃作为测定恩氏黏度的标准温度，并相应地以符号°*E*20、°*E*50和°*E*100来表示。

恩氏黏度°E 与运动黏度的换算关系为：

$$\nu/(\mathrm{cm^2/s}) = 0.0731°E - 0.0631/°E \tag{1-38}$$

黏度是液压油的一个基本属性。整个系统允许的黏度范围需要通过考虑所有元件允许的黏度来确定并需要为每一单个元件进行审查。

工作温度时的黏度决定了闭环控制的响应特性、系统的稳定性和阻尼、效率系数以及磨损程度。建议每个元件的最佳工作黏度范围应保持在允许的温度范围内。如果所用液压油的黏度高于允许的工作黏度，将造成液压机械损失的增加。反过来，内部泄漏损失将下降。如果压力等级下降，可能无法注满润滑间隙，这将导致磨损的增加。对于液压泵，可能达不到允许的吸油压力，这可能导致气蚀损坏。

如果液压油的黏度低于允许的工作黏度，将造成泄漏、磨损，对污染的敏感性增加并缩短元件寿命。必须确保对于各个元件都遵守许用的温度和黏度。这通常需要制冷或加热，或者两者都需要。

对于液压油，黏度温度特性（ν-t 特性）尤为重要。黏度的特性是当温度升高时下降而温度下降时升高。

1.2.6　污染度

固体颗粒污染是液压系统中发生故障的主要原因。它可能对液压系统产生多种影响。首先，单一大固体颗粒可能直接导致系统故障，其次，小颗粒可能引起持续的增加磨损。

对于液压油，使用自动颗粒计数器计数，污染度等级依照 ISO 4406：1999 和 GB/T 14039—2002 给出一个三位数字代码。这一数字代码将液压油中出现的颗粒数目表示为定义的数量。此外，杂质颗粒的质量不得超过 50mg/kg。

例如，ISO 18/16/12 污染度等级代码，其第一个代码代表每毫升油液中颗粒的尺寸≥4μm 的颗粒数。第二个代码代表每毫升油液中颗粒的尺寸≥6μm 的颗粒数。第三个代码代表每毫升油液中颗粒的尺寸≥14μm 的颗粒数。

在应用时，可用“*”（表示颗粒太多无法计数）或“—”（表示不需要计数）两个代码符号来表示代码。例如，*/19/14 表示油液中≥4μm 的颗粒数太多而无法计数，—/19/14 表示油液中≥4μm 的颗粒不需要计数。

如果用显微镜计算，污染等级代码由两位数字代码组成。为了与自动颗粒计数器所得的数据一致，代号由三部分组成，第一部分用“—”表示。例如，—/18/13。

由于实际油液各尺寸段的污染程度不可能相同，因此被测油样的污染度按其中的最高等级来定。新的磨损理论表明只有尺寸与部件运动间隙相当的颗粒才会引起严重的磨损，也就是说 5～15μm 的颗粒危害最大，而 50～100μm 的颗粒由

于无法进入运动间隙，对磨损的影响却不大。

通常，依据 ISO 4406 在操作过程中要符合 20/18/15 的油液最高污染度等级或更高要求。特殊伺服阀要求最高 16/14/11 的污染等级或更低污染度等级。污染度等级每升高一个等级意味着颗粒的量增加 1 倍，因此污染度也就更低。应该努力争取降低污染度代码中的数字，并延长液压组件的使用寿命。具有最低污染度要求的元件决定了整体系统所需要的污染度。油液污染度代码的确定见表 1-1。

表 1-1 油液污染度代码的确定（摘自 ISO 4406：1999 和 GB/T 14039—2002）

每毫升的颗粒数		代码
大于	小于等于	
2500000		>28
1300000	2500000	28
640000	1300000	27
320000	640000	26
160000	320000	25
80000	160000	24
40000	80000	23
20000	40000	22
10000	20000	21
5000	10000	20
2500	5000	19
1300	2500	18
640	1300	17
320	640	16
160	320	15
80	160	14
40	80	13
20	40	12
10	20	11
5	10	10
2.5	5	9
1.3	2.5	8

（续）

每毫升的颗粒数		代码
大于	小于等于	
0.64	1.3	7
0.32	0.64	6
0.16	0.32	5
0.08	0.16	4
0.04	0.08	3
0.02	0.04	2
0.01	0.02	1
0.00	0.01	0

注：ISO 4406：2017 中数据同本表。

液压油交付时通常不能达到污染度要求。因此，在工作期间需要仔细过滤（特别是注油时），以确保要求的污染度等级。润滑剂制造商会告知所交付液压油的污染度等级。要在整个操作期间保持要求的污染度等级，必须使用油箱空气过滤器。如果环境湿润，要采取适当措施，如带有空气干燥或永久离线水分离的空气过滤器。

β 值——β 值（过滤比）是滤芯过滤效率的计量，是指过滤器上游油液单位容积中大于某一给定尺寸的污染颗粒数与下游油液单位容积中大于同一尺寸的污染颗粒数之比。它能确切地反应过滤器对不同尺寸颗粒污染物的过滤能力。

表 1-2 给出了典型液压元件要求的污染度。

表 1-2　典型液压元件要求的污染度

元件	ISO 代码
伺服控制阀	16/14/11
比例阀	17/15/12
叶片和柱塞泵/马达	18/16/13
方向和压力控制阀	18/16/13
齿轮泵/马达	19/17/14
流量控制阀/液压缸	20/18/15
新液压油	20/18/15

1.2.7　空穴现象

在常温和大气压下，液压油中一般溶解有 5%~6%（体积分数）的空气。如

果某点的压力低于当时温度下的油（空）气分离压时，溶解在油液中的空气将迅速、大量地分离出来，形成气泡；如果某点的压力低于当时温度下油液的饱和蒸汽压，油液本身也将沸腾、汽化，产生大量气泡，从而使油液中产生气穴，使充满在管道或液压元件中的油液为不连续状态，这种现象叫空穴现象。

空穴现象往往发生在液压泵的吸油管道中和过流断面非常狭窄的地方；如果吸油管的直径小，吸油面过低或吸油管中其他阻力较大以致吸油管中真空度过大，或者液压泵转速过高而在泵的吸油腔中油液不能充满全部空间，都可能产生空穴现象。当油液通过节流小孔、阀口缝隙等特别狭窄的地方时，由于流速很高致使油液的压力降得很低，这时也容易产生空穴现象。

气泡随着液流带入高压区时将急剧溃灭，空气又溶解于油中，使局部区段形成真空。这时周围液体质点以高速来填补这一空间，质点相互碰撞而产生局部高压，温度急剧升高，引起局部液压冲击，造成强烈的噪声和油管的振动。同时，接触空穴区的管壁和液压元件表面因反复受到液压冲击和高温的作用，以及气泡中氧气的氧化作用，零件表面将发生腐蚀。这种由空穴现象引起的腐蚀称为气蚀。

空穴分离出来的气泡有时并不溃灭，它们聚集在管道的最高处或流道狭窄处形成气塞，使油液不通畅甚至堵塞，使系统不能正常工作。

液压泵发生空穴现象时，除产生噪声、振动外，还会降低泵的吸油能力，增加泵的压力和流量脉动，使泵的零件受到冲击载荷，降低工作寿命。

防止措施：避免系统压力极端降低，管路密封良好，防止空气混入系统，切勿从吸油管道吸入空气；正确设计液压泵的结构参数（适当限制转速和吸油高度），特别注意使吸油管有足够的直径，对高压泵，采用低压泵补油（高压大流量泵吸油时容易产生真空）；在系统管道中尽量避免狭窄和急剧转弯处，减少吸油管路中的阻力；及时更换滤油网。

改善零件的耐气蚀能力，采用耐腐蚀能力强的金属材料（或镀层）制造液压件，降低零件表面粗糙度，提高机械强度。

液压泵吸油口压力过低（真空度过大）会降低泵的工作效率，并且容易产生气蚀现象，使油液的流动性变差，元件表面受到局部侵蚀疲劳甚至损坏，加大噪声和振动。因此，液压泵的吸油口压力不能太低，一般柱塞泵的吸油口压力应不低于0.085MPa。而吸油口压力过高（即油箱内压力过高），会使液压泵和马达壳体内的泄油压力增大，会严重影响液压泵和液压马达的正常工作，甚至会将轴封击穿而无法工作。柱塞泵（马达）的壳体泄油压力一般不超过0.15MPa。所以，液压泵吸油口压力过高或过低都会影响压系统的正常工作。

1.3　开式和闭式回路

1.3.1　开式回路

开式回路是指液压泵从油箱吸油，油经各种控制阀后，驱动液压执行器，回油再经过换向阀回油箱。回路中油液按单一方向从液压泵输出至液压阀或液压阀组。液压泵可以是定排量（容积排量），输出流量恒定，输出流量取决于液压泵的规格和转速。液压泵也可以是变排量，不需要流量时，尽管液压泵仍在运转，但不输出压力油。所需的液压控制阀有：

压力控制用溢流阀：对带压力补偿（恒压）变量功能的变量泵仍需一个安全阀。

方向控制阀：典型的是滑阀型电磁或电液方向控制阀。

流量控制阀：用于控制执行器的速度。要求变速时选用，也可以采用复杂的泵控调速。

执行器可以是液压缸或液压马达，需要的其他装置有：过滤器，油液冷却器，油箱，压力表，液位计或液位控制开关等。

开式回路的优点：①液压系统结构较为简单；②可以发挥油箱的散热、沉淀杂质作用。

开式回路的缺点：①油液常与空气接触，使空气易于渗入回路，导致机构运动不平稳；②吸油管路管径大而短；③转速受吸油压力限制；④方向阀通径的大小由回路流量决定；⑤过滤器/冷却器的尺寸大小由回路流量决定（对于较大功率的回路采用单独旁路节流过滤/冷却的形式）；⑥回路油箱大；⑦泵的安装位置需要考虑其对吸油压力的影响；⑧负载的平衡靠回油路上的背压或平衡阀来实现。但是，开式回路由于能够满足多负载驱动的要求而得到广泛的应用（如挖掘机）。

1.3.2　闭式回路

闭式回路是指液压泵的进油管直接与执行器的回油管相连，工作液体在回路的管路中进行封闭循环。对于闭式回路基本上都采用斜盘式结构的变量泵（除非马达的运转不要求可逆），液压阀大部分为螺纹插装式，且内置、集成于泵或马达上。

闭式回路的优点：①液压泵较小：因为闭式回路中使用的液压泵可以比开式回路中使用的液压泵的转速高很多（特别适合燃油发动机驱动的系统），闭式泵具有较高的寿命，具有较好的控制特性，具有多种及特殊的控制形式；②没有控

制阀，由燃油泵确定流量和流向，负载压力独立；③没有制动阀，负载通过液压泵作用在燃油发动机上（负功率），回路稳定，振动对回路影响小；④油箱小，只需给主回路补油（约为最大流量的25%）；⑤元件规格小，冷却器小，负载下降时的能量不全部转变为热；⑥驱动可逆；⑦通过使用电子技术可使控制更灵敏、精确；⑧补油泵的加入容许主泵提高工作转速；⑨加入换油梭阀，以使回路中的油液得到冷却；⑩回路设计简单。

闭式回路的缺点：①较开式回路复杂，因无油箱，油液的散热和过滤条件较差；②为补偿回路中的泄漏，通常需要一个小流量的补油泵和油箱；③需要多个液压泵，只能同时实现与安装液压泵数量一样多的动作；④需要略微较高的管路安装费用；⑤空行程速度只能通过使用较大排量的液压泵或变量马达来提高；⑥内部泄漏会引起液压泵产生气穴现象；⑦需要独立的柴油机，柴油机要有平衡载荷的能力；⑧在管路破裂的情况下没有其他的液压补救措施；⑨如果执行器为液压缸，回路设计较难。

闭式回路常用的典型结构形式是：单泵单马达、单泵多马达、双泵多马达。驱动方案采取高速方案——高速马达+减速机，低速方案——低速马达直接驱动轮毂。高速方案与低速方案的比较见表1-3。

表1-3 高速方案与低速方案的比较

比较项目	低速方案	高速方案
结构和安装条件	简单、重量轻，安装比较灵活，常用于分置方案	比较复杂、庞大，安装有时受限
起动和低速性能	较好	略差
匹配适应性	受规格排量、变量的限制	利用变量、减速比可方便匹配
变矩范围	多为定量马达，所以变量范围较小	可利用变量马达和改变减速机的传动比来获得大的变矩范围
马达受力情况	除转矩，还承受工作机构的径向/轴向力、弯矩，受力比较差	马达只承受转矩，由减速机承受工作机构的径向和轴向力等，受力较好
制动器与机械离合器	可带制动器，但由于制动力矩较大，较笨重	可带制动器和离合器，由于制动器装在高速轴上，所以体积较小

闭式回路所用液压泵通常为变量柱塞泵，多采用伺服变量控制，具有抗超速（过中）负载能力，变量斜盘能定位在±19°范围内任何倾角位置上，输出流量可在两个方向上变化，与斜盘的倾角成正比。

在什么情况下使用闭式回路呢？一般80t以上起重机的回转机构以及150t以上起重机的主卷扬机构、20t以上装载机的回转机构都建议采用闭式回路，大吨位钻机（40t以上）的动力头和卷扬机构建议和行走系一起借助切换阀采用组合闭式回路。船用起重机使用卷扬变辐机构所实现的所有运动，海上平台起重机使用卷扬变辐机构所实现的所有运动，铁路起重机的速度在 40km/h 以上的静压行走驱动系统，插车、装载机、压路机、摊铺机、钻机、林业机械等的行走机构，钻机的动力头和卷扬机构，测井车系统，混凝土泵系统，飞机牵引车等都可以采用闭式回路。对于行走系可不考虑负载的大小，均可采用闭式回路。频繁动作的工位，如港口的轮式起重机（因为闭式回路效率高）等更适宜采用闭式回路。

采用闭式回路要注意，必须要有发动机过载保护，可用液压功率传感器（恒功率阀、液控 DA 阀），但其成本高，不能充分利用发动机的功率。亦可采用电子功率传感器，这种电子极限载荷调节系统可以让发动机的功率发挥得更好。

如何吸收负载下降时的能量？使用电动机驱动时没有问题，电动机将作为发电机来工作，把负载下降时的功率输送回电网。对于大多数行走起重机（使用柴油发动机），必须要考虑功率平衡的问题，因为柴油发动机最大只能吸收 20%~25%的反向功率，也就是说，必要时常常需要使用一台制动泵。不要在闭式回路中装入制动阀，因为由此而引起的发热不能从主回路中排出。

1.4　开中心系统和闭中心系统

通过两种不同的系统设计——开中心系统或闭中心系统，可以控制流量或压力。术语“开中心”和“闭中心”用于区分两种系统设计，每个系统设计描述了方向控制阀（多路阀）的结构以及系统内使用的液压回路类型。采用开中心系统，流量是连续的，压力是间歇性的，而闭中心系统与开中心系统相反，其流量是间歇性的，压力是连续的。

1.4.1　开中心系统

在开中心系统内，当泵转动时产生流量，然后通过方向控制阀内的中心通道将其引导到油箱。当一个方向控制阀的阀芯被激励时，工作油路的压力逐渐升高，直到克服负载压力。一旦系统压力超过负载力，负载就会移动并执行液压工作。开中心系统工作原理如图 1-14 所示。开中心系统通常采用三位六通多路阀与回油节流和进油节流的组合，控制多路阀的开口量，来分配流向执行器和油箱的流量。

换句话说，在开中心系统中，无论其工作部分是否正在使用，油都会不断地流过开中心方向控制阀。

方向控制阀在中位时，液压泵卸荷，液压泵的出口压力几乎为零。方向控制阀换向后，负载压力反映到系统上，压力由零开始逐渐达到负载压力。系统采用定量泵向系统提供恒定流量，系统压力由工作载荷决定，该系统最初是专为定量

泵设计，现在也被用于变量泵并使其运行在恒功率曲线上。执行部件冲击小，油温不易升高。系统设置高压溢流阀，系统工作压力达到设定值，液压泵输出流量通过溢流阀流回油箱，会导致极大的功率损失。

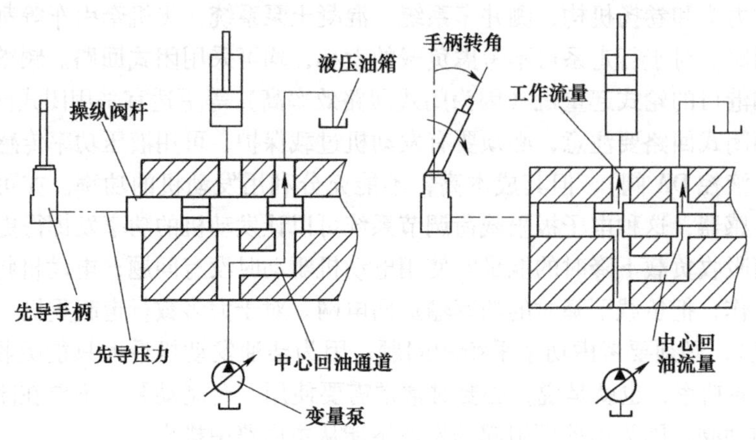

图 1-14　开中心系统工作原理

1.4.2　闭中心系统

通过泵的转动也可以在闭中心系统内产生流动，但是，只能产生足够的流量以保持泵的润滑并在方向控制阀上达到备用压力。在闭中心系统中，当一个阀芯被激励时，一个通道暴露出来以使流体进入，同时压力信号从方向控制阀发送到泵。该压力信号通知泵产生完成液压工作所需的流量，工作原理如图 1-15 所示。

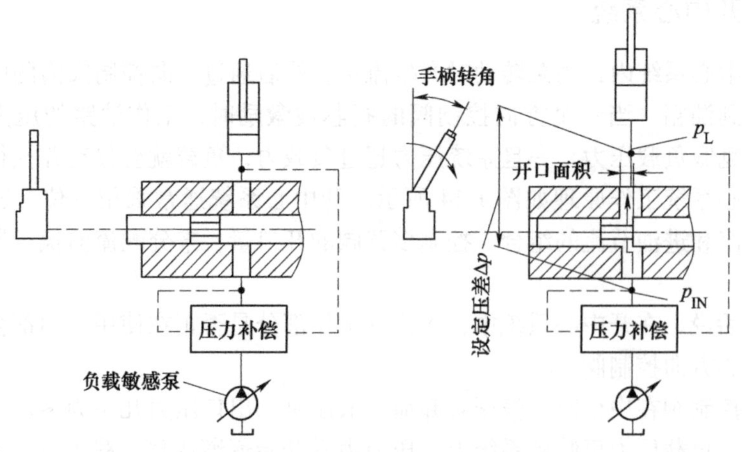

图 1-15　闭中心系统工作原理

然而，对于闭中心系统，闭合中心方向控制阀与泵连通，使得当不使用工作区时，泵减速，从而停止产生大量的液压油。

方向控制阀在中位时，液压泵接口、油箱接口都是关闭的，系统始终维持一定压力，初始压力为最高压力。方向控制阀换向后，系统压力下降，降到与负载压力一致。在泵的流量范围内几个缸可同时动作，没有速度损失，能保证所需的快速反应。闭中心系统在高压下工作，易发热，损耗多。

闭中心系统通常采用三位四通多路阀，通过一个液压泵同时供给所有的执行器，每一个执行器的动作速度只与方向控制阀的阀杆行程有关，与负载和液压泵的流量无关，多个执行器同时动作时，动作相互无干扰。

传统上，虽然闭中心系统也可以使用定量泵，但开中心系统较便宜，其成本低于通常用于闭中心系统的变量泵。一个闭中心系统，虽然可能更贵，但通常更有效，因为它在没有使用时不会连续地通过阀输送油。因此，使用更少的能量和更少的燃料，这样可节省燃料成本。

开中心系统可以转换为闭中心系统，反之亦然；尽管如此，系统通常设计为开中心或闭中心。通常不在当前系统上进行转换，特别是开中心转换到闭中心，因为将开中心方向控制阀转换为闭合中心方向控制阀需要额外的液压元件，以便在主控制阀为阀中位状态时，通过该阀排出多余的流量。将闭中心系统转换为开中心系统需要对出口进行调节并打开阀内的内部通道，允许油自由地流过阀直接进入油箱。但是，并非所有阀都具有内置选项，可通过打开或关闭出口，使系统在开中心系统和闭中心系统之间进行转换。

有些回路，虽然多路阀中的方向控制阀是闭中心的，但多路阀的进油联包含有一个起开中心作用的三通流量阀（负载敏感阀），则本质上还是开中心回路。对开中心系统，通常将定量泵+三通流量阀（负载敏感阀）一起使用。

在指定液压系统时，系统设计的类型最终应根据应用或系统要求确定。但为了充分了解是否需要开中心或闭中心系统，了解设计之间的差异、液压工作要求以及成本与效率的重要性将是第一步。

1.4.3　开中心系统和闭中心系统优缺点对比分析

1. 调速性能

图 1-16a 所示开中心系统执行器的起动点（阀的死区）随负载和泵流量而变；调速区域随负载和泵流量而变，重负载调速区域小，流量调整行程小；有负载漂移现象，即操纵阀杆位置不变，随负载改变，执行器速度发生变化；微调和精细作业困难，调速性能差。

图 1-16b 所示闭中心执行器的速度只与该操纵阀杆的行程有关，而与负载压力和液压泵流量无关，无负载漂移现象。还可以采用改变补偿压差的方法获得很

好的微调功能，调速性能很好。

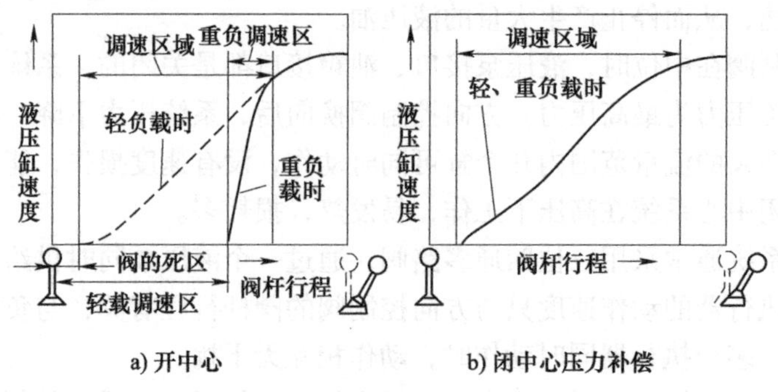

图 1-16 开中心系统和闭中心系统阀的调速特性

2. 执行器同时动作的复合操作性能

开中心系统由于负载干涉，以挖掘机液压操控系统为例，驾驶人难以恰当地控制流入各执行器的流量，很难相互配合实现所要求的复合动作。为了运动上独立，需要单独一个泵供一个执行器。

闭中心系统无负载干涉现象，同时动作时各执行器的运动速度只与其阀杆行程有关，驾驶人易按自己的愿望来控制其复合动作，单泵供多个执行器仍能保持各执行器运动的独立性，当流量饱和时，各执行器的速度按其行程等比例下降，这样仍保持原来的运动关系。

3. 各阀杆供油流量选择自由度

开中心系统各阀杆的最大流量由泵流量确定而不能选择，但各执行器需要的流量往往是不同的，液压缸伸出和缩回所需流量往往也是不同的。在作业过程不同工况，执行器对液压泵流量需要不同时，只能采用泵分流或合流有级设定。还要用通断型阀来改变供油关系，采用节流孔和节流阀来改变各路的供油量，但仍不能满足挖掘机各工况对执行器的流量要求。

闭中心对任一执行器均能通过阀杆行程按需限制最大流量，设定适宜的最高速度，可以通过操纵阀杆行程获得低于最高速度的任意速度。

另外，挖掘机是多功能的机械，可安装不同的附属装置，但多种多样的附属装置要求不同的流量。对开中心系统来说，阀系统无法设定其流量；对闭中心系统来说，同一阀杆只需调整其行程，就能改变流量来适合各种附属装置的流量需要。

图 1-17 为日立建机闭中心系统各阀的流量设定与开中心系统流量设定比较的示意图，由该图中可看出，闭中心系统各阀流量设定的自由度比开中心系统要大得多。因此闭中心系统能更好地符合挖掘机工况对各执行器的流量要求，使液压系统供油更加合理。

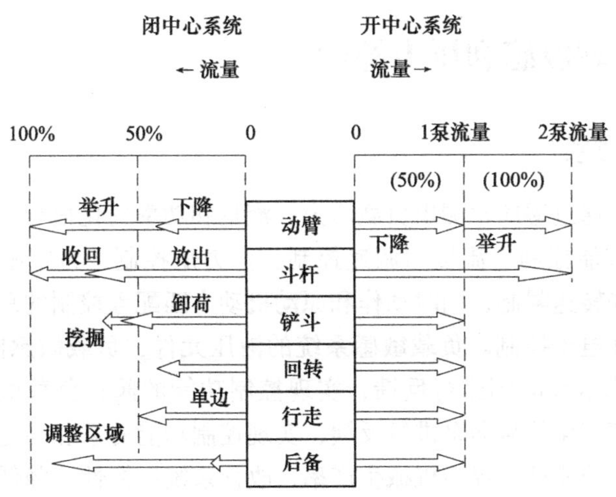

图 1-17 各操纵阀流量设定的自由度

4. 节能和生产率

节能不仅涉及使用成本、经济性，还涉及能耗和排放的环境问题，对反映作业效率的生产率也非常重要。

有人认为采用负载敏感压力补偿系统进行流量控制，需要一定补偿压差，会造成能量损失，因此认为闭中心系统能量损失大，实际上这种观点是不对的。因为开中心系统旁通回油形式通过阀体节流必然有液阻和能量损失，两者从阀的角度来看是差不多的。通过阀的损失主要由阀的尺寸选择和设计技术所决定。必须指出分析阀和液压系统的能耗不能单纯从阀和液压系统来看，要从人机系统组合总的效果来看。闭中心系统由于操纵性好，容易实现理想的操作动作，工作效率高，能耗也低。

5. 动态性能

对于挖掘机来讲工作装置是大质量惯性系统，大容积的执行器要考虑油的体积弹性模量，因此存在动态特性问题。开中心系统采用旁通节流，响应快，起动平稳，而且系统稳定不易振动，从这一点来说，其操作感觉好，而闭中心系统靠压力补偿改变流量，使执行器速度变化。当遇到大惯性负载时会产生压力变化快流量跟不上的现象，使压力补偿阀不能正确补偿压力调整，产生过度和不足调整。泵和多路操纵阀之间连接管道较长时，会引起压力传递滞后，因此闭中心系统易产生响应慢、操纵控制不稳定等问题。这是初期闭中心系统存在的缺点，但经过实际使用和不断改进，这些问题基本上得到解决，通过适当调整压力补偿程度可以得到完全补偿特性，是接近开中心系统的特性或介于两者之间的中间特性。

1.5 负载敏感和压力补偿

1.5.1 负载敏感

负载敏感是通过感应检测出负载压力、流量和功率变化信号，向液压系统进行反馈，实现节能控制、流量和调速控制、恒力矩控制、力矩限制、恒功率控制、功率限制和转速限制，同时动作和原动机动力匹配等控制的总称。控制方式包括液压控制和电子控制。负载敏感系统的液压元件：负载敏感阀——将压力、流量和功率变化信号向阀进行反馈，实现控制功能的阀；负载敏感泵——将压力、流量和功率变化信号向泵进行反馈，实现控制功能的泵和马达；负载敏感系统可降低液压系统能耗，提高机械生产率，改善系统可控性，降低系统油温，延长液压系统寿命。

1.5.2 压力补偿

将压差设定为规定值进行的自动控制都叫压力补偿。

压力补偿流量控制：不受负载压力变化和液压泵流量变化的影响，通过设定节流压差值对流量进行自动控制。多路阀节流调速时，在多路阀斗杆进出口设置定差压力阀，使阀杆进出口压差（Δp）保持不变，通过改变阀的开度，就能不受负载和液压泵流量的影响，改变和控制流量，即利用流量控制阀的原理进行调速。

在变量泵控制系统，设置泵排量定差调节阀（压力补偿阀），使泵的出口油压和最大负载执行器油压之间保持一定，对泵的排量（流量）进行调节。

1.6 液压系统常用单位之间的换算关系（表1-4）

表1-4 液压系统常用单位之间的换算关系

	非法定计量单位	SI单位	近似转换	精度	精确转换
长度	英寸（in）	毫米（mm）	÷4×100	1.6%	×25.4
	英尺（ft）	米（m）	÷3	1.6%	×0.305
	码（yd）	米（m）	×1	9%	×12÷13
	n/16英寸（in）	毫米（mm）	“n”×3÷2	5.5%	×1.6
	n/1000英寸（in）	毫米（mm）	“n”÷4÷10	1.6%	×0.0254
	英里（mile）	千米（km）	×1.5	6.8%	×1.609

（续）

	非法定计量单位	SI 单位	近似转换	精度	精确转换
质量	磅（lb）	千克（kg）	÷2	1.0%	×0.45
	磅（lb）	克（g）	×1000÷2	1.0%	×454
	盎司（oz）	克（g）	×30	6%	×28.4
	英吨，长吨（UK）	吨（t）	×1÷2	1.6%	×1.02
	美吨，短吨（USA）	吨（t）	×9-10	0.8%	×0.91
力（重量）	磅力（lbf）	牛（N）	×4	10%	×9÷2
	千磅（kp）	牛（N）	×10	2%	×9.8
扭矩（转矩）	磅-力英尺（lbf·ft）	牛·米（N·m）	×3÷2	10%	×1.36
	磅-力英寸（lbf·in）	牛·米（N·m）	÷10	11%	×0.11
压力	$1bf/in^2$（psi）	巴（bar）	×7÷100	1.5%	÷14.5
	$1bf/in^2$（psi）	N/m^2或 Pa	×7000	1.5%	×6895
	$1bf/in^2$（psi）	千帕（kPa）	×7	1.5%	×6.9
	$1bf/in^2$（psi）	兆帕（MPa）	×7÷1000	1.5%	×6.9÷100
	$kgf/cm^2$①或者 kp/cm^2	巴（bar）	×1	2.0%	×0.98
	$kgf/cm^2$①或者 kp/cm^2	N/m^2或 Pa	×100000	2.0%	×98070
	$kgf/cm^2$①或者 kp/cm^2	千帕（kPa）	×100	2.0%	×98
	$kgf/cm^2$①或者 kp/cm^2	兆帕（MPa）	÷10	2.0%	×0.098
	大气压（标准）	巴（bar）	×1	1.3%	×1.013
	大气压（标准）	N/m^2或 Pa	×100000	1.3%	×101300
	大气压（标准）	千帕（kPa）	×100	1.3%	×101.3
	大气压（标准）	兆帕（MPa）	÷10	1.3%	×0.101
	英寸水柱（inH_2O）	毫巴（mbar）	×10÷4	0.6%	×2.49
	毫米水柱（mmH_2O）	毫巴（mbar）	÷10	2.0%	×0.098
	毫米汞柱（mmHg）	毫巴（mbar）	×9÷7	0.04%	×1.33
	托（Torr）	毫巴（mbar）	×9÷7	0.04%	×1.33
	$Tons/in^2$	巴（bar）	×1000÷7	7.5%	×154
	$Tons/ft^2$	巴（bar）	×1	1.5%	×1.07
体积	加仑（英制）（gal）	升（L）	×5	10%	×4.54
	加仑（美制）（gal）	升（L）	×4	5.7%	×3.79
	品脱（英制）（pt）	升（L）	×6÷10	5.6%	×0.57
	品脱（美制）（pt）	升（L）	÷2	5.7%	×0.47
	液盎司（英制）（fl oz）	立方厘米（cm^3）	×30	5.6%	×28.4
	液盎司（美制）（fl oz）	立方厘米（cm^3）	×30	1.4%	×29.6

（续）

	非法定计量单位	SI 单位	近似转换	精度	精确转换
流量	立方英尺每分钟（cfm）	立方分米每秒（dm^3/s）②	÷2	5.9%	×0.472
	立方英尺每分钟（cfm）	立方米每秒（m^3/s）	÷2÷1000	5.9%	×0.472÷1000
	立方英尺每小时	立方分米每秒（dm^3/s）②	×8÷1000	1.7%	×7.9÷1000
	升每分钟（L/m）	立方分米每秒（dm^3/s）②	×2÷100	20%	÷60
	立方米每小时（m^3/h）	立方分米每秒（dm^3/s）②	÷4	10%	×0.28
功率	英马力（hp）	瓦（W）	×3÷4×1000	0.6%	×746
	英马力（hp）	千瓦（kW）	×3÷4	0.6%	×0.746
能，功	英尺磅力（ft·lbf）	焦耳（J）	×9÷7	5.5%	×1.35
	千克力米（kgf·m）	焦耳（J）	×10	1.3%	×9.807
	英制热量单位（Btu）	焦耳（J）	×1000	5.5%	×1055
温度	华氏度（℉）	摄氏度（℃）	-32÷2	10%（在0℉和400℉之间）	+40×5÷9-40

① 也被称作工业大气压。

② 在百万分之28范围内1升等于1dm^3并且对于大多数实际用途可以认为是相等的。对于更精确的工作，依靠增加体积36000分之1升，可以求得1升体积等于1dm^3。

第2章　多路阀技术基础

2.1　溢流阀

2.1.1　插装式溢流阀

溢流阀的最重要功能是被用来限制和控制系统的压力，从而避免各元件和管路的超载，防止发生爆裂之类的危险，所有的系统至少有一个溢流阀。这类阀也可根据其功能称作“限压阀”或“超压阀”，通常处于“常闭”状态。限压功能的原理：在压力到达指定值时，原先关闭的阀芯开启，将来自泵的多余流量引入油箱。这种溢流阀，常采用旁路式安装，可用来保护泵、执行器，或者保持系统的压力。

注意：溢流阀出口流量为 q_v，压力为 p，造成的功率损失为

$$P = pq_v$$

这一功率传输到液压系统中，并导致液压流体的温度升高。

2.1.2　结构类型

溢流阀分直动式和先导式，具有不同的结构型式。

直动式溢流阀具有快速响应、低泄漏量、抗污染、可以适应大范围的温度变化、低超调的特点，其典型结构如下。

（1）直动式锥阀　图 2-1a 所示直动式锥阀用在较高压小流量液压系统中。锥形阀的阀芯密封效果好于球形阀，具有偏差流量的液动力补偿功能→更为恒定的特性曲线。

（2）直动式球阀　图 2.1b 所示直动式球阀用在低压、小流量液压系统中，带回油节流缓冲功能。

（3）先导式　先导式溢流阀具有大压力等级、滞后较小、当高压力运行时易于设定、曲线设定变化小等特点，多数情况下的主阀采用滑阀式阀芯，先导级则为液动式锥阀，如图 2-1c 所示。

先导式溢流阀的原理：随着泵压力上升，超过了弹簧的设定压力时，泵压推

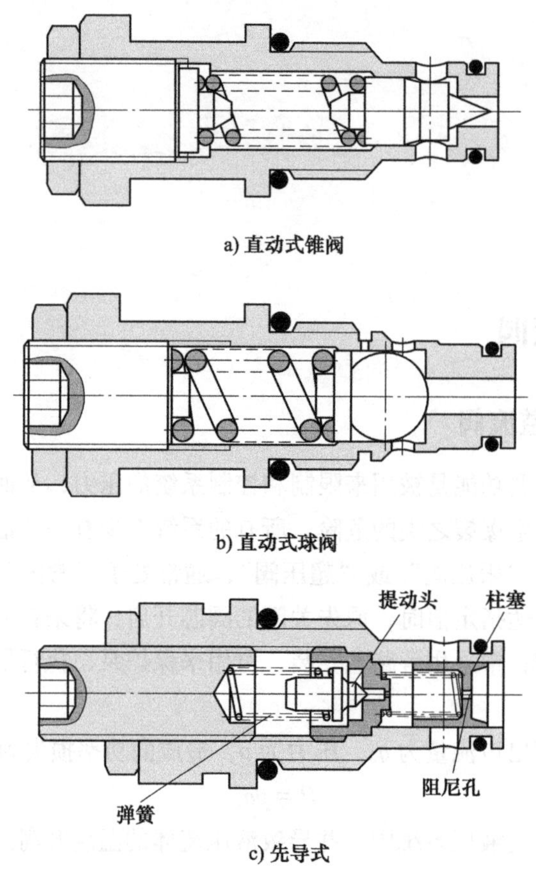

图 2-1 溢流阀结构

动提动头克服弹簧力向左推开，柱塞中阻尼孔（仅 $\phi0.5$mm）开始有油流动，柱塞由于前后压差（右面大，左边面变小），随即被向左推开，压力油回油箱，泵压下降直到设定压力。

行走机械多路阀上的溢流阀结构，主要是直动式锥阀，并带有缓冲活塞。此类型系列基于带阻尼活塞的阀座设计。突起的阀座能保证好的密封性能，缓冲活塞则能防止阀的颤振，它可产生平稳的控制特性，也就是说，即便是在流量增加时，也能在很大程度上保持设置的开启压力。这可利用阀盘上液动力的效果实现，而随着流量的增加阀将持续打开，其结构如图 2-2 所示。

溢流阀的静态特性曲线如图 2-3 所示。在功率域范围内是溢流阀的受限区域，由该图可知，先导式溢流阀（图 2-3b）工作区域远大于直动式溢流阀（图 2-3a）。图中纵坐标轴表示设定压力，实际曲线与理想的工作曲线之间的误差 Δp_{ES}称之为静态误差。

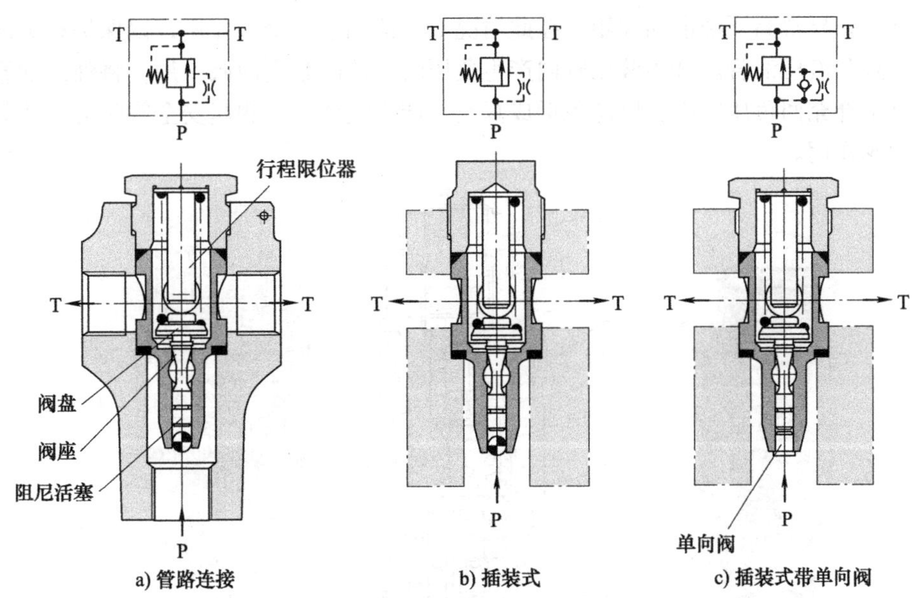

图 2-2　溢流阀的不同类型

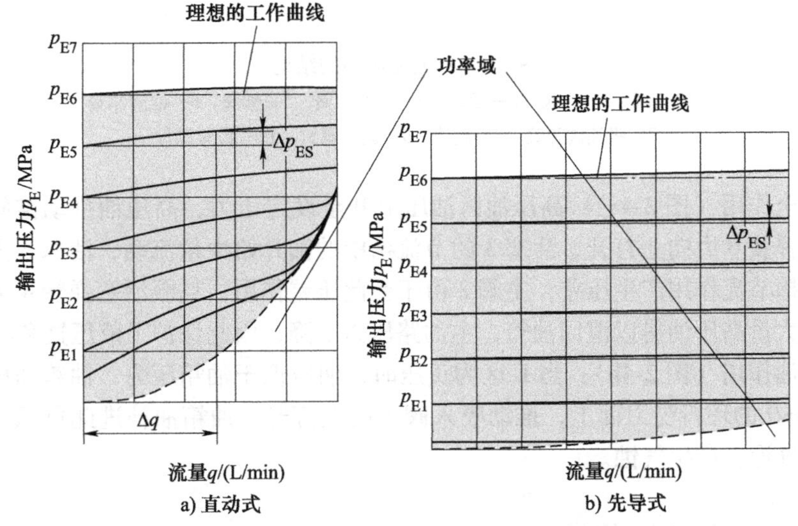

图 2-3　溢流阀的静态特性曲线

2.1.3　补油溢流阀（安全阀）

用于多路阀中的补油溢流阀的结构如图 2-4 所示。补油溢流阀安装在液压装置（液压缸、马达）的每一分支油路上。它具有以下两功能（以液压缸为例）：①当工作装置受到外界异常的冲击力时，液压缸内将产生异常高压，安全吸油阀

打开，将异常高压油泄回油箱。在此情况下，该阀起安全阀作用，以保护相关的液压缸和液压油管。②当液压缸内产生负压时，该阀起吸油阀作用，将油从油箱管路中补充回负压区中，以避免形成真空，产生气蚀。一侧起安全阀时另一侧起吸油阀作用。

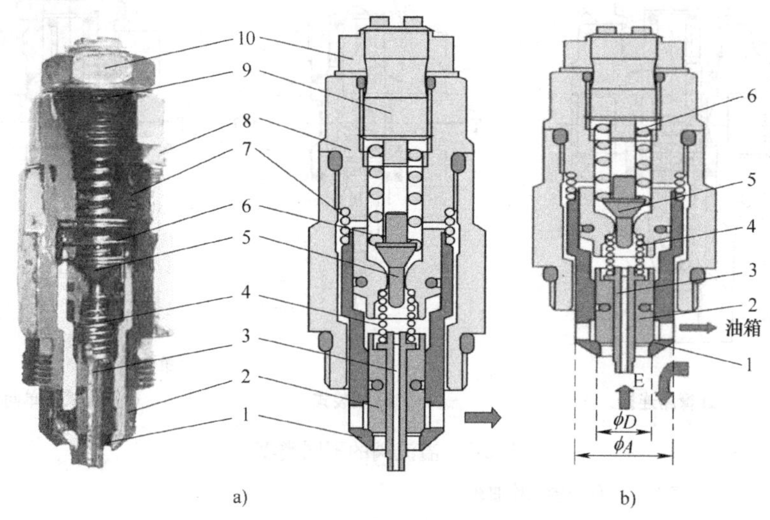

图 2-4　补油溢流阀的结构

1—吸入阀　2—主阀　3—活塞　4—活塞弹簧　5—锥阀　6—锥阀弹簧
7—吸油阀弹簧　8—阀体　9—调整螺钉　10—锁紧螺母

安全作用（图 2-4a）：高压油区油压上升至设定压力，高压油推动锥阀 5 克服锥阀弹簧 6 力向上打开，活塞 3 的节流槽中的油开始少量流动，活塞 3 上下由于节流槽节流作用产生压差，主阀 2 由于受此压差作用，克服活塞弹簧 4 力向上打开，大量高压油得以泄回油箱，主油路压力下降，因此保护了液压缸和油管。

吸油作用（图 2-4b）：当 E 区为负压时，油压低于油箱压力，油箱油压作用在 $\phi A-\phi D$ 的环行受力面上，推动吸入阀 1 向上打开，油箱油补进此负压区，避免生成气泡，产生气蚀。

2.2　液阻与节流口

从广义上来说，凡是能局部改变液流的流通面积使液流产生压力损失或在压差一定的情况下，分配调节流量的液压阀口以及类似的结构，如薄壁小孔、短孔、细长孔、缝隙等，都称之为液阻。

从这个广义的概念，可以看到液阻的本质性功能就是两个方面：隔压是其阻力特性（液阻前后的压力可以差别很大），限流是其控制特性（改变液阻的大小

可以改变通过的流量）。

有两种不同的液阻，一种是大雷诺数下总是取决于黏度的紊流流动的细长孔液阻，另一种是不取决于黏度的层流流动的节流液阻。

从作用原理来说，阻尼孔就是节流孔，阻尼孔和节流口实质上没有区别，当用在调节流量时，称节流口；当用作系统阻尼作用时，称为阻尼孔。一般来说，小流量先导回路称阻尼孔，主回路节流调速或背压回路称节流孔。

阻尼孔起阻尼作用，有动态和静态之分。阻尼孔在元件中起控制作用，主流量不通过它。节流孔起节制流量的作用，主流量通过它。阻尼孔直径一般在1.2mm 以下。

节流孔（阻尼孔）的节流型式很多。过流面积不能太小，要考虑最小稳定流量。节流口一般是薄壁孔，可调开度；节流孔是细长孔。从机理上来说，都是液阻原理，但是两者的最大区别在于，节流口通流量与温度无关，而阻尼孔却与温度有很大关系。

流体的黏度对节流口的节流流量特性的影响，基本上决定于节流截面的形状。随着湿周与截面积之比的增加，黏度的影响会增大。

因此，理想的节流截面形状，换一种说法——流量尽可能与黏度无关的节流截面形状，为路径短的圆形节流口（固定节流孔），如图 2-5c 所示。在该截面下，面积与周长之比达到最大值。

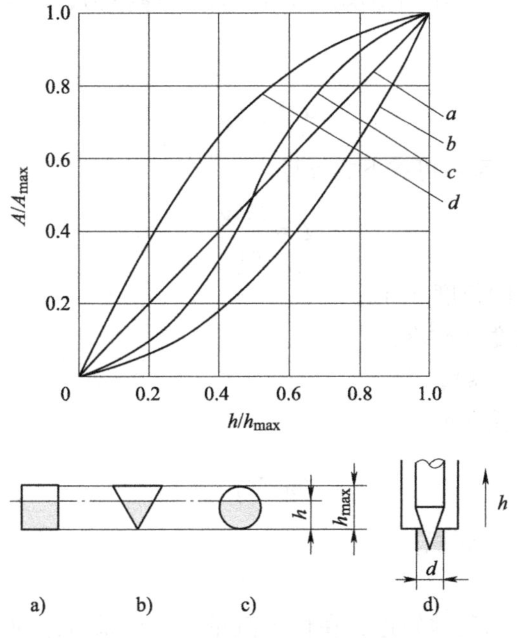

图 2-5　不同类型节流口的分辨能力

在较长的节流路径下（细长孔），黏度对流量的影响会增加。然而，要制造面积无限可变的圆形节流截面，几乎为不可能。可调针阀（可变节流孔，见图 2-5d）的节流面积和周长之比也不理想（尤其是当孔隙较小时），因而黏度的影响也会增加，且流量可调性（分辨率）也较差。可接受的一个折中方案，是等边三角形截面（可变节流孔，见图 2-5b），通过阀芯移动实现流量控制。

由图 2-5 可清楚地看到，矩形截面的节流阀（见图 2-5a）具有线性面积梯度，可控性好。三角形截面的节流阀（见图 2-2b）具有最佳的可调性（在单位行程输入下，面积的变化率较小，称其为可调性较好，又称作微调性能好）。

流量的控制是通过节流方式的流量阀来实现的。通过节流口的流量计算如下：

$$q = \alpha A\sqrt{\frac{\Delta p2}{\rho}} \tag{2-1}$$

式中 q——流量（m^3/s）；

A——节流口的开口面积（m^2）；

Δp——压力损失（Pa）；

ρ——油液密度（kg/m^3）；

α——流量系数，取决于节流口，一般取 0.6～0.9，当截面变化很大时可取 0.62。

α 有多种因素会对其产生影响，如收缩性，摩擦力，黏度和节流口形状。α 可用于喷嘴和小孔。

$$\alpha = \sqrt{\frac{1}{\xi}} \tag{2-2}$$

对于紊流，阻力系数可按下式计算：

$$\xi = \frac{l64\nu}{vd_H^2} \tag{2-3}$$

式中 l——节流段的长度（m）；

ν——运动黏度（m^2/s）；

v——流速（m/s）；

d_H——水力直径（m）。

$$d_H = \frac{4A}{U} \tag{2-4}$$

式中 A——节流口的面积；

U——湿周。

由式（2-1）可清楚地知道，在恒定流量时，如果节流面积较大，则压差可以很小，这可以防止阀的“堵塞”。

节流特性与节流孔口的类型有很大关系，细长节流孔和薄壁节流孔的节流特性见表 2-1。

表 2-1　节流口开度与节流特性

名称/型式	图形表示	节流开口面积 A/cm^2	节流特性
细长节流孔		$\frac{\pi d^2}{4}$	由于湿周小，节流较好。但因节流路径长，流量大小与黏度有关
薄壁节流孔		$\frac{\pi d^2}{4}$	由于湿周小，节流较好。节流路径几乎为零，因而流量大小与黏度无关

节流孔口如果孔径很小，就很容易被污染颗粒堵塞。所以，在实际应用的液压系统中，一般避免使用孔口直径 0.5mm 以下的薄壁孔。不得已时，使用两个 0.5mm 的孔串接。孔前有时再加入小型的过滤网。

在液压回路中常有意加入薄壁孔，其目的大致有两种：

(1) 产生压差用　这类孔，当系统处于稳态工况时，有液流持续通过，在其两侧产生一个压差，为其他元件提供控制信号。

(2) 延缓变化用　这类孔，一般设置在通往液压阀芯端面的控制腔或泵、马达变量机构的控制回路中，仅在系统处于动态变化过程中，相关部件处于运动时，才有液流通过。当系统进入稳态，相关部件位置不变后，就不再有液流通过。利用这类孔减少通过的流量，可以延缓变化，减少振荡，所以也常被称为阻尼孔。

还值得一提的是，通过节流口的压力损失先是转化为涡流，相互摩擦，最终转化为热能。根据能量守恒定律可以计算出，1MPa 压降大约引起矿物油温度升高 0.57K。

2.3　节流阀

通过改变节流截面以控制流量的阀被称之为节流阀。流量的大小决定于节流阀两端的压差，也即较大的压差会产生较大的流量。在很多不需要恒定流量（即负载运动速度）的控制场合使用节流阀即可，因为如果为此而使用流量控制阀的话，就过于复杂了。

节流阀只是能改变液阻而已，不一定能节制流量。

在以下情况下可以使用节流阀。

- 恒定的工作负载。
- 负载速度的变化无关紧要，或在负载变化时确实需要速度加以改变。

式（2-3）的阻尼系数表明流速与黏度的关系。节流长度 l 越长，黏度的变化就越可以被忽略。也应该注意到当传动介质变得稀薄（黏度减小）时，流量也会增大。阀的流量是否与黏度有关，决定于使用何种类型的节流阀。

对于节流回路中阀的开口大小有变化的场合（可调节能力），节流特性见表 2-2。

表 2-2　可调节流阀阀口开度大小与节流特性

名称/型式	图形表示	节流开口面积 A/cm^2	注意事项
针形节流孔		$\pi(d-h\tan\alpha)h\tan\alpha$	节流路径短，湿周小，因而黏度影响较低。因只需很小的环形缺口，所以小流量有堵塞危险。解析度差（与开口的变化相关的开度调节性）
纵向槽口（三角形）		$\dfrac{h^2}{\sin^2\alpha}\tan\beta/2$	节流路径相对较长，湿周相对较小，因而黏度的影响较小，几乎不会堵塞。解析度好。适用于小流量
纵向槽口（矩形）		$hb\tan\alpha$	节流路径相对较长，湿周相对较小，因而黏度的影响较小，几乎不会堵塞。解析度好。适用于小流量
圆孔形		按弓形面积计算	节流路径短，但湿周大，因而黏度影响相对较低。不太适用于小流量。因节流口为小缺口，有堵塞危险。解析度差
三角形周向节流口		$a^2\dfrac{\tan\beta}{2}$（忽略环形部分）	节流路径长，因而流量大小与黏度有关。解析度不太好，因为一般仅可能有 90°，180°两种转角

精密节流阀与黏度无关，这就使阀的流量不再依赖于流体的黏度。精密节流阀具有螺旋曲线开口和薄刃式结构，如图 2-6 所示。转动手轮，移动节流阀芯后，螺旋曲线相对套筒窗口升高或降低，改变节流面积，即可实现对流量的精密调节。

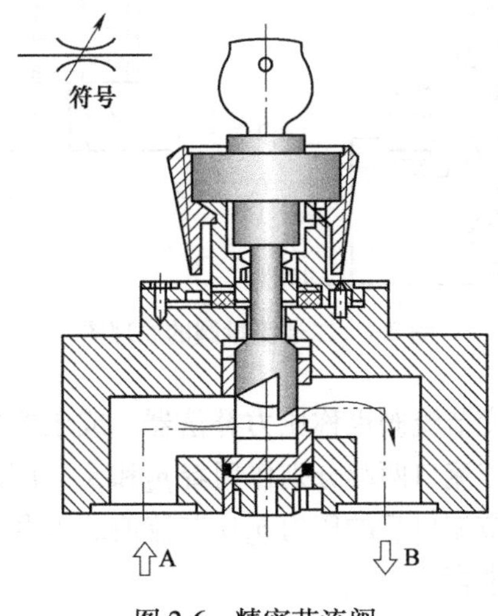

图 2-6　精密节流阀

2.4　流量阀

流量控制阀简称流量阀：用来控制液压系统流量的阀，执行器的运动速度只决定于流量阀的节流开度的大小。如果驱动设备需要得到与负载无关的恒定速度，则需使用流量控制阀。该阀的特性曲线为水平直线，也即流量与压差无关。只有当压差很小（约小于 0.8MPa）时，流量才会降低。流量阀用以在压力变化时保持设定流量的恒定，流量阀的作用就是控制执行器的运动速度不受负载变化的影响。

2.4.1　二通流量阀

二通流量阀，采用串联式减压节流型流量调节原理，也称二通流量控制阀，由二通压力补偿器+节流阀一起工作。

工作原理：为了使流量不依赖于负载压力（图 2-7），除了一个可调节流口 1（可调口），系统中还另外有一个滑阀 2 作为控制滑阀（压力补偿器）和闭环控制回路的比较环节，一旦可调节流口 1 处存在压差变动，就可将第二个可变节流阀（$\Delta p_{1、2}$）与其串联，这样一来，这些压差变化就能立刻得到补偿，从而保

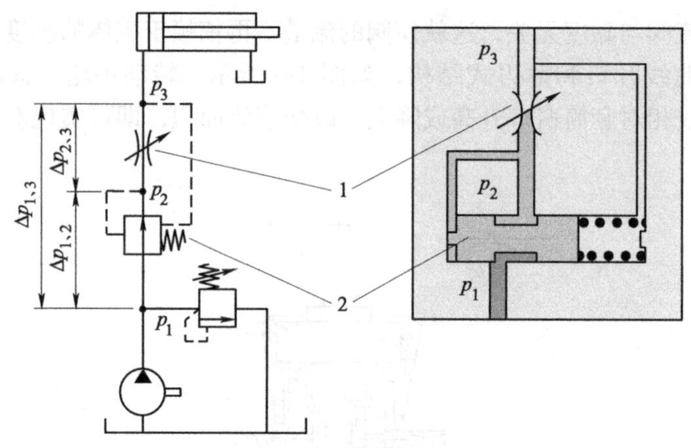

图 2-7 二通流量阀的原理图

持流量恒定。第二个可变节流阀也称压力补偿器，或压差控制器 2，有一个两端相同截面的阀芯，可变节流口两端分别作用着 p_2 和 p_3，压差 $\Delta p_{2、3}$ 需要保持不变，且始终加以监控。由于节流口后的压力 p_3 比节流前的压力 p_2 低，因此弹簧置于适当的一侧，使阀芯达到平衡。

该弹簧确定了可变节流口两端的压差，对于流量至关重要，正如节流口的截面积一样不容忽视，该压差值约为 0.6~0.8MPa。若不考虑摩擦和液动力，设阀芯的面积为 A、弹簧力为 F_{Fed}，则压力补偿器处的力平衡方程可表示为

$$p_2A = p_3A + F_{\text{Fed}} \tag{2-5}$$

$$A(p_2 - p_3) = F_{\text{Fed}} \tag{2-6}$$

$$\Delta p_{2、3} = \frac{F_{\text{Fed}}}{A} = \text{constant} \tag{2-7}$$

这就是说，当弹簧很软，调节位移又很短时，弹簧力的变化也就很小，从而节流口两端的压差 $\Delta p_{2、3}$ 总是近似保持恒定（忽略了弹簧的微小变形）。

举例而言，如果负载上升，p_3 增大；如输入压力不变，则压差 $\Delta p_{2、3}$ 产生偏差。但由于压力补偿器的截面积自动增大，使得 p_2 也增大，因而压差 $\Delta p_{2、3}$ 得以纠正而恢复常值。

随着通过流量的增大，阀中的液流阻力就增大，此时只有相应增大外部压差，才能实现流量调节功能。

就原理上来说，压力补偿器可置于可变节流阀的上游或下游。中位时，压力补偿器全开，也即此时没有液流经过流量阀。

流量的外部调节，是通过改变第二个可变节流阀的设定值来实现的。从理论上讲，这种调节就是改变压力补偿器的预紧力。

如果压力补偿器与可调节流阀串联，就成为了二通流量阀。另一方面如果压力补偿器与可调节流阀并联，就成为三通流量阀。

对多路阀而言，压力补偿器可保证执行器中最高负载压力的方向控制阀联具有恒定的压差。由于这样，这一执行器的速度就能独立于负载压力。而且，对于给定时间段未受最高压力作用的方向控制阀联而言，如也需独立于负载，则每一方向控制阀联需另加一个流量控制器，也即一个单独的压力补偿器。这种单独的压力补偿器，具有两种不同的连接方式。

如果将压力补偿器与节流阀集成组装在一起，可以形成具有调节速度/流量功能的阀，国内教材上称为“调速阀”或“流量控制阀”。流量控制阀能调节的仅仅是流量，不能直接调速，而且只有在进出口之间的压差超过阀的最低工作压差时，才能起调节流量的作用。

1. 进口压力补偿（初级压力补偿器）

初级压力补偿器（压力补偿器即二通流量阀）位于液压泵与执行器之间，且在流量阀（可变节流口）的上游（图 2-8）。在这里沿用了有些文献习惯用的压力补偿阀的符号，原理和图 2-7 符号相同，其实这种表达更形象，更准确。在弹簧一侧，可变节流口下游的相应负载压力作用于每个压力补偿器上。而与弹簧相对的一侧，可变节流口上游的压力作用在压力补偿器上。压力补偿器能保持可变节流口两端的压差不变，该压差对应于压力补偿器的调压弹簧力（控制压差）。因此，供油压力与负载压力之差，加上控制压差，就在每个压力补偿器得到了补偿（克服）。

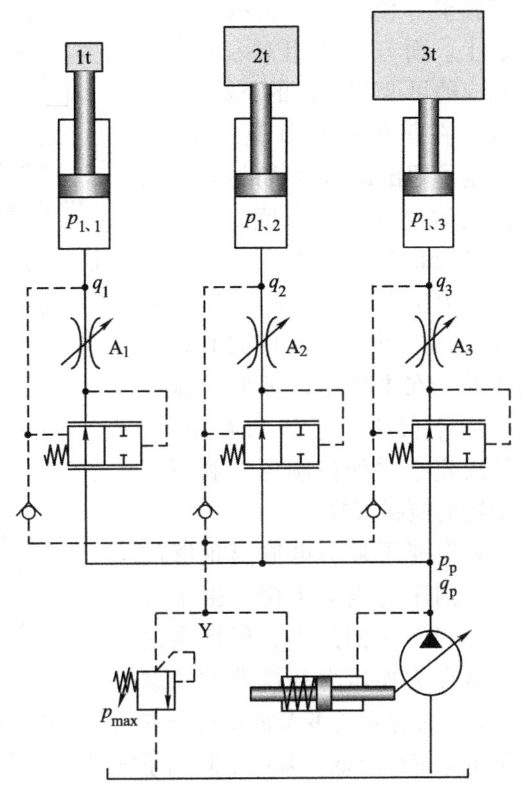

图 2-8　初级压力补偿器

在行走机械上，通常多路阀的每一联控制一个支路，它掌控着执行器的正方向和反方向运动，其阀芯移动时的开口就相当于节流阀。若正反方向都想控制速度的话，可以将每一联方向控制阀的出口处 A、B 之间连接一个三通口的梭阀（高压信号选择器），

可以从中取出正反方向实时外负载的压力信号作用于二通压力补偿器上，使得补偿阀压差上升，保证多路阀口压差为一个近似恒定数值。

注意：压力补偿器其实并不能补偿压力，而是消耗压力。

如果液压泵不能输出控制压差和可变节流截面所确定的流量，则泵压就下降。这时，压力补偿器为保持可变节流口两端的控制压差恒定，需加大截面开度。位于最高负载压力上游的压力补偿器首先全开，但已不能完成控制任务。因此，泵压就进一步降低。由于流量控制受到干扰，最高压力的负载仅在较小压力的负载之后，才会得到泵的供油。

2. 次级压力补偿器（出口压力补偿）

次级压力补偿器位于可变节流口的下游（图 2-9），与初级压力补偿器相反，最高负载压力作用在弹簧一侧的每个次级压力补偿器上。而与弹簧相对一侧，则与相应的可变节流口的下游相连。这样，在每个可变节流口下游，就设定了超出最高负载的压力值；高出的这一部分压力值，就是压力补偿器的控制压差。由于公共供油压力位于可变节流口的上游，因此全部的可变节流口具有相同的压差。在本例中，可变节流口的压差不仅决定于压力补偿器，而且决定于供油控制压差和压力补偿器的控制压差。

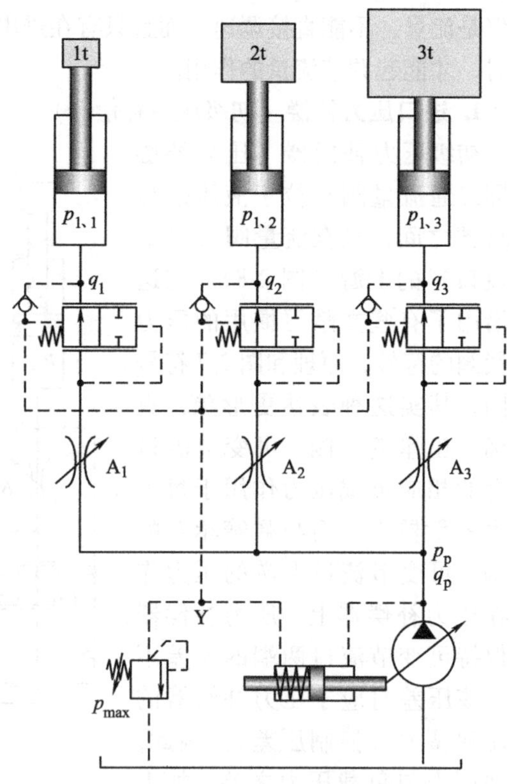

图 2-9　次级压力补偿器

如果液压泵不再输出足够的流量，则压力也会下降。由于可变节流口下游的压力，保持在最高负载压力加压力补偿器的控制压差，所以全部可变节流口的压差随泵压而下降。因此，流经所有可变节流口的流量也会持续降低。泵压下降到系统建立新的压力平衡为止。由于这样，每一执行器的速度，就会与预设值成比例地降低（公共压力供油，分流回路）。

对于行走机械液压系统，二通流量阀不作为单独的阀件列在产品系列中。相反，行走机械液压的方向控制阀块中，经常会碰到压力补偿器与可变节节流阀的组合件。在这种情形下，这些阀则用于方向控制阀特定部位的单独流量控制。

压力补偿器处于二通流量阀的上游还是下游，实际应用中没有相关定论，而是决定于设计方案。

3. 进口压力补偿器的使用要点

配置在进口的压力补偿器有明显的缺点：它在减速制动过程特别是当减速制动压力高于由弹簧设定的进口检测阀口处的压差时，就不能正常工作。

对于带有梭阀的补偿回路，在减速过程中，与压力补偿器弹簧腔相通的油压，不再来自进油侧 A，而是出油侧 B（图 2-10）。在此工况下，B 侧压力较高，它也可将压力补偿器打开，这就使通过多路阀的流量增加。

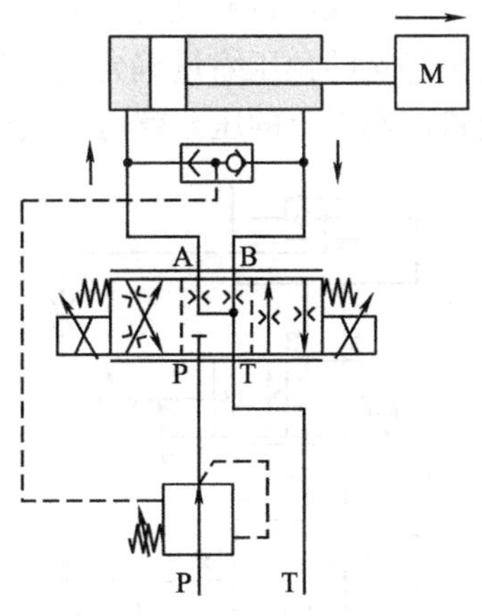

图 2-10　进口压力补偿器

这时的状况是，传动装置试图加速运动，而多路阀控制阀芯则向阀口关闭方向运动。这样一来，传动装置通过简单的节流作用（不是流量调节）减速到静止状态。

没有梭阀的回路中，由于进口压差保持不变，在传动装置上就会出现气蚀。气蚀尤其会给液压马达造成很大的损害。

通过一个制动装置，如制动阀（图 2-11）或简单的平衡阀（图 2-12）可使传动装置平稳地制动。

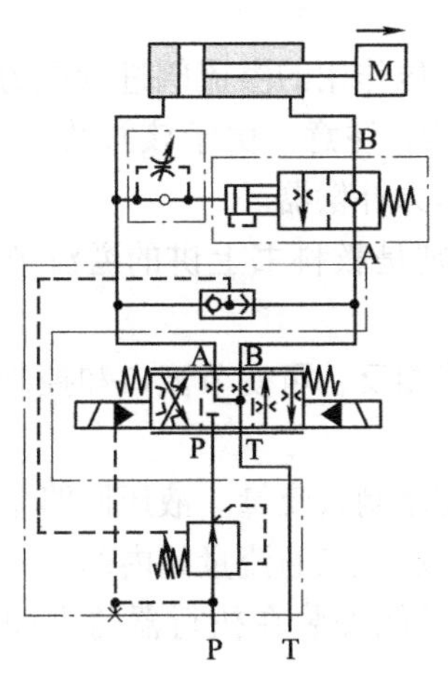

图 2-11　起支承作用的制动阀

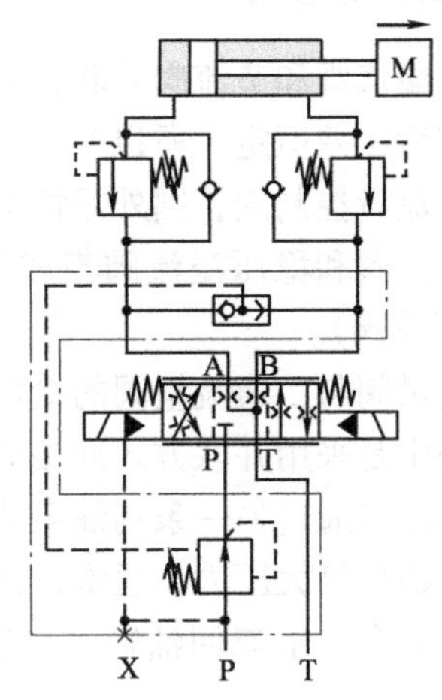

图 2-12　起支承作用的平衡阀

当没有这两种调节装置时，进口压力补偿器仅限于单方向作用负载的系统中使用。

4. 系统补充说明

(1) 最高压力限制　当像图 2-13 那样，在弹簧腔处接入一个溢流阀时，则可限制传动装置的最高压力。

(2) Δ*p* 可调　压力补偿器所控制的节流检测阀口的压差，如前所述，一般是由弹簧的预压缩量确定的。当按图 2-14 在负载取压口接上一个溢流阀时，节流检测阀口上的压差就可无级调节。

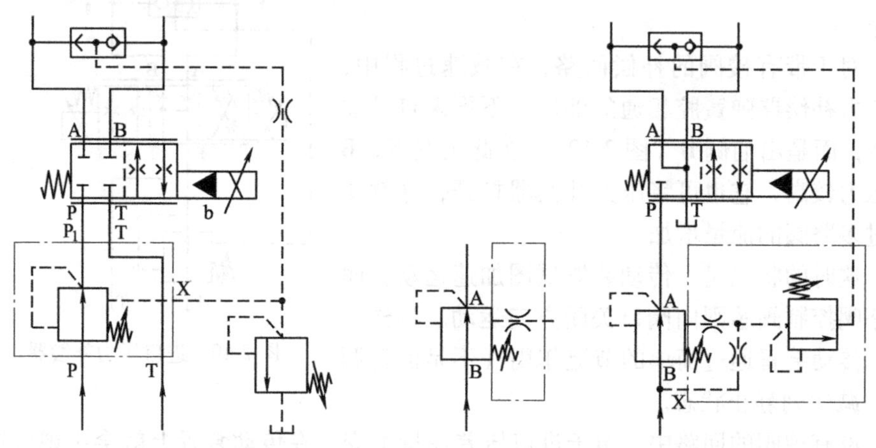

图 2-13　可限制系统最高压力的进口压力补偿器

图 2-14　用溢流阀实现 Δ*p* 可调

2.4.2　三通流量阀

组成：溢流阀和节流阀并联，原理：靠定压作用的溢流阀进行压力补偿，保持节流口前后压差恒定，所以叫三通压力补偿。注意：由于该阀共有三个通口，故又叫三通流量控制阀，国外习惯上叫三通压力补偿器。

若将节流阀和稳压溢流阀集成于一体，则是教科书上讲的溢流节流型调速阀（三通调速阀）。

三通流量阀与二通流量阀的接口连接方式相反，可变节流口和控制节流口在三通流量阀中是采用并联方式连接的。

压力补偿器通过另一条到油箱的管路来控制剩余流量。液压回路中必须设置溢流阀以防超出最大压力。通常，该溢流阀集成于三通流量阀内部。

由于有剩余流量流回油箱，三通流量阀只能安装在执行器的供油路或回油路上。

这一类型的阀，还可用卸荷端口实现几乎无压力的油液循环。

液压泵的工作压力因可变节流口的压降而只是大于液压缸的压力，然而在二通流量阀的情况下，液压泵必须形成溢流阀设定的工作压力。

因此，三通流量阀具有更小的功率损失，在系统中的效率更高，产生的热量也较少。

在这类阀（图 2-15）中，压力补偿器 2 与可变节流阀 1 的连接为并联而非串联。压力补偿器在中位时节流口关闭。驱动负载的变动，通过这一节流面积的变大或变小加以补偿，多余的流量经油口 5 回油箱。

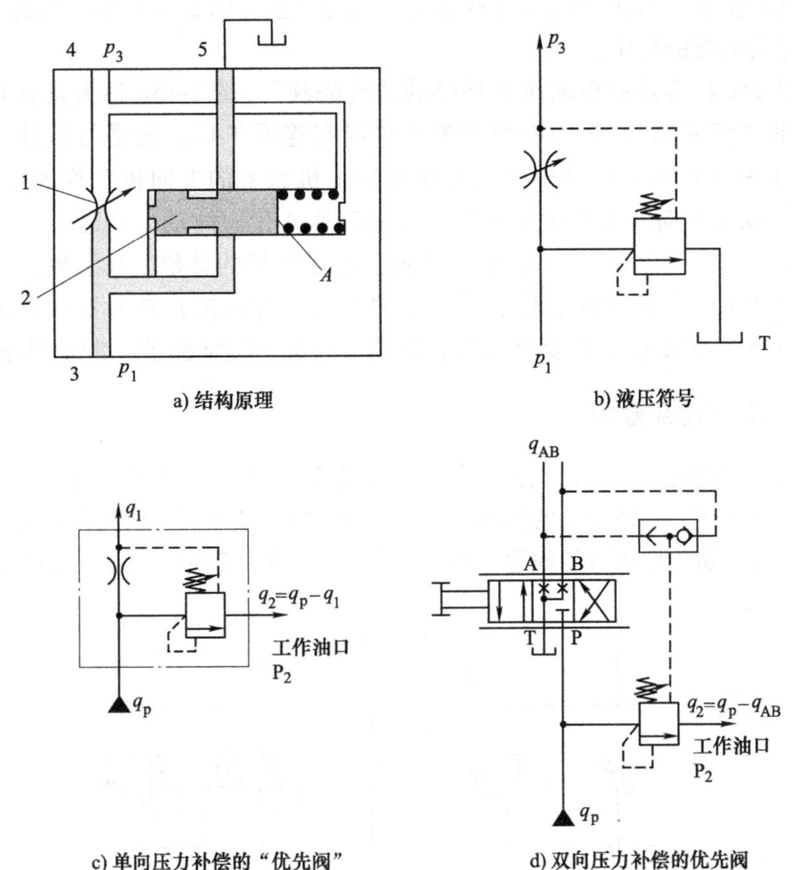

图 2-15　三通流量补偿器

1—可变节流阀　2—压力补偿器　3—入口　4—出口主要流量　5—出口多余流量油口

然而，不能实现多个三通流量阀的并联运行。这种阀只能用于定量泵系统。注意：与节流阀相反，流量控制阀只能在单方向运行。

同二通流量阀，列写压力补偿器两端的力平衡方程：

$$p_1A = p_3A + F_{\text{Fed}} \tag{2-8}$$

$$A(p_1 - p_3) = F_{\text{Fed}} \tag{2-9}$$

$$\Delta p_{1、3} = \frac{F_{\text{Fed}}}{A} = \text{constant} \tag{2-10}$$

由上式可知，在检测阀口上的压差也能保持恒定，并得到一个与压力变化无关的流量 q。

图 2-15a、b 若用于行走机械方向机的转向器时，常常称为“单稳阀”；它用于单液压泵供油，以保证转向器不随发动机的转速变化而影响方向机的忽沉忽漂，便于转向器的操作。

图 2-15c 称为具有单向压力补偿的“优先阀”，图 2-15d 称为具有双向压力补偿的“优先阀”，压力补偿器的出口没有连通 T 口，而是与另外一个支路的工作油口 P_2连通；这种阀常常用于行走机械上的方向机，称为优先阀；用于优先保证转向阀的流量不随发动机的转速变化而波动，同时多余的流量不回油箱 T 口，而是通过工作油口 P_2通向行走机械的其他工作装置，形成合流。图 2-15d 中伺服阀在工程机械上常常称为（方向机）转向器或流量放大阀。适用于对速度稳定性要求较高，且功率较大的进油路节流调速系统。

2.4.3 先导式流量阀

前面已讨论过，在直动式流量阀中，如图 2-16 所示，可变节流口 1 的两端压差，取决于压力补偿器 2 的调压弹簧。在较大的流量及相应的元件尺寸下，显然会有较大弹簧放置困难的问题。而且，考虑到阀芯行程中的弹簧力变化，因而

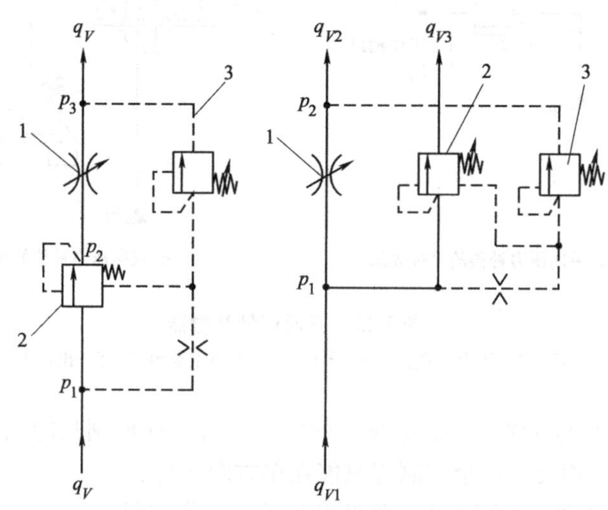

a) 在二通压力补偿器上的应用　　b) 在三通压力补偿器上的应用

图 2-16　先导式流量阀的图形符号

压差只能是大致保持不变而已。为避免这些问题，可用一个小型溢流阀3来替代压力补偿器的弹簧，这样可变节流口两端的压差就由该溢流阀来确定。为了限制控制流量，可变节流口必须位于溢流阀上游。这种先导控制原理，可在二通流量阀和三通流量阀中加以应用。

2.4.4 二通流量阀（二通压力补偿器）和三通流量阀（三通压力补偿器）的应用

如果不考虑电液控制等新技术，而仅考察传统的所谓机液压力补偿机理，则有两种基本的压力补偿器——串联于节流口的二通压力补偿器和并联于节流口的三通压力补偿器。这两种补偿器，在工程实际应用上有重要的差别。

1）三通压力补偿器多置于（节流阀口、方向节流阀口、多路（方向节流）阀阀口）的进口（在油源与节流器之间），而二通压力补偿器，既可置于进口，也可在出口（在节流器与负载之间）。

2）通常情况下，配置二通压力补偿器的系统，为定压系统。负载变化时，补偿器保持节流器前后压差不变，克服负载而多余的或大或小的压差，都消耗在压力补偿器的补偿阀口上——二通补偿器只能起到负载压力补偿作用。

3）三通压力补偿器的特点在于，在保持节流器阀口压差不变的情况下，总是使泵出口压力实时地仅比负载压力高出一个定压差——压力补偿器阀口压差，从而达到了负载适应。

2.4.5 阀的负载压力补偿与系统的负载适应控制在不同场合的不同应用

（1）一般（单向）流量阀与方向流量阀 从功能角度看，二通压力补偿器通过负载压力补偿，保持节流阀口压差不变，例如形成二通流量阀；三通压力补偿器在起到保持节流阀口压差不变的同时，使系统具有负载适应的功能，例如形成三通流量阀。从应用场合看，每一个流量阀或者用二通压力补偿器，或者用三通压力补偿器，原理上不可能同时使用这两种压力补偿器。

（2）多路阀 对多路阀而言，在一个多路阀系统中，可以同时使用二通和三通这两种压力补偿器：用一个总的三通压力补偿器，各联又分别使用二通压力补偿器。其功能是：二通压力补偿器，使单联实现负载压力补偿，即保持节流阀口压差为近似的常数（图2-17），对压力非最高的各联而言，系统压力与该联负载压力之差的能量，以使油液发热的形式消耗在补偿器阀口上；三通压力补偿器使系统实现实时的负载适应（图2-17）。

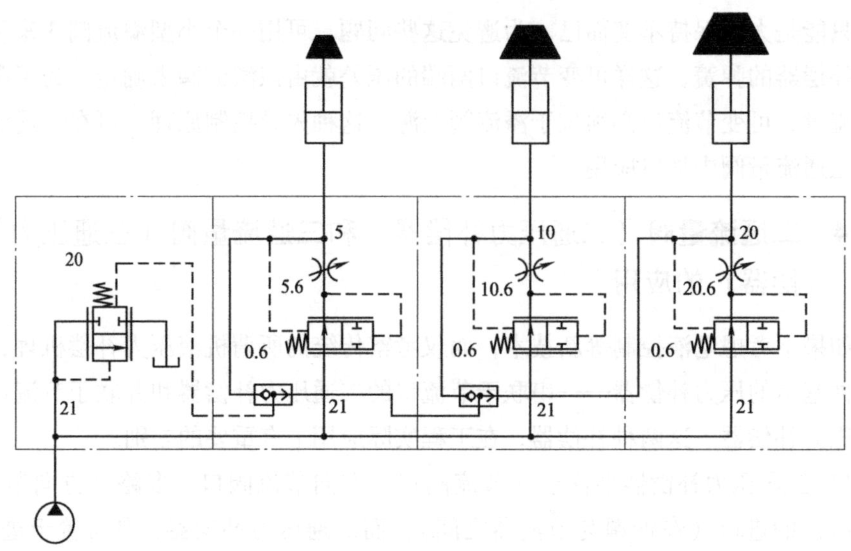

图 2-17　二通压力补偿器与三通压力补偿器同时使用

（表中数值的单位为 MPa）

2.4.6　二通和三通流量阀的其他应用

1. 组成旁路型流量调节回路

图 2-18 中，一个二通压力补偿器作为定差溢流阀，和一个节流阀 J 构成了一个旁路型的流量调节回路。这时，从油源 P 来的油，优先供应通道 S，尽可能保证一个恒定流量，多余的流量从旁路通道 R 流走，一般直接到油箱。从能耗角度来说，旁路型流量调节回路比二通流量阀节能。

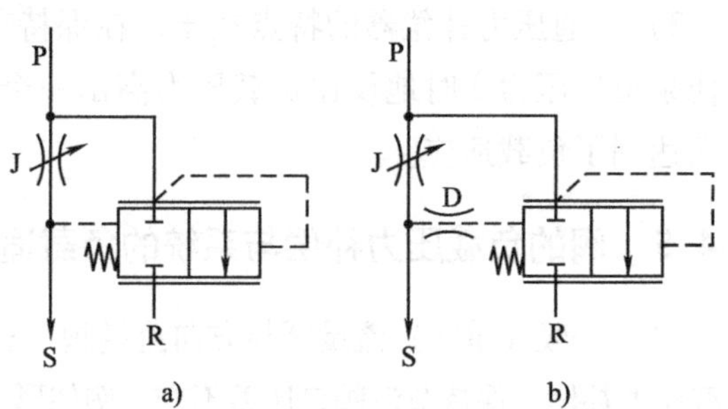

图 2-18　旁路型流量调节回路

P—油源　S—优先通道　R—旁路通道

J—节流阀　D—阻尼孔

与旁路型流量控制阀（节流溢流阀）相比，在旁路型流量调节回路中，可以根据需要，方便地加入或更换适当的阻尼孔 D（图 2-18b），起减振阻尼作用。

2. 组成负载敏感回路

使用一个二通压力补偿器 V_1，配合固定的或可调的节流口 J_1、J_2，可以组成一个负载敏感回路（图 2-19）。负载压力 p_A 或 p_B 通过单向阀 D_1、D_2 选择后，进入到定压差阀 V_1 的弹簧腔。V_1 通过旁路流出多余的油，努力使 p_p 比负载压力 p_L 高一个恒定值（V_1 的弹簧压力）。这样，进入执行器的流量 q_A、q_B 就可以基本不受负载影响，保持恒定。

V_2用于限制最高负载压力。节流口J_3起阻尼作用。节流口J_4可以在p_A、p_B已经下降后，避免p_L持续保持高压。

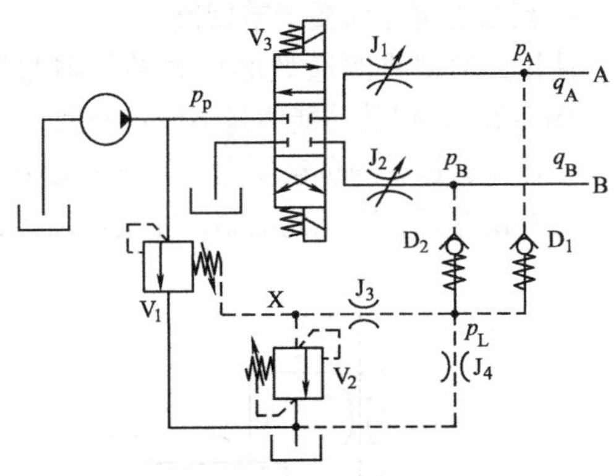

图 2-19　负载敏感回路

在工程机械液压回路中，常见的负载敏感回路（图 2-20）大量采用的是由换向部分和节流部分合并在一起的多路阀V_2，配合二通压力补偿器V_1组成的。压力补偿器V_1使多路阀V_2的进口压力p_1比负载压力p_{LS}高一个恒定值（V_1的弹簧压力）。这样，通过多路阀的流量就不受负载影响。阀V_0通过驱动变量泵的变量机构，使泵出口压力p_p比p_{LS}高一个恒定值——V_0的弹簧压力。此压力应该高于V_1的弹簧压力。压差p_p-p_1在压力补偿器V_1处被消耗掉了。

3. 组成可卸荷的负载敏感回路

如果在图 2-16 三通流量阀的压力信号回路中，再配置一个二位二通电磁阀V_3（图 2-21），则可得到一个可卸荷的负载敏感回路。这样，在V_3失电时，定差减压溢流阀V_1弹簧腔的压力降为零，V_1进口，也即泵出口的压力p就降到只有V_1的弹簧压力。

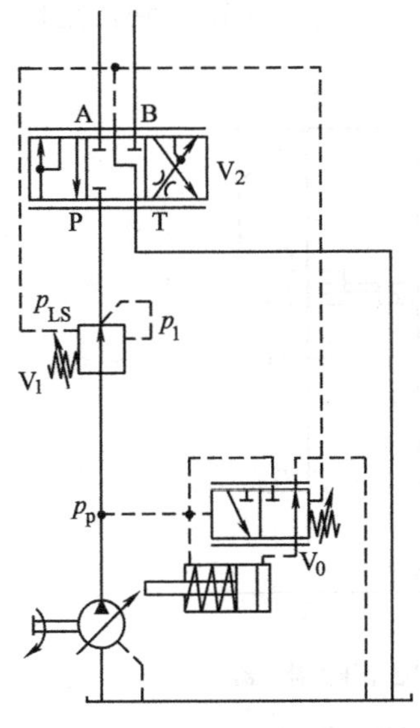

图 2-20　工程机械中常见的负载敏感回路

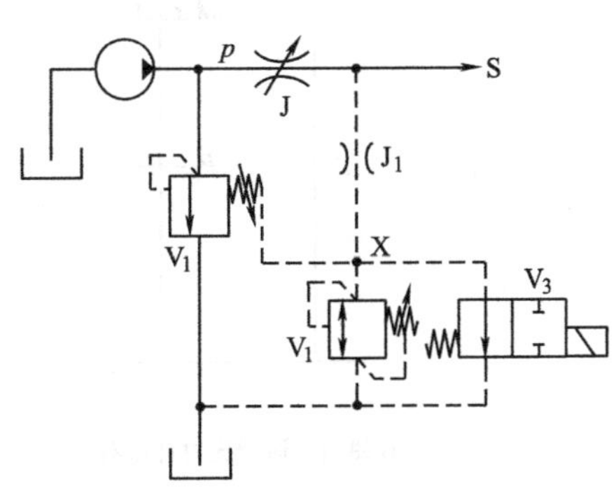

图 2-21　可卸荷的负载敏感回路

4. 组成旁通型流量调节回路

使用二通型或四通型的压力补偿器都可以组成一个旁通型的流量调节回路（图 2-22），但其功能明显不同：使用二通压力补偿器，旁路通道 R 的压力不能高于优先通道 S 的负载压力，所以一般都不接负载，直接回油箱；而使用四通型压力补偿器时，则无此限制，完全可以接另一个负载。原因分析如下。

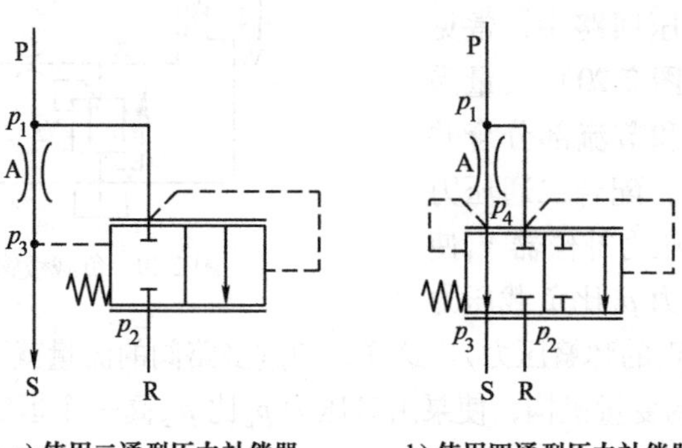

a) 使用二通型压力补偿器　b) 使用四通型压力补偿器

图 2-22　使用不同类型压力补偿器构成的旁路型流量调节回路

图 2-23a 示意了使用二通型压力补偿器时优先通道 S 和旁路通道 R 的压降。如果旁路通道 R 的压力 p_2 少量升高，导致 p_1-p_2 减小，则旁路的流量会减小。这就导致通过节流口 A 的流量增加，使 p_1 升高。就会推动压力补偿器阀芯，开大旁路口 C，使旁路的流量增加，可以一定程度降低 p_1，使 p_1-p_2 恢复到恒定值，从而使通过节流口 A 的流量保持恒定。

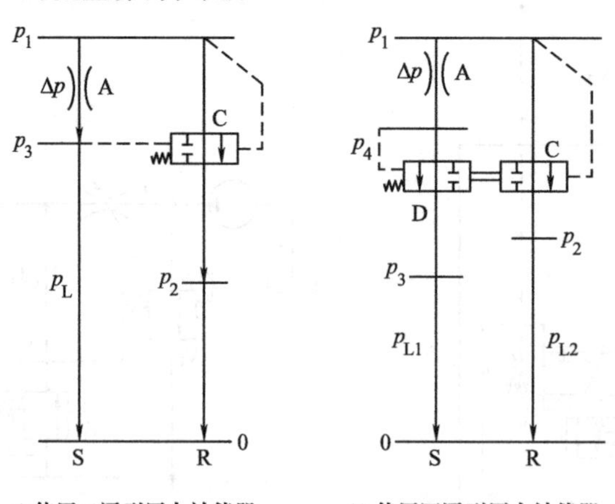

a) 使用二通型压力补偿器　b) 使用四通型压力补偿器

图 2-23　旁路型流量调节回路的压降分析图

S—优先通道　R—旁路通道　A—优先节流口　C—旁路节流口

D—优先附加节流口　Δp—固定节流口压差　p_L—负载压力

但是，如果 p_2 升高，会造成 p_1-p_2 急剧减小，通过节流口 A 的流量急剧增加，这会导致 p_2 超过了 p_3 加弹簧压力，定压差阀的阀芯就会移至极限位置，失去了定差调节作用，那么通过节流口 A 的流量就不能再保持恒定。

因此，其旁路口 R 一般都不接第二个执行器。但是，使用四通型压力补偿器时情况却不同（见图 2-23b，这里引用了张海平老师的压降图概念）。它既是一个旁路型回路，也是一个定压差阀后置型的二通流量调节回路，对优先通道而言。因为，压力补偿器阀芯能同时控制旁路通道的节流口 C 和优先通道的附加节流口 D。如果 p_2 很高，虽然 p_1 会随之升高，推动定压差阀芯，但在开大旁路通道节流口 C 的同时，也关小优先通道的附加节流口 D，这样就能升高 p_4，使优先节流口 A 两端的压差 p_1-p_4 始终保持恒定。所以，其旁路口 R 可以接第二个执行器。

因为负载压力变化，导致阀芯移动时，节流口 C 和 D 的开度同时改变，因此，响应相当灵敏。如果过于灵敏，引起振动的话，可以在阀芯两端加入阻尼孔，减缓阀芯的移动。

使用图 2-15 所示的三通型流量阀也可以组成一个类似的旁通型流量调节回路（图 2-24）。只是，此时，对优先通道而言，是一个定差减压溢流阀前置型二通流量调节回路。旁路通道 R 也可接第二个负载。

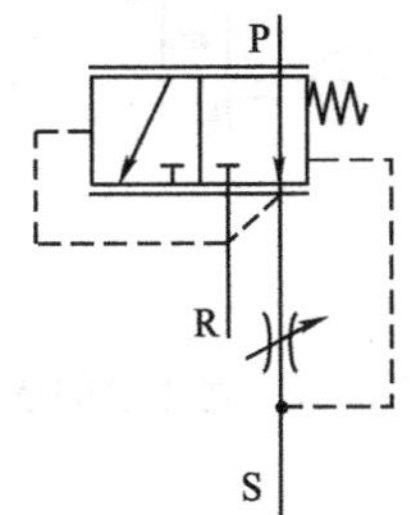

图 2-24　使用三通型定差减压阀构成的旁通型流量调节回路

2.5　滑阀

行走机械的液压控制多路方向阀，通常为滑阀式结构。这类阀的阀体中，具有圆柱孔和若干环形轴套，轴套数目对应于端口数。圆柱阀芯（滑阀）上也有若干个环形轴肩，可在圆柱孔内轴向滑动。根据阀芯与孔的相对位置不同，可在阀的端口间实现各种连通或关闭机能。

2.5.1　滑阀内的密封和泄漏

由于滑阀的特殊结构，要完全实现密封是不可能的。阀芯和阀体之间的环形缝隙（图中表示为 s），会影响相互断开的端口密封效果。

阀芯的缝隙大小，是制造成本、污染敏感度和允许泄漏量这三个因素综合权衡的结果，大约在 5~15μm 的范围内。在阀芯制造时，则是基于配对原理具体选用阀芯和阀体。遮盖量 $\ddot{U}$（图 2-25a）的选取则权衡了阀芯尺寸、阀芯行程和允许泄漏量这几个方面。在电磁操控时，阀芯行程较短，因而所需的遮盖量较小。

而在手动操纵方式下，方向控制阀阀芯的行程较长，为换向阶段的更精确控制，遮盖量设计值就较大，遮盖量 $\ddot{U}$ 和滑阀阀套与阀芯不同间隙引起的泄漏量关系曲线如图 2-25b 所示。

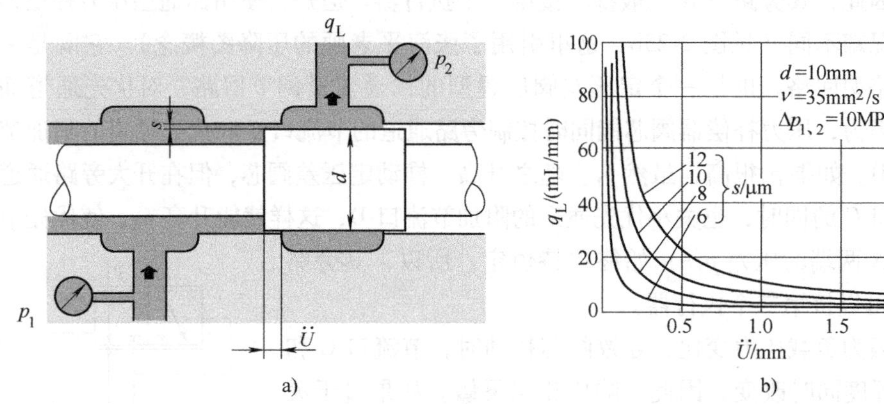

图 2-25 遮盖量的选取与遮盖量 $\ddot{U}$ 和滑阀阀套与阀芯不同间隙引起的泄漏量关系曲线

2.5.2 流动阻力（液阻）

液阻决定于阀的截面开口大小，并以压降表示（压力损失）。压力损失（压降）Δp 与流量 q 之间的关系为，$q=K\sqrt{\Delta p}$，其中 K 为常系数，也即二次方关系（抛物线）。不同的设计流量和密封型式，可得到不同的压力损失值，如图 2-26 所示。

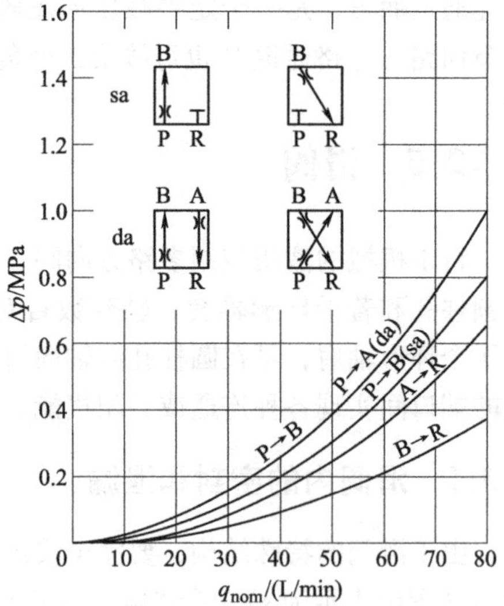

图 2-26 流量特性曲线

2.5.3 阀芯上的干扰力

作用在阀芯的径向和轴向压力，在很大程度上得到了平衡。然而，对于未得到平衡的部分（干扰力），必须在计算复位弹簧和操纵设备时加以考虑。这些力也决定着阀的运行界限。根据伯努力方程，可以看到阀芯凸肩处受力是不平衡的，流速较快的阀口，压力分布较低，因此有不平衡的力作用在阀芯上，如图 2-27 所示。

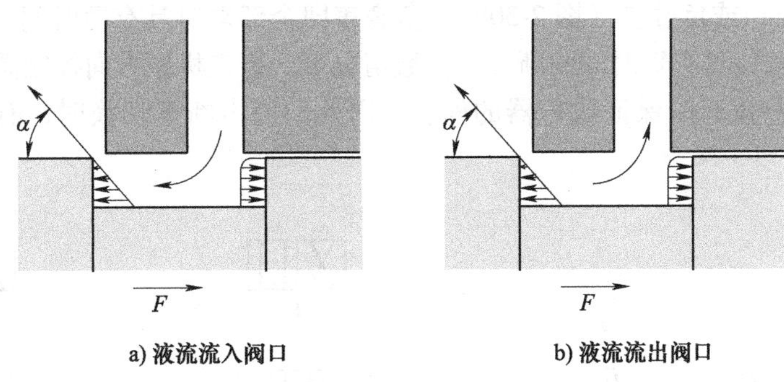

图 2-27　作用于阀芯的干扰力

2.5.4　功率域

不同类别的方向控制阀，在运行压力和流量方面具有各自不同的运行界限，这些运行界限可用图线来表示，某型号的方向控制阀的运行界限如图 2-28 所示。

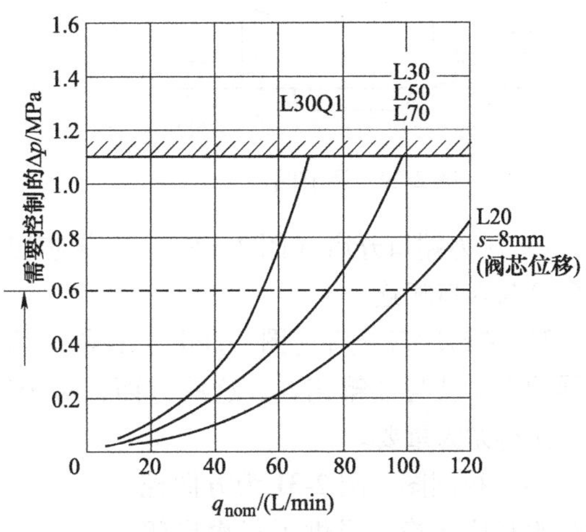

图 2-28　方向控制阀的运行界限

作为控制阀，都有一个功率域。对方向控制阀，其功率域由工作压差和通过的流量决定。方向控制阀的功率域主要受液动力的影响，液动力与通过阀口的流量和阀口压降相关。

这些运行界限，主要取决于克服阀芯的压力、液动力和摩擦力所需的操纵力大小。

2.5.5　启闭转换

由一个阀位到另一个阀位的转换，对于液压系统的运行非常重要，需考虑以下几方面。

（1）高精度控制　在行走机械液压系统中，方向控制阀经常由手动操纵，且为持续作用型。只有当阀芯的节流阀口具有恰到好处的转换时，才能在负载敏感型执行器中，有效避免启闭所引起的压力冲击。图 2-29 的阀套或阀芯周向边缘，形成了一定坡度的启/闭阀口，这样就产生了启闭转换过程中的缓冲作用。

（2）运行中的叠盖量　某些方向控制阀结构在转换过程中，具有正叠

盖（图 2-30a）或负叠盖（图 2-30b）。负叠盖即全部端口具有短时间的连通，正叠盖即全部端口具有短时间的断开。多数情况下，行走机械方向控制阀为 20%阀芯行程的正叠盖，以保证执行器的停止。因此，当由断开切换时，有以下两种可能。

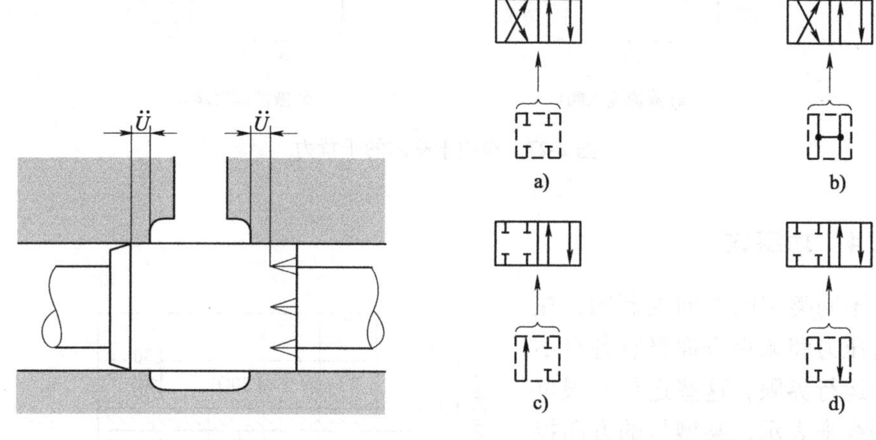

图 2-29 调节阀口

图 2-30 阀芯的叠盖

1）压力端口开启（图 2-30c）。在阀芯切换位到油箱的输出口开启之前，液压泵已与入口相连。

2）油箱端口开启（图 2-30d）。在阀芯切换位，入口与液压泵连通之前，执行器的出口已与油箱相连。这些方面，对于行走机械方向控制阀中位回路的开通，显得尤为重要。

（3）控制图　图 2-31 为方向控制阀的阀位转换，提供了每次启闭过程的确切信息。它还以图线形式说明了叠盖量与阀芯行程的相互关系。

图 2-31 表示正叠盖中位油路的互连关系，也即，在压力连到执行器之前，中位油路已先行关闭。该图也表明了油箱端口开启的状况。

（4）开启特性　方向控制阀在连续作用时，其开启特性常以流量与阀芯行程的函数曲线来表示。由图 2-32 中还可看到正叠盖（约 20%）和可变节流口所造成的影响。

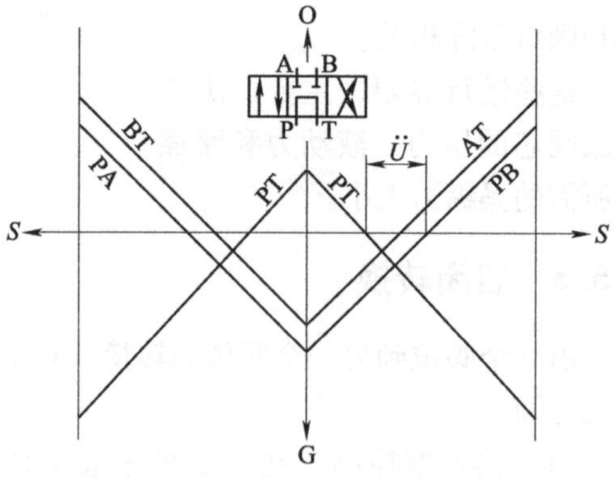

图 2-31 控制图

S—阀芯行程　O—通路打开

G—通路关闭　Ü—叠盖量

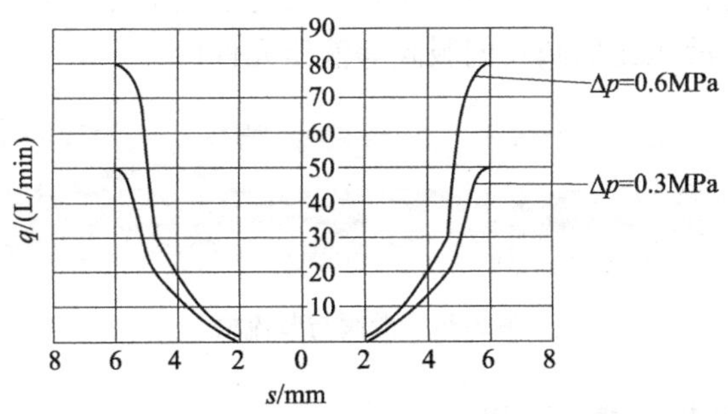

图 2-32　流量信号函数

（5）启闭时间　如果方向控制阀用作开关阀，则要求具有较短的启闭时间。举例来说，开启的电磁铁需在快速响应和开启时间上达到优化。然而，频繁的短暂开启时间会产生压力峰值和冲击，执行器也会出现加速峰值。这些现象可借助适当的辅助设备，通过延长方向阀的开启时间来加以避免。

（6）阀芯位移-通流面积特性　在多路阀方向控制阀主阀芯上制有各种形状的开口槽（图 2-34），从而可以通过阀芯的轴向移动改变各通道的通流面积。各个节流口的面积大小和相对比例可以根据需要设计。例如，形成非对称液压多路阀，从而实现液压多路阀与非对称液压缸之间的匹配控制。

方向控制阀主阀芯阀芯位移-通流面积特性一般大致如图 2-33 所示。在进口通道（P→A，B）的全行程中，一般 20%～30% 为重叠区（X_0），以减少中位泄漏，约 50% 为微调区，剩余行程为全开。出口通道（A，B→T），一般开得比进口通道早些，以减少起动阻力。

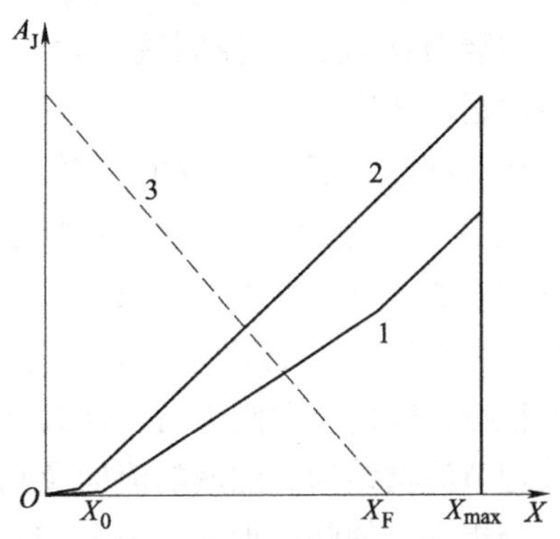

图 2-33　主阀的阀芯位移-通流面积特性
1—进口通道（P→A 或 B）2—出口通道（B 或 A→T）　3—旁路通道（PP→PT）
A_J—通流面积　X—阀芯位移　X_0—重叠区
X_F—旁路全关　X_{max}—最大位移

2.6　节流槽节流面积的计算

节流槽滑阀（又称非全周开口滑阀，见图 2-34 上阀芯上的节流槽）就是在阀芯上均布有不同形状的节流槽及其组合，其阀口的水力半径大，抗阻塞性能好，容易获得小的稳定流量，流量调节范围宽。由于其面积梯度容易控制，因此

其流量微调性能优良。由于节流槽滑阀阀口具有上述优点，因此广泛应用于工程机械液压多路阀、液压比例阀及伺服阀等液压元件中。

图 2-34 滑阀与节流槽

通过合理配置节流槽，可以获得丰富的多级阀口面积曲线（图 2-35），实施对流量的多级节流控制，满足不同工况下工程机械液压执行器对运动速度的要求，使得液压执行器起动或停止时刻平稳，工作区段能够根据工况需要分级或比例控制液压执行器的运动速度。

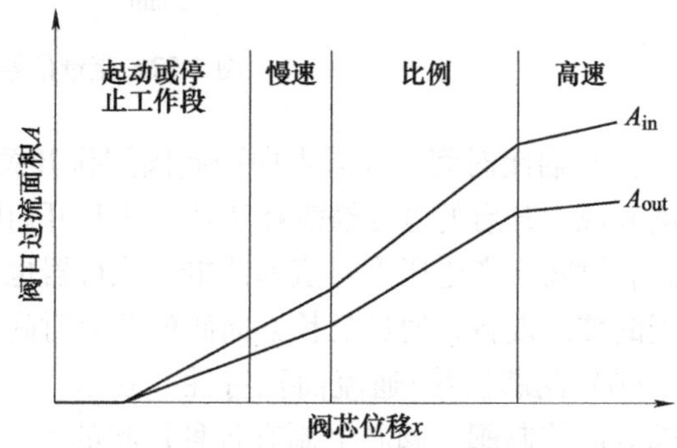

图 2-35 不同工况下的阀口面积曲线

在对液压主控制阀或液压控制系统的设计及性能预测时，计算主控制阀阀口流量是最基本的环节。液压控制阀对流量的控制特性本质上取决于其阀口面积和流量系数，节流槽滑阀的阀口面积和流量系数与传统滑阀（又称全周开口滑阀）有很大的区别。节流槽滑阀阀口面积特性较传统滑阀丰富，但其计算要比传统滑阀复杂得多；节流槽滑阀流量系数随节流槽结构、油液的流向及阀口开度变化而变化。

全周开口的阀口形式，其阀口面积梯度（即阀口周长）为定值，阀口过流面积随阀口开度线性变化，因而流量也呈线性增大趋势。非全周开口的阀口形式，只有少数阀口面积与阀口开度存在准确的函数关系式，大部分阀口由于其几何形状多变，阀腔内的流动状态也比较复杂，因此其阀口过流面积的计算还没有确定的公式可以参考。非全周阀口的阀芯在移动过程中，阀口存在多个狭小过流面积（简称节流面）的串联，所以会造成阀口过流面积的改变。因此等效阀口过流面积是将复杂的阀口流道等效为一个薄壁孔口，液压阀的进出口压差集中于此。那么确定阀口流道上一个或几个具有节流作用的几何面，将这些几何面的面积耦合即为阀口的等效过流面积。

2.6.1 节流槽节流面积的计算准则

根据节流槽的形状特征，节流槽可以分为两种典型的结构：一种是等截面节流槽，第二种为渐扩形节流槽。分别以 U 形槽、V 形槽为例，对等截面节流槽、渐扩形节流槽的阀口面积加以确定和计算。

（1）等截面节流槽节流面积的计算准则　等截面节流槽的截面形状可以是矩形、三角形、梯形等，其主要特征是在一定阀口开度范围内，其截面形状及大小不变。以 U 形节流槽（截面形状为矩形，见图 2-36a）为例，对等截面节流槽的阀口面积加以确定和计算。

对含有 U 形节流槽的滑阀应用 FLUENT 软件进行流场解析，图 2-36b 给出一种阀口开度下阀腔内的压力分布图，由此图可以看出阀口压差主要集中在 U 形槽的两个节流面：表面 A_1 和截面 A_2，随着阀口开度变化，A_1 与 A_2 的相对大小发生变化，压差的分配随之变化，U 形槽具有二级节流的典型特征。

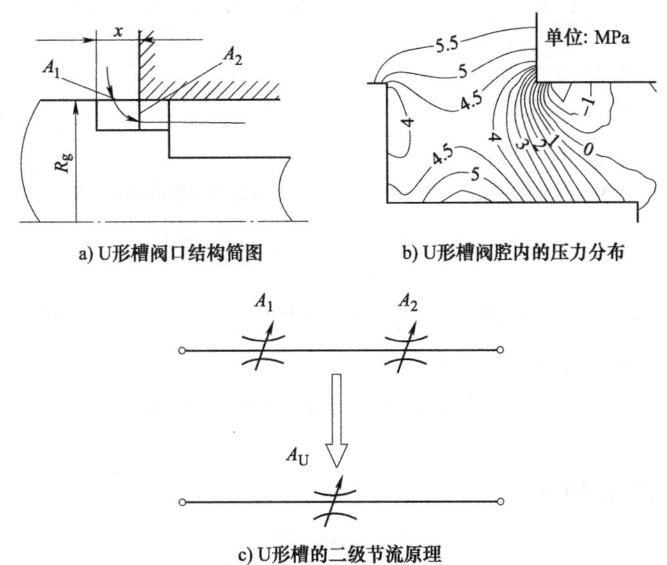

图 2-36　U 形节流槽的等效阀口过流面积

由此，确定 U 形节流槽的阀口过流面积 A_U 按两个节流面 A_1 和 A_2 的串联等效计算。

流量方程：

$$q_V = C_d A_U \sqrt{2\Delta p/\rho} = C_{d1} A_1 \sqrt{2\Delta p_1/\rho} = C_{d2} A_2 \sqrt{2\Delta p_2/\rho} \tag{2-11}$$

压力方程：

$$\Delta p = \Delta p_1 + \Delta p_2 \tag{2-12}$$

联立式（2-11）和式（2-12）得：

$$\frac{q_V^2}{C_d^2 A_U^2} = \frac{q_V^2}{C_{d1}^2 A_1^2} = \frac{q_V^2}{C_{d2}^2 A_2^2} \tag{2-13}$$

取 $C_d = C_{d1} = C_{d2}$，则 U 形节流槽的阀口过流面积为

$$A_U = \frac{1}{\sqrt{\frac{1}{A_1^2} + \frac{1}{A_2^2}}} \tag{2-14}$$

计算出表面 A_1 和截面 A_2 的面积，即可得出 U 形槽的阀口过流面积 A_U。

（2）渐扩形节流槽的计算准则　渐扩形节流槽的截面形状也可以有多种，其主要特征为截面随阀口开度的变化逐渐变大。以 V 形（截面形状为三角形）为例，对渐扩形节流槽的阀口面积进行确定和计算。

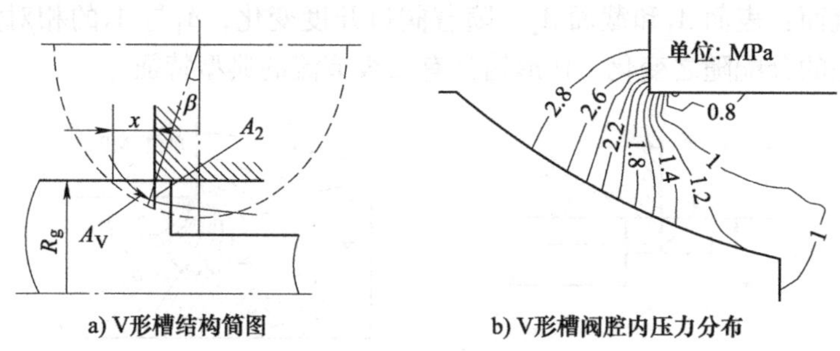

a) V形槽结构简图　　b) V形槽阀腔内压力分布

图 2-37　V 形节流槽的最小阀口面积

图 2-37 给出了 V 形槽的结构简图及压力分布解析结果，由该图可以看出，阀进出口压差集中分布在斜面 A_V 上。

V 形槽的阀口面积 A_V 可按阀口开度处的截面 A_2 在斜面 A_V 上的投影面积计算。

V 形节流槽阀口面积：

$$A_V = A_2 \cos\beta \tag{2-15}$$

式中　β——投影角。

计算出投影角度 β 及截面 A_2 的面积，即可得出 V 形槽的阀口面积 A_V。

（3）组合型节流槽过流面积计算准则　与基本型节流槽相比，组合节流槽可以获得更为丰富的多级阀口面积曲线，从而满足液压多路阀多级节流控制的需求，实际应用中的液压比例阀、伺服阀和工程机械液压主控制阀的阀口多为组合节流槽形式。由基本型节流槽的计算准则可知，等效过流面积为节流槽流道中一个或几个具有节流作用的确定几何面的液阻耦合面积，这一原则同样适用于组合节流槽。以 U+U 形、双三角+U 形（简称△+U 形）节流槽为例分别说明组合节流槽过流面积的计算准则。

1）图 2-38 是在某阀口开度 x 下节流槽内的油液流动示意图。由该图可以看出阀口压差主要集中在 4 个节流面：一节 U 形槽的表面 A_1 和截面 B_1，二节 U 形

槽的表面 A_2 和截面 B_2。当 $x \leqslant L_1$，时，$A_2=0$。其节流面的串并联等效节流原理如图 2-39 所示，A_1、B_1 串联等效得 A_{U1}，A_{U1} 与 A_2 并联后再与 B_2 串联等效得 U+U 形节流槽的阀口面积 A_{UU}，等效计算见式（2-16）和式（2-17）。4 个节流面都是确定的几何面，可以通过数学解析的方法精确计算。

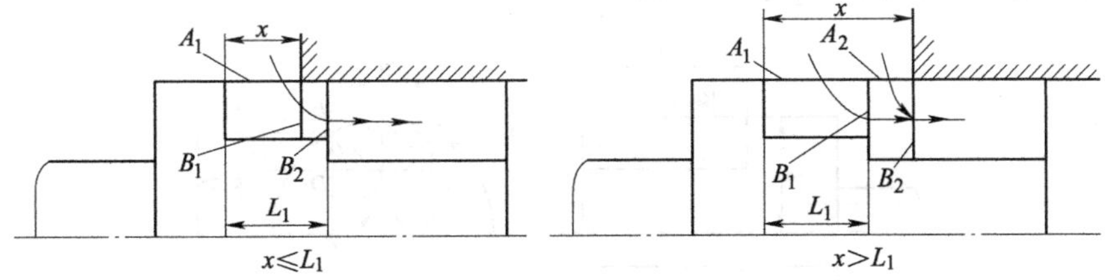

图 2-38　U+U 形节流槽内油液的流动示意图

$$A_{U1}=\frac{1}{\sqrt{\frac{1}{A_1^2}+\frac{1}{B_1^2}}} \tag{2-16}$$

$$A_{UU}=\frac{1}{\sqrt{\frac{1}{(A_{U1}+A_2)^2}+\frac{1}{B_2^2}}} \tag{2-17}$$

2）图 2-40 是△+U 形节流槽在某阀口开度 x 下节流槽内油液的流动示意图。与 U+U 形节流槽相类似，阀口压差主要集中在 3 个节流面：一节△槽的斜截面 $A_\triangle$，二节 U 形槽的表面 A_2 和截面 B_2。根据 U+U 形槽节流面的串并联效应，△+U 形节流槽的等效阀口面积为：

$$A_{\triangle U}=\frac{1}{\sqrt{\frac{1}{(A_\triangle+A_2)^2}+\frac{1}{B_2^2}}} \tag{2-18}$$

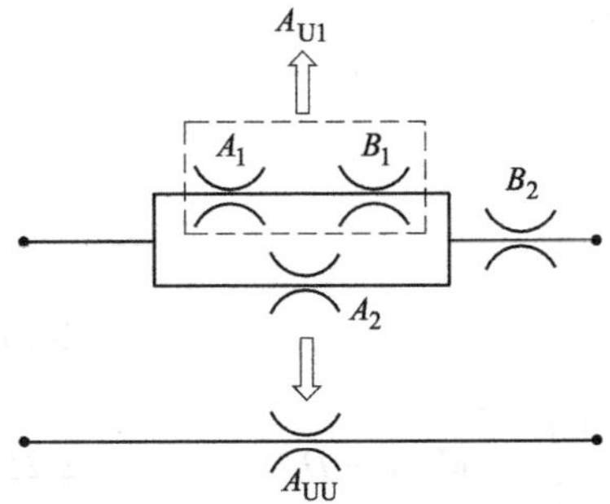

图 2-39　U+U 形槽节流面的串并联等效节流原理

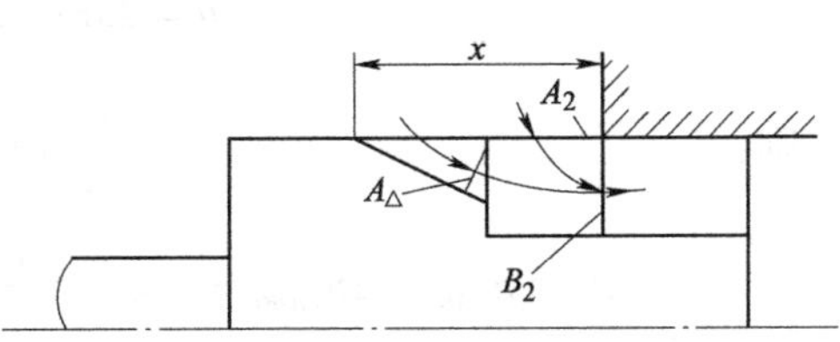

图 2-40　△+U 形节流槽内油液的流动示意图

2.6.2 节流槽阀口过流面积计算

(1) U 形槽阀口过流面积　U 形节流槽为圆柱形铣刀沿阀芯轴线方向旋转切割阀芯凸肩而成，如图 2-41 所示，节流槽前半段为半圆槽，其余为等截面流道。A_1为 U 形槽的表面积；A_2为横截面积。

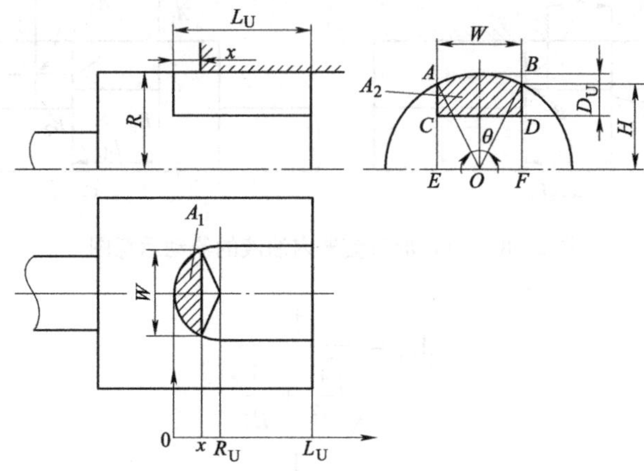

图 2-41　U 形节流槽阀口过流面积计算简图

已知参数：阀芯半径为 R，U 形槽圆弧段的半径为 R_U，U 形槽的深度为 D_U，U 形槽的长度为 L_U。其阀口过流面积计算如下。

1) 当阀口开度 $0 \leqslant x \leqslant R_U$ 时：

$$W = 2\sqrt{R_U^2 - (R_U - x)^2} \tag{2-19}$$

2) 当阀口开度 $R_U < x \leqslant L_U$ 时：

$$W = 2R_U$$

在整个阀口开度范围内（$0 \leqslant x \leqslant L_U$）：

$$H = \sqrt{R^2 - \left(\frac{W}{2}\right)^2}$$

$$\theta = 2\arctan\frac{W}{2H}$$

则：

$$A_1 = \int_0^x R\theta \mathrm{d}x \tag{2-20}$$

$$A_2 = S_{OAB} + 2S_{\triangle OBF} - S_{CDEF} = \frac{R^2\theta}{2} + \frac{WH}{2} - W(R - D_U) \tag{2-21}$$

将式（2-20）和式（2-21）代入到式（2-14）中，得 U 形节流槽的过流面积 A_U。

（2）V形节流槽阀口面积　V形节流槽为角度铣刀沿圆弧轨迹旋转切割阀芯凸肩而成，截面为三角形（图2-42）。根据图中的几何关系，得到其阀口面积计算公式如下：

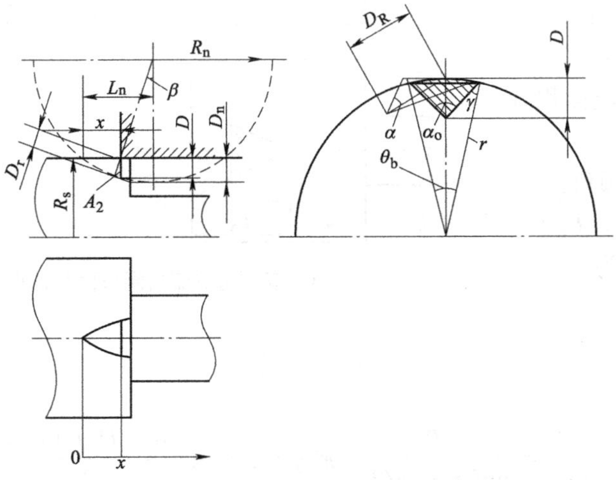

图2-42　V形节流槽阀口面积计算简图

$$L_n = \sqrt{R_n^2 - (R_n - D_n)^2}, \qquad \beta = \arctan\frac{L_n - x}{R_n - D_n}$$

$$D_r = R_n - \frac{L_n - x}{\sin\beta}, \qquad D = \sqrt{R_n^2 - (L_n - x)^2} - (R_n - D_n)$$

$$\alpha_0 = 2\arctan\frac{D_R\tan\frac{\alpha}{2}}{D}, \qquad \gamma = \arcsin\frac{(R_s - D)\sin(\pi - \frac{\alpha_0}{2})}{R_s}$$

$$\theta_b = 2\left(\frac{\alpha_0}{2} - \gamma\right)$$

截面A_2的面积：

$$A_2 = \frac{R_s^2\theta_b}{2} - R_s(R_s - D)\sin\frac{\theta_b}{2} \tag{2-22}$$

式中　α——节流槽加工刀具夹角。

将式（2-22）代入式（2-15）中，得V形节流槽的过流面积A_V。

2.6.3　其他几种阀口过流面积的计算

（1）双三角槽阀口过流面积　双三角槽是由角度铣刀沿一定角度的斜线进行差补加工而成的，截面为三角形，如图2-43所示。

已知参数：阀芯半径为 R，三角槽的最大深度为 $D_\triangle$，三角槽的长度为 $L_\triangle$，三角槽加工刀具的夹角为 α。

其阀口过流面积计算如下。

三角槽的倾角：

$\beta = \arctan(D_\triangle / L_\triangle)$

阀口开度为 x 时三角槽的深度：

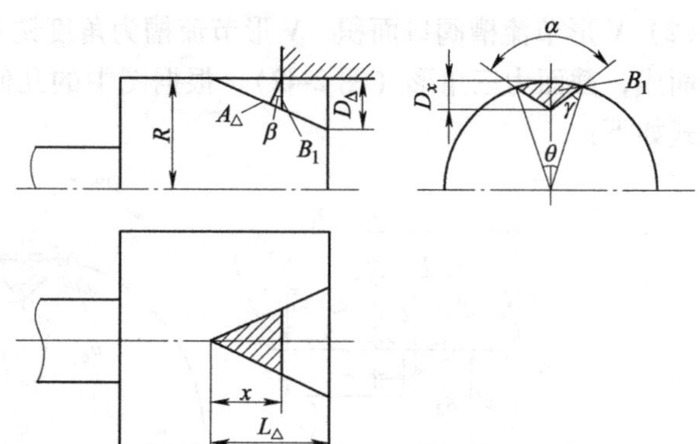

图 2-43 双三角节流槽阀口面积计算简图

$$D_x = \frac{D_\triangle x}{L_\triangle}$$

$$\frac{R - D_x}{\sin\gamma} = \frac{R}{\sin(\pi - \alpha/2)}, \text{则 } \gamma = \arcsin\frac{(R - D_x)\sin\alpha/2}{R}$$

$$\theta = 2\left(\frac{\alpha}{2} - \gamma\right)$$

$$B_1 = \frac{R^2\theta}{2} - R(R - D_x)\sin\frac{\theta}{2}$$

则三角槽的阀口过流面积： $A_\triangle = B_1\cos\beta$ (2-23)

(2) U+U 形槽阀口过流面积 其计算简图如图 2-44 所示。已知参数：阀芯半径为 R，一、二节 U 形槽圆弧段的半径分别为 R_1、R_2，一、二节 U 形槽的深度分别为 D_1、D_2，第二节 U 形槽的长度为 L_2，节流槽的总长为 L。

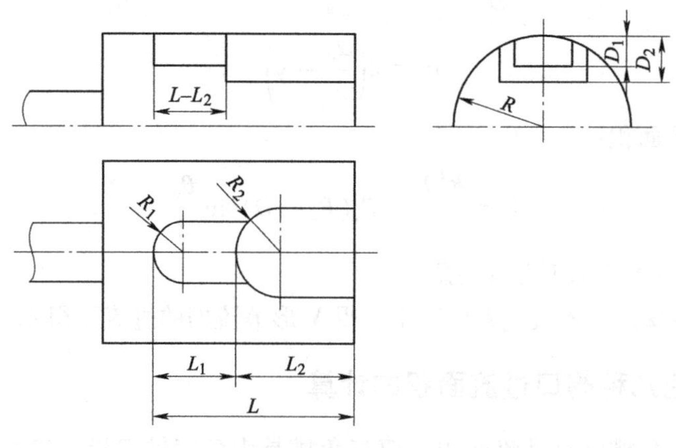

图 2-44 双 U 节流槽阀口面积计算简图

其阀口面积计算如下（A_1、A_2分别表示一、二节槽的表面积；B_1、B_2分别表示一、二节槽的截面积）。

由图 2-43 可知，$L_1=L-L_2$。

1）阀口开度 $0\leqslant x\leqslant L_1$ 时，计算简图如图 2-45 所示。

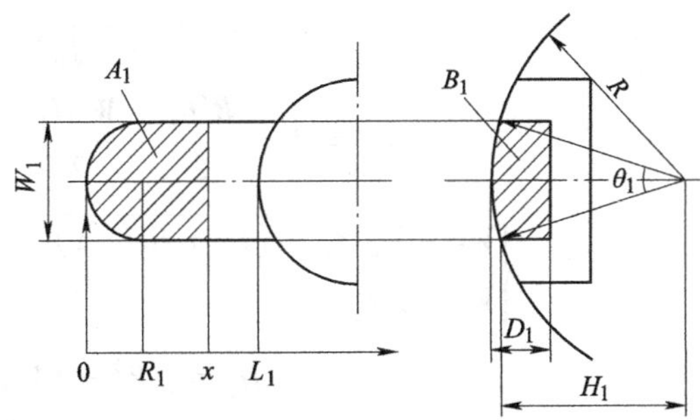

图 2-45　U+U 形槽阀口面积计算简图

首先根据不同的阀口开度计算 W_1：

$$\begin{cases} W_1 = 2\sqrt{R_1^2 - (R_1 - x)^2} & (0 \leqslant x \leqslant R_1) \\ W_1 = 2R_1 & (R_1 \leqslant x \leqslant L_1) \end{cases}$$

在此计算区域 $(0 \leqslant x \leqslant L_1)$：$H_1 = \sqrt{R^2 - (W_1/2)^2}$

$$\theta_1 = 2\arctan\frac{W_1}{2H_1}$$

$$A_1 = \int_0^x R\theta_1 \mathrm{d}x \tag{2-24a}$$

$$B_1 = \frac{R^2\theta_1}{2} + \frac{W_1H_1}{2} - W_1(R - D_1) \tag{2-24b}$$

$$A_2 = 0 \tag{2-24c}$$

$$B_2 = B_1 \tag{2-24d}$$

2）阀口开度 $L_1<x\leqslant L$ 时，计算简图如图 2-46 所示。

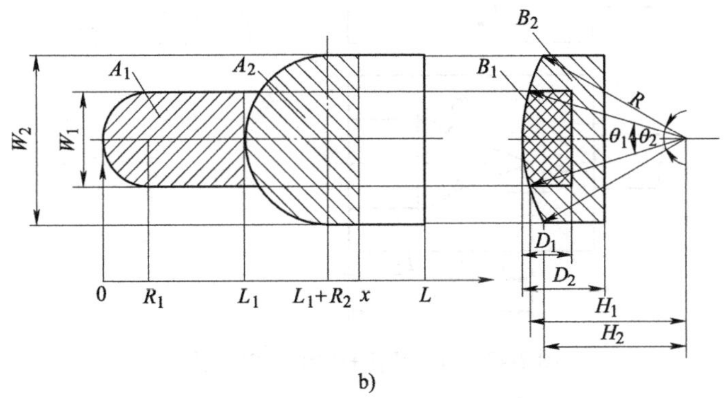

图 2-46　U+U 形槽阀口面积计算简图

在此计算区域的起始端一、二节槽交界处存在部分不重合区域，由于面积很小，计算时可将其忽略，对结果影响很小。W_1、H_1和 θ_1的计算方法同上。

$$A_1 = A_1 = \int_0^{l_1} R\theta_1 \mathrm{d}x \tag{2-25a}$$

$$B_1 = B_1 = \frac{R^2\theta_1}{2} + \frac{W_1 H_1}{2} - W_1(R - D_1) \tag{2-25b}$$

$$\begin{cases} W_2 = 2\sqrt{R_2^2 - (L_1 + R_2 - x)^2} & (L_1 \leqslant x \leqslant L_1 + R_2) \\ W_2 = 2R_2 & (L_1 + R_2 < x \leqslant L) \end{cases}$$

$$H_2 = \sqrt{R^2 - (W_2/2)^2}$$

$$\theta_2 = 2\arctan\frac{W_2}{2H_2}$$

$$A_2 = \int_{L_1}^{x} R\theta_2 \mathrm{d}x \tag{2-25c}$$

$$B_2 = \frac{R^2\theta_2}{2} + \frac{W_2 H_2}{2} - W_2(R - D_2) \tag{2-25d}$$

在不同的阀口开度下，将式（2-24）和式（2-25）代入到式（2-16）和式（2-17）计算出U+U形槽的过流面积A_{UU}。

（3）双三角槽+U形槽阀口过流面积　其结构简图如图2-47所示。已知参数：阀芯半径为R，一节△槽的最大深度为D_1，一节△槽加工刀具的夹角为α_1，二节U形槽圆弧段的半径为R_2，二节U形槽的深度为D_2，二节U形槽的长度为L_2，节流槽的总长为L。

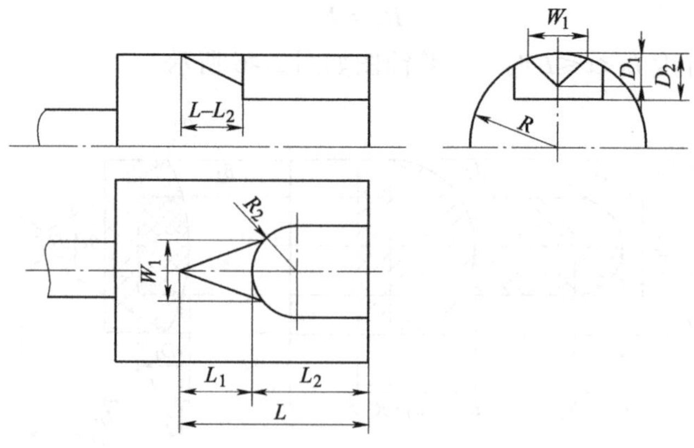

图2-47　双三角槽+U形槽结构简图

其阀口过流面积计算如下（A_Δ表示一节△槽的斜面面积；A_2、B_2分别表示二节U形槽的表面积和截面积）。

由图2-47可知，$L_1 = L - L_2$。

1）阀口开度 $0 \leqslant x \leqslant L_1$ 时，计算简图如图 2-48 所示。

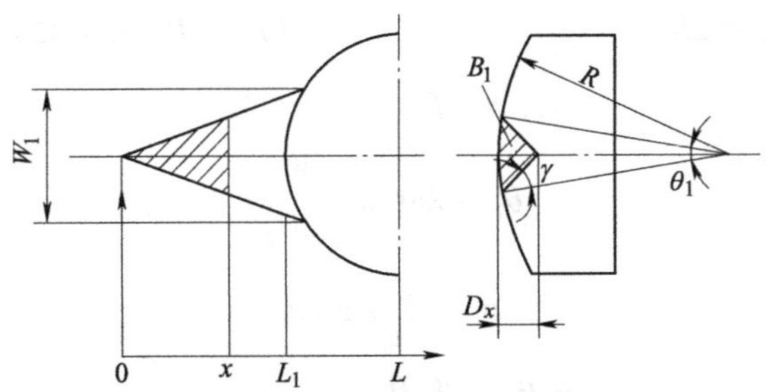

图 2-48　△+U 形槽阀口面积计算简图

设阀口开度 x 处节流槽的深度为 D_x。

三角槽的倾斜角　$\beta = \arctan(D_1/L_1)$

$$D_x = D_1 x/L_1$$

$$\gamma = \arcsin \frac{(R - D_x)\sin(\alpha_1/2)}{R}$$

$$\theta_1 = 2(\alpha_1/2 - \gamma)$$

$$B_1 = \frac{R^2\theta_1}{2} - R(R - D_x)\sin\frac{\theta_1}{2}$$

$$A_\triangle = B_1\cos\beta \tag{2-26a}$$

$$A_2 = 0 \tag{2-26b}$$

$$B_2 = B_1 \tag{2-26c}$$

2）阀口开度 $L_1 < x \leqslant L$ 时，计算简图如图 2-49 所示。

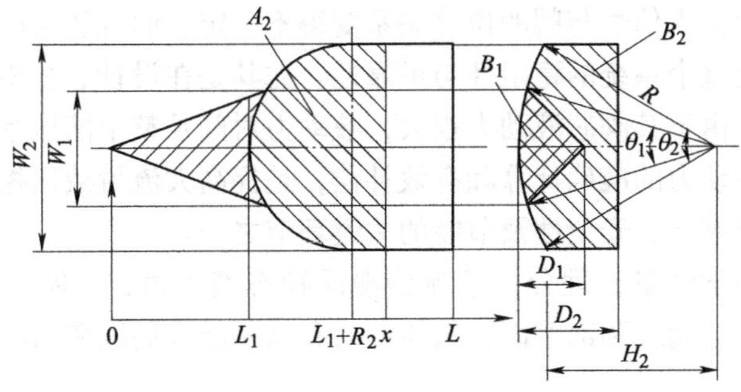

图 2-49　△+U 形槽阀口面积计算简图

$A_\triangle$ 的计算方法同上所述。此时三角形的面积 $A_\triangle$ 为 $L=L_1$ 时。

$$\begin{cases} W_2 = 2\sqrt{R_2^2 - (L_1 + R_2 - x)^2} & (L_1 \leqslant x \leqslant L_1 + R_2) \\ W_2 = 2R_2 & (L_1 + R_2 < x \leqslant L) \end{cases} \tag{2-27a}$$

$$H_2 = \sqrt{R^2 - (W_2/2)^2}$$

$$\theta_2 = 2\arctan\frac{W_2}{2H_2}$$

$$A_2 = \int_{L_1}^{x} R\theta_2 \mathrm{d}x \tag{2-27b}$$

$$B_2 = \frac{R^2\theta_2}{2} + \frac{W_2H_2}{2} - W_2(R - D_2) \tag{2-27c}$$

在不同的阀口开度下，将式（2-26）和式（2-27）代入到式（2-18）计算出△+U 形槽的过流面积 $A_{\Delta u}$。

根据以上的计算方法类推，只要计算出节流槽整个流道上几个具有节流作用的确定几何面的面积，根据节流面的串并联效应，即可计算出两节以上其他组合节流槽的等效过流面积。

2.7 液动力的计算

液动力在液压主控制阀的受力分析中最为关键。进行液压阀的设计、分析和试验时，必须对其工作过程中的力学特性有透彻的了解，其中最基本的就是对阀芯受力（液压力、弹簧力、稳态和瞬态液动力、摩擦力、惯性力等）进行定性分析和定量计算。在液压主控制阀阀芯受到的所有力中，最难准确计算的就是液动力。液动力对液压系统的性能影响很大，它不仅是设计控制阀所必须考虑的重要因素，而且其方程还是分析液压系统特性的基本方程之一。液动力不仅会影响阀的操作力，使输入信号与阀的位移关系变得不确定，而且还可能造成阀的自激振动，进而影响整个系统的稳定性与可靠性。尤其是在设计、分析和试验大流量液压控制阀时，由于其阀芯液动力很大，液动力对阀及整个液压系统的性能影响更大。对阀芯液动力的准确计算和有效补偿，是提高大流量液压控制阀及其系统操作舒适性、可靠性、安全性及节能的关键环节之一。

运用流体力学动量定理分析节流槽滑阀稳态液动力，控制体由阀芯左右壁面、节流槽壁面、阀芯颈部壁面、阀体壁面和阀芯凸肩周围壁面组成，如图 2-50 所示。

（1）流出方向　由图 2-50a 写出液动力 F_f 的公式：

$$F_f = \rho q_V v_1 \cos\theta_1 - \rho q_V v_2 \cos\theta_2 \tag{2-28}$$

流出节流槽时，流入速度 v_1 很小，可以忽略流入动量，则其液动力公式可

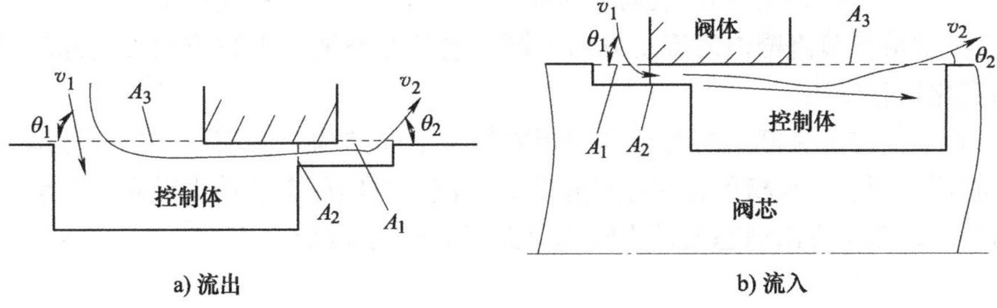

a) 流出　　b) 流入

图 2-50　节流槽滑阀稳态液动力分析

写为：

$$F_f = -\rho q_V v_2 \cos\theta_2 = -2C_d^2 A_2^2 \cos\theta_2 \Delta p / A_1 \tag{2-29}$$

式中　ρ——密度，取 889kg/m^3；

C_d——流量系数；

A_2——节流槽阀口面积；

θ_1，θ_2——阀口流束射流角；

v_1——入流速度；

v_2——出流速度；

Δp——阀口压降；

A_1——流束离开控制体的过流面积。

由式（2-29）可见，流出节流槽方向时，非全周开口滑阀稳态液动力方向始终使阀口趋于关闭，液动力大小取决于阀口压差、阀口流束射流角、节流槽阀口面积和流束离开控制体的过流面积。

（2）流入方向　流入节流槽方向时的控制体如图 4-47b 所示，稳态液动力的计算公式同样为：

$$F_f = \rho q_V v_1 \cos\theta_1 - \rho q_V v_2 \cos\theta_2 = 2C_d^2 A_2^2 \Delta p \left(\frac{\cos\theta_1}{A_1} - \frac{\cos\theta_2}{A_3}\right) \tag{2-30}$$

流入速度 v_1并非是阀口处的流束射流速度，而是过流面积 A_1上的平均流速。稳态液动力的方向和大小取决于流入与流出控制体的动量大小，节流槽阀口开度中间区段，由于面积 A_1 比 A_2大得多，所以其数值不大。加之入流角度 θ_1较大，所以其流入动量在阀口开度较大时即公式第一项并不大；而流出动量的速度虽然因流束在阀腔的阻力及扩散作用下，速度有一定降低，出流角度在阀口开度中间段较小，所以流出动量比较大，其数值超过流入动量时，液动力将反向使阀口趋于开大，这就是在非全周开口滑阀的阀芯位移中间区段，液动力使阀口趋于打开的原因。阀口开度很小时，入流速度很大，式（2-30）可为正值，液动力使阀口趋于关闭；在阀口很大时，由于流束向阀芯偏移，出流角度很大近似为 90°，所

以式（2-30）第二项很小，液动力同样使阀口趋于关闭。由此得出：

1）油液在节流槽内的流动方向不同，阀芯稳态液动力数值和方向随阀口开度的变化均有变化。

2）油液在节流槽内的流动方向相同时，不同结构节流槽滑阀稳态液动力的特性有所不同。节流槽的控制流量相等时，流入方向稳态液动力随阀口开度的增大而减小，流出方向稳态液动力随阀口面积的增大而减小。

第3章　多路阀的结构组成

3.1　概述

为了便于液压技术的广泛应用，将液压系统分为固定机械液压（或工业液压）和行走机械液压两大类。

固定机械液压，即位置固定的液压系统，如机床，注塑机（特别是吹模机），压力机，轧钢机，及建筑材料成型机械等固定机械的液压系统。

与此相对应的，是行走机械液压，即可移动或行走的液压系统。这两类液压系统，在设备技术和回路方面存在一些重要差异。但对于某些类别的设备而言，这种差异并不明显，因为它们在两类机械中皆可使用。

行走机械液压系统的特点见表3-1。

行走机械液压系统在某些方面的特殊要求，与标准液压系统有很大差别。因此，行走机械液压典型元器件的开发就不可避免。这些特殊特性包括：

1）液压泵的驱动是蓄电池供电的电动机，或内燃机驱动。驱动功率受到蓄电池或可装载燃料量的限制，加油等于工作中断。

2）为完成行走机械较广范围的运动机能，液压系统的能耗需降低。

3）行走机械的现有空间有限，因此其液压元件的功率密度（功率体积比）应尽可能高，体积小，管道少，质量轻，从而促进了多功能集成的紧凑型元件的研制与开发。

4）行走机械有允许的自重限制，油箱的尺寸有限，故而应尽可能减轻液压元件的质量。

5）一般，行走机械为手动操纵。因此对于控制元件（如方向控制阀模块）的设计位置和操作，还有人体工程学方面的要求。

6）行走机械的环境条件较为严酷，尤其是工作温度范围较大（-20～+60℃），有湿气、尘埃、污染物和化学物（化肥），还有崎岖地面所引起的动应力载荷。

7）没有标准液压系统的孔道布置现成规范标准。液压元件需适应机器

制造商设定的连接条件，且在绝大多数情况下，不同厂商的产品不具备互换性。

8）发动机转速不恒定，即泵流量可变。引擎不能过载，因此需要一个负载限制设备。

9）灵敏，操作简便，操作行程短，不同类型的操作，直接、毫不拖延、没有反弹，宽而恒定的精细控制范围，高分辨率并联运行时不同执行器的影响特定应用的评级和优先级。

10）机舱内噪声和温度影响小。

11）高可靠性，少维护性。

表 3-1　行走机械液压系统的特点

使用地点	室外 变化的，自行式，牵引或运输 崎岖地形	环境温度，阳光，雨，雪，风暴，沙尘暴，岩石坠落 振动，冲击 道路通行能力
能源	柴油机	变速，有限的燃料库存，重新加油等于工作中断
操作者	人 元件	经验，身体状况 杠杆，踏板，开关（力，行程）
操作位置	客舱，驾驶人座椅，吊舱，遥控，遥控器或电缆	舒适的
工作周期	可变连续运行，季节性运行 变化：短工作，长途旅行，或者相反，半固定操作	需求：可靠性，稳健性 在控制概念中被考虑
液压元件	特殊的	不标准，与应用和串联的数量有关

由于行走机械液压系统需对同时或顺序运行的多个功能，进行手动（或电动）换向操纵，因此采用多路阀是十分必要的。然而，相比工业液压中广泛使用的阀块技术，这里的多路阀在紧凑的结构设计，以及各部分功能的更高集成度等方面，又有很多的不同之处，工业液压系统和行走机械液压系统的对比如图 3-1所示。

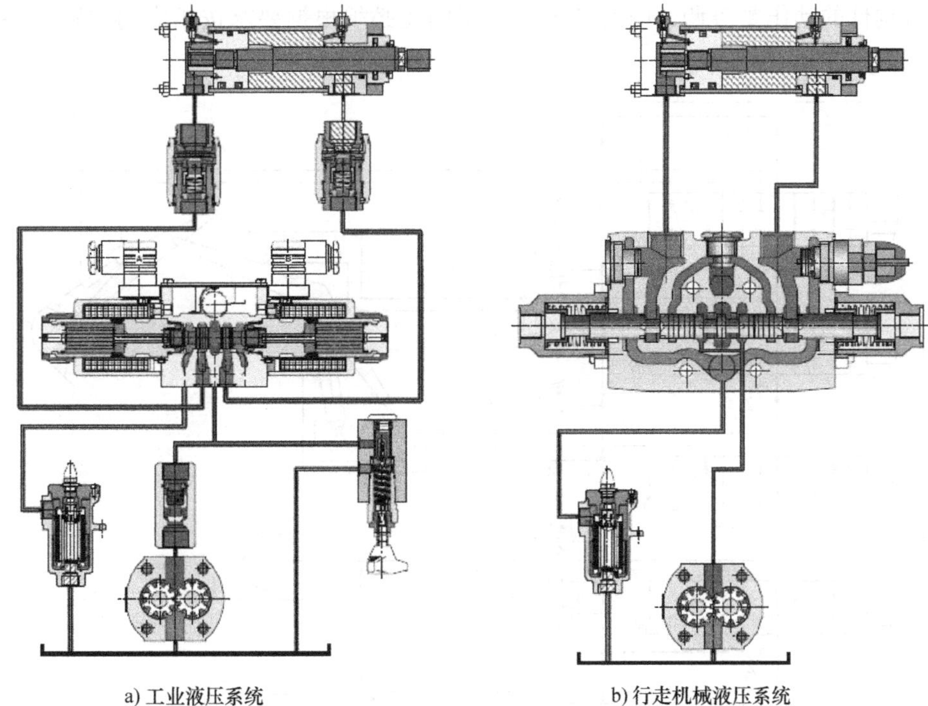
a) 工业液压系统　　b) 行走机械液压系统

图 3-1　工业液压系统和行走机械液压系统的对比

3.2　多路阀的应用、定义和构成

行走机械的一个主要特点就是，采用各种执行器来实现多种功能和要求。对这些执行器各种动作的控制方式大都采用液压方式。实际中的很多情况下并不要求这些执行器全部同时动作，所以会采用多个执行器合用一个或两个泵的情况。在这种情况下，如果这些执行器的各种液压元件是离散分开使用的，则阀板或管道连接的布局将变得非常复杂，因此通常可以通过多路阀实现。例如，工程机械中的挖掘机（单斗挖掘机和斗轮挖掘机）、土方机械（装载机、推土机、铲运机、平地机）和工程起重机（汽车起重机、轮胎起重机、履带起重机等）都采用了多路阀操纵的液压传动系统。

举挖掘机的例子来说，挖掘机的工作装置一般由铲斗、斗杆、动臂、支腿及回转机构等组成。图 3-2 为某小型轮式液压挖掘机的液压系统简图，挖掘机的铲斗、斗杆、动臂及左右支腿各用一液压缸驱动，回转机构由液压马达驱动。挖掘作业时，各构件均应能作往复运动，当然也要能保持静止不动，这样，每一只执行器均要由相应的方向控制阀控制其正、反动作及锁住不动。此外，作业时还要

求各构件的动作要协调，因而各方向控制阀还必须根据要求按相应的油路连接起来。

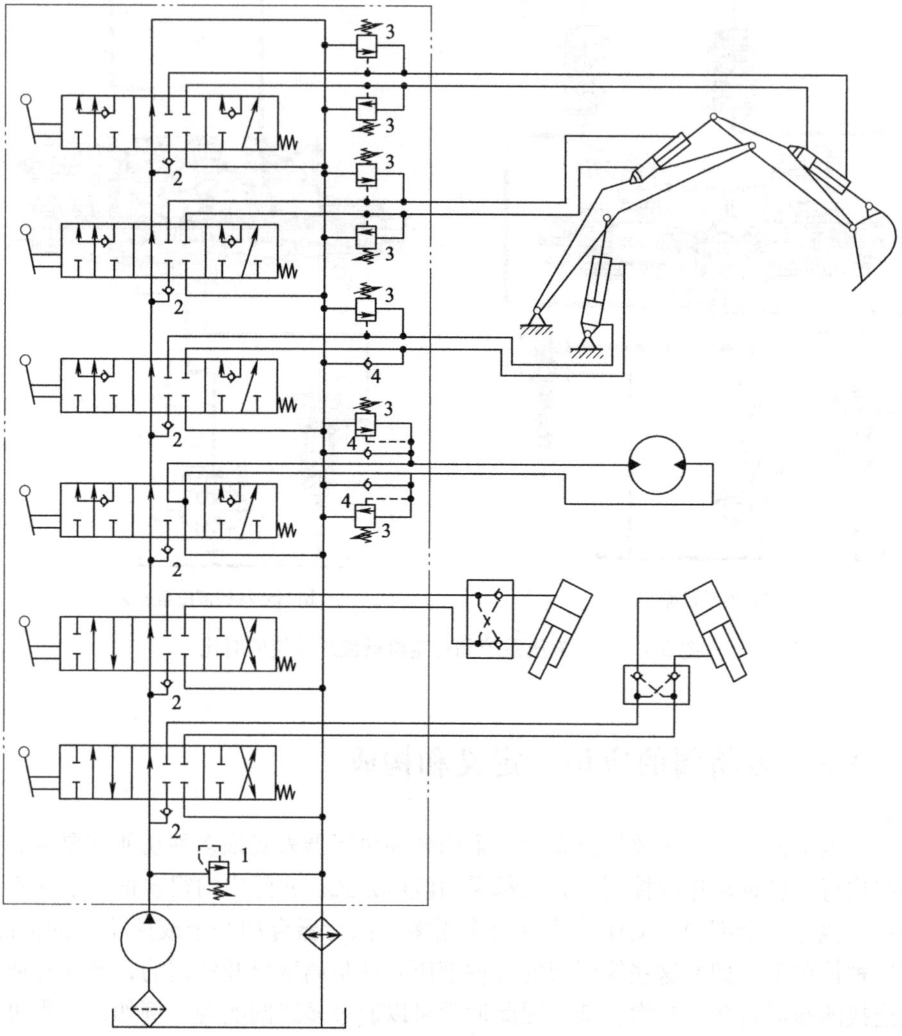

图 3-2 小型轮式液压挖掘机液压系统简图

为防止液压泵过载，在液压泵的出口处必须装设溢流阀 1 作为整个液压系统的总安全阀。为防止方向阀换向过程中阀前油压瞬时过高，方向阀的轴向尺寸链常采用正开口（图 3-3 中 $K>F$）。如果需要升起动臂，使阀芯向右移动（图 3-2），当移动距离为（$F\sim K$）时，阀的四个口全通。因为动臂缸承受很大的负载，故其下腔的油压很高，此时动臂缸下腔的液压油可能由 A 口经 P 腔和 T 口倒流回油箱，于是动臂反而下降，只有当换向阀阀杆移动距离超过 K 后，P 与 T 口间的通道被截断，从 P 口进入阀的油液才会进入 A 腔，然后进入动臂缸下腔，动臂才开始上升。这种由于方向控制阀采用正开口的尺寸链，在其换向过程中造成动臂瞬时下降然后才升起的现象俗称“点头”现象。要想克服这种现象，应在进油路上加进油单向阀 2（图 3-2），以阻止工作口的高压油经进油口向回油口倒流。挖掘机的其他工作机构也都有类似的情况，因而每一联换向阀都加了进油单向阀。对于图 3-4 所示的这种普通三位四通阀，上述进油单向阀是无处可加的，故为了加此单向阀，工程机械用多路阀的方向控制阀均不采用图 3-4 所示的四槽结构。

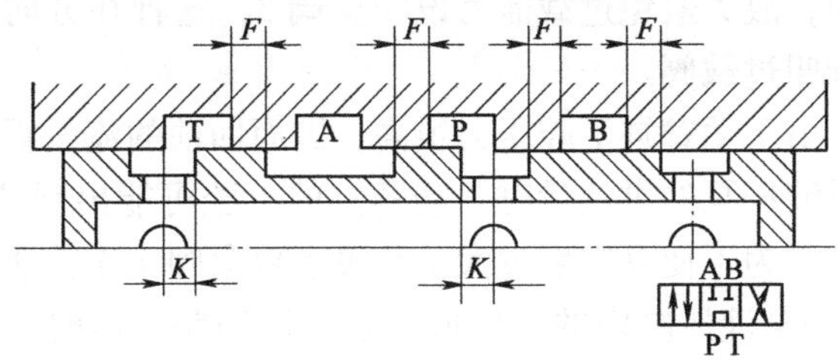

图 3-3　封油长度 F 与开口量 K

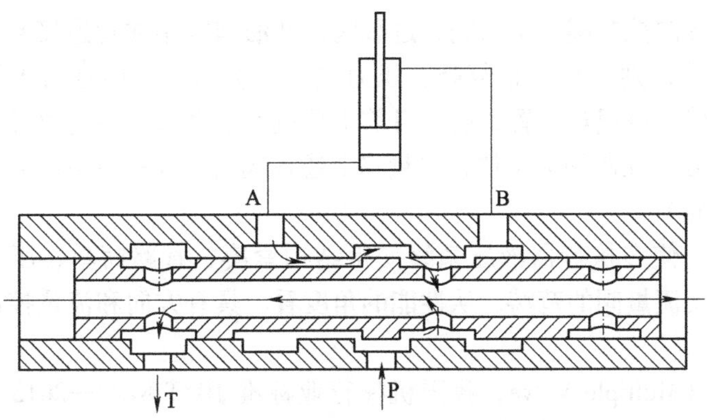

图 3-4　会造成“点头”现象的方向控制阀

确定封油长度 F 时，主要应考虑 F 与开口量 K 的关系。由图 3-3 可以看出，若 $F>K$，则滑阀在换向过程中，离开中位走完距离 F 时，P 腔将处于完全封闭状态，封闭量为（$F-K$），因此，在阀芯的 K 至 F 这一段行程内，泵输出的油液将不能通过方向控制阀，使阀前系统中的油压突然增高，造成压力冲击与振动。这种具有 $F>K$ 的尺寸链的阀称为负开口结构。若 $K>F$，则阀芯换向过程中，离开中位的 F 至 K 这一段行程内，P、A、B、T 口全通，这就不会出现上述进口油压突然增高的现象，但如果 A（或 B）腔原来的油压比较高（执行器有负载的情况下），这时可能造成 A 或（B）腔油压突然降低，（$K-F$）值越大，压力下降现象越严重。这种具有 $K>F$ 的尺寸链的阀称为正开口结构。

为避免油压冲击，目前生产的方向控制阀多为正开口结构，使开口量 K 略大于封油长度 F。滑阀的总行程为 $S=F+K$。

当需要某一工作机构（例如斗杆）的斗杆缸不工作时，相应的方向控制阀处于中位，两工作油口均被封闭，此时由于其他机构（例如铲斗）在工作，可能使这个铲斗缸的油压很高，此外，有的工作机构在运动过程中突然停止时（例如动臂下降过程中突然停止，转台回转过程中突然停转等），在其动臂缸或回转马达的一腔也会造成很高的油压。在上述情况发生时，换向阀已回到中位，安全阀 1 已不再起作用，故为避免过载需另设安全阀 3，这种在方向控制阀和执行器之间装设的安全阀叫过载阀。

动臂下降时，由于动臂缸下腔压力很高，因而回油的流量很大，当动臂下降很快，此流量超过液压泵的供油量时，动臂缸的上腔可能出现“真空”，影响液压系统的正常工作。为不使真空度过大，装设了单向阀 4 作补油用（补油用的单向阀叫补油阀），当某液压缸内的油压低于系统回油路油压时，回油路的压力油便打开补油阀 4 补入液压缸。回转机构制动时，回转马达内也可能出现“真空”，因而回转马达的回路中一般也都装补油阀。

如果将上述各方向控制阀、单向阀、过载阀、补油阀等用油管连接起来，组成所需要的液压系统，则管路将很复杂，压力损失也会很大，而且由于体积庞大，因而在工程机械上也很难布置，所以目前工程机械上多将这些阀做成“集成阀”的形式，即以方向控制阀为主体，尽量将上述各阀组合成一体组成多路方向控制阀（简称多路阀）。

多路阀的出现，使多执行器液压系统变得结构紧凑、管路简单、压力损失小。多路阀属于广义流量阀的范畴，从性能的角度看，具有方向和流量控制双重功能。

定义：多路阀（Multiple Valve，我国机械行业标准 JB/T 8729—2013《液压多路换向阀》将其翻译为 Multiple Directional Valve）是用于控制多负载（多用户）的一组方向阀，它是以两个以上的换向阀为主体，多联组成，外加功能阀（限压，限速，补油，单向等）组成的控制阀组。

构成：若干方向阀组合+安全阀、补油阀等功能阀。

多路阀的组合：对于比较简单的机械，往往用一台多路阀就可满足一台机械的所有功能要求；对于比较复杂的机械，有时就要用多台多路阀来组成一个完整的系统。

多路阀本质上是节流器：多路阀阀口实际上是一个通道（A 类，相当于开关型方向阀，只是联数多为 1 以上），或一个可变节流口［B 类（称为手动多路阀），C 类（称之为电液比例控制多路阀）］；目前广泛应用的多路阀中，最古老的 A 类只在要求不高的简单机械中使用，大量的是 B 类。在技术比较先进，要

求比较高的场合，才逐步开始应用C类。以后的讨论中，几乎极少涉及A类开关型多路阀。

多路阀属于广义流量阀的范畴。因此，从性能的角度看，与一般流量阀一样，可区分为方向节流阀和方向流量阀。而从节流阀转变为流量阀时，与一般方向阀一样，可以通过负载压力补偿，或流量检测反馈来实现。

3.3　多路阀的优点

多路阀的优点：结构紧凑、管路简化、流道阻力损失小、多位机能、压力损失较小、移动滑阀阻力相对较小，便于手动操作（仅对手动换向阀而言）。使用寿命相对较长、制造比较简单等，因此在工程机械、起重运输机械和其他要求操纵多个执行器运动的行走机械中广泛应用。

3.4　多路阀的类型

3.4.1　按阀体结构形式分类

按阀体结构形式，多路阀可分为整体式和分片式。通常，一组多路阀由几个方向控制阀组成，每一个方向控制阀为一联。整体式多路阀是将各联方向控制阀及一些辅助阀做成一体。分片式多路阀是将每联方向阀做成一片，再用螺栓连接起来。

整体式（Monoblock Design）多路阀（图3-5）结构紧凑、质量轻、压力损失

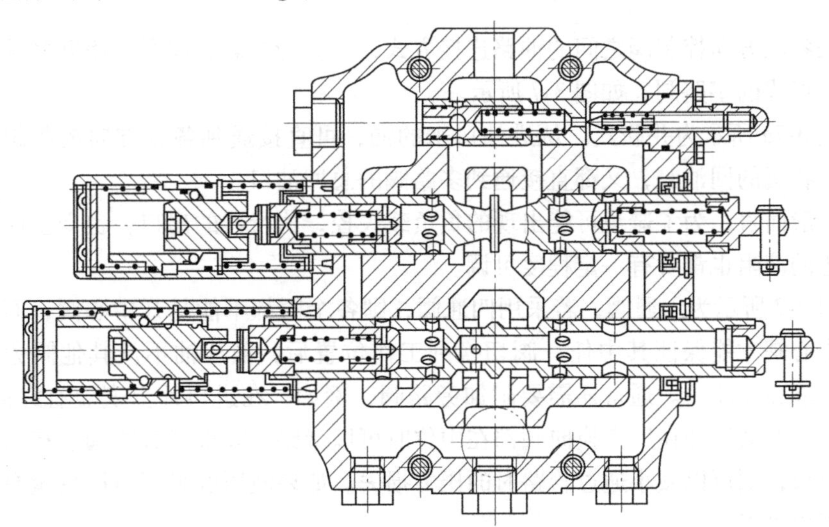

图3-5　整体式多路阀

也较小。缺点是：通用性差；加工过程中只要有一个阀孔不合要求即整个阀体报废；阀体的铸造工艺也比分片式复杂。整体式多路阀适合在大批量生产和联数较少时使用。

分片式（Sandwich Plate Design）多路阀也叫组合式多路阀，是由一定数量的方向控制阀单元组合而成，如图 3-6 所示。分片式多路换向阀由进油前盖、回油后盖及各路阀体拼装组成，可按不同的使用要求组装成不同的通路数量。这种组合多路阀为了减少拼装的阀体数，将第一路阀体和进油前盖、末路阀体和回油盖分别制成整体结构，相对地减少了组合式多路阀的外形尺寸，又保持了拼装组合的灵活性。

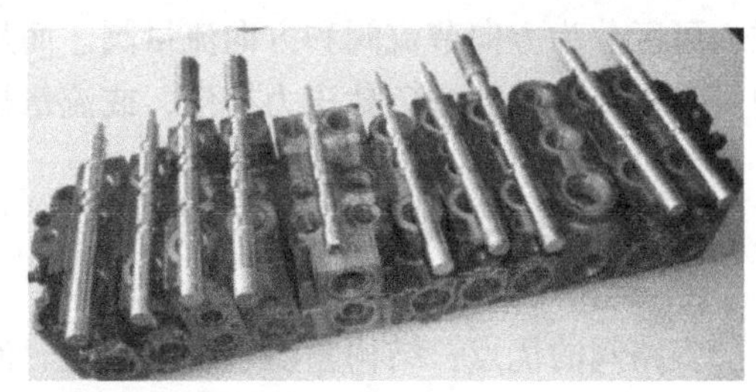

图 3-6　分片式多路阀（小挖）的阀体剖分

可以用很少几种单元阀组合成多种不同功用的多路阀，扩展了多路阀的使用范围，通用性强，加工中报废一片也不影响其他阀片，用坏的单元也易于更换或修复。分片式的缺点是：加大了体积、质量和加工面；各片之间要有密封，泄漏的可能性大，而且，片与片之间的密封结构如果设计或安装不当，在系统运行时，可能发生密封圈被吸入流道，引起堵塞或阀芯运动故障；旋紧连接螺栓时，会使阀体孔道变形，影响其几何精度甚至使阀芯卡住。

3.4.2　按滑阀的连通方式分类（各联油路的关系）

按各联方向控制阀之间的油路连接方式，可分为并联、串联、串并联及复合油路等形式的多路阀，如图 3-7 所示。

图 3-7a 所示为并联式。从进油口来的油，可直接通到各联方向控制阀的进油腔；各阀的回油腔，又都直接通到多路阀的总回油口。

一般而言，为了避免可能出现的负负载失控，执行器的出口，也即主阀的回油通道的液阻也都要有一定程度可调。

图 3-7 所示为六通阀，若采用四通阀，则各个阀都不能是开中心阀，而必须是闭中心阀才能保证其中任一阀切换到工作位置后，液压油不从其他阀旁路流掉，而能建立压力。通常还需要附加旁路阀，例如，在进口片上安装有卸荷阀，让泵提供的液压油在所有换向阀都在中位时可以旁路。如果把旁路阀装在靠近液压泵出口，则可以减小通过管路时的压力损失。如果液压源采用恒压变量泵，则旁路阀也可以放弃。

如果几个方向控制阀同时都切换到工作位置，则连接在这些阀上的执行器处

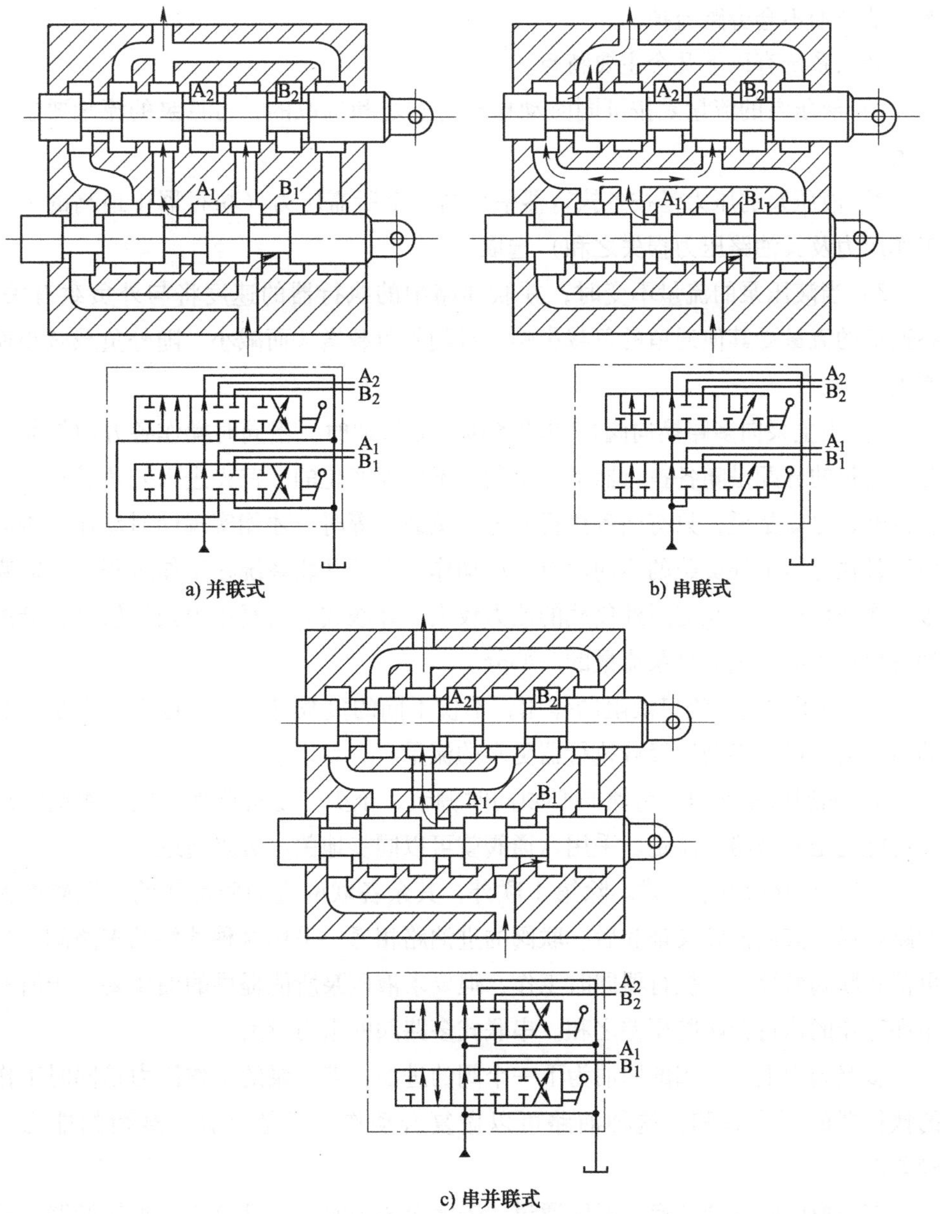

a) 并联式

b) 串联式

c) 串并联式

图 3-7　多路阀的油路连接方式

于并联状态，如前所述，液压油会流向负载低的执行器。若各个方向控制阀进口前有单向阀，可以保证驱动压力高的执行器不会退回。

若采用六通阀，在各阀都不工作时，液压油经过中位通道旁路，就不再需要

旁通阀，而在任一阀切换后，可以切断旁路通道，所有阀都相当于处于闭中心状态，液压油不会旁路流掉。

并联系统有以下几个主要特点。

1）液压泵的流量是按可同时动作执行器之和选取的，可见泵的流量要求比较大。

2）液压泵的压力是按各执行器中最高一个所需压力（执行器中最高的一个工作压力及其油路压力损失之和）选取。

3）当液压泵的流量不变时，并联油路中的执行器的速度将与外负载有关，各通道的流量受其他通道的负载影响，且随外负载增大而减小，随外负载减小而增大。

4）当主泵向多路换向阀控制的各执行器供油时，当同时操作各方向控制阀时，流量的分配是随各执行器上外负载的不同而变化的，首先进入外负载较小的执行器，也就是说，只有当各执行器上外负载相等时，才能实现同时动作，否则由于各执行器上外负载的不同而有先后动作。由于并联系统在工作过程中只需克服一次外负载，因此克服外负载的能力较大。并联式多路阀压力损失较小，分配到各执行器的流量只是泵流量的一部分。

5）由于主阀节流口液阻的作用，不仅不同的负载可以同时运动，甚至重载的执行器也可能得到比轻载执行器更多的流量。

6）四通阀动作时，旁路阀必须同时调节，至少一定程度地关闭，否则液压油可能完全从旁路阀流走。采用六通阀就可以同步地关小旁路通道。

图 3-7b 所示为串联式。除第 1 联外，其余各联的进油腔都和前一联阀的回油路相通，其回油腔又都和后一联阀的进油路相通。采用这种油路的多路阀，也可使各联阀所控制的执行器同时工作，但要求液压泵所能提供的油压要大于所有正在工作的执行器两腔压差之和。串联式多路阀的阻力较大。

多路阀中上一个阀的回油为下一个阀的进油。液压泵的工作压力是同时工作的执行器的压力总和，这种油路可以做复合动作，但是克服外载荷的能力比较差。

在主换向阀部分开启，旁路通道并未完全关闭时，一部分流量直接旁路，另一部分流量先经过 A 口或 B 口去执行器，从执行器返回的流量与旁路流量会合后再到后续阀的 P 口。如果前联的执行器不再运动，则全部流量经过旁路通道，去后续方向控制阀的 P 口，后续执行器还可以运动。这个特性与方向控制阀串联回路不同。

若采用四通阀，则各个阀都必须是开中心阀。

串联系统有以下几个主要特点。

1）液压泵的流量（系统最大流量）是按动作中最大的一个执行器的流量选取的。

2）液压泵的压力（系统压力）是按同时动作的执行器所有压力之和选取的。

3）液压泵的流量不变时，串联系统中各执行器的速度与负载无关。

4）当主泵向多路阀控制的各执行器供油时，只要液压泵出口压力足够，便可实现各执行器同时工作，且各执行器的速度与外负载无关。但由于执行器的压力是重叠的，所以克服外负载的能力将随执行器的数量增多而降低，或者泵的压力要较大。

图 3-7c 所示为串并联式（顺序式），也称为优先回路（Priority-Circuit），因为 P 口串联，所以如果前联阀切换到工作位置，则后续所有的执行器无论相应的换向阀切换与否，都得不到供油，优先回路之名即由此而来。串并联：多路阀中每一个方向阀称为联，各联方向阀之间可以是并联的、串联的，或并串联混合的。每一联的进油腔均与该阀之前的中位回油路相通，而各联阀的回油腔又都直接与总回油口连接，即各阀的进油是串联的，回油是并联的，故称串并联式，这种联通结构方式通常采用六通阀。

串并联系统有以下几个主要特点。

1）液压泵的流量和压力均按系统中单动执行器动作中最大的一个流量和压力进行选取。

2）当液压泵的流量不变时，动作的执行器速度与负载无关。

3）当某一联换向时，其后各联换向阀的进油路即被切断，因而一组多路阀的各换向阀不可能有任何两联同时工作，故这种油路也称互锁油路；又由于同时操纵任意两联换向阀，总是前面一联工作，要想使后一联工作，必须把前一联回到中位，故又称“顺序单动油路”。但某一联阀在微调范围内操作时，后一联阀尚能控制该执行器的动作。可见这种系统不能实现复合动作，可防止误操作。

多路阀中各换向阀的进油口都与泵的出油路相连，各回油口都与油箱相连。这种油路克服外载荷的能力比较强，但是几个执行器同时工作时负载小的先动，负载大的后动，复合动作不协调。

复合式复合油路是当要求多路阀的联数较多时，采用上述基本油路中的两种或三种油路组合的连接形式。图 3-8 是力士乐 SM12 型多路阀复合油路应用的实例。

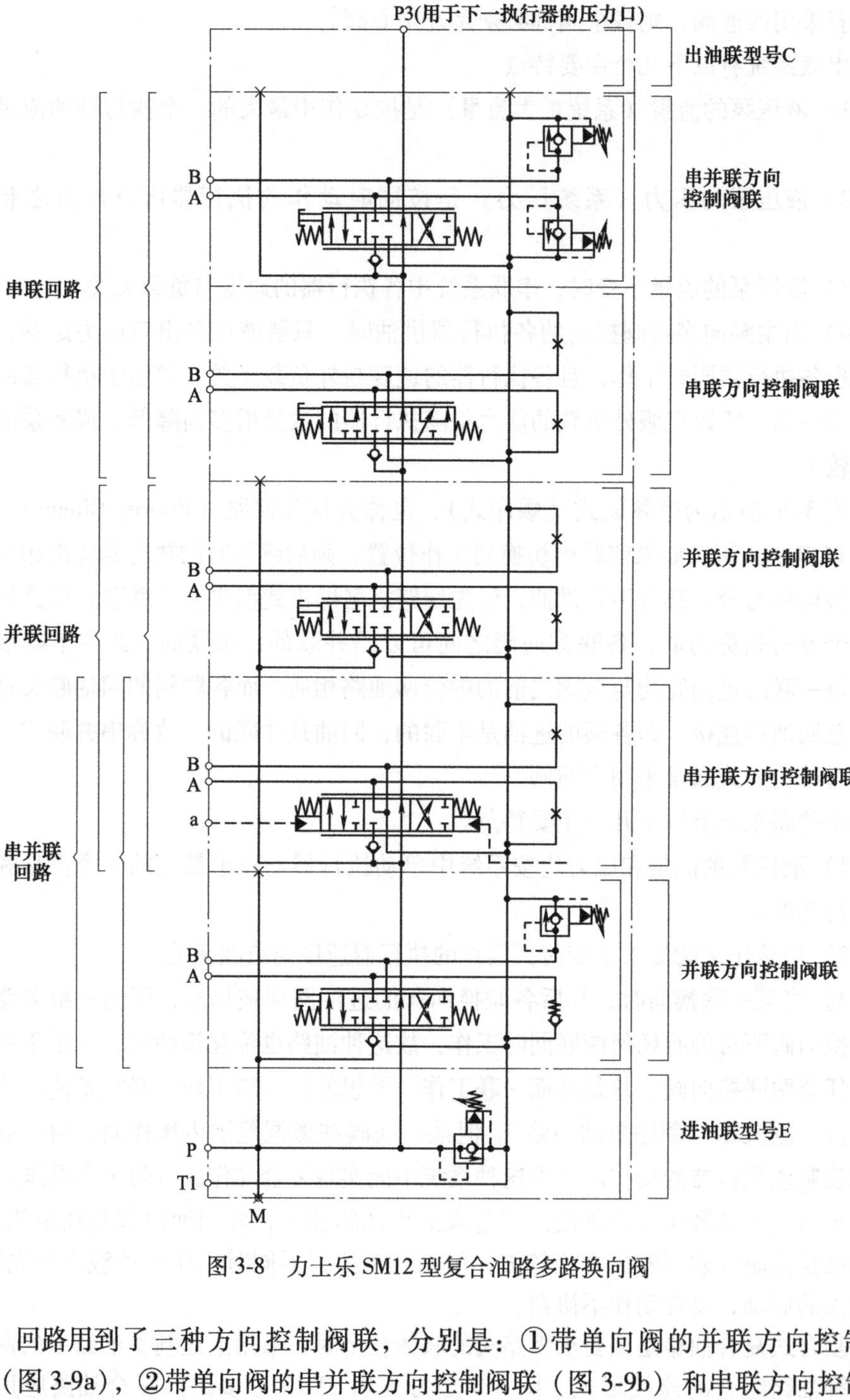

图 3-8　力士乐 SM12 型复合油路多路换向阀

回路用到了三种方向控制阀联，分别是：①带单向阀的并联方向控制阀联（图 3-9a），②带单向阀的串并联方向控制阀联（图 3-9b）和串联方向控制阀联（图 3-9c）。

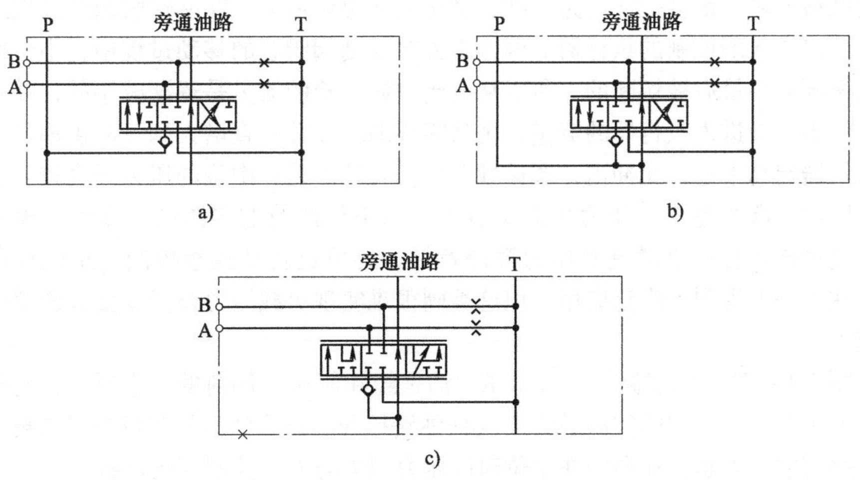

图 3-9　三种方向控制阀联

3.4.3　根据采用多路阀的液压系统中液压泵的卸荷方式分类

按液压泵的卸荷方式，多路阀分中位回油卸荷（六通阀）（图 3-10a）和卸荷阀卸荷（四通阀）（图 3-10b）两种。

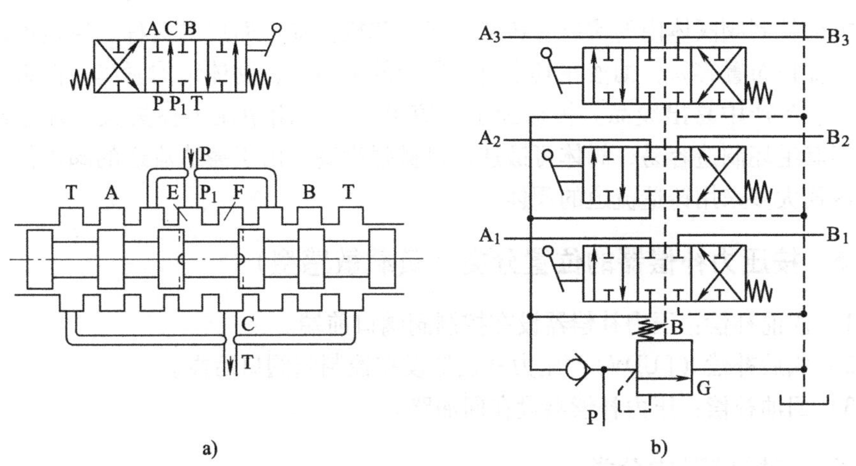

图 3-10　多路阀系统的卸荷方式

图 3-10a 所示的多路阀入口压力油经一条专用的直通油路，即中位回油路（P→P_1→C→T）而卸荷。该回油路由每联换向阀的两个腔（E、F）组成，当各联阀均在中位时，每联换向阀的这两个腔都是连通的，从而使整个中位回油路畅通，液压泵输出的油液经此油路直接回油箱而卸荷。当多路阀任何一联方向

控制阀换向时，都会把此油路切断，液压泵输出的油液，就从这联阀经已接通的工作油口进入所控制的执行器。因为在方向控制阀阀芯的移动过程中，中位回油路是逐渐减小最后被切断的，所以从此阀口回油箱的流量是逐渐减小的，并一直减小到零；而进入执行器的流量，则从零逐渐增加并一直增大到泵的供油量。因而执行器起动平稳，无冲击，调速性能好。其缺点是：中位的压力损失较大，而且多路阀的联数越多，压力损失也越大。用中位卸荷的多路阀，多为六通多路阀。这类阀具有流量微调和压力微调特性，还可进行负流量控制、正流量控制等，在工程上得到了广泛应用。但这类阀很难实现负载压力补偿或负载敏感控制功能。

图 3-10b 所示的多路阀，入口压力油是经卸荷阀 G 卸荷的，当所有方向控制阀均处于中位时，阀的控制通路 B 与回油路接通，压力油流经卸荷阀回油箱。这种多路阀的优点是，换向阀在中位时的压力损失与方向控制阀的联数无关，始终保持为较小的数值。因为在卸荷阀的控制通道 B 被切断的瞬时，卸荷阀 G 是突然关闭的，所以会产生液压冲击，失去滑阀的微调特性。采用这种方式卸荷的多路阀多为四通多路阀。这种阀本身不具有微调特性，但能方便地实现比例控制、负载压力补偿或具有负载敏感控制功能。

3.4.4 按方向控制阀阀体内的流道加工方式分类

方向控制阀阀体内的流道有铸造而成的和机械加工而成的两种。铸造流道的阀体，流道布置容易，油液在其中流动所受的阻力小，阀体结构紧凑。但铸造工艺复杂，生产中易出废品。机械加工的流道，在使用中压力损失大，外形尺寸大，但其毛坯制造容易，阀体可锻造，机械强度高。由于铸造流道的阀体优点突出，因而大多采用铸造流道的阀体。

3.4.5 按压力补偿器的位置分类（负载敏感型）

1）阀前补偿：压力补偿器设在控制阀阀口前端。

2）阀后补偿（LUDV）：压力补偿器设在控制阀阀口后端。

3）回油补偿：压力补偿器设在回油路。

3.4.6 按操控形式分类

多路阀的输入方式可归纳为下列 6 种基本类型。

A. 手柄→直接推动→主阀芯运动。

B. 手柄→先导阀芯运动→液压力→主阀芯运动。

C. 手柄→电位器→电机械转换器→先导阀芯运动→液压力→主阀芯运动。

D. 手动电位器→电机械转换器→先导阀芯运动→液压力→主阀芯运动。

E. 微型计算机输出→电机械转换器→先导阀芯运动→液压力→主阀芯运动。

F. 电位器→无线发射器→无线接收器→电机械转换器→先导阀芯运动→液压力→主阀芯运动。

为安全起见，多路阀主阀一般都带定中心弹簧，在输入信号为零时，阀芯可以自动对中至中位。弹簧还带一定的预紧力，以防止振动或无意触碰引起误动作。

以上A为直动式，其余为先导式。也就是说，按方向控制阀的操纵方式可分为手动直接控制式和先导控制式两类。手动直接控制式是通过手柄直接操纵主阀芯的运动（A类）。

先导控制式又有以下三种形式：

1）利用手柄操纵先导阀芯的运动来控制液压力，然后通过液压力控制主阀芯运动并定位，这类阀也称为手动先导式多路阀（B类）。

先导压力一般可达2~3MPa，若换向阀阀芯直径为20mm，驱动力可达600~900N，足以克服比较硬的弹簧力与液动力，所以液控成为最普遍使用的方式。

2）利用手柄操纵电位器，然后由电机械转换器控制先导阀芯运动，从而控制液压力，再控制主阀芯运动并定位，这类阀为电液比例多路阀（C、D类）。

3）利用微型计算机输出信号，控制电机械转换器来控制先导阀芯运动，然后通过液压力控制主阀芯运动并定位，这是电液比例多路阀的更高形式（E类）。

无线遥控是为了适应大型工程机械或在危险地带施工的需要而发展起来，这类阀为遥控电液比例多路阀（F类），除了信号的无线发射与接收外，其余与C、D、E类型基本相同。

手动直接控制式，需要把多路阀布置在操作方便的地方（主阀在驾驶室地面下）。这给整机的布管带来困难，使管路复杂，从而增加了液压系统总的压力损失，适合于低压、中少流量的场合。一般，越趋于极限位置，弹簧力越强。由于需要的操控力大，而且布管不便，因此应用越来越少。这类阀是最早的多路阀，只在要求不高的简单机械中使用。

先导控制式中的手动先导式，只需把先导阀布置在操作方便的位置，而多路阀本体可布置到任何适当的位置，两者间用直径较小的耐压管连接，以沟通先导油路。从而增强了布置的灵活性，减少管路损失，提高系统的总效率。

电液比例控制多路阀，只需将电控器布置在操作方便的位置，整个多路阀组可以根据系统需要任意布置，不仅操作方便，而且系统结构紧凑，降低了压力损失，提高了系统可靠性。

由于液压力可以很强，所以电液比例控制可以轻松地克服液动力、弹簧力及其他阻力，适用于任何直径的方向控制阀阀芯。例如，使用3通径的电比例减压阀作为先导阀，2.5MPa的先导源压力，控制25通径的换向阀游刃有余。

而电比例控制的多路阀，由于受液动力和比例电磁铁的功率（约30W，电磁力低于100N）的限制，电比例控制换向阀的流量一般都不大（约20L/min以下）。

无线电遥控主要用于大型工程机械以及危险地带施工场合。在大型工程机械的驾驶室，往往很难直接观察到施工情况，采用无线遥控，施工人员就可离开驾驶室，手持遥控器在最便于观察施工情况的位置进行操作，以保证工程质量，提高工作效率。当在不允许操作人员接近的地方施工时，无线遥控往往需要配置工业显视器等监视装置。

随着液压系统的功率增大及操作频繁的需要，为减轻操纵力，改善操作舒适性，目前在工程机械上越来越多地采用先导型。其中，第一类（B类）先导式是用得最多的。在技术比较先进，要求比较高的场合，才逐步开始应用后两种多路阀（C、D类），通常称之为电液比例控制多路阀。几种常见操控形式的多路阀液压原理符号如图3-11所示。

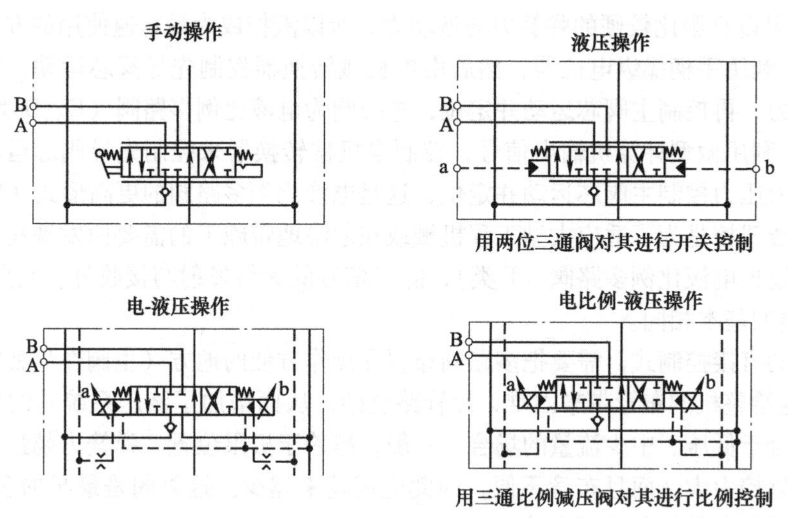

图3-11 几种常见操控形式多路阀的液压原理符号

3.4.7 多路阀的先导阀

1. 先导阀的分类

先导式又分为机液先导式和电液先导式两种。机液先导式指的是用手柄操纵先导阀，先导油作用于主阀芯并使其动作的形式。这种形式允许将多路阀布置在离操纵者有一定距离的地方（伺服式多路阀除外）。

电液先导式指的是用比例式或数字式电机械转换器（常用比例电磁铁）操

纵先导阀，先导油液再控制主阀芯动作的形式。这种形式允许将多路阀布置在离操纵者有相当距离的地方，可用于遥控场合。

2. 先导阀形式

用于多路阀先导级控制的阀通常有以下几种。

(1) 先导减压阀　它用三通减压阀输出一个与输入信号（一般为手柄位置）成比例的先导油压力来控制主阀。

(2) 先导溢流阀　它用比例溢流阀及固定液阻输出一个与输入信号成比例的先导油压力来控制主阀。

(3) 双节流阀　它用手动或比例电磁铁来改变两个A型液压半桥的节流开度，从而获得一个与输入信号成比例的先导油压力来控制主阀。

(4) 高速电磁开关阀　它用二位二通型高速开关阀及固定液阻获得一个与输入信号（如脉宽占空比）成比例的先导油压力信号来控制主阀，另外，也可用三通高速开关阀来控制主阀。

(5) 伺服式先导阀　它用手动、比例电磁铁或步进电机控制先导伺服阀，先导油液使主阀芯跟随先导阀芯运动。

除第4种外，它们可做成机液式先导级。而这5种均可做成电液式先导级。

前4种是通过对先导输出压力进行控制（前2种可带有先导输出压力对输入力的反馈）而实现主阀芯的位置控制，第5种则是直接对主阀芯位置进行控制（带位置直接反馈）。

3. 先导阀的反馈形式

当液压执行机构控制精度要求较高时，常利用主阀芯位置反馈构成主阀芯位置闭环控制。

主阀芯位置对先导级或输入量的反馈有如下几种形式。

(1) 位置机械（直接）反馈的形式　先导阀可以是机液型或电液型。其中机液型需将先导阀及主阀布置在操纵者周围；而电液型布置较灵活，电机械转换器可采用比例电磁铁或步进电机。但目前这种位置机械反馈型多路阀应用得较少。

(2) 位移电反馈的形式　通常采用电感式位移传感器来检测主阀芯位置的实际值，它与设定值进行比较，并按此偏差去控制先导阀。先导阀可以是比例阀或高速开关阀，这种形式控制精度高、价格较贵，有应用实例，但不很普遍。

(3) 位移力反馈的形式　通常采用检测弹簧将主阀芯位移转换成力，再反馈至先导阀。先导阀一般为比例阀，因而稳态时反馈弹簧力与比例电磁铁输出力相平衡，这样就实现了以较短行程的比例电磁铁操纵较大行程的主阀。该形式价格适中，主阀芯位置控制精度较高，在多路阀中得到了一定的应用。

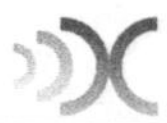

4. 几种先导阀的结构和原理（以力士乐的产品为例，其他公司的产品工作原理类似）

（1）液压先导控制设备2TH6型　适用于方向阀、泵和马达远程控制的叠加阀板设计。

1）特点。用于液压远程控制，该先导设备的特点是，渐进敏感控制，精确而无后冲，控制杆处的操作力小，带防锈柱塞。

2）功能说明。液压符号和结构原理，如图3-12所示。

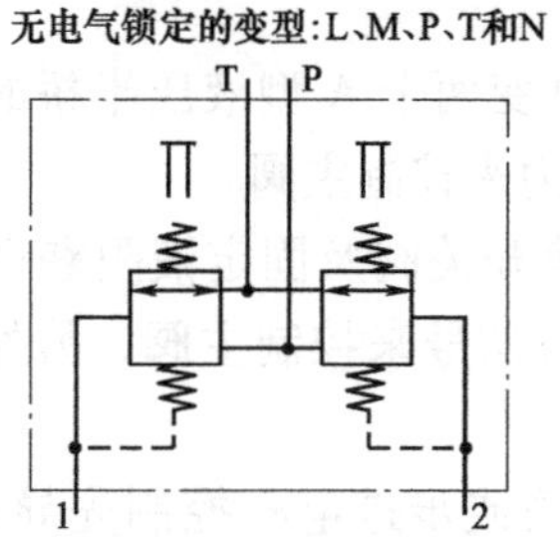

无电气锁定的变型:L、M、P、T和N
带电气锁定的变型:G、H和J
T P
T P
1 2
1 2

a) 液压符号

1
2
3
4
5
6
7
8
9
10
11
12
13
保持线圈
T
P
1
2

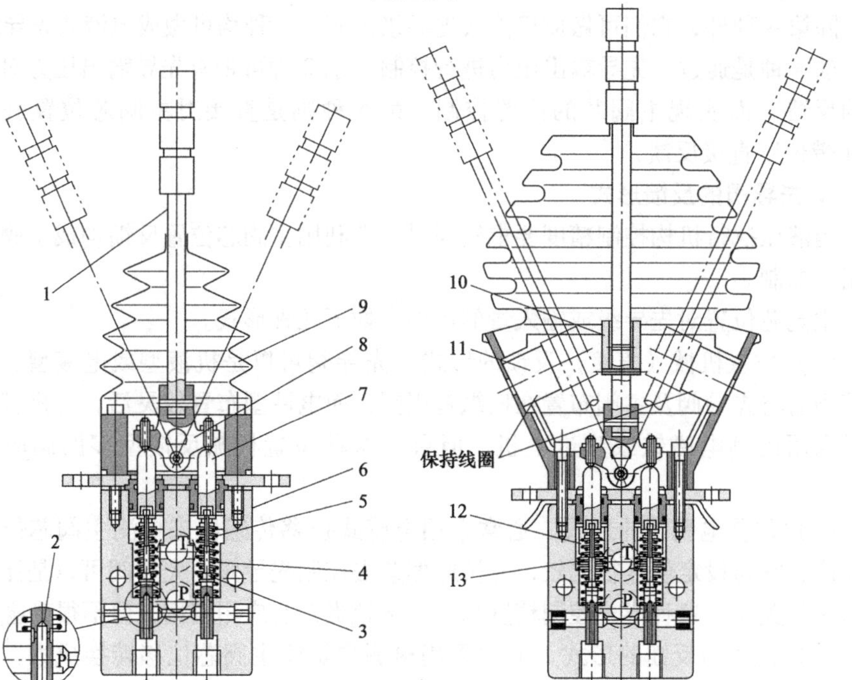

b) 结构原理

图3-12　2TH6型液压先导控制设备的液压符号和结构原理

液压工作原理：2TH6 型液压先导控制设备基于直动式减压阀进行工作。2TH6 型液压先导控制设备主要由控制杆 1，两个减压阀和壳体 6 组成。每个减压阀都包括控制阀芯 3、控制弹簧 5、复位弹簧 4 和柱塞 7。在无操作的情况下，控制杆 1 由复位弹簧 4 保持在中位。控制油口 1、2 通过钻孔 2 连接到回油口 T。控制杆 1 偏移时，柱塞 7 将压向复位弹簧 4 和控制弹簧 5。控制弹簧 4 开始向下移动控制阀芯 3，然后关闭相应油口与回油口 T 之间的连接。同时，相应油口通过钻孔 2 连接到油口 P。控制阀芯 3 在控制弹簧 5 的力与相应油口（油口 1、2）的液压力作用下处于平衡后，控制阶段即开始。

由于控制阀芯 3 与控制弹簧 5 之间存在相互作用，相应油口中的压力与柱塞 7 的行程成比例，从而与控制杆 1 的位置成比例。

此压力控制作为控制杆 1 的位置和控制弹簧 5 的特性函数，可以对液压泵和马达的方向阀和高频响控制阀进行成比例液压控制。

橡胶保护罩 9 保护壳体中的机械部件免受污染，并确保 2TH6 型液压先导控制设备还可用于恶劣的工况。

电磁锁：端部锁定仅为需要控制杆保持在偏移位置的控制油口提供。附加弹簧 3 安装在附加板 12 下，通过弹簧预压力将柱塞 7 和控制杆 1 推向端部时报警。超过此阙值后，电磁铁衔铁 10 与电磁铁 11 接触；如果线圈通电，则控制杆 1 通过磁力保持在端位置。切断线圈电流时，可自动执行解锁。

控制特性曲线如图 3-13 所示。

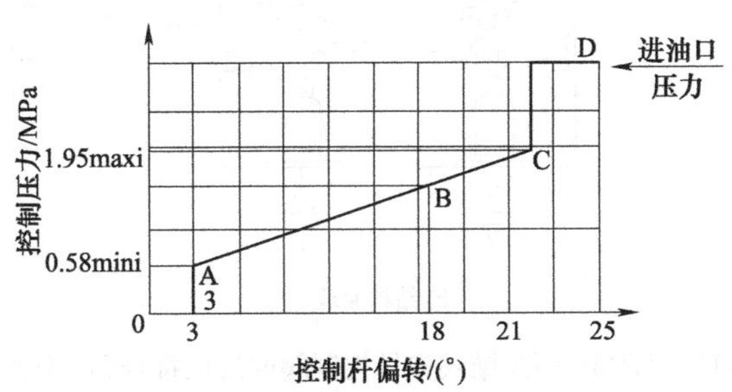

图 3-13　控制特性曲线（此曲线用于 SM12、SM18 和 M1 多路阀的先导控制）

3）应用准则。不能将压力冲洗设备的喷射口直接对准该设备，必须保持电气电缆免受任何机械力。操作期间，必须确保通过橡胶护套进行保护，每个电子触点分配一个功能控制，在控制回路设计时，这可避免造成设备失控动作，并可从一个功能切换到另一个功能。

（2）2TH6R 型先导控制阀　脚踏板设计，用于方向控制阀、泵和马达的远程控制。

1）特点。渐进式灵敏操作，精确控制，工作油口位于下部，橡胶保护套保

护控制元件。柱塞由不锈钢制成，柱塞导件由黄铜制成，耐腐蚀，抗磨损。可用于液压远程控制。

2）功能说明。液压符号和结构原理如图 3-14 所示。

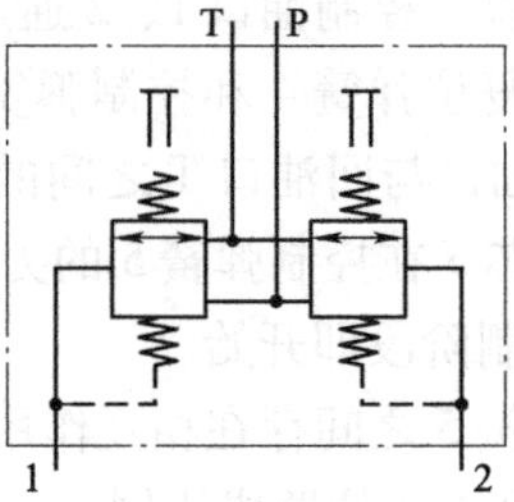

a) 液压符号

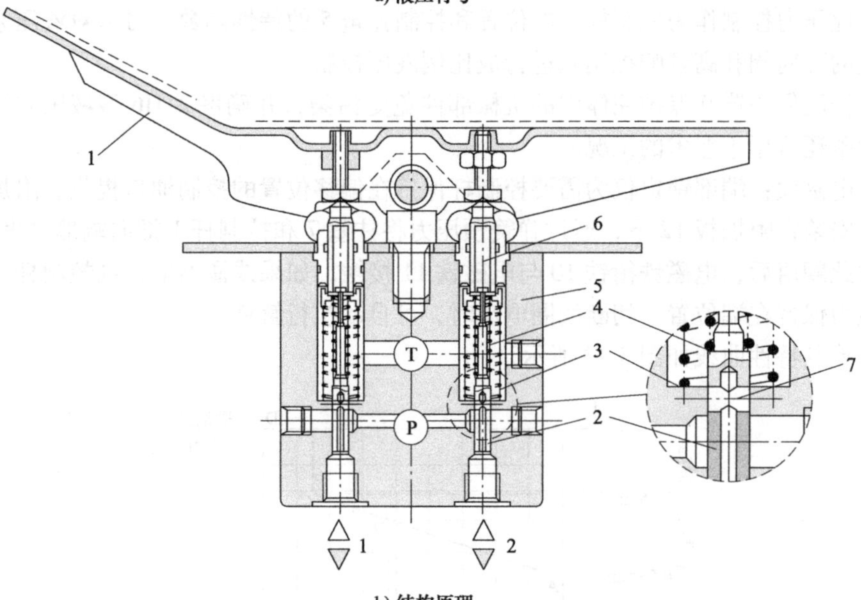

b) 结构原理

图 3-14　2TH6R 型脚踏式先导控制阀的液压符号和结构原理

2TH6R 型液压远程控件基于直动式减压阀进行工作。此类阀主要由脚踏板 1、两个减压阀和壳体 5 组成。每个减压阀都包括控制阀芯 2、控制弹簧 4、复位弹簧 3 和柱塞 6。静止时，踏板通过复位弹簧 3 保持在中位。油口（1、2）通过孔 7 连接到回油口 T。压下脚踏板 1 时，柱塞 6 将压向复位弹簧 3 和控制弹簧 4。控制弹簧 4 开始向下移动控制阀芯 2，然后关闭相应油口与回油口 T 之间的连接。同时，相应油口通过孔 7 连接到油口 P。控制阀芯 2 在控制弹簧 4 的力与通过相应油口（油口 1 或 2）的液压力作用下处于平衡后，控制阶段即开始。由于控制阀芯 2 与控制弹簧 4 之间存在相互作用，相应油口中的压力与柱塞 6 的行程成比例，并因此与踏板 1 的位置成比例。此闭环压力控制与脚踏板 1 的位置和控制弹簧 4 的特性相关，可以对液压泵和马达的方向阀和高频响控制阀进行成比例液压控制。

控制特性曲线如图 3-15 所示。

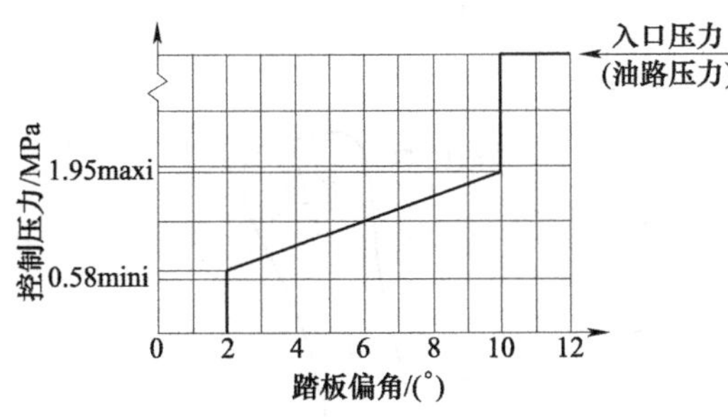

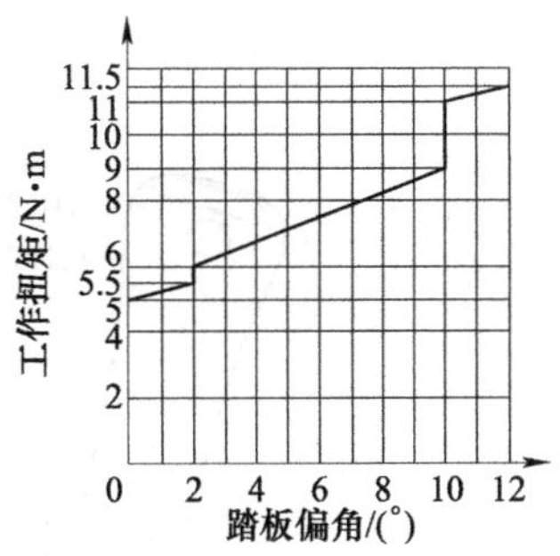

图 3-15　控制特性曲线：控制范围，操作力矩

3）应用准则。不能将压力冲洗设备的喷射口直接对准该设备，更换磨损的波纹管以使脚踏板保持紧固。

（3）安装在手柄支架上的液压先导控制设备 4TH5、4TH6 和 4TH6N 型

1）主要特点。渐进式灵敏操作，低操作力，控制杆操作时力波动低（4TH5、4TH6N），带多种电子触点的多个人体工程学手柄，所有油口均朝下。

2）功能说明。液压符号和结构原理。4TH6、4TH6N 和 4TH5 型液压先导控制设备主要由控制杆 5，四个减压阀和壳体 12 组成。每个减压阀均由控制阀芯 11，控制弹簧 9，复位弹簧 8 和柱塞 7 组成。4TH5 型属于轻小型，其通常在紧凑型机器中进行应用。

如图 3-16 所示，当不操作时，控制杆 5 通过四个复位弹簧（s）保持在零位置。控制油口（1、2、3 和 4）通过钻孔 10 连接到回油口 T。控制杆 5 偏移时，柱塞 7 推压复位弹簧 8 和控制弹簧 9。控制弹簧 9 开始向下移动控制阀芯 11，然后关闭相应油口与回油口 T 之间的连接。同时，相应油口通过钻孔 10 连接到油口 P。控制阀芯 11 在控制弹簧 9 的力与通过相应油口（油口 1、2、3 或 4）的液压力作用下处于平衡后，控制阶段即开始。通过控制阀芯 11 与控制弹簧 9 之间存在相互作用，相应油口中的压力与柱塞 7 的行程成比例，并因此与控制杆 5 的位置成比例。橡胶护套 6 保护壳体的机械组件免受污染。

控制特性曲线如图 3-17 所示，此曲线用于 SM12、SM18、M1 和 M6 多路阀的先导控制。

3）应用准则。不能将压力冲洗设备的喷射口直接对准该设备。必须保持电气电缆免受任何机械力。操作期间，必须确保通过橡胶护套进行保护。仅将设备

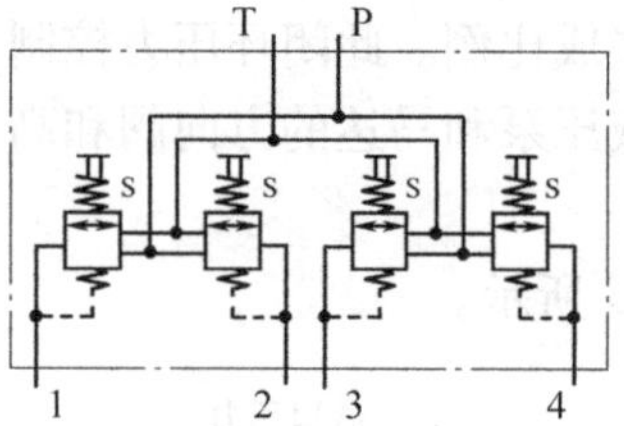

a) 液压符号

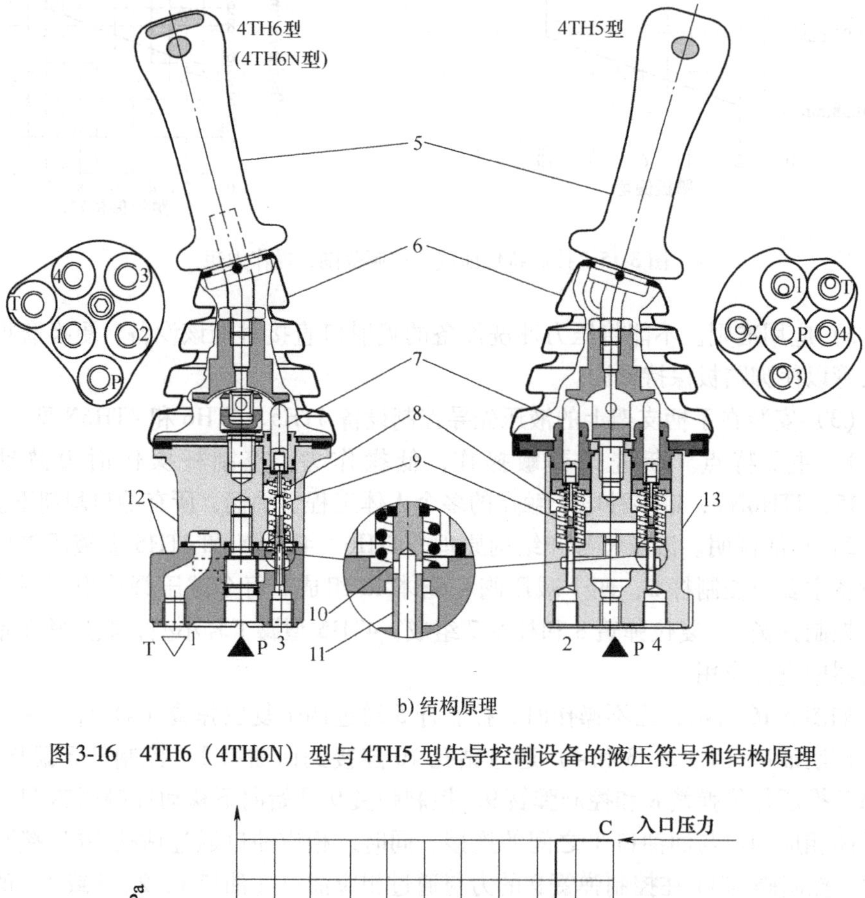

b) 结构原理

图 3-16 4TH6（4TH6N）型与 4TH5 型先导控制设备的液压符号和结构原理

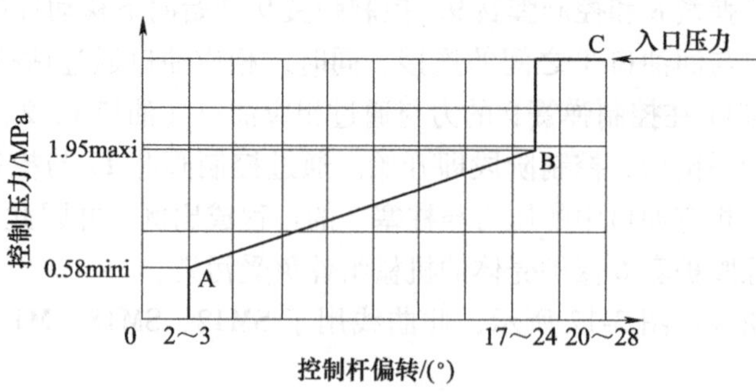

图 3-17 控制特性曲线

与其原始手柄和控制杆一起使用。确保未超过原始手柄的惯性数据。更换磨损的按钮，以确保手柄的完整性。每个电子触点分配一个功能控制。

所使用先导油源有两种形式，一种是由先导泵供油，另一种采用主泵油源，通过减压阀减压后向先导阀供油，如图 3-18 所示。

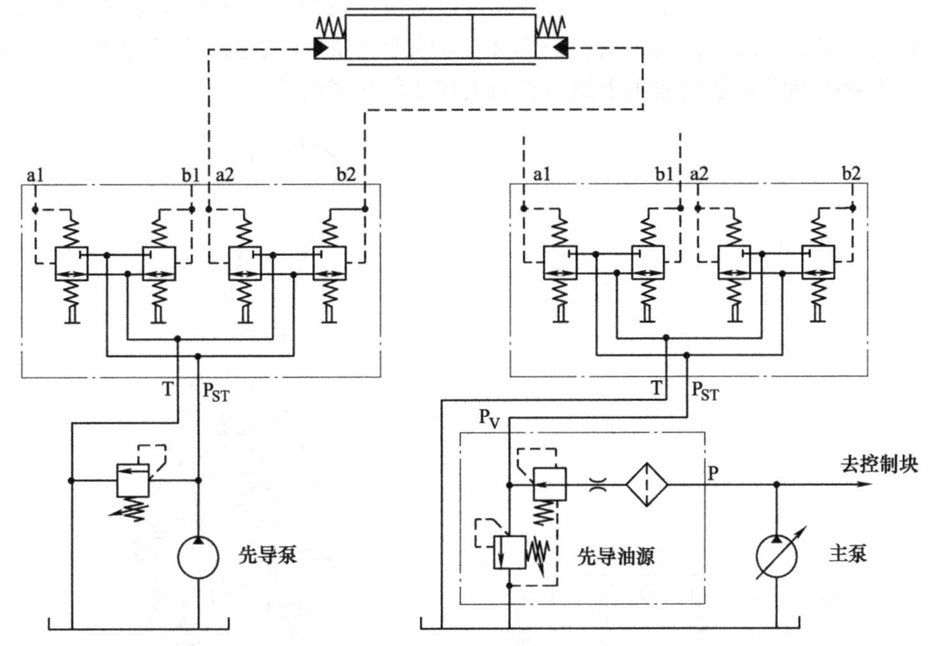

图 3-18　先导油源

（4）用于方向控制阀远程控制且带端部锁定的先导控制设备 4THF5 型或 6THF5 型

1）主要特点。渐进式灵敏操作，精确而无后冲，控制杆处的低操作力，带多种电子触点的多个人体工程学手柄（设计专利）。用于固定偏移位置内控制杆的电磁端部锁定。可通过操作机器上的开关释放电磁锁。操作杆接近终位（渐近力的总和）时，可感受到阻力点，因此就在锁定位置或浮动位置发生转换前发出警告（防止意外操作）。

2）功能说明。液压符号和结构原理如图 3-19 所示，带端部锁定 4THF5 型的先导控制设备基于直动式减压阀进行操作。它们主要由控制杆 1，四到六个减压阀，壳体 8 和电磁锁 13 组成。每个减压阀均由控制阀芯 5，控制弹簧 7，复位弹簧 4 和柱塞 3 组成。静止时，控制杆 1 通过复位弹簧 4 保持在中位。油口（1、2、3 和 4）通过钻孔 8 连接到回油口 T。控制杆 1 偏移时，柱塞 3 将压向复位弹簧 4 和控制弹簧 7。控制弹簧 7 开始向下移动控制阀芯 5，然后关闭相应油口与

回油口 T 之间的连接。同时，相应油口通过钻孔 7 连接到油口 P。控制阀芯 5 在控制弹簧 7 的力与通过相关油口（油口 1、2、3 或 4）的液压力作用下处于平衡后，控制阶段即开始。由于控制阀芯 5 与控制弹簧 7 之间的相互作用，相应油口中的压力与柱塞 3 的行程成比例，从而与控制杆 1 的位置成比例。此压力控制取决于控制杆的位置和控制弹簧的特性，可以对液压泵和马达的方向阀和高频响控制阀进行成比例液压控制。橡胶护套 2 保护壳体中的机械组件免受污染，因此，这些先导控制设备甚至适用于最不利的工作条件恶劣的工况。

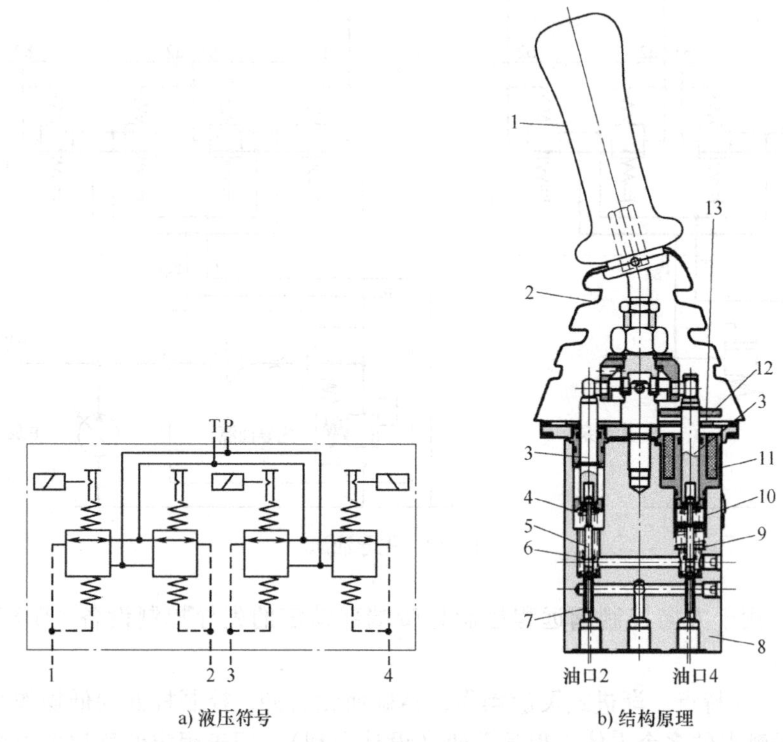

a) 液压符号　b) 结构原理

图 3-19　带 3 个电磁锁的 4THF5 型的液压符号和结构原理

端部锁定：仅那些需要将其控制杆保持在偏移位置的控制油口才配备端部锁定（控制油口 2 除外）。

电磁锁 13：附加弹簧 9 安装在预感点插口 10 下，通过附加弹簧预压力将柱塞 3 和控制杆 1 推向端部时报警。超过此阙值后，电磁铁衔铁 12 与电磁铁 11 接触；如果线圈通电，则控制杆 1 通过磁力保持在端位置。线圈断电时，自动释放此锁定。

控制性能曲线如图 3-20 所示。

3）应用准则。同 2TH6R 型。

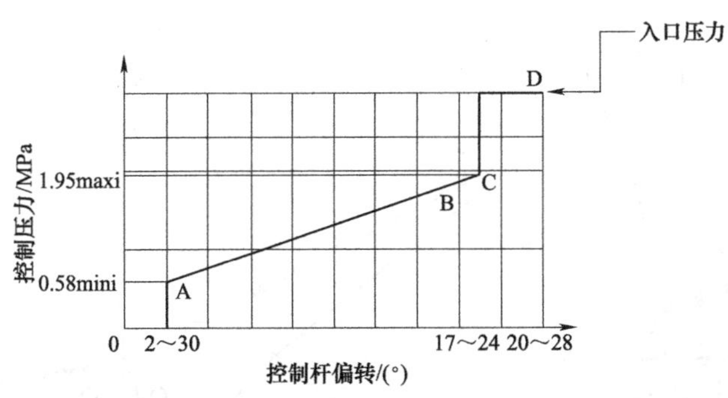

图 3-20　控制性能曲线

(5) 用于行走机械的电子遥控装置 THE5 型

1) 特点。此装置专门为行走机械设计，可用类型：电压信号，PWM 信号，CAN，电源是具有较高机械强度的液压遥控组件，大量带有各种电子接触开/关的摇杆或比例控制器的人体工程学手柄可供选择，多种踏板类型，与液压遥控器类似的人体工程学执行机构。此设计能确保极好地保护电子元件和霍尔效应无触点传感器。

2) 功能说明。THE5 型遥控装置主要由操作控制元件（控制杆或踏板）1，固定体或板 2 以及包含无触点传感器和电子板卡的箱体 3 组成。

所有 THE5 型的遥控装置都拥有与液压遥控装置相似的机械和人体工程学设计。依靠这种设计，THE5 型拥有较高的强度等级。主要区别是后者为集成电子元件功能和输出信号的类型。

电压信号遥控装置的传感器需要外部调节电源。它会产生一个模拟电压控制值。PWM 信号、CAN 和电源遥控装置集成有一个稳压电源，因此可以直接通过车辆蓄电池供电。

CAN 遥控装置可以定期生成一个基于 CAN 总线的框架，允许与其他系统进行通信。电压信号、PWM 信号和 CAN 遥控装置只能生成低功率信号。电液轴的驱动还需要一个外部电子元件电源接口。电源遥控装置为电液比例减压阀提供脉宽调制电流。配有微控装置的遥控装置（PWM 信号、CAN 和电源）通过 ISOK 接口与 PC 通信。

功能原理：如图 3-21 所示，当不执行动作时，操作控制元件由复位弹簧 6 保持在中位。操作控制元件 1 偏转时，推杆 7 推压复位弹簧 6。推杆上的机械连接磁铁 4 顺着操作控制元件驱动方向向上或下移动。传感器 5 的控制值与踏板或控制杆的偏转成比例。橡胶护套 8 保护壳体的机械组件免受外部污染。

3) 应用的安全准则。使用遥控传输信号的系统必须检查信号的一致性（振幅，频率），并且在出现故障时实施相关的矫正措施。检测到故障时，功率输出

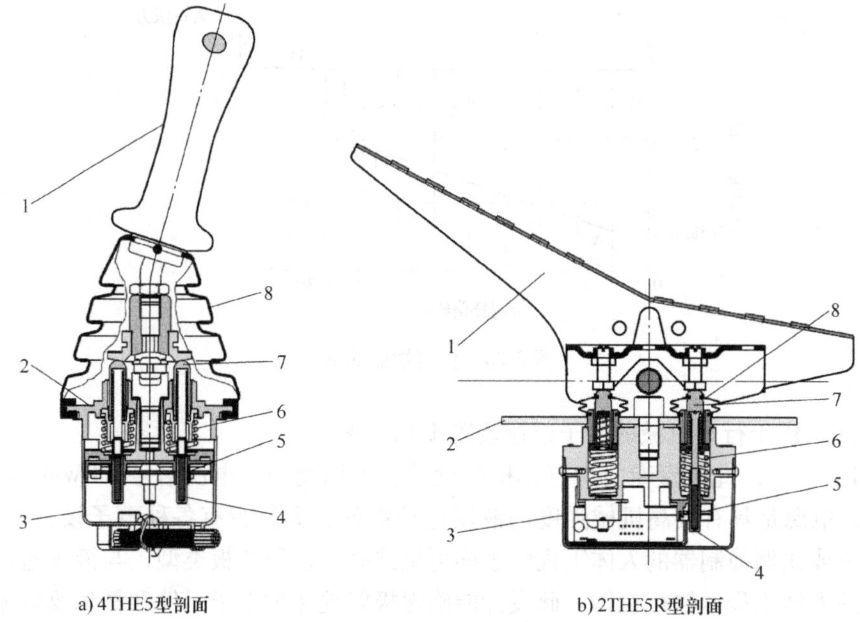

a) 4THE5型剖面

b) 2THE5R型剖面

图 3-21 THE5 型的剖面图

会被自动切断。设计电液系统时，必须确保当控制值变为零时（转换驱动的情况下），安全行为可以得到保证。

THE5 型功率 PWM 应用准则：为 THE5 型遥控装置和连接线圈选择相同的电源电压，即 12V 线圈用于 12V 应用，24V 线圈用于 24V 应用。排除故障之后，切断电源，重置遥控装置。

必须确保遥控装置电源能够应急切断。警告：当遥控装置电源关闭时，输出电流会在没有斜坡的情况下关闭。

霍尔传感器对外部磁场敏感，因而切勿在频率低于 50Hz 且振幅大于 2mT 的磁场源附近或危险环境中使用遥控装置。不能将压力冲洗设备的喷射口直接对准该设备。线圈必须配有自振荡二极管以避免干扰。当起动移动机器或车辆的引擎时，必须关闭遥控装置。

3.5 多路阀的性能指标及影响因素

多路换向阀的主要性能指标包括：通过额定流量时的压力损失、内泄漏量、换向过程中的压力冲击、微调性能、安全阀及过载阀的静特性等。

压力损失：包括阀口压力损失和流道压力损失。换向阀的压力损失除与通流量有关，还与阀的机能、阀口流动方向有关，一般不超过 1MPa。

内泄漏量：与工作压力、油液黏度、阀体与阀芯的配合间隙、滑阀封油长度等有关。泄漏不仅带来功率损失，而且会引起油液发热。因此阀芯与阀体需同心，且有足够的封油长度。

压力冲击：吸油不畅、换向不平稳、系统共振、回油流速过快及调压弹簧变形都会引起压力冲击和振动。

微调性能：滑阀的窜动（加工误差或装配不到位）、操纵力变化太大，以及液压卡紧力都会影响多路阀的微调性能。

3.6　多路阀阀芯机能和节流槽形状

3.6.1　通路数及位数

按方向控制阀的通路数分类，有四通型、五通型和六通型，直至特殊的多通型。与各种传统控制阀一样，这里的“通”，均指工作油口（主油口），不包括控制油口、泄漏油口等非主油口。从原理上来讲，四通型具有P、A、B、T四个主油口，六通型除了常规的P、A、B、T四个主油口之外，另有P_1、C两个油口。五通型具有P、A、T、P_1、C五个油口。目前应用最多的是六通型。其余，包括最古老用手柄直接推动（主）阀芯和最新型的电液比例控制在内的大多是四通型的。五通型应用得较少，只在某些特殊场合使用。方向控制阀的位数常用的有三位和四位两种，还有特殊需要的多位阀。

3.6.2　滑阀机能

为了适应各类主机的不同使用特点，多路阀有不同的机能。一般六通型有O、A、B、Y、OY（图3-22a~e），四通型有M、K、H、MH（图3-22f~i）等几种机能，其图形符号如图3-22所示。其中O型、M型应用最广。A型应用在叉车上；OY型和MH型用于铲土运输机械，作为浮动用；K型用于起重机的起升机构，当制动器失灵，液压马达要反转时，使液压马达的低压腔与滑阀的回油腔相通，补偿液压马达的内泄漏；Y型和H型多用于液压马达回路，因为中位时液压马达两腔都通回油，因此马达可以自由转动。还有一些特殊的机能，如能量再生。

3.6.3　节流槽形状

在液压系统中所应用的各种滑阀、锥阀、节流孔口，其阀口形式有全周开口和非全周开口两种。大流量工况下要求面积梯度大，采用全周开口；小流量工况且要保证阀芯有足够的刚度，阀芯不宜做得很小，采用非全周开口。非全周开口时，为避免阀芯受侧向作用力，都采取沿圆周均布几个尺寸相同的节流槽。

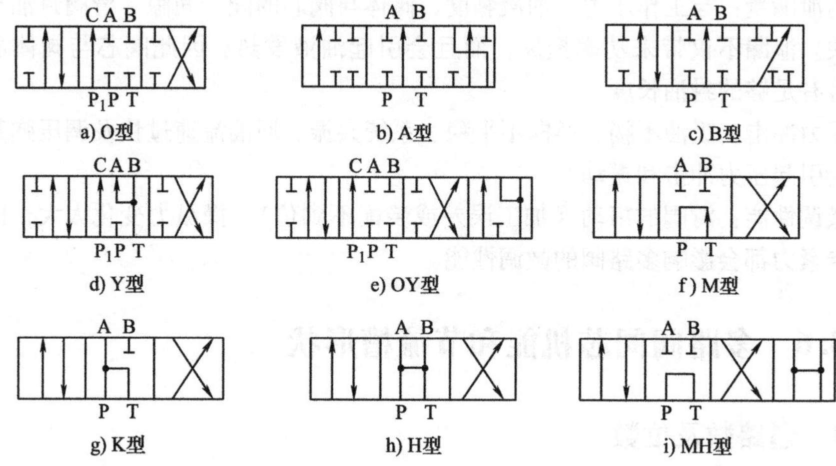

图 3-22 滑阀的机能图形符号

根据非全周阀口的阀芯节流槽的形状特征，节流槽可以分为两种典型的结构：一种是等截面节流槽，一种是渐扩形节流槽。

等截面节流槽的截面形状可以是矩形、三角形、梯形等，其主要特征是在一定阀口开度范围内，其截面形状及大小不变。

渐扩形节流槽的截面形状也可以有多种，其主要特征为截面随阀口开度的变化逐渐变大，以 V 形和 K 形（节流槽截面形状为三角形和矩形）为主。

图 3-23 列出了几种典型的节流槽结构形式，如 U 形、V 形、K 形、双三角

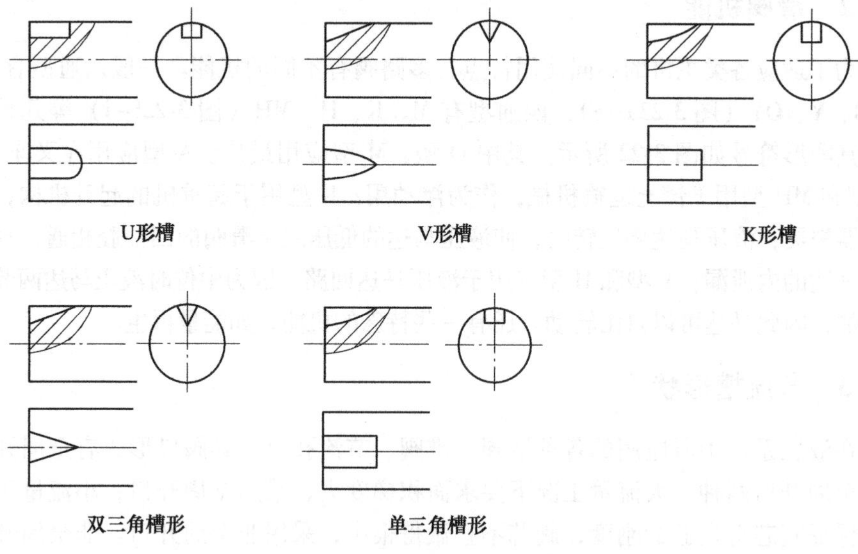

图 3-23 几种典型的节流槽结构形式

形槽、单三角形槽，另外还有 T 形、圆孔形槽等。

组合型节流槽由两个或两个以上的基本型节流槽组合而成，图 3-24 所示为 U+U 形组合节流槽结构形式。

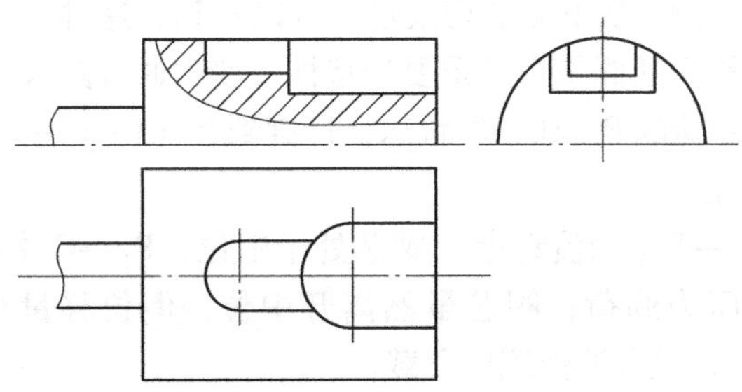

图 3-24　U+U 形组合节流槽结构形式

3.7　六通多路阀的基本型式与特性

3.7.1　六通多路阀的基本形式

对于行走机械的液压传动与控制系统，其系统热交换条件较差。因而，在一个工作循环结束或其他工作停留间隙，都要使油压系统卸压，以减少系统发热。就多路阀的工作原理而言，其基本原则是：各联都回到中位时，油液通过多路阀中位通路或卸荷阀以最低压力卸荷；而当任何一联离开中位进入工作状态时，系统就起压。

至今，实现这一功能的有两种基本方式：一种靠先导溢流阀，另一种靠中位通路。正是由于这两种方式不同，使得主阀要有相应的不同结构。与前者对应的为四通型，与后者对应的为六通型。

从原理上来讲，四通型具有 P、A、B、T 四个主油口，六通型除了常规的 P、A、B、T 四个主油口之外，另有 P_1、C 两个油口（见图 3-10）。对照多路阀定义中提到的 A、B、C 类区分的方法，目前应用最广的为 B 类，其主阀是六通型。其余，包括最古老用手柄直接推动（主）阀芯和最新型的电液比例控制在内的 A、C 类几乎都是四通型的。

六通型多路阀中位卸荷的原理：六通阀六个主阀口的含义为 P 压力油口；P_1 口是通往 C 口的压力油口，另一头总是与 P 口相通；A、B 为工作油口；T 为回油口；各联阀芯处于中位及中位附近位置时，C 口一头与 P_1 口相通，另一头或直接与 T 口相通（当系统只有一只多路阀，或当系统有多只多路阀时，从油流方向为最后一只多路阀），或与下一只多路阀的 P 口相通。

这就表明，当系统中所有主阀芯都回到中位时，尽管 P 口与 A、B、T 三个油口都不相通，但系统马上通过 P→P_1→C→T 的通路实现卸荷。

由此，可将六通阀理解为，是由“三位四通” + “二位二通”组成，其中的二位二通解决中位卸荷。从下面的切换过程可以看到，这种“三位四通” + “二位二通”的结构，给六通阀带来了重要的特性，使六通多路阀得以广泛应用。

六通阀从中位卸荷的 P_1→C→T 状态，过渡到 P→A→B→T（P→A、B→T 阀口完全打开）的过程如下。

（1）P→P_1→C→T 单独流动期　阀芯处于中位，P_1→C 中位卸荷油口全开，全部压力油以最低压力卸荷；阀芯虽然离开中位，但位移量小于阀口遮盖量，P→A 阀口尚未打开，没有油液流向负载。

（2）P→A→B→T 与 P_1→C→T 并联流动期　P→A 阀口打开，而卸荷阀口关小，但未关闭；部分油液流向负载，另一部分油液以比最低卸荷压力高的压力流回油箱。随着阀芯位移量的加大，流向负载的流量逐步增大，流向油箱的那一部分油液的压力也逐渐升高，这一转变过程，实际上就是常规的旁路节流，以此形成了后述多路阀的流量与压力微调特性。

（3）P→A→B→T 单独流动期　卸荷口全部关闭，由于系统只配置安全阀，所以油源的油液全部进入系统。

以上分析说明：

1）过程的实质是：先旁路节流，后油源全流量通过多路阀主阀口进入系统。

2）六通阀很难构成负载压力补偿或负载适应控制。在上述并联流动期，流向油箱与流向负载的流量是随着阀芯位移的增大，根据两处相应液阻的大小自动进行分配的。这时，不论用定差减压阀还是定差溢流阀，企图稳定主控制阀口的压差，实现所谓的负载压力补偿或适应，显然是无意义的。

3.7.2 六通多路阀的流量微调与压力微调特性

六通多路阀的基本特性为：①流量-压力损失特性；②阀芯行程-压力特性；③阀芯行程-操作力特性和微调特性。其中最为重要的特性为流量微调特性，如图 3-25a 所示，它表示了阀芯位移与进入执行器流量之间的关系。它实际上是一种初级的手动比例控制特性，但有较大的零位死区，而且比例控制范围受系统压力的影响很大，随着压力的升高，比例范围变小。六通阀的压力微调特性如图 3-25b 所示。

正由于此比例控制范围本身就小，又受系统压力影响，其可控作用，实际上只相当于阀口打开的开始一小段，不仅有一个与普通四通方向控制阀阀口开缓冲槽一样的缓冲效果，而且还可以粗略地小行程地调节流量。因此，在工程上，将此称为微调特性，要比称为比例控制特性更合理。

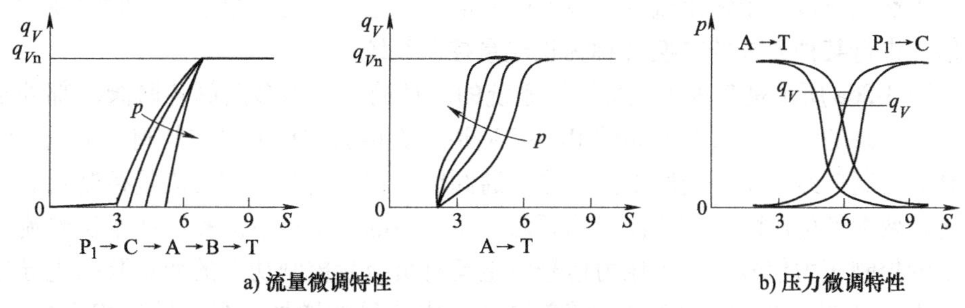

a) 流量微调特性　　b) 压力微调特性

图 3-25　六通多路阀的微调特性

3.7.3　六通多路阀附加的负流量控制系统

在挖掘机等工程机械用的多路阀系统中，为了减小六通多路阀中产生的旁路回油（非工作流量）损失和节流损失，在六通阀最后一联的旁路回油路上（P_1至C回路上，图3-10a的C、T之间，参见图3-26）设置流量检测装置，将旁路回油流量转化为压力信号控制泵的排量，且排量与旁路回油流量成负线性关系，从而减小旁路回油功率损失。旁路回油流量分别涉及多路阀与液压泵两个方面：在多路阀中解决旁路回油流量检测，在变量液压泵变量机构中实现负流量控制。

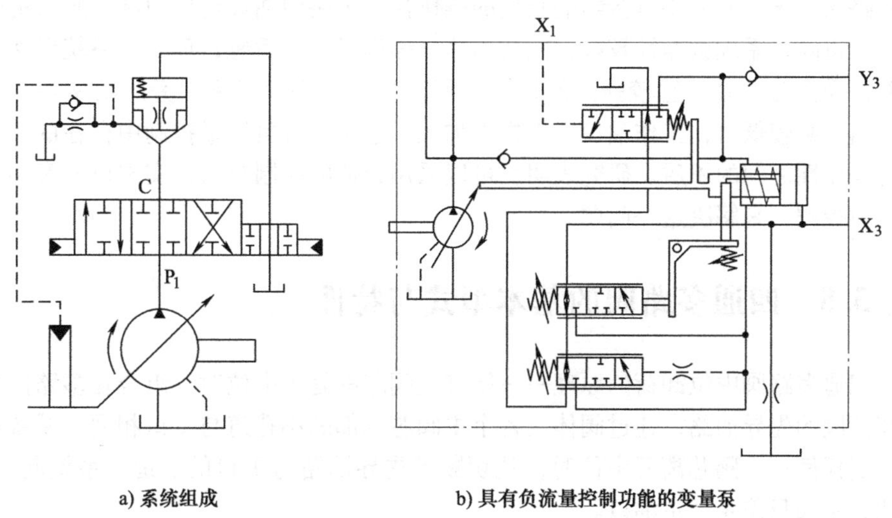

a) 系统组成　　b) 具有负流量控制功能的变量泵

图 3-26　六通多路阀系统的负流量控制原理图

将这个与旁路回路流量成正比的压力信号引出来，传递到变量泵，变量泵应是压力控制型变量泵，且泵的输出流量与输入压力信号成反比例（称为负流量控制系统）。

当然也可以采用输出流量与输入压力信号成正比例的变量泵，此时需要对压力信号进行某种方式的转换（称为正流量控制系统）。

图 3-26a 所示是某种负流量控制系统的原理简图。当多路阀各联阀芯都处于中位时，泵的流量通过多路阀的 P_1→C 通道后直接通到负流量控制阀。负流量控制阀的控制口经由主换向阀上的三位二通阀回油箱。由此，在负流量控制阀芯中节流孔两端产生压降，使负流量阀开启，主油路的流量经节流孔后产生反映流量大小的控制压力信号。将此压力信号引至具有负流量控制功能的变量泵的先导压力油入口（图 3-26b 中的 X_1），随着这个压力信号的增加，泵的排量相应减小。也可以采用正流量控制泵，但中间要进行负流量控制转换。工作时，如果需要执行器作缓慢动作，就需要部分流量经主方向控制阀中间通道直接回油箱，所以这时负流量控制阀也起作用，减小泵的排量，从而减少压力损失。

负流量控制本质上是一种恒流量控制，通过在多路阀旁路回油通道上设置流量检测元件，最终是要达到控制旁路回油流量为一个较小的恒定值，从而达到减小旁路损失的目的。进一步可以确定，这种恒流量控制，最终可转化为旁路回油节流口处的恒压控制。

如图 3-25 所示，在采用六通多路阀的系统中，阀口的流量特性受负载的影响较大。如果泵的输出压力较高，则可降低这种影响，在负流量控制中，则表现为旁路回油压力的大小直接影响系统的操作性。旁路回油设定压力高，则泵的输出压力也高，系统调速性较好，响应迅速，操作时无滞后感；反之，系统调速性较差，操作时的滞后感较强。但是旁路回油压力过高会带来：旁路功率损失增大；当负载较低时，工作油口压力损失加大。这是现有负流量控制中存在的节能性与操作性之间的矛盾。研究表明，可以采用合适的控制算法，实现可变旁路回油压力控制，来解决这一问题。

3.8 四通多路阀的基本型式与特性

四通多路阀中位卸荷的原理——所有主阀芯都处于中位时，组合在多路阀中的卸荷阀的先导油路，通过阀体及各个主阀芯端部的小孔道与 T 口相通，系统卸荷。当任何一主阀芯离开中位时，就切断了先导油路与 T 口的通道，系统起压。因此，主阀只需 4 个主油口。

3.8.1 四通多路阀的开中心负载敏感系统

开中心负载敏感系统的构成及功能特点如下：

开中心负载敏感系统［本质上是定量泵+负载敏感阀（三通流量调节阀）］如图 3-27a 所示，系统包括定量泵 1、系统总进口压力补偿器 2（定差溢流型压力补偿器或称三通压力补偿器)、各联的进口压力补偿器3（定差减压型压力补偿器或称二通压力补偿器)、可变节流器4和梭阀网络。其主要功能包括：

1）在零位，定量泵输出流量经定差溢流型补偿器2流回油箱。

2）各联上的定差减压型压力补偿器，将从定差减压阀出口到换向阀出口之间的压差基本保持不变；改变节流器4的开度，可在一定范围内改变换向阀阀口压差，从而改变每个执行器的最大流量。

3）通过多层次高压优先梭阀网络的选择，各执行器当时（实时）的最高压力引导到定差溢流型补偿器3的敏感腔，使泵的出口压力与之适应，即泵的出口压力比任一时刻系统的最高压力高一定值（如图3-27b所示，按时间顺序，负载敏感系统压力分别与当时最高的负载1、负载2、负载3的压力相适应)，此值等于进口压力补偿器3的弹簧力所对应数值。

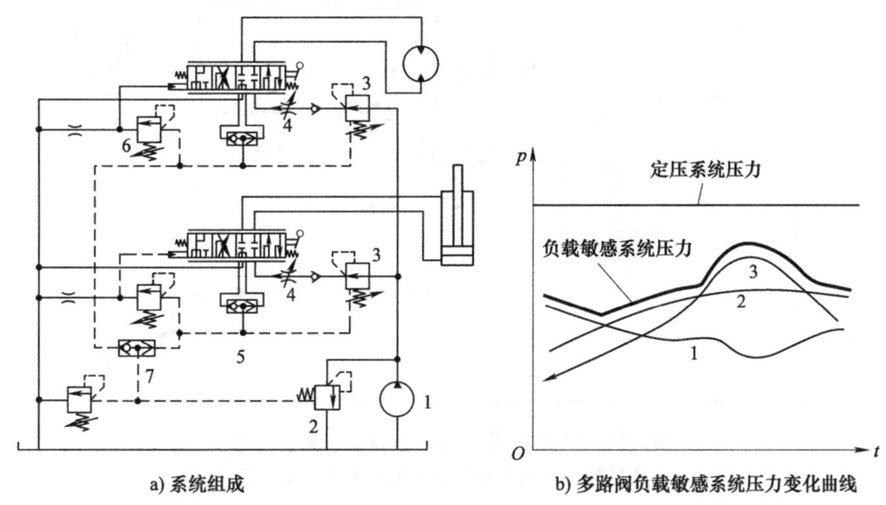

a) 系统组成　　b) 多路阀负载敏感系统压力变化曲线

图3-27　四通多路阀的开中心负载敏感系统

1—定量泵　2—总进口压力补偿器　3—定差溢流型补偿器　4—可变节流器　5、7—梭阀　6—溢流阀

这种节能系统的优点是：零位压差非常低，与执行器数目无关；执行器起动恒定，与负载压力无关；不同工作压力的几个阀可以同时动作，控制灵敏度高。

3.8.2　四通多路阀的闭中心负载敏感系统

四通多路阀的闭中心负载敏感系统本质上是变量泵+负载敏感控制器，如图3-28所示。系统主要包括变量泵1、各联的进口压力补偿器3（定差减压型压力补偿器或称二通压力补偿器)、可变节流器4和梭阀网络。此系统的功能与开中心系统相同，只是用一台压差调节泵代替定量泵和三通压力补偿器。在零位，没有阀动作，泵的倾角几乎为零，仅补偿内部系统损失。旁通压力取决于泵的压差

调节器所需的压力。任何一联离开中位工作时，泵的压力始终比所需负载压力高出一个控制压差，即泵总是仅以所需的负载压力输出所需流量。此外，当使用几个方向控制阀时，每个执行器可以得到由可变节流器 4 设定的最大流量。

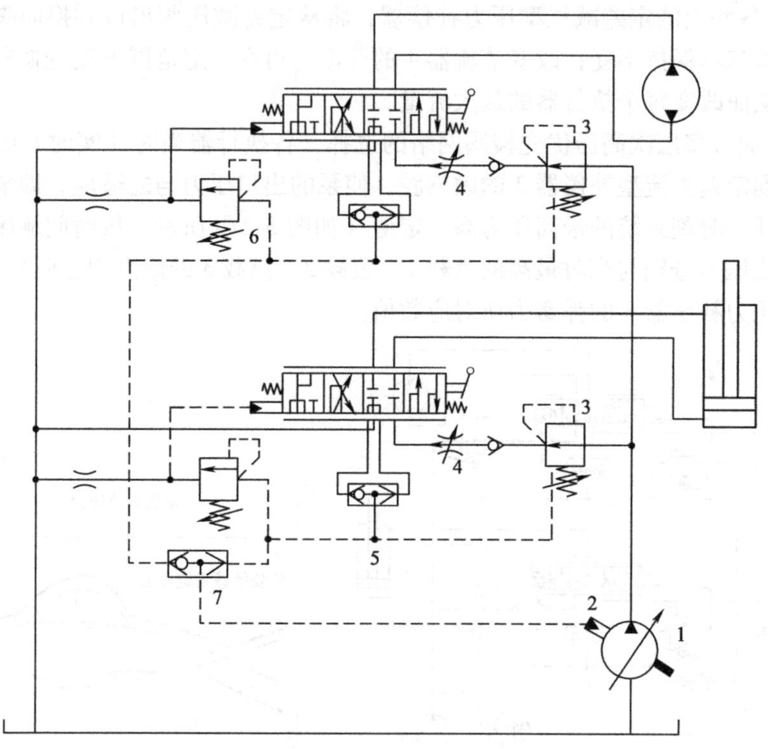

图 3-28 四通多路阀的闭中心负载敏感系统

1—变量泵 2—负载敏感器（图注 3~7 同图 3-27）

六通多路阀与四通多路阀重要特性对比见表 3-2。

表 3-2 六通多路阀与四通多路阀重要特性对比

<table>
<tr><th>特点</th><th colspan="2">六通多路阀</th><th>四通多路阀</th></tr>
<tr><td rowspan="2">中位回油</td><td>传统方式</td><td>为“三位四通”+“二位二通”功能，“二位二通”解决中位阀内通道回油。损失大，且随联数增多而体积增大</td><td rowspan="2">系统溢流阀控制油通油箱，主阀口回油，损失小，且与联数无关；如果不是电液比例多路阀，存在起动和换向冲击</td></tr>
<tr><td>增加负流量控制功能</td><td>与具有负流量控制的变量泵配合，可使中位回油损失降到很低</td></tr>
</table>

（续）

特点	六通多路阀		四通多路阀
微调特性（初级的手动比例控制特性）	不加任何装置，就具有流量微调和相应的压力微调特性，避免起动冲击，且可调节性好。无法实现负载压力补偿		不加其他装置，不具有微调特性。若配用负载补偿（由定差减压阀保持多路阀阀口压差基本不变），再用电液比例控制，则比例控制特性优于传统六通阀的微调特性：比例控制范围不受负载影响，通往负载的流量仅与输入信号成比例，无起动与制动（过程时间可调）冲击
广义负载敏感控制	负载补偿		可根据需要在多路阀的任何联上加二通型压力补偿器，使通过主阀的流量仅与输入信号（操作杆摆角等）成比例，而与负载变化无关
	负载敏感	开中心（仍有部分多余流量的溢流损失）	在定量泵的出口并联配置三通型压力补偿器，与高压优先梭阀网络配合，使泵的出口压力始终仅比各联中的最高负载压力高一个定值，实现负载压力适应控制，多余流量从三通压力补偿器的T口回油箱。存在流量饱和时最高负载压力联流量减小的缺陷
		闭中心	此系统的功能与开中心系统相似，只是用一台压差调节泵代替定量泵和三通压力补偿器。阀芯在中位，没有阀动作，泵的倾角几乎为零，泵的输出流量仅补偿内部泄漏的流量损失。任何一联离开中位工作时，泵的压力始终比所需负载压力高出控制所需的压差。即泵总是仅以所需的负载压力输出所需流量，实现整个系统的功率适应。同样存在流量饱和时最高压力联流量减小的缺陷
		LUDV抗流量饱和的负载感应系统	当出现流量未饱和时，系统将限制所有受控负载的工作速度，但此时各负载之间工作速度的比例关系，仍保持原设定值不变

3.9　负载敏感阀反馈通道实现方式

负载敏感反馈通道的实现方式多种多样，无论阀体是哪种结构，工程上二通压力补偿器的原理是相同的，都是取负载压力作为LS反馈油路，反馈油路同时控制二通压力补偿器、三通压力补偿器或负载敏感泵。不同厂家的产品或同一厂家的不同规格产品，其负载反馈通道的实现方式不尽相同。下面列出的四种典型结构及其优缺点有助于在设计多路阀时选择一种比较合适的结构。

3.9.1 两端分别接通型

这种结构比较常见，使用范围广，阀芯行程大小适中，可分别在两侧设置LSA与LSB的压力，需用梭阀隔离，且呈对称结构，阀体与阀杆都易于加工，阀体上需要加工一个连接LSA与LSB的细长孔，如图3-29所示。典型应用：Bucher的LV22、SC22，Danfoss的PVG32，Hydac的LX-6，AMCA的APV16、APV22。

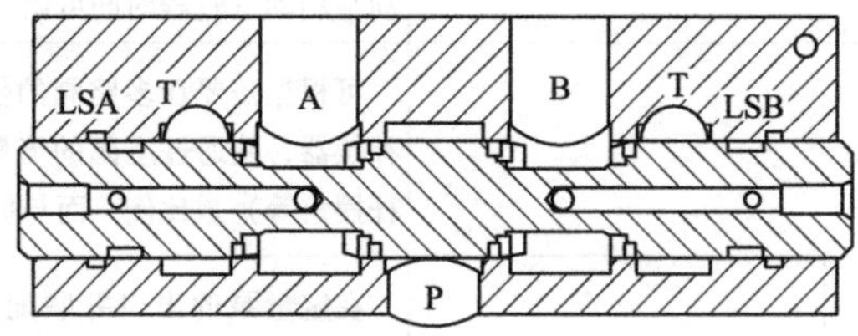

图3-29 两端分别接通型

3.9.2 一端接通常通型

LSA与LSB常通负载口，且与一端LS口联通，如图3-30所示。这种结构比较稀少，阀体结构与两端分别接通型类似，但结构相对简单，且不对称，没有细长孔；阀芯加工比较复杂，阀杆直径大于28mm才可实现此结构，LS仅一个通道，A或B口仅能实现一个限制压力，代表产品有Bucher的LP方向控制，一般不推荐使用此结构。

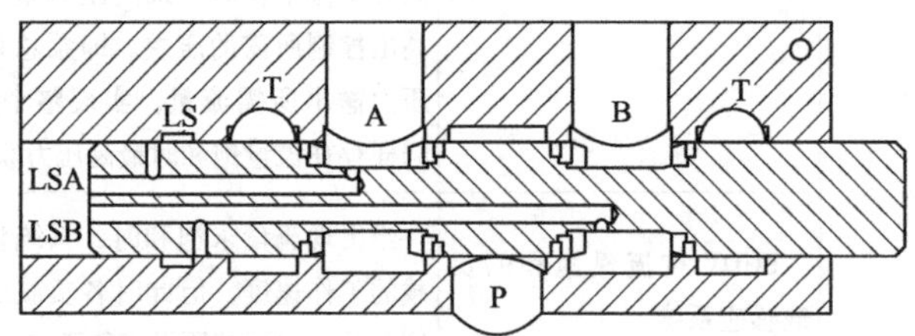

图3-30 一端接通常通型

3.9.3 一端接通常闭型

LSA/LSB与负载口不通，仅在阀芯运动时接通，LSA或LSB的一端与LS联通，且不用梭阀隔离，如图3-31所示。这种结构比较少，阀体结构与一端接通常通型类似，但P-A/P-B需有足够的密封长度，阀体结构相对简单，且不对称，没有细长孔；阀杆加工比较简单，阀杆行程对阀体长度影响很大，因此适合7mm以下行程的小流量阀使用，A或B口可实现独立限制压力，代表产品有Rexroth的M4-12。

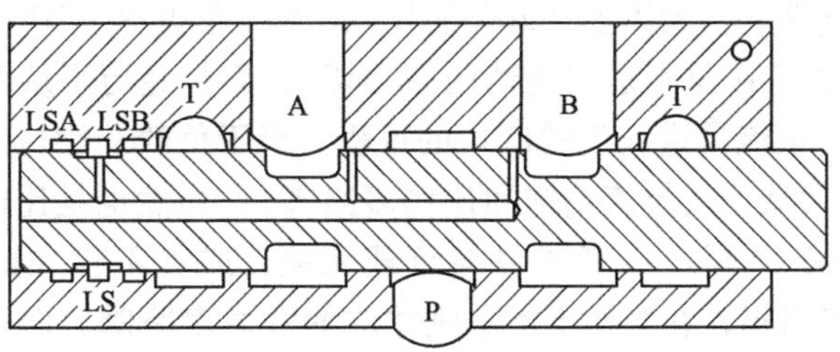

图 3-31　一端接通常闭型

3.9.4　两端封闭常闭型

LSA/LSB 与负载口不通，仅在阀杆运动时接通，LSA/LSB 分别与各自端的 LS 口联通，且不用梭阀隔离，如图 3-32 所示。压力传递通过阀杆上独立小孔实现，互不影响。此结构为 Hawe 独创，阀杆行程对阀体长度影响小，结构非常紧凑，适合小阀体使用。代表产品有 Hawe 的 PSL2、PSL3。

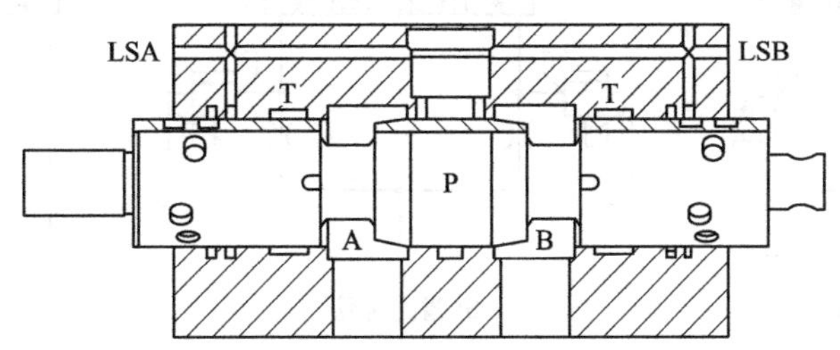

图 3-32　两端封闭常闭型

综上所述，常规大流量负载敏感多路阀可采用两端分别接通型结构；常规小流量负载敏感多路阀可采用两端封闭常闭型结构。如设计非常规多路阀可根据实际情况选择适合的结构。

3.10　电液比例多路阀

一般而言，到了多路阀这个层面，不论是手动的、液压的、电液的，原则上都应该是比例控制的。但由于历史的原因，人们一般不将手动多路阀称作比例多路阀（只是“很谦虚”地称为具有流量和压力微调特性的多路阀），而只把用手动三通（比例）减压阀作先导级的，以及用电动三通比例减压阀作为先导级的多路阀，称为比例多路阀。人们往往习惯并尊重这种叫法。请注意，说到这里，实际上还只是在讲，在工程机械领域历史最长、应用面至今最广的所谓六通多路阀（除了常规的 P、A、B、T 四个油口之外，还有中位时连通的 P_1、T 两个油

口)。其基本特点就是，大体上“20%的死区、60%精调区、20%的全开区”，其原因在于从中位到工作位不是“突然的一刀切”，而是经历了从旁路节流到“大家都走独木桥”(全流量进入负载口)的过程。至于负载补偿与负载敏感的多路阀(包括先节流后减压的抗流量饱和比例多路阀)，当然也是比例多路阀，它们是高层面的比例多路阀(或者流量与负载无关，或者不仅如此，还是很节能的)。这种比例多路阀，在结构上不是刚才讲的六通多路阀，而是后起之秀所谓的四通多路阀(只有P、A、B、T四个主油口)。

电液比例多路阀主要采用比例压力阀作先导阀，通过先导阀控制主阀芯的位移。目前，电液比例多路阀主要采用比例减压阀和比例溢流阀作先导阀。图3-33a所示是用三通比例减压阀作先导阀的原理图。先导减压阀输出压力与线圈电流成比例。方向控制阀阀芯在先导控制油压力的作用下处于平衡，其平衡位置与输入电流相对应，改变电流即可连续地控制主阀芯的位移。稳态时，先导阀基本上关闭，因而流量损失小，动态特性较好。

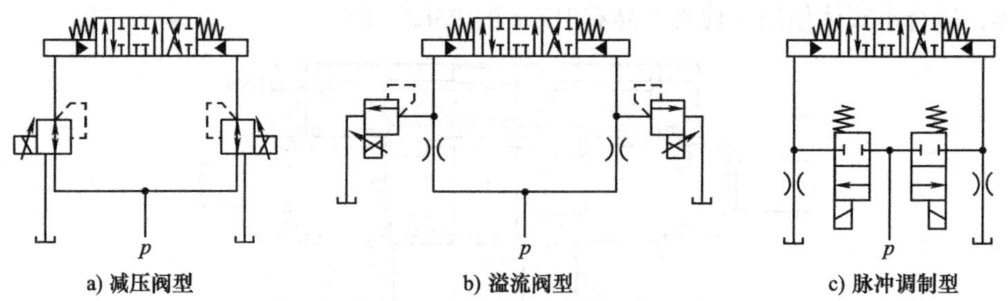

a) 减压阀型　b) 溢流阀型　c) 脉冲调制型

图3-33　电液比例多路阀先导阀的基本形式

图3-33b所示是采用比例溢流阀作先导阀的原理图。先导阀与固定液阻串联成一B型半桥，半桥输出压力油引至换向阀阀芯端部油腔，阀芯位移与电流成正比。这种形式的比例多路阀在稳态下有流量损失，响应速度也不及用比例减压阀作先导阀的多路阀。

图3-33c所示是用PWM控制高速开关阀的液压系统作先导阀的原理图。工作时，液桥输出的平均压力与输入脉冲信号脉宽占空比成比例关系。

当先导级采用电反馈时，先导阀可使用比例方向节流阀，其快速性要优于用减压阀、溢流阀作先导级的多路阀。

第4章 常用多路阀控制回路

4.1 概述

在行走机械液压领域已开发了一些基本液压回路。之所以要开发这些回路，是因为行走机械液压系统的能耗成本高，且使用频繁。因此，使液压系统的能耗降到最低是液压系统设计最重要的因素。

行走机械液压行业也研发了一些专用的多路阀，特别是针对挖掘机液压系统，开发了一些基本的控制回路，为了更深入地了解多路阀控制回路，首先有必要回顾一下挖掘机液压系统的发展历程。

自从第一台液压挖掘机于 1950 年诞生于意大利北部以来，挖掘机液压系统的发展经历了定量泵开中心节流控制系统、变量泵开中心节流控制系统、开中心负载敏感系统、闭中心负载敏感系统、抗流量饱和的同步操作系统、负流量系统以及正流量系统等七个阶段，现阶段负载口独立控制系统也开始逐步应用于挖掘机液压系统中。同时应用于挖掘机液压系统的主泵功率控制方式也经历了单泵恒功率控制、双泵分功率控制、双泵总功率控制、交叉传感功率控制以及负反馈交叉传感功率控制等五个阶段。图 4-1 归纳了挖掘机液压系统的发展历程及各种控制方式的典型控制系统或控制回路。

总结以上挖掘机液压系统的发展历程，主要有 7 种控制技术应用于生产实践，它们分别是：

- 开中心或恒流量（CF）
- 闭中心或恒压系统（CP）
- 恒压卸载（CPU 或负流量控制）
- 正流量控制（PC）
- 负载敏感（LS）
- 预补偿或负载敏感压力补偿（LSPC）
- 后补偿/流量共享或负载敏感压力补偿（LUDV）

以上 7 种技术的优缺点见表 4-1。

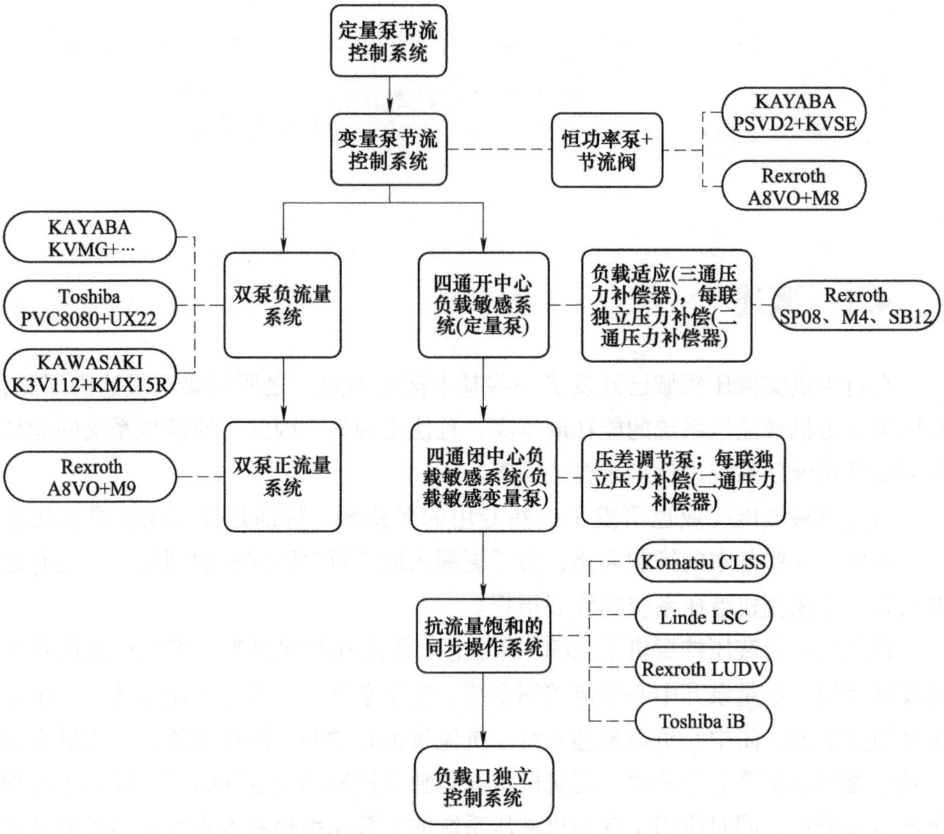

图 4-1 挖掘机液压系统的发展历程及各种控制方式的典型控制系统或控制回路

表 4-1 7 种控制技术的优缺点

技术	泵的排量	待命压力	系统成本①	优点	缺点
开中心（CF）	定量	低	低	低成本，简单	1. 节流特性依赖于负载 2. 多操作相互影响
闭中心（CP）	变量	高	中等	1. 更好的节流特性 2. 具有单一功能的流量补偿控制	1. 液压缸操作漂移（内部泄漏） 2. 多操作相互影响
恒压卸载（CPU，也称负流量控制）（开中心）	变量	低	中等	更好的节流特性	多操作相互影响

（续）

技术	泵的排量	待命压力	系统成本①	优点	缺点
正流量控制（PC）（开中心）	变量或定量	低	中等	更好的节流特性	多操作相互影响
负载敏感（LS）	变量或定量②	低	较高	优秀的节流特性	多操作相互影响
预补偿负载敏感压力补偿（LSPC）	变量或定量②	低	最高	1. 独立的压力补偿 2. 在 LS 溢流阀设定下限制工作油口压力的能力	泵超载时-最高负载操作失掉流量
后补偿/流量共享负载敏感压力补偿（LUDV）	变量或定量②	低	最高	1. 独立的压力补偿 2. 在泵过载期间的流量共享 3. 诱导负载③保护	系统设计不符合成本效益原则，工作油口压力受限

① 成本由柱塞泵和多路阀的复杂性决定。

② 定排量不节省功率。

③ 超过负载敏感压力+负载敏感阀补偿弹簧压力的负载。

7 种技术的控制回路简图见表 4-2。

表 4-2　7 种技术的控制回路简图

技　术	简　　图
开中心（CF）	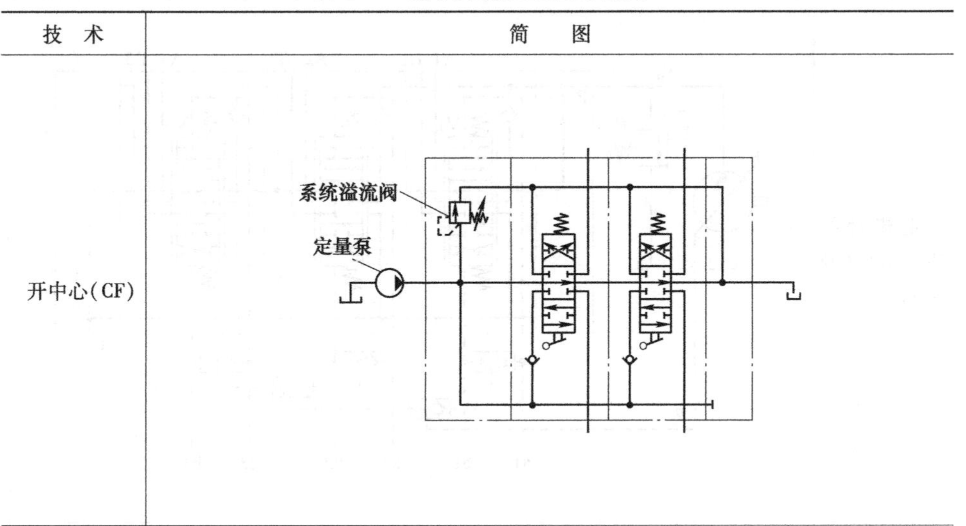

（续）

技　术	简　图
闭中心（CP）	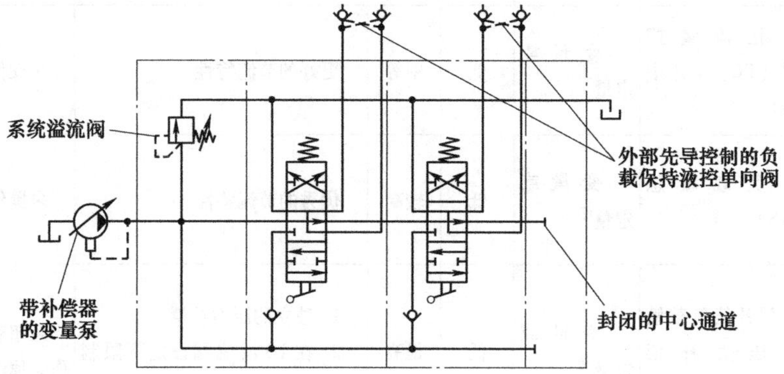 系统溢流阀；外部先导控制的负载保持液控单向阀；带补偿器的变量泵；封闭的中心通道
恒压卸载（CPU，也称负流量控制（开中心）	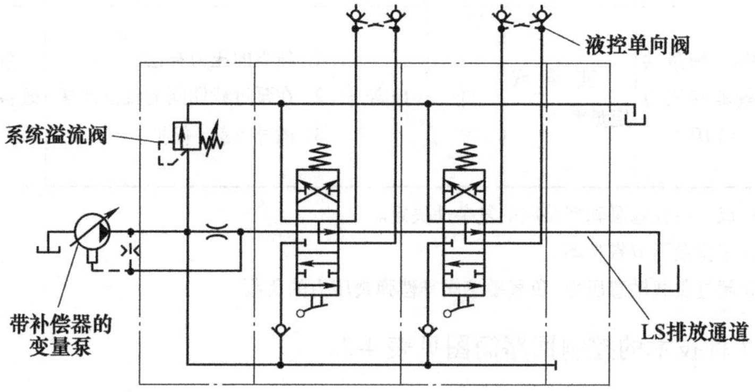 系统溢流阀；液控单向阀；带补偿器的变量泵；LS排放通道
正流量控制（PC）（开中心）	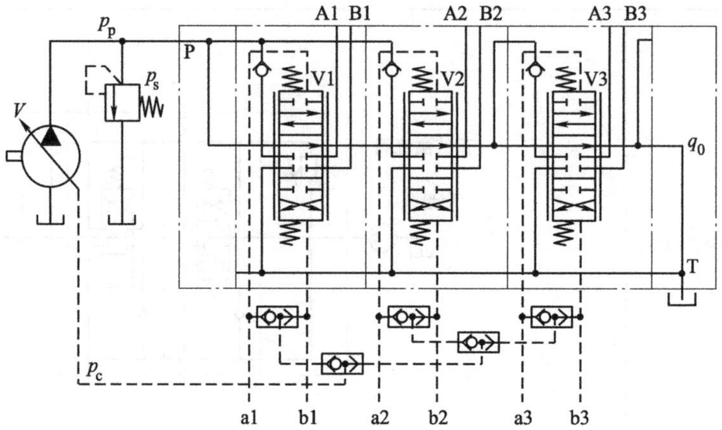 p_p；p_s；P；V；A1 B1；A2 B2；A3 B3；V1；V2；V3；q_0；T；p_c；a1 b1 a2 b2 a3 b3

（续）

技　术	简　图
负载敏感（LS）	负载感应信号排放通道 B　B　B 限压溢流阀 带负载感应控制的变量泵 A　A　A 负载感应逻辑梭阀
预补偿或负载敏感压力补偿（LSPC）	工作联进口压力补偿器 A　A 负载梭阀 带负载敏感控制的变量泵 系统溢流阀 B　B 负载梭阀　负载感应逻辑梭阀 注意：泵输出压力油在主阀芯之前经过压力补偿器
后补偿/流量共享或负载敏感压力补偿（LUDV）	负载感应逻辑梭阀　工作联 B　B 系统溢流阀 油箱 带负载感应控制的变量泵 A　A 进油联　工作联补偿器　出油联(尾联) 注意：泵输出压力油在主阀芯之后经过补偿器

4.2 恒流量系统(Constant Flow, CF) 或开中心系统(Open Center)

4.2.1 基本回路

恒流量系统包括一台定量液压泵，一台方向控制阀和一台执行器。溢流阀用于最高压力保护，用作安全阀，常闭。由于其设定值超过了负载压力，因而存在过剩压力。这样，节流阀和溢流阀之间会存在超额功率，并且转换为热能。使用开中心式泵控制装置的负切换遮盖区，可以减少超额压力。在方向控制阀中位，液压油被引至油箱中（中位油液循环，中位开启系统）。因此该阀称为“中位开启阀”。通过溢流阀可以分流过剩流量。各方向控制阀联之间可以是并联关系或优先关系，也可以是串联关系，但较少见。

开中心节流控制系统工作原理如图 4-2 所示，通常采用三位六通阀的结构形式。其特点是有两条供油路，一条是直通供油路、另一条是并联供油路，这种油路调速方式由进油节流和旁路节流同时起作用。由于采用定量泵，系统成本低，结构简单，对油液的污染不特别敏感，待命压力低，但存在：①节流特性依赖于负载，控制与负载的变化有关；②多工序相互影响，两个以上负载同时运动时，具有较高负载的执行器可能会停止不动。③高压、小流量时控制范围较窄；④效率低，需要较大的冷却器；⑤不宜用于安全性能较高的设备（起重机、安全消防车等）等缺点。

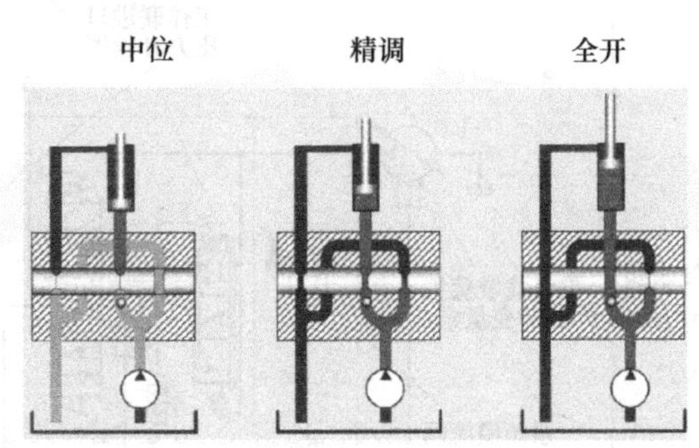

图 4-2 开中心节流控制系统（中位开启系统）工作原理

节流控制的基本特性是：单泵的流量通过主阀提供给多个负载，流量和方向由主阀控制，主泵和主阀没有相互的关联，泵总是按最大流量供油。

4.2.2 扩充回路

对于多个驱动对象的情况，可有不同的回路方案。

并联回路的开中心流量系统如图 4-3 所示，在该图中，每一方向控制阀的输入和回油端口都并联在公用的进油和回油路上。当所有这些阀处于中位时，中位油液循环流经全部这些阀体。

多个方向控制阀可同时驱动负载。如同时抬升的负载重量不等，则可采用单向阀来防止较重的那个负载下降。多路阀用定量泵来供油。

在并联系统中，各个执行器都有独立的进油口及回油口，但是，由于液压系统的固有特性，当各执行器的负载不同时，低负载端会对高负载端的运动产生影响。图 4-4 是并联节流控制系统的控制特性曲线。

由图 4-4 可以看出，并联节流控制系统的控制起始点及控制范围与负载和流量有关；低负载端会降低高负载端的速度，即负载影响流量的分配，压力较高的负载有可能停止动作。

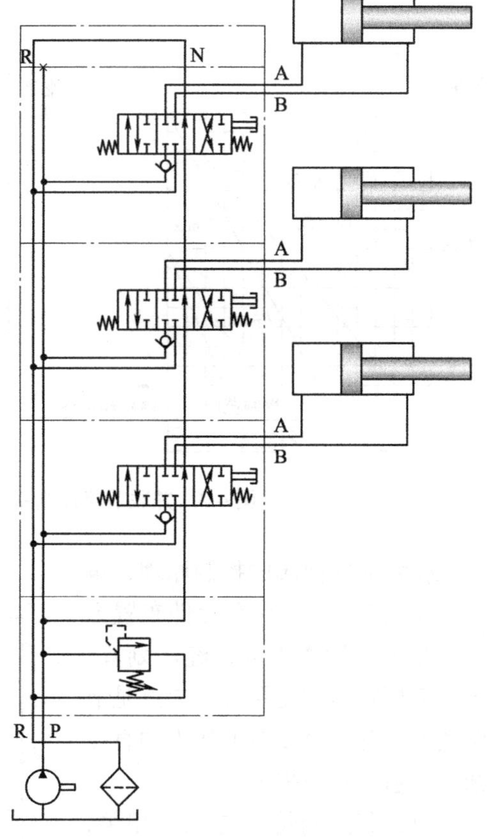

图 4-3　并联回路的开中心流量系统（OC 系统）

串联回路的开中心流量系统（联锁回路），如图 4-5 所示。串联回路相比并联回路，串联回路（联锁回路）用得并不多。各换向阀之间相互串联，前端执行器的出油口和后端执行器的进油口相连。当一个方向阀工作时，下游的阀就没有可用的压力油了。

串联节流控制系统的控制特性曲线如图 4-6 所示。

由图 4-6 可以看出，串联节流控制系统的控制起始点及控制范围与负载和流量有关；泵口压力为两个执行器压力之和；执行器 1 的效率会影响执行器 2 的效率，即执行器 2 的流量和压力以及效率随执行器 1 而定；整个系统的效率较低但不存在互抢流量的情况。

由于定量泵节流控制系统的结构简单并且造价低廉，所以，现阶段在 1～3T 小型挖掘机上得到广泛应用，其中的定量泵多采用外啮合齿轮泵。

另一方面，由于定量泵不能在负载发生变化时改变泵的排量，导致发动机的功率不能得到充分利用，系统的能量损失大。

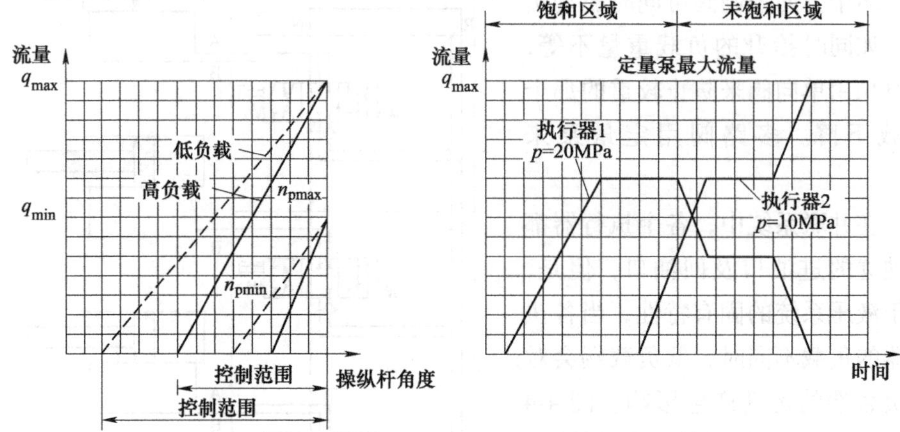

图 4-4 并联节流控制系统的控制特性曲线

三位六通换向阀的控制原理，也称作“节流控制”，它在元件布置方面是简单的，操作可靠，经济划算，系统可使用定量或变量泵。缺点是节流调速时，有部分多余的压力油直接回油箱，造成功率损失。

而且，其控制特点与压力相关，在并联油路几个执行器同时动作时，可能彼此互相影响。

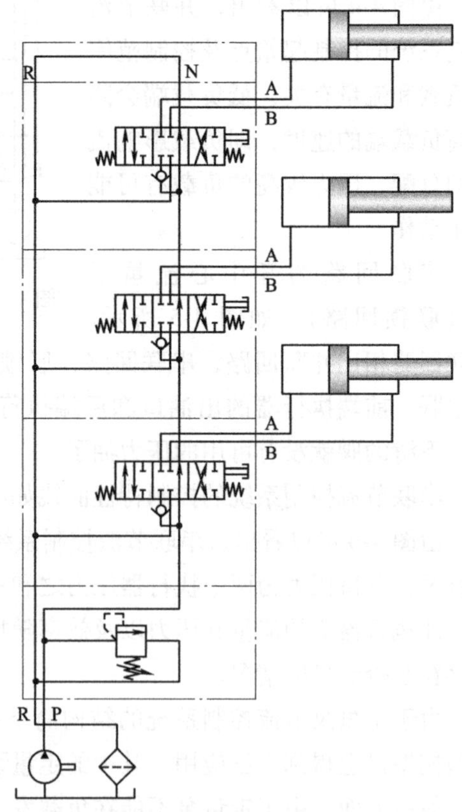

图 4-5 串联回路的开中心流量系统（OC 系统）

4.2.3 中位油液循环 P→R 的压力损失

在没有利用油液作业期间，也即方向控制阀未开启，流量经中位阀体到油口 R 即油箱回油，或到另一个驱动对象。流动阻力与方向阀的数目相关。这类控制回路的功率细分图表明，中位液流循环存在功率损失，其数值等于泵的流量与中位时方向阀压力损失总和的乘积，如图 4-7 所示。这一损失值十分可观，但可通过在液压泵处直接安装中位循环阀来有效减小这一损失。

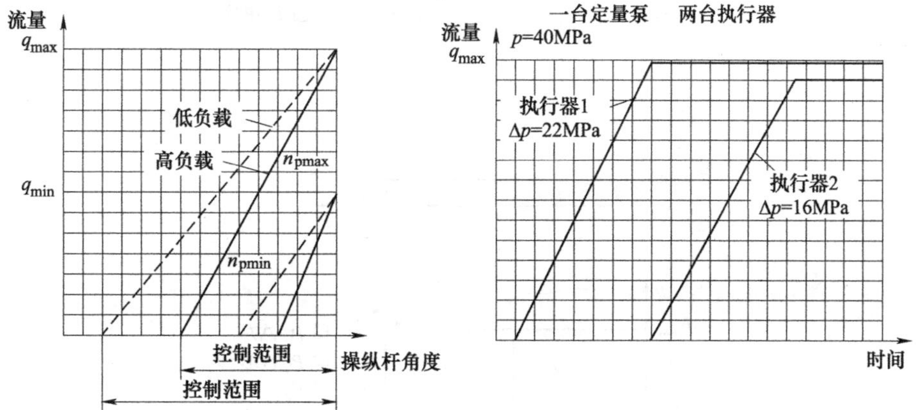

图 4-6　串联节流控制系统的控制特性曲线

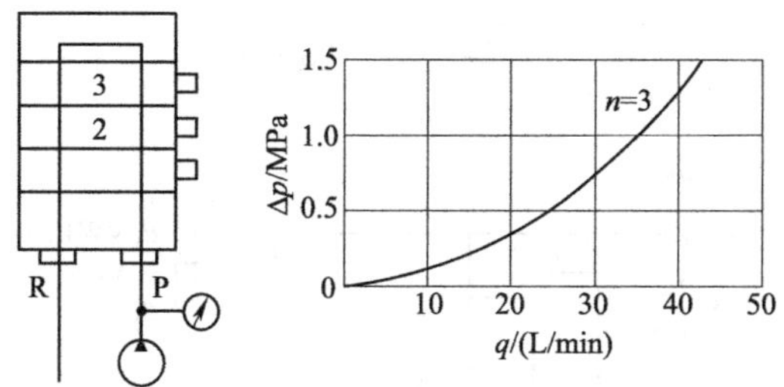

图 4-7　OC 系统中位油液循环的压力损失

n—阀片数量

4.2.4　高精度控制范围（转换位）的功率损失

如果调节方向控制阀的阀口，来进行高精度的节流流量控制，则不可避免地会产生功率损失。对于正遮盖的情况，多余流量经溢流阀溢流。由于溢流阀的设定值 p_1 高于负载压力 p_2，还会有多出的压力。这就意味着多余的功率一部分在节流口，一部分在溢流阀；这些多余功率转化成热能。

图 4-8a 表示执行器未运行时的功率损失（中位循环）；图 4-8b 表示一台执行器运行的功率损失占 25%；图 4-8c 表示三台执行器同时运行的功率损失。

4.2.5　功率界限内的特性（$p=p_{Lmax}$，$q=q_{pmax}$）

执行器的速度取决外负载，外负载决定负载压力（更准确地，决定于输入/输出的压差）。如负载压力上升，则速度下降。如负载压力达到最高供油压力 p_{max}，则执行器会停止。这种停止的出现，与阀芯的位置无关。在 P 路管道上安

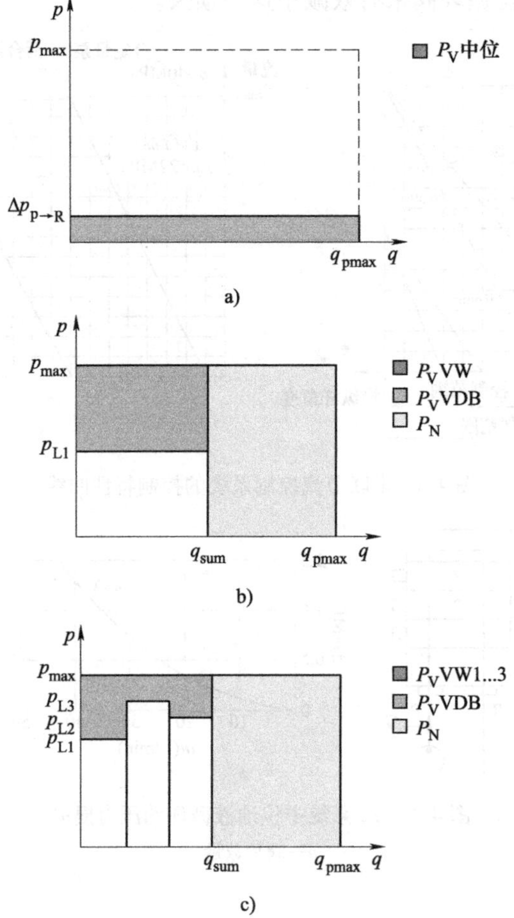

图 4-8　OC 系统的功率损失

P_N—有用功率　P_V—功率损失（P_VVW—通过一台方向阀阀口损失，P_VVDB—通过溢流阀损失，P_VVW1...3—通过三个方向阀阀口的各自损失）

装单向阀，可以防止执行器可能的下降。

如果多个执行器同时运行，则负载压力最低的那个执行器最先得到供油。

当这些执行器的负载压力较低、阀芯开口较大时，有可能是执行器的理论流量大于液压泵现有输出流量。这时，溢流阀的调节无效，结果泵的压力略高于最高负载压力。

OC 系统在功率界限内的特性如图 4-9 所示。

若 $p_{L3}=p_{max}$，则执行器不动，全部流量通过溢流阀溢流，若负载压力均小于溢流阀设定压力，则无溢流损失。

4.2.6　阀芯的遮盖

通过阀芯在高精度范围内适当的遮盖量，可以减小功率损失。

正遮盖，是指阀芯凸肩的宽度大于阀套窗口的宽度。阀芯离开中位时，液压泵的输出流量还未到达执行器，中位循环油液就已被断开。在中位，液压泵的输出流量经溢流阀 p_1 口卸荷。若频繁地在该阀位运行，会造成的十分可观的功率损失。其正遮盖与压力特性曲线如图 4-10 所示。

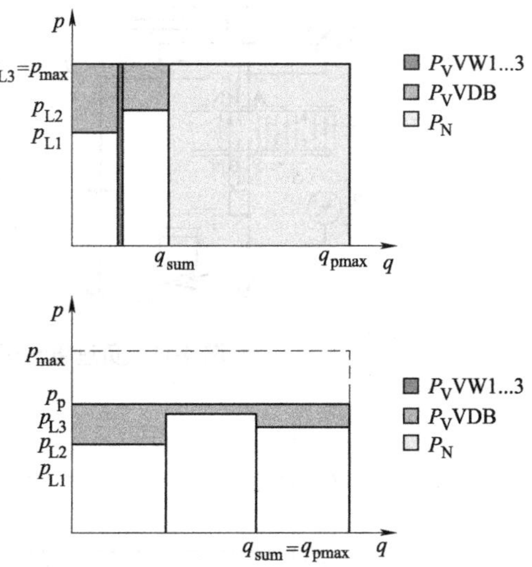

图 4-9　OC 系统在功率界限内的特性

负遮盖，指阀芯凸肩的开度小于阀套窗口的宽度。在中位循环油液断开之前，液压泵的输出流量就先行到达执行器。这时，中位压力仅提高到负载压力 p_2或略微高于负载压力。由于这样，功率损耗大为降低。在图 4-11 中，表现为 p_1压力线的下降。而且，阀位的转换过程更为平滑，执行器也更为灵敏。在 P 路管道上安装单向阀，可在中位预防执行器所不希望的下降。溢流阀只会在超载时才起作用，也即只起安全阀作用。在这种情况下，功率损失细分如图 4-12 所示。

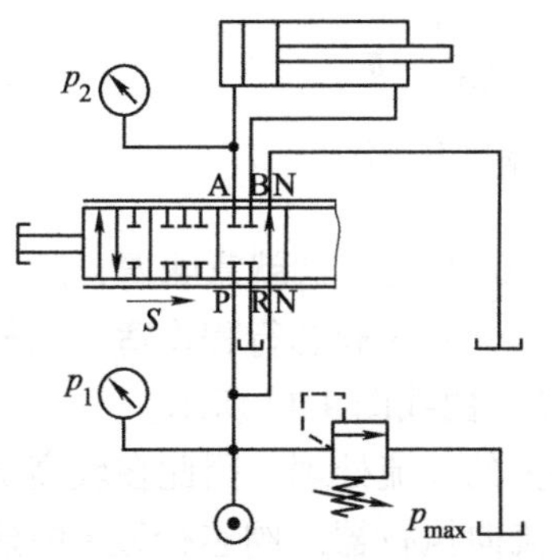

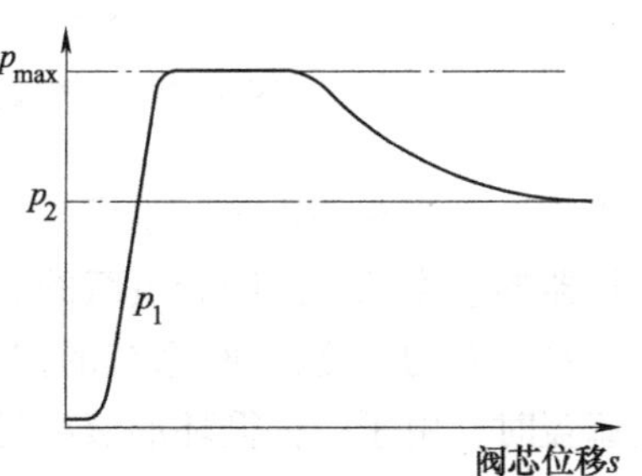

图 4-10　正遮盖与压力特性曲线

4.2.7　控制特性

阀芯的节流口几何形状，使得流量 q_v随阀芯行程 s 而逐步增加，保证平滑起

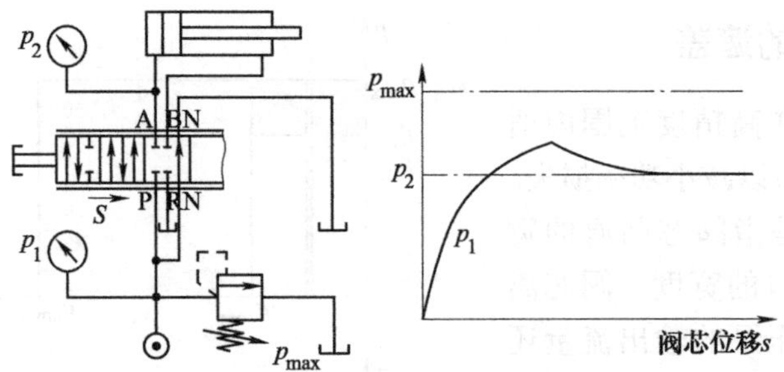

图 4-11 负遮盖与压力特性曲线

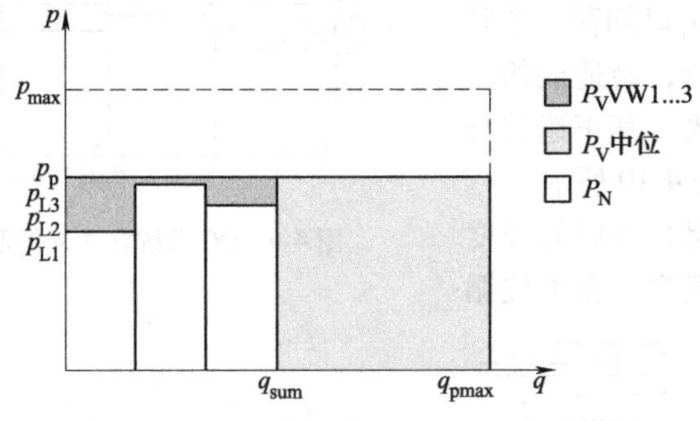

图 4-12 负遮盖的功率损失细分

动。流量受简易节流阀的影响，也即与压差 Δp 有关。这就意味着，随着负载的增加，执行器的速度减小。随着负载的变化，只有对阀芯行程作适当的校正，才可能获得大致不变的速度，OC 系统的控制特性曲线图 4-13 所示。

在负遮盖时，由于中位循环油液需经较大的节流处理，因此在较高负载压力下，只有较长的阀芯行程 s 才会开始有流量流向执行器。阀芯行程 s 中建立的压力 p，取决于高精度控制的正遮盖量。

4.2.8 阀芯的操纵力

在常规系统中，液动力也即阀芯的作用力，会随液压传输功率的增加而增大。

4.2.9 系统的优缺点

优点：系统简单，功耗低；元件简单；压力总是高至所需的值（不在高精度控制范围）。缺点：需要较大的阀开口，因为需要持续的大流量；中位循环油液依次通过全部阀→压力损失大；多个执行器并联有问题；负载压力与流量相关；可能需要多个泵。

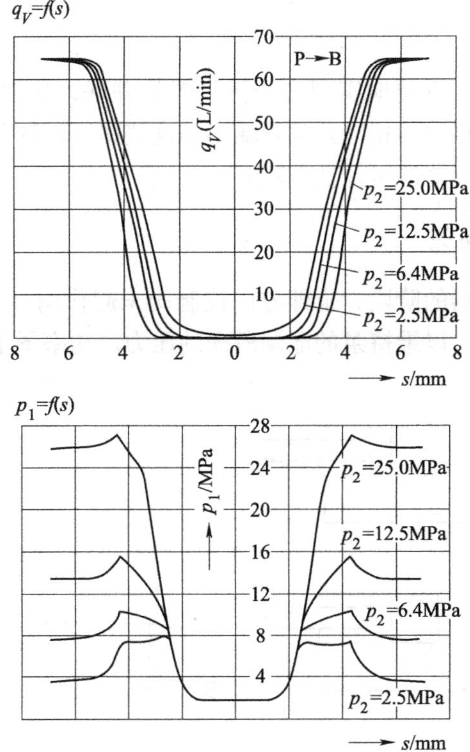

图 4-13 OC 系统的控制特性曲线

4.3 恒压系统（Constant Pressure，CP）或闭中心系统（Closed Center）

4.3.1 基本回路

如果以压力补偿变量泵代替定量泵，就可得到恒压系统，如图 4-14 所示，此系统的待命压力高，液压泵总是适应执行器的需要来调节其流量，使压力基本保持不变。方向控制阀在中位时关闭（闭中心系统），而液压泵只输出补偿泄漏所需的液压油（压力补偿控制），但输出压力总在最高值。输出压力值由泵的压力补偿器设定，而溢流阀在此仅用作安全阀用（通常的设定值更高）。

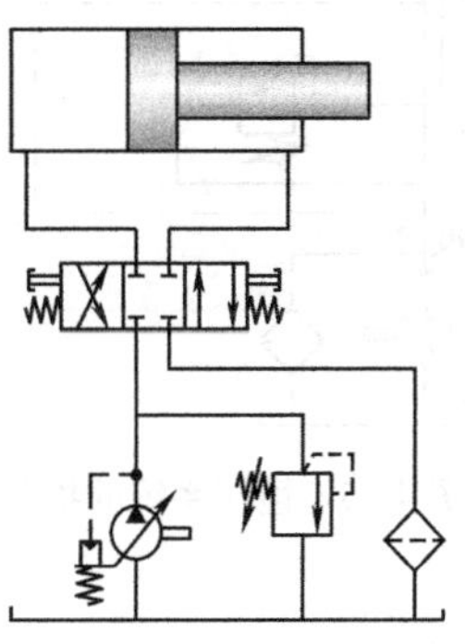

图 4-14 恒压系统（闭中心系统）

4.3.2 扩充回路

对于恒压系统，可方便地实现多个执行器的并联，如图 4-15 所示。其中的方向控制阀与基本回路中的相同。只要输出到这些执行器的总流量不超出液压泵的最大流量，那么执行器的可控性就较好。

4.3.3 中位压力损失

在无需驱动执行器的阶段，也即方向控制阀未起作用（中位），则液压泵将输出流量减少到最低，以维持泵的泄漏所需的压力。功率图上，表示为垂直细长区域，如图 4-16 所示。

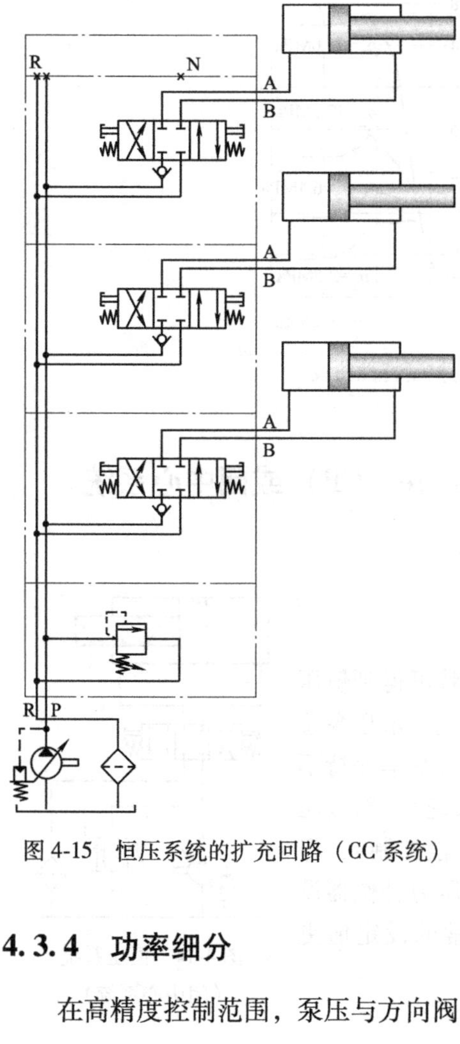

图 4-15 恒压系统的扩充回路（CC 系统）

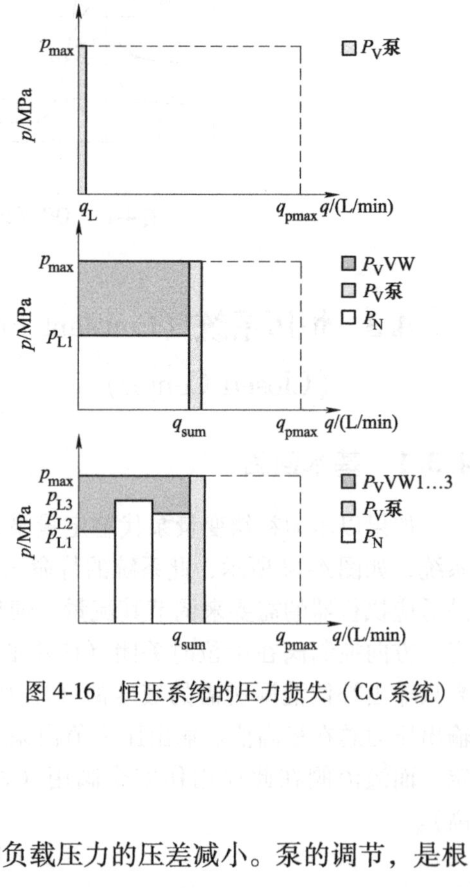

图 4-16 恒压系统的压力损失（CC 系统）

4.3.4 功率细分

在高精度控制范围，泵压与方向阀的负载压力的压差减小。泵的调节，是根据执行器需要来输出流量的。如有多个执行器同时动作，设计系统时需注意液压泵输出的总流量不应过大，以避免过剩流量造成的功率损失。与定流量系统相比，这一系统的功率优点是显而易见的，如图 4-16 所示。

4.3.5　功率界限内的特性

这一系统在功率界限内的特性与定流量系统相同。

4.3.6　系统的优缺点

优点：因液压油始终有压力，因而具有快速响应的特性；多个执行器可同时运行；流量能按需产生；流量损失仅当执行器运行时才会出现；能满足不同执行器要求的流量，具有好的并联运行性能。

缺点：泵的压力总为最高值，即便执行器需要低压时也如此；持续的高压带来较大的泄漏；对系统的密封和液压阻尼要求较高；比定流量系统的结构更为复杂。

4.4　带定量泵的负载敏感系统(开中心负载敏感系统 OCLS)

本节和下一节所论述的系统也称作预补偿或负载敏感压力补偿（LSPC）系统，其是由定量或变量泵加进口压力补偿器组成的。定量泵一般与三通压力补偿器（负载敏感阀）开中心系统一起使用，变量泵（负载敏感变量泵）与闭中心系统一起使用。该系统的待命压力低，可实现每联阀的独立压力补偿，在 LS 溢流阀设定下，可限制工作油口的压力，当泵超载时（流量饱和），最高负载执行器将失掉流量，系统成本较高。

4.4.1　基本回路

负载敏感系统（LS）意味着，执行器油口负载压力的变化，可被压力补偿器、泵控器或闭环电控器测量得到，并加以处理。系统包括一台定量泵，最高压力保护溢流阀，LS 方向阀，负载敏感阀（三通压力补偿器）和负载。

当方向阀在中位时，负载敏感阀（三通压力补偿器）的先导油路接油箱，只需克服压力补偿器处较小的压差，泵的流量即可全部回油箱，系统原理图如图 4-17 所示。

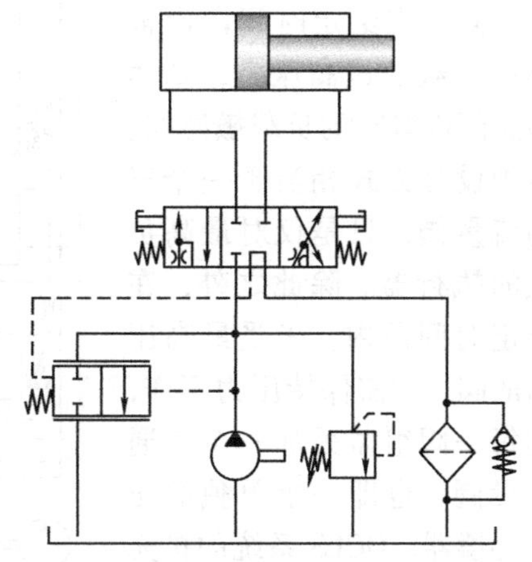

图 4-17　带定量泵的开中心负载敏感系统原理图（OCLS 系统）

在高精度控制区域，泵的压力总是根据负载压力加上负载敏感阀（三通压力补偿器）压差来进行调节的。无用的流量经负载敏感阀（三通压力补偿器）流到油箱。

过剩流量不通过最高压力溢流阀进行分流，而是通过并联的三通负载敏感阀（三通压力补偿器）。负载敏感阀在压力为负载压力时不打开，而是在负载压力加上弹簧预紧力时打开，这确定了节流阀处的压差 Δp。这种布置与三通流量控制阀一致，而且不仅可以确保改进功率平衡，还可以确保执行器流量不受负载变化的影响。

这里的负载敏感阀，也被称为三通压力补偿器，在第 2 章已经对其结构和工作原理进行了讲解。

4.4.2 扩充回路

对于这一回路中，如需多个执行器同时作用，则还需作进一步的改动。这也意味着，在给定时间段内，压力补偿器需始终设置为被驱动负载中的最高压力值；利用梭阀的选择功能，可做到这一点。在给定时间段内被驱动负载的最高压力，到达多路阀进口联的负载敏感阀。这种设计方式相当于一个三通流量阀，只是仅对最高负载的执行器。除此之外，在给定时间段内，未受最高压力的阀，如需保持压力不变，则每一阀组需另加一个三通流量阀，也即一个单独的压力补偿器。OCLS 系统的扩充回路如图 4-18 所示。

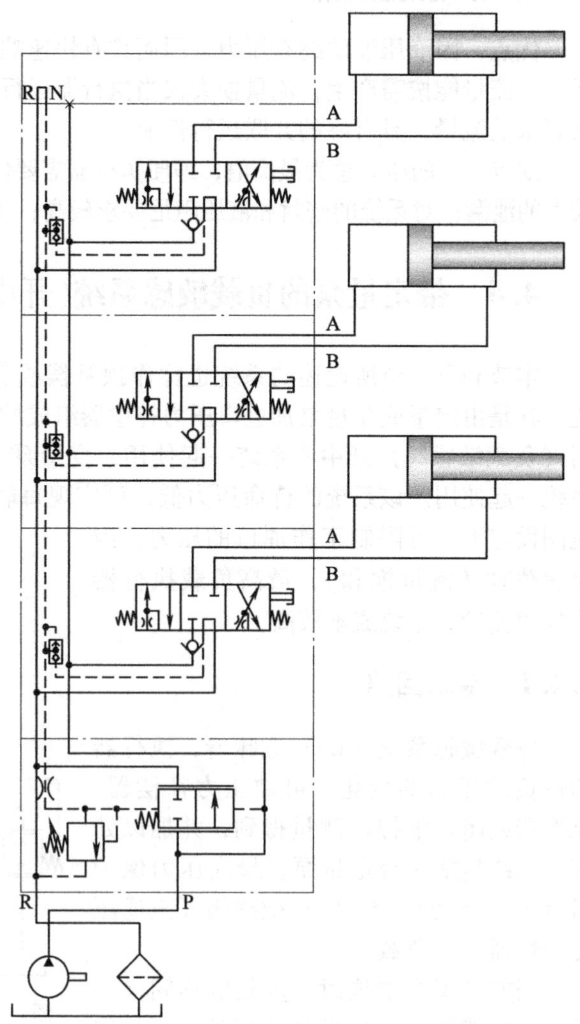

图 4-18 OCLS 系统的扩充回路

开中心负载敏感系统的控制特性曲线如图 4-19 所示。由此图可知，执行器运动速度与负载无关，控制起始点与流量无关，控制范围与流量有关。各执行器之间的影响是在流量未饱和区域，低负载执行器会降低高负载执行器的速度。在流量未饱和时，压力高的负载可能停止运动。

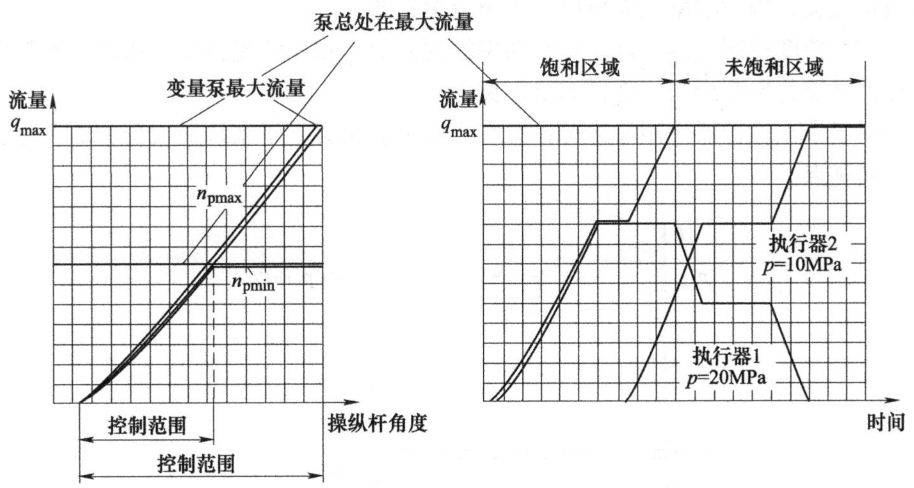

图 4-19　开中心负载敏感系统的控制特性曲线

4.4.3　中位油液循环 P→R 的压力损失

在负载无需驱动的阶段，也即方向控制阀未起作用（中位），则流量经中位循环的进口联到 R 油口回油箱，或到另一个执行器。通过 Δp 转换（进口联则可选），该压力还可进一步达到最小值，如图 4-20 所示。

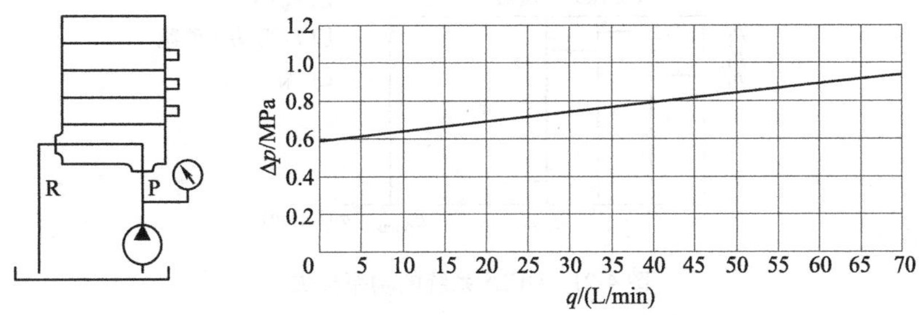

图 4-20　OCLS 系统中位油液循环 P→R 的压力损失

4.4.4　功率细分

如图 4-21 所示，泵输出的多余流量不经溢流阀，而是经压力补偿器卸荷。压力补偿器在系统最高压力 p_{L1} 时不开启，只在感应到的负载压力 p_{L2} 加上弹簧调定压力下才开启；弹簧调定压力决定主控制阀阀口的压差 Δp。

当方向阀未起作用（中位）时，则油液直接经过中位循环的盖板流回油箱，避免了流经整个阀块。泵的出口压力等于压力补偿器的压差。由于该压差与阀组的数量无关，因而功率损失可以小于恒流量系统。

在高精度控制范围，该系统在功率损耗方面，相比常规恒流量系统具有诸多优点，且随着负载压力的降低而更加突出。

对于多个执行器作用的情况，只有当各负载压力小于系统最大压力时，才会显现其优点。

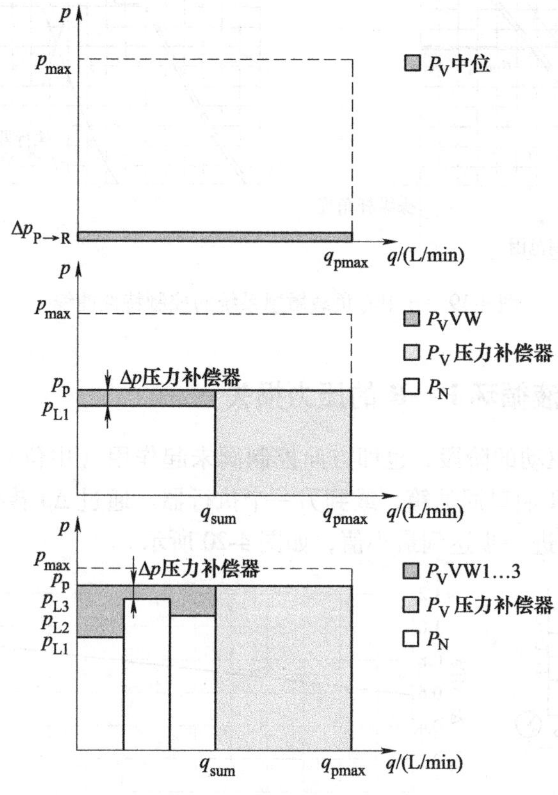

图 4-21　OCLS 系统的功率损失

4.4.5　功率界限内的特性

当最高负载压力达到了溢流阀设定的开启值时，压力补偿器的作用在该压力级别上被“冻结”，也即泵的压力不再继续上升。这一压力，来源于溢流阀的开启压力，以及压力补偿器的控制压差。这样，系统的特性就类似于一个恒压系统，如图 4-22a 所示。

当执行器负载压力较低，且阀芯较大开口时，执行器的理论总流量可能大于泵的输出流量。这时，压力补偿器不起作用，完全关闭；而液压泵向系统供给全部流量。最后的泵压略大于最高负载压力，如图 4-22b 所示。

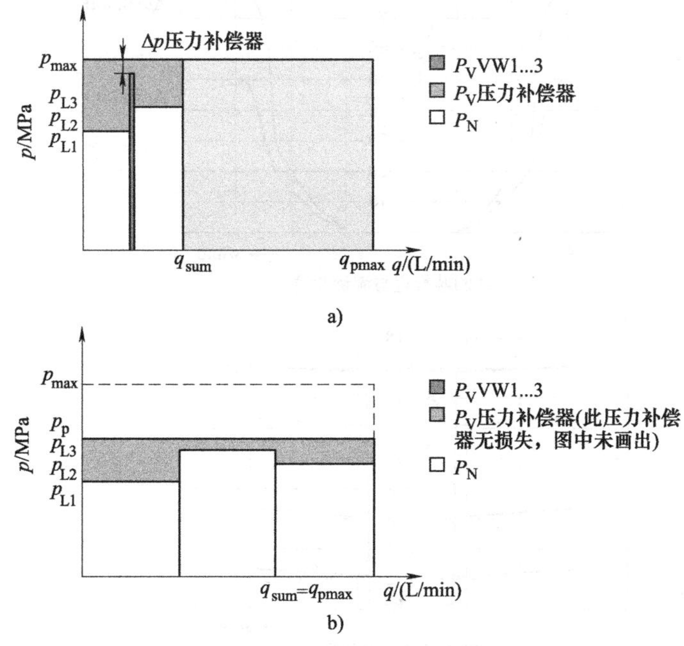

图 4-22　OCLS 系统功率界限内的特性

4.4.6　控制特性

阀芯的节流口几何形状，使得流量 q_v 随阀芯行程 s 而逐步增加，保证平滑起动。方向阀的节流面积与盖板的压力补偿器一起，组成了一个三通流量阀。负载的变化得到了补偿，即使负载大小改变，执行器的速度也不变。阀芯在同样的行程 s 处开启，而与负载压力无关。图 4-23 所示的两条控制特性曲线分别对应于 $\Delta p=0.3$MPa 和 $\Delta p=0.6$MPa。此压差取决于压力补偿器的弹簧设定值。阀口一旦打开，在阀芯行程 s 变化过程中就建立压力 p，而不会上升到超出负载压力。

4.4.7　阀芯的操纵力

LS 系统中，操纵力较小且保持不变。

4.4.8　系统的优缺点

优点：较低的控制压降，与中位时的执行器数量无关；流量控制与负载压力无关；不同负载的多个执行器可同时作用；由于控制阀芯的压降低，因此操纵力

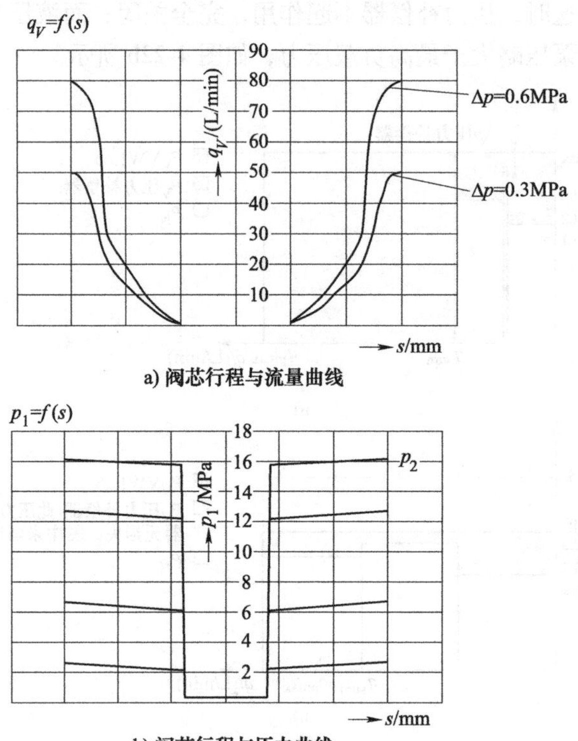

图 4-23 OCLS 系统的控制特性曲线

较小。

缺点：相比恒流量系统，技术上更为复杂；功耗仅比稍简单的恒流量系统略低；成本较高。

4.4.9 带压力补偿器和可调节溢流阀的多路阀进油联

图 4-24 中的多路阀进油联包含压力补偿器和可调节溢流阀。压力补偿器具有以下三项功能。

1）结合方向控制阀先导阀芯处的瞬时节流截面，可以起到三通流量阀的作用。负载压力通过控制油路 Y 作用在压力补偿器的弹簧侧。该弹簧确定方向控制阀节流截面处的压差。此压差由压力补偿器来保持不变（例如 $\Delta p=0.4\text{MPa}$）。

2）当（初始位置上所有方向控制阀）控制管路的压力降低后，由于入口压力的作用，压力补偿器会打开，从而实现开中心式泵控制。

3）与可调节先导溢流阀相结合，压力补偿器可构成一个主先导控制溢流阀，以确保获得最大的工作压力。

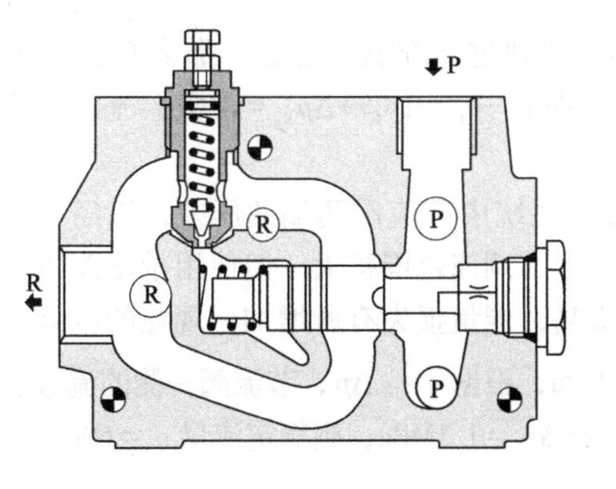

a) 结构图

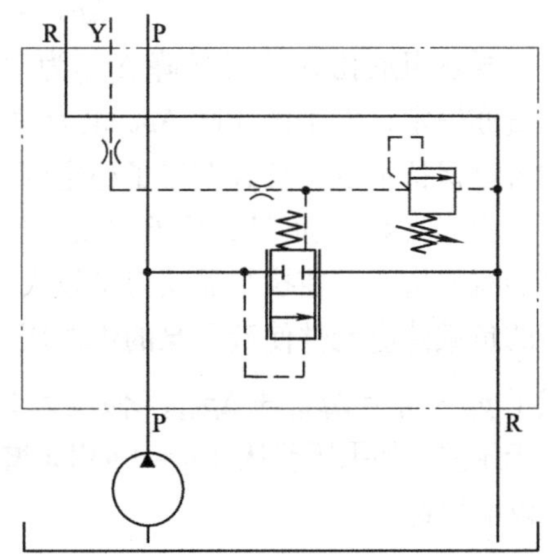

b) 液压原理图

图 4-24　带压力补偿器和可调节溢流阀的多路阀进油联

4.4.10　配有 Δp 切换的进油联

前述的负载敏感元件因其弹簧力调节压差却较小，其对执行器速度的调节范围也较窄，为适应调速范围较大的系统，可在负载敏感元件的滑阀内增设压差转换器，使其在工作过程中的压差增大，在节流阀开口不变的情况下，系统中通过的流量增大。工作特性如图 4-22b 所示。

图 4-25 中 1 为增设的压差转换器，2 为负载感应元件，Y 为负载压力反馈通道，p_L作用于压差转换器 1 的左端和负载感应元件 2 的上端。当 $p_L=0$ 时，在弹簧 4 的作用下，1 处于右位，仅负载敏感元件 2 中弹簧 3 的弹簧力形成液压泵的压差 Δp_1，此时压差较小。当 $p_L \neq 0$ 时，压差转换器 1 处于左位工作，使作用于负载敏感元件 2 上端的压差增大。设压差转换器 1 处于左位工作时，R_1、R_2上产生的压降分别为 Δp_{R1}、Δp_{R2}，负载敏感元件 2 的作用面积为 A，负载压力为 p_L，液压泵供油压力为 p_p，则负载敏感元件 2 的平衡方程为

$$(p_p - \Delta p_{R1})A = p_L A + F_s$$

即压差为

$$p_p - p_L = \Delta p_{R1} + F_s/A \tag{4-1}$$

且由图 4-22b 可知：

$$\begin{aligned} p_p - \Delta p_{R1} - \Delta p_{R2} &= p_L \\ p_p - p_L &= \Delta p_{R1} + \Delta p_{R2} \end{aligned} \tag{4-2}$$

比较式（4-1）和式（4-2）可得：

$$\Delta p_{R2} = F_s/A(\text{常数}) \tag{4-3}$$

既然阻尼孔 R_2上的压降 Δp_{R2}为常数，则通过 R_2的流量恒定，那么通过 R_1的流量亦恒定，R_1上的压降 Δp_{R1}也为常数，即 $p_p - p_L = \Delta p_{R1} + \Delta p_{R2}$ = 常数，流经系统的流量保持不变，负载获得了稳定的速度。

由式（4-1）可见，压差转换器增加了系统中节流阀两端的压差，流经节流阀的流量增大，使执行器获得了较大的流量，调速范围扩大。但使用带压差转换器的负载感应元件使液压泵的供油压力提高，能量损失有所增加。现在的压差变成了 $p_p - p_L = \Delta p_{R1} + \Delta p_{R2}$，假设为1.1MPa，根据 $q \sim \sqrt{\Delta p}$，节流阀一侧的流量取决于压差。如果压差从 $\Delta p_1 = 0.4\text{MPa}$ 增加到 $\Delta p_2 = 1.1\text{MPa}$，则额定流量 $q_1 = 60\text{L/min}$ 可以增加到：

$$\begin{aligned} q_2 &= q_1 \sqrt{\frac{\Delta p_2}{\Delta p_1}} \\ &= 60\sqrt{\frac{1.1}{0.4}}\text{L/min} \\ &= 100\text{L/min} \end{aligned}$$

但是，增加了压差意味着增加了功率损失，在开中心式泵控制中特别要避免这种情况。在开中心式泵控制中，打开的方向控制阀从 $\Delta p_1 = 0.4\text{MPa}$ 切换到 $\Delta p = 1.1\text{MPa}$ 是利用压差转换器1来完成的，该转换器集成在压力补偿器中。

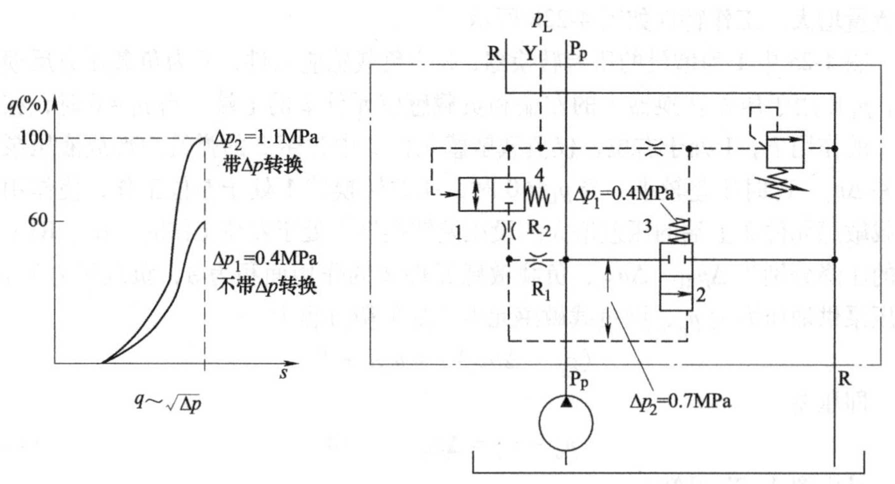

a) 阀芯位移与输出流量的关系曲线　　b) 液压原理图

图4-25　配有 Δp 切换的多路阀进油联

4.5　带变量泵的负载敏感系统（闭中心负载敏感系统）

4.5.1　基本回路

该系统的核心，是以压力补偿和流量补偿式变量泵，取代压力补偿器和定量泵，如图 4-26 所示。如执行器无需流量，则先导油路接油箱，压差控制泵输出流量，以补偿较低循环压力下的回路泄漏。当方向阀作用时，先导油路接负载压力，液压泵输出最大流量，直至节流口处达到泵控器所需的控制压差。因此，泵压总是比负载压力高出这一控制压差。

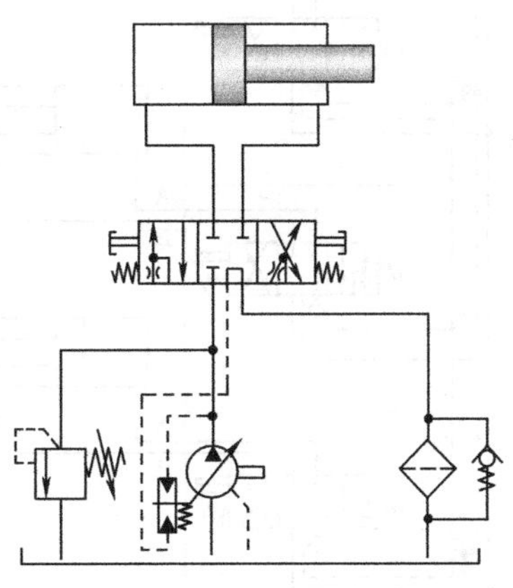

图 4-26　带变量泵的 LS 系统（CCLS 系统）

压力补偿器是泵控制系统的部件，可根据节流阀的开口截面来控制流量。检测到负载压力时，即不管是出现过剩压力，还是出现过剩流量，均进行此调整。多路阀节流阀处的压差 Δp（由压力补偿器的弹簧确定），仍会生成少量的功率损失。此系统要求使用具有相应控制器的变量泵。

闭中心负载传感控制的基本特性：单泵的流量通过主阀提供给多个负载；流量分配与负载有关；流量和液流方向由主阀控制；主阀控制负载敏感泵的斜盘倾角。

4.5.2　扩充回路

如图 4-27 所示，这一扩充回路与定量泵的负载补偿系统具有相同的特性，也即该回路需要一个梭阀，可能还需一台压力补偿器。

4.5.3　中位油液循环 P→R 的压力损失

当全部的阀都在中位时，泵控器与油箱相连。液压泵进入零位区域并减小压力，直至到达待机压力；且继续输出流量，以补偿待机压力（约 1.5～1.8MPa）下系统较低的泄漏量。此时的系统功率损耗较低。

4.5.4　功率细分

在高精度控制区，液压泵的输出正好是驱动设备需要的流量。这时，泵的输出压力比负载压力高，高出的数值等于泵控器的控制压力（约 0.8～1.0MPa）。

从能耗角度来说，这种高精度控制最为优越，如图 4-28 所示。

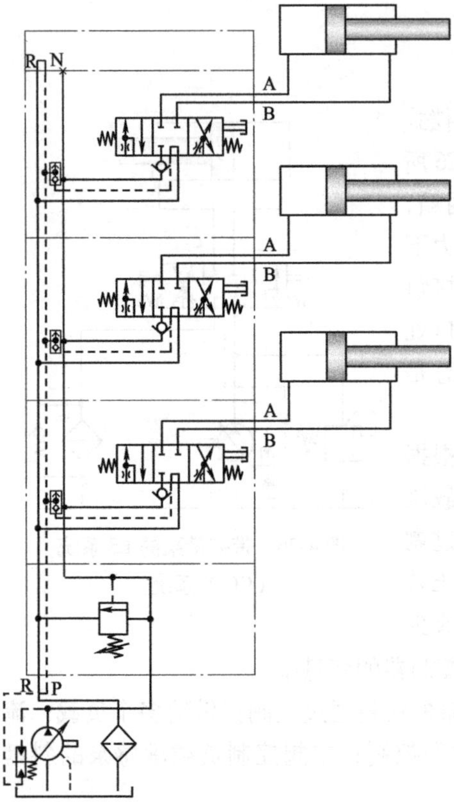

图 4-27　CCLS 系统的扩充回路

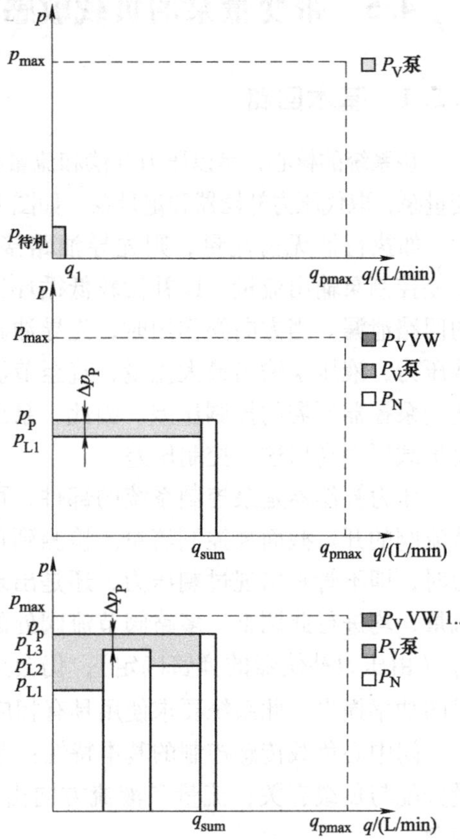

图 4-28　CCLS 系统的功率损失

如需多个执行器运行，则泵控器调到最高负载压力。输出流量准确地等于执行器需要的流量。相比其他系统，这一系统的优点是显而易见的。

4.5.5　功率界限内的特性

当最高负载压力达到溢流阀开启压力时，液压泵的压力输出不再增大。这时，变量泵输出最大流量；此时的系统特性，类似于恒压系统。同样的分析，也适用于执行器总理论流量高于变量泵输出流量的情形。

4.5.6　系统的优缺点

优点：对于执行器的压力和流量调节，功率损耗较低；中位压力低、流量小；变量泵使用寿命长；对不同执行器可达到高精度的控制特性；可不需油液冷却器。

缺点：成本较高；需要另外的先导油管连接到液压泵；系统较为复杂。

4.5.7　带压力补偿器的 CCLS 回路

以力士乐公司 M4 负载敏感多路阀为例介绍 CCLS 回路。M4-15 负载敏感多路阀阀块设计为每个阀杆上都带有一个额外的流量控制部件。压力补偿器使流量控制阀在负载压力不同的情况下，也能给执行器以恒定的流量。

压力补偿器用一个给定的压力差作为检测变量，主阀芯的压力上下波动被检测，并且控制压力补偿器的阀芯。M4-15 负载敏感多路阀结构及回路图如图 4-29 所示。

每个执行器分支都有一个单独的位于节流孔前的压力补偿器。最高压力的执行器被感应至泵并通过其来调节泵斜盘倾角，即改变排量以提供执行器所需的流量。在流量未饱和时，最高压力的执行器停止移动。不同执行器的压力由压力补偿器拉平。流动到每个执行器的流量是由在主滑阀前的节流孔调控的。当补偿器弹簧 Δp 饱和时，压力补偿器将关闭，并且没有流到油箱的损失能量。

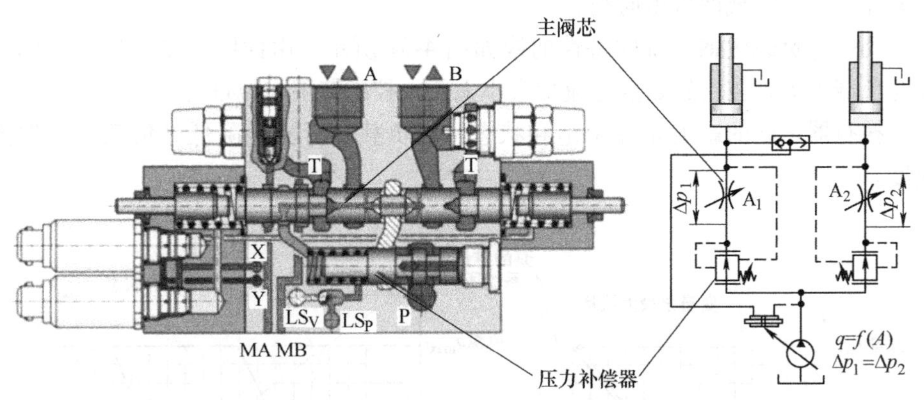

图 4-29　M4-15 负载敏感多路阀的结构及回路图

这种形式的负载敏感控制操作非常可靠和精确，操作人员可以获得一致的控制特性。给机器的指令控制信号由液压或电子的控制装置动作产生，并立即响应。由于压力不同或黏度造成的影响能很大程度上得到补偿。

然而，如果几个执行器同时需求的流量比泵能输出的最大流量高时，系统的性能可能就会受到限制。因压力控制所需的压力差不能再被建立起来，即使用最高压力供给单独的执行器也无法满足时，就会导致这些功能失效。

负载敏感系统一般必须带有一个负载信号安全阀，因为在某一个工况会由于

泵的压力切断的作用导致系统无流量输出，从而使系统停止运动。所以，该安全阀的设定压力也一定要低于泵的切断压力。而当该负载信号安全阀动作时导致的系统速度降低、甚至停滞，是对系统超载所采取的保护措施。每个阀联的负载信号安全阀的作用主要是考虑（LS溢流阀）避免各个执行器的二次溢流阀出现溢流（设定压力可以不同），从而避免系统的整体效率降低，负载信号安全阀的位置如图4-30所示。

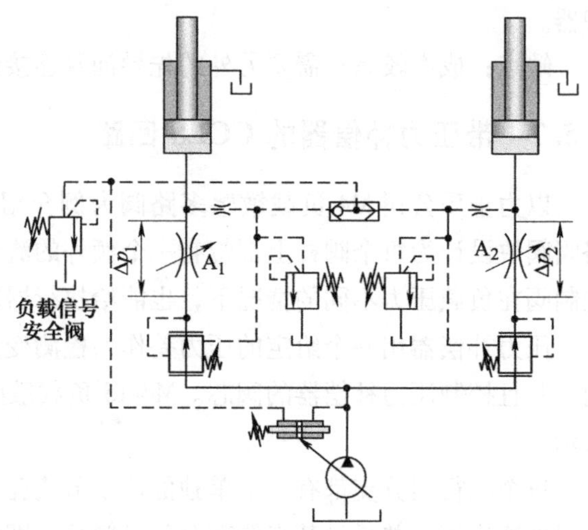

图4-30 LS回路的负载信号安全阀的位置

阀中的压力补偿器只有在复合动作时才有意义，所以，不存在复合动作的系统，没有必要在每个阀联中都选装压力补偿器，不存在负载补偿的必要，也没有必要非要带上负载保持单向阀。

闭中心负载敏感系统的特性曲线如图4-31所示。由此图可知，执行器的速度与负载无关，控制起始点与流量大小无关，控制范围与流量有关。

执行器之间的影响是在未饱和状态：低负载执行器会降低高负载执行器的速度。

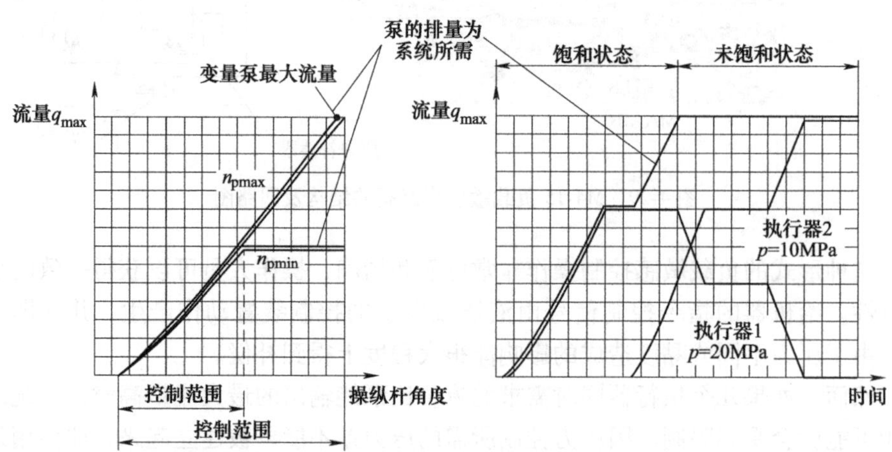

图4-31 闭中心负载敏感系统的特性曲线

4.5.8 LS 系统流量分配特性

阀前补偿是负载敏感系统传统的压力补偿方法，压力补偿阀基于定差减压原理，位于主阀节流口前，补偿阀弹簧腔引入的压力为本回路负载压力，负载敏感变量泵引入的压力为最高负载压力，如图 4-29 所示。

当流量饱和时，进入执行器的流量为

$$q_1 = C_d A_1 \sqrt{2\Delta p_1/\rho}$$
$$q_2 = C_d A_2 \sqrt{2\Delta p_2/\rho} \tag{4-4}$$

式中　C_d——流量常数；
A_1、A_2——主阀节流口开度；
ρ——油液密度。

主阀节流口两端的压差为

$$\Delta p_1 = p_1' - p_1, \Delta p_2 = p_2' - p_2 \tag{4-5}$$

式中　p_1'、p_2'——节流口前压力；
p_1、p_2——负载压力。

Δp_1、Δp_2为压力补偿器事先调定，且 $\Delta p_1=\Delta p_2$。

压力补偿器通过其内部阀口开度的变化来调整节流口前的压力 p_1'、p_2'，使节流口两端的压差 Δp_1、Δp_2保持恒定，因此通过各节流口的流量只取决于对应的阀口开度而与负载无关，故上述流量方程可改写为

$$q_1 = f(A_1)、q_2 = f(A_2)$$

且 $q_1/q_2=A_1/A_2$，系统达到按需供给和按比例分配的控制特性。泵的出口压力为

$$p_s = p_{max} + \Delta p \tag{4-6}$$

式中　p_{max}——最大负载压力（$p_1>p_2$）；
Δp——变量泵负载敏感设定压力。

正常工作时，$\Delta p_1=\Delta p_2\neq\Delta p$，因此 Δp 的大小与执行器的流量大小无关。由图 4-29 可以看出，节流口前、后两端的压差为定差减压阀事先调定值，所以其流量的大小只取决于所对应节流口开度的大小。由图 4-30 梭阀阀芯的位置可以看出，负载 1 大于负载 2。将负载 2 的节流口开度调大，表明负载 2 此时需要的流量将要增加。负载 2 对应节流口后端的压力变小，右边定值减压阀阀芯左移使阀口开度变大，定值减压阀进口压力减小，油源压力减小，泵上的负载敏感阀控

制变量泵变量缸大腔活塞无杆腔压力释放，斜盘角度变大，泵的输出流量增加，完成动态调整平衡，达到“按需供给”的要求。LS 系统的流量分配情况如图 4-32 所示。

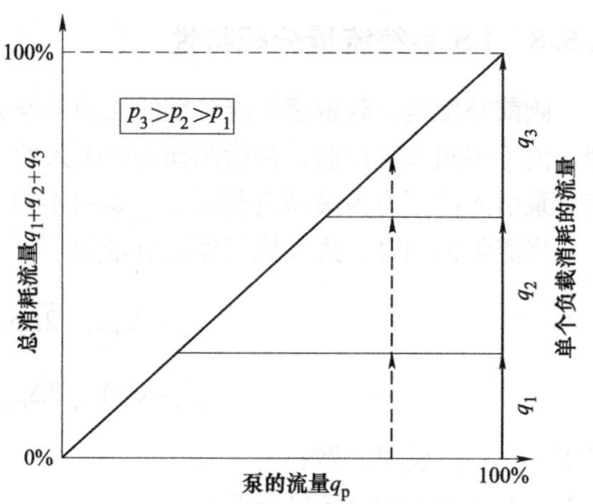

图 4-32　进口压力补偿闭中心负载敏感系统的流量分配情况

当流量未饱和时，即通过所有节流口的流量大于泵提供的最大流量，高负载侧节流口两端压差下降，达不到补偿阀的设定压力，补偿阀的压差调节失效，系统进入流量饱和状态，这种流量饱和现象为传统负载敏感系统的缺点。

4.5.9　进口压力补偿在挖掘机上的应用

1. NACHI 日本（NACHI 不二越）挖掘机液压系统简介

挖掘机液压系统主要由液压执行器完成各个动作，电液系统配合实现整车的控制动作。液压系统主要由上、下车液压系统和先导操纵系统两部分组成。NACHI 液压系统原理图如图 4-33 所示。

2. NACHI 液压系统分析

目前，挖掘机负载敏感液压系统按压力补偿器的位置不同可分为阀前补偿、阀后补偿、回油补偿三种形式，NACHI 液压系统属于典型的阀前补偿形式，即压力补偿阀在泵和操纵阀之间，压力补偿阀在前，操纵节流阀在后，先补偿，后节流。

这种阀前补偿系统具有不抗饱和的缺点，当挖掘机需要几个执行器同时动作且挖掘机负载大时，由于恒功率控制和发动机转速下降等因素，泵的输出流量降低，不能满足执行器的需要，出现泵流量饱和现象。针对这种现象，NACHI 液压系统增加了转速检测阀和压差减压阀，并通过它们的作用，以达到流量自适应的目的。

以下重点针对其泵和阀以及其负载敏感系统的特点进行分析。

(1) 泵控制系统　该系统的动力元件由一个斜盘式轴向柱塞变量泵和一个先导齿轮泵组成，由发动机直接驱动，泵控制系统可有效实现功率控制和流量控制，如图 4-34 所示。

1) 功率控制。p_1为恒功率变量泵输出口压力，主泵的压力和流量按恒功率

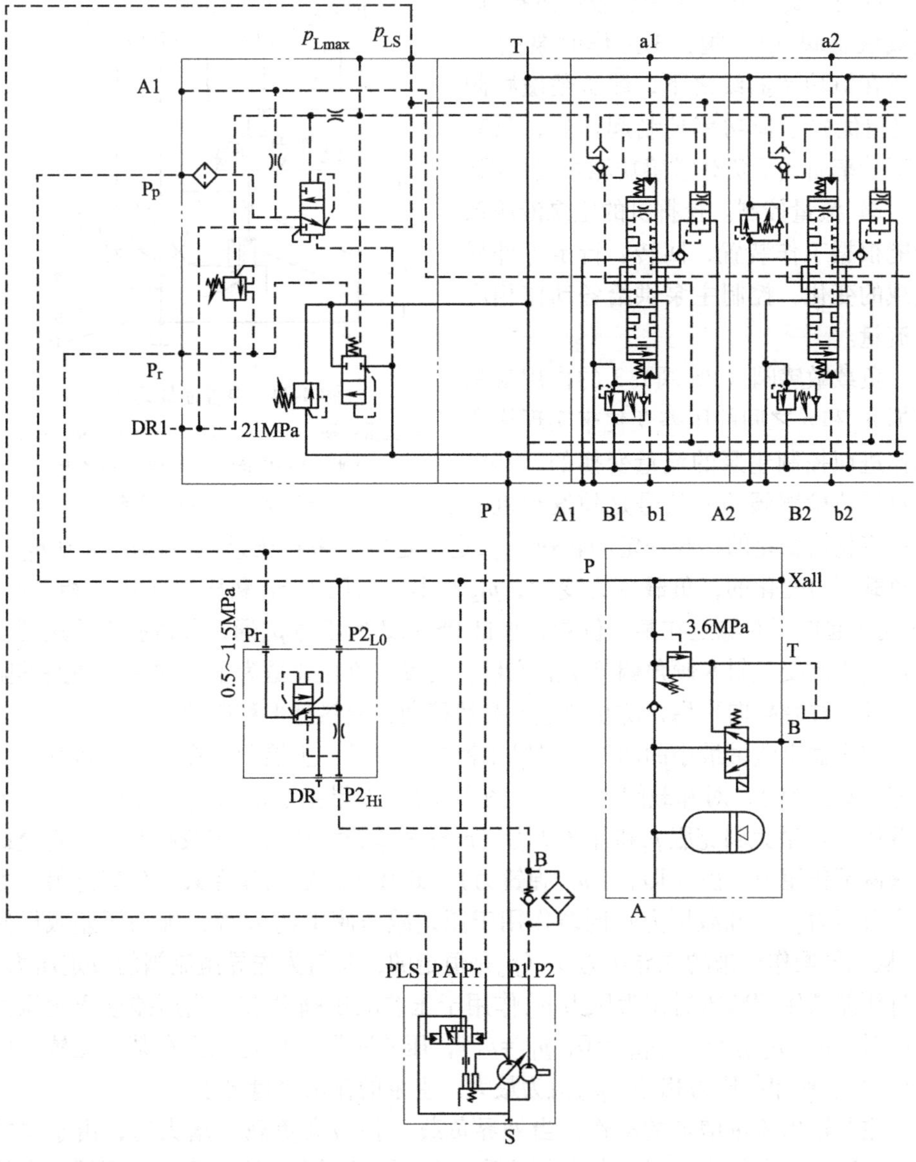

图4-33　NACHI液压系统原理图

曲线变化，变量泵达到起调压力后，一定的压力对应一定的流量，pq值基本保持恒定，当主泵的输出压力增大时（超过负载压力），此压力反馈到控制柱塞9，克服弹簧10力，通过摆动销推动斜盘8，使斜盘的倾角变小，泵的排量变小，直至反馈压力和弹簧力平衡，泵的倾角减小到某一值而稳定工作，从而使主泵的功率保持恒定。

同时，此恒功率泵带负载传感控制，负载敏感阀（PS 阀）3 工作时泵的 pq 曲线在恒功率曲线之下，即负载敏感阀 3 控制优先于恒功率控制起作用，只有在恒功率曲线下负载敏感功能才起作用。

2）流量控制。挖掘机的主泵液压系统能根据工作装置、回转、行走等外界负载的变化，控制主泵供给各动作相应的流量。

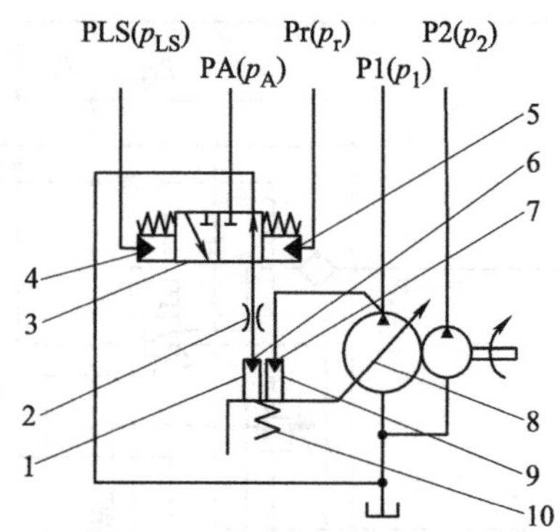

图 4-34 泵控制原理图

1—变量柱塞 2—节流孔 3—PS 阀 4—B 腔 5—A 腔 6—C 腔 7—D 腔 8—斜盘 9—控制柱塞 10—弹簧

负载敏感阀（PS 阀）3 的作用就是根据 p_{LS} 和 p_r 之间的压差变化来实现换向动作进而控制主泵的流量变换的。其中来自转速检测阀的 p_r 信号是随发动机的转速变化而变化的，在一定的转速下 p_r 是恒定的，来自压差减压阀的压力 p_{LS} 是随负载压力变化的，负载压力变大，p_{LS} 变小。当压力 p_{LS} 和压力 p_r 压力相等时，PS 阀 3 起作用并稳定在某一位置，来自 PS 阀 3 的压力 p_A 通过节流孔 2 输送到变量柱塞 1 改变盘斜 8 倾角调节泵的流量。设置节流孔 2 是为了增加控制油路的阻尼，控制柱塞换向平稳，防止斜盘 8 突然移动，使斜盘平稳摆动。

主泵输出流量最小的动作：操纵手柄在中位时，主控制阀在中位，负载压力为零（$p_{Lmax}=0$），对卸载阀 3 而言（图 4-35），如果主泵压力 p_1（此时压力 p_1 即卸载压力）增大到克服 p_r 和弹簧 2 力（$p_1>p_r$+弹簧力）时，卸载阀开启，直至卸载阀两端作用力平衡（即 $p_1=p_r$+弹簧力），卸载阀稳定工作在某一位置。另一方面主泵压力 p_1（卸载压力）同时作用于压差减压阀 1 的 A 腔，推动压差减压阀 1，从先导操作块来的先导压力 p_p（p_p 是恒定的，其值为先导溢流阀的设定压力）通过压差减压阀减压后作为压力 p_{LS} 作用于压差减压阀 B 腔，当压差减压阀压力平衡时（$p_{LS}+p_{Lmax}=p_1$，$p_{Lmax}=0$，$p_{LS}=p_1$），压差减压阀稳定工作在某一位置，此时压力 p_{LS} 和卸载压力相等，p_{LS} 值为最大。主泵的输出流量最小。

主泵输出流量增加的动作：当外界负载（指最大负载）增大时，由于主控阀压差减小，会使执行器输出速度降低，此时需要更大的流量驱动执行器，主控阀的开度增大，此时压力 p_{LS} 减小（$p_{LS}<p_r$）时，p_{LS} 作用于 B 腔，p_r 作用于 A 腔。PS 阀内：A 腔内的压力增大克服 B 腔的弹簧压力，PS 阀阀芯向 B 腔移动，来自先导泵 P2 的压力 p_2 被输送到 PA 口，PA 口被 PS 阀所阻断，在弹簧力的作用下，柱塞 C 腔的液压油通过节流口后流回油箱，弹簧力使斜盘的倾角增大，主泵的排量自动增大，输出流量增大。

主泵输出流量减小的动作：当外界负载减小时，此时压力 p_{LS} 增大（$p_{LS}>p_r$）

时，p_{LS}作用于 B 腔，p_r作用于 A 腔。PS 阀内：B 腔内的压力增大克服 A 腔的弹簧压力，PS 阀阀芯向 A 腔移动，来自先导泵 P2 的压力被输送到 PA 口，通过 PA 口和节流口后作用于柱塞 C 腔（见图 4-34 件 6），克服弹簧力后使斜盘的倾角减小，主泵的排量自动减小，输出流量减小。主泵输出流量原理图如图 4-35 所示。

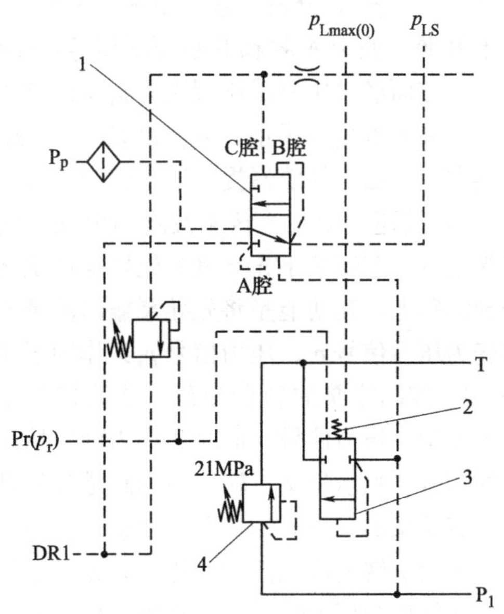

图 4-35　主泵输出流量原理图

1—压差减压阀　2—弹簧　3—卸载阀　4—主安全阀

（2）安全和过载保护　由图 4-35可以看出，系统主油路中主安全阀 4 的设定压力为 21MPa，以防止主油路中的油压超过设定压力，起安全保护作用，液压缸的工作油路中装有过载溢流阀，设定压力为 24MPa，当液压缸所受外部负载突然增大，过载溢流阀打开，以调节压力，避免油路中压力异常急增。和过载溢流阀并联的单向阀起补油作用，防止油路中出现气穴现象。该系统中推土、备用等动作过载溢流阀的设定压力小于主安全阀 1 的压力，此时过载溢流阀仅起安全阀作用。

卸载阀 3 的作用是：使泵的输出压力 p_1与最大负载压力 p_{Lmax}和转速检测压力相平衡。$p_r+p_{Lmax}=p_1$，p_r压力设定不大，一般为 0.5～1.5MPa，中位时，外界最大负载为零，泵的输出压力 p_1仅需克服转速检测压力 p_r即可实现卸载。

另外，先导油路中装有先导溢流阀，溢流阀的设定压力为 3.6MPa，先导电磁换向阀起总开关作用，用于切断总的先导控制油路，行走二速电磁阀用于控制行走马达的高低速工作状态，通常先导溢流阀、单向阀、过滤器、蓄能器、电磁换向阀、测压接头等集成为一个先导操作单元，既优化了布管设计，又便于装配，也方便配套供应。

（3）负载敏感控制的原理分析　负载敏感系统主要由压力补偿阀、压差减压阀、转速检测阀、可调溢流阀、负载敏感阀、变量泵等组成。通过压力补偿阀的作用使多路阀节流口前后两端的压差保持一定值，从而使通过节流口的流量只与多路阀的开度有关，而与负载压力无关；同时负载信号通过负载敏感阀作用于变量泵，使泵也按多路阀的开度输出相应的流量。

1）压差减压阀。由图 4-35 分析，由先导泵 P_p 来的压力油经过压差减压阀 1

后变为压力 p_{LS}，分析压差减压阀的平衡，主泵压力 p_1 作用于 A 腔，p_{Lmax} 和 p_{LS} 作用于 B 腔，假定 A 腔和 B 腔面积相等：$p_1=p_{LS}+p_{Lmax}$。

一方面经过压差减压阀压力 p_{LS} 向主泵的 PS 阀（负载敏感阀）提供负载信号以调节泵的流量（见前述泵控制系统），另一方面此压力被引向多路阀的各压力补偿器，向压力补偿器提供压力比较信号。

2）转速检测阀。转速检测阀由减压阀和节流阀组成，它安装于先导泵和先导操作块之间的先导油路上，其功能是将先导泵输出流量的变化转变为压力信号 p_r，压力信号 p_r 又作用于主泵的 PS 阀，控制主泵的斜盘倾角，从而控制主泵的输出流量。压力信号 p_r 同时又作为确定执行器速度的信号。顾名思义，转速检测阀是和发动机的转速有关系的。由于先导泵为定量齿轮泵，其流量与发动机转速成比例的变化，而先导泵的流量变化又转变为压力信号 p_r，故压力信号 p_r 和发动机的转速按比例变化，如图 4-36 所示。

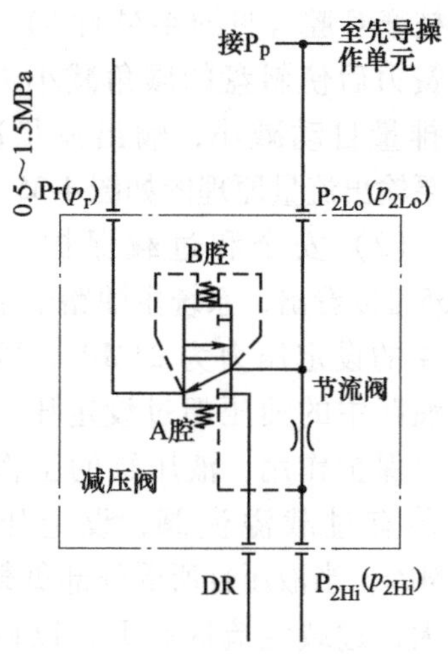

图 4-36 转速检测阀工作原理图

减压阀两端 A 腔和 B 腔的面积相同，弹簧相同，发动机运转时，先导泵 p_{2Hi} 的输出油压 p_{2Hi} 流过节流阀后压力减为 p_{2Lo}，同时 p_{2Hi} 作用于减压阀的 A 腔，p_{2Lo} 作用于减压阀的 B 腔，p_{2Lo} 流过减压阀后压力减为 p_r，p_{2Lo} 亦作用于减压阀的 B 腔。当减压阀稳定工作时，$p_r+p_{2Lo}=p_{2Hi}$，$p_r=p_{2Hi}-p_{2Lo}=\Delta p$，$\Delta p$ 为节流阀前后两端的压差，通过节流阀的流量 $q=CA\sqrt{2\Delta p/\rho}=nV/60$，式中 C 为流量系数，A 为节流阀口通流面积，ρ 为密度，n 为发动机转速，q 为齿轮泵的排量，不难得出 Δp（即 p_r）和 n 按一定比例变化，当发动机转速提高时，节流阀前后的压差与发动机转速的平方成正比变化。

设定在某一转速下，当压力 p_r 增大时，则 $p_r+p_{2Lo}>p_{2Hi}$，减压阀的阀芯换向，向 A 腔移动，压力 p_r 流向 DR 排放，从而降低了压力 p_r 值。反之，当压力 p_r 减小时，则 $p_r+p_{2Lo}<p_{2Hi}$，减压阀的阀芯换向，向 B 腔移动，p_{2Lo} 压力流向 p_r，从而增加了压力 p_r 值。由此可见，在一定的转速下，减压阀稳定在一定的位置工作，p_r 压力也是一定的。

具体应用中，在转速检测阀中可以在节流阀并联一个油路通道，将压力 p_{2Hi} 和压力 p_{2Lo} 经常进行比较，当 p_{2Hi} 和压力 p_{2Lo} 之间的压差为定值时，p_{2Hi} 压力油通过旁通油路流向压力 p_{2Lo}，从而控制其之间压差不超过要求。

压力 p_r 值是标准的，它作为提供给调节主泵排量的 PS 阀一个压力信号，p_{LS} 压力和压力 p_r 相比较以调节泵的排量。

3）压力补偿器。压力补偿器位于主方向控制阀节流口前面的油路上，它和节流阀一起组成了一个流量控制阀和进口节流调速回路，如图 4-37 所示。

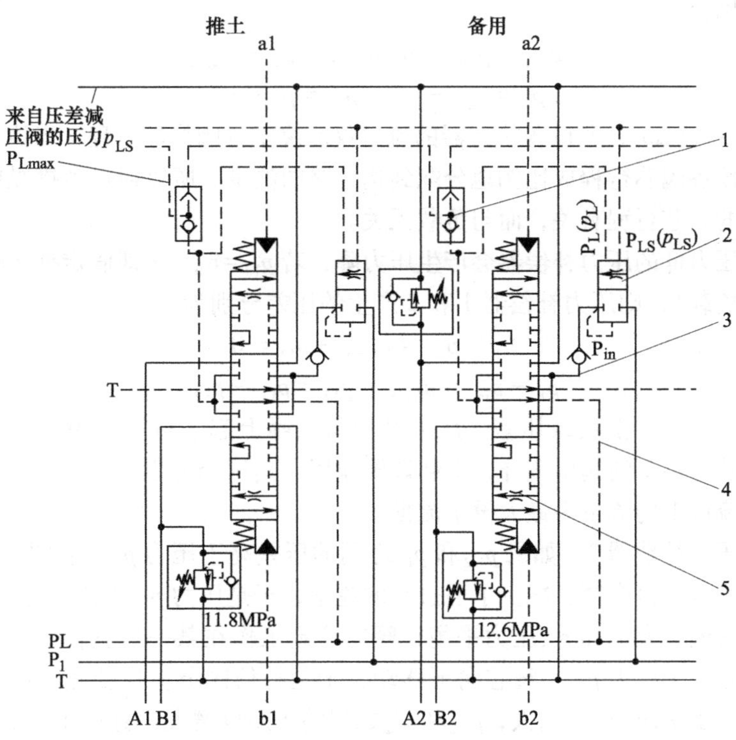

图 4-37　压力补偿器工作原理图

1—梭阀　2—压力补偿器　3—节流口前面油路 P_{in}

4—节流口后面油路 P_L　5—方向控制阀节流孔

压力补偿器通过控制节流阀前后的压差 p_{LS} 保持恒定（约为 2.0MPa 左右），以调节流经节流阀的流量。

同时负载压力信号 p_{LS} 被引到负载敏感阀，通过负载敏感阀作用于变量泵，使泵也按多路阀的开度输出相应的流量，适应执行器的需要。

以多路阀中的推土板和备用阀为例来分析一下压力补偿阀如何与节流阀共同组成回路后的功能——负载敏感系统。当主阀芯在中位时，压力补偿阀断开，主油路卸载；当操纵先导操作手柄使得多路阀主阀芯换向，对于压力补偿器来说，阀芯的一端是经压力补偿器后的压力为 p_{in}，压力的作用面积为 S_3，另一端则是来自压差减压阀的压力 p_{LS}（压力作用面积 S_2）和负载的压力 p_L（压力作用面积 S_3）。

当压力补偿器阀芯平衡时

$$p_{LS}S_2 + p_LS_1 = p_{in}S_3 \tag{4-7}$$

设阀芯左右面积相等，则 $p_{LS}=p_{in}-p_L=\Delta p$。

假设 $p_{Lmax}=p_{L1}$，由压差减压阀可得到 $p_{LS}=p_1-p_{Lmax}$，则操纵阀 1 和 2 的进出口压差分别为

$$\Delta p_1 = p_{in1} - p_{L1} = p_{LS} = p_1 - p_{Lmax} \tag{4-8}$$

$$\Delta p_2 = p_{in2} - p_{L2} = p_{LS} = p_1 - p_{Lmax} \tag{4-9}$$

因为 $\Delta p_1=\Delta p_2$，所以各执行器的流量仅取决于各阀杆的行程，当执行器同时动作时，按各阀芯行程成比例地分配到达各路的油量。所以通过各操纵阀的流量只与各自的阀芯行程有关，而与负载无关。

负载压力低的压力补偿器会产生压力降，若 $p_{L1}=p_{1max}$（即假定推土板所受负载为最大负载），则压力补偿器 1 和 2 产生的压差分别为

$$p_1 - p_{in1} = p_{Lmax} - p_{L1} = 0$$

$$p_1 - p_{in2} = p_{Lmax} - p_{L2} = p_{L1} - p_{L2} \tag{4-10}$$

此压差正好补偿负载压差，压力补偿阀实际上起了负载均衡器的作用。此时，压力补偿器 1 的阀口全开，不起调压作用，其压降为零，$p_1=p_{in1}$，流过多路阀阀芯节流口 1 的流量为最大设定流量。

对于压力补偿器 2，如果 p_{in2}和 p_{L2}之间的压差高于压力 p_{LS}，阀芯向上移动，于是补偿阀节流口变窄，减少了通过它的流量，于是压力 p_{in2}下降，p_{in2}和 p_L之间的压差也减低，直到和 p_{LS}压力平衡，阀芯稳定工作在某一位置；如果 p_{in2}和 p_{L2}之间的压差低于压力 p_{LS}，阀芯向下移动，于是补偿阀节流口变宽，增加了通过它的流量，于是压力 p_{in2}增大，p_{in2}和 p_{L2}之间的压差也增大，直到和 p_{LS}压力平衡，阀芯稳定工作在某一位置。

同样对于各动作的压力补偿阀阀芯始终保持上下移动，使两侧的推力相等，$p_{LS}S_2=p_{in}S_3-p_LS_1$。于是 p_{in}（换向阀前面对应的油压）和 p_L（方向控制阀后面对应的油压）之差始终和压力 p_{LS}平衡。即：主方向控制阀节流口前后的压差恒定，所以流向负载的流量只与阀芯的开度有关系。

当挖掘机做轻载快速复合动作时，需要更大的流量驱动各执行器，可能会出现流量饱和现象，即便泵调节到最大排量也满足不了各动作需要的流量，此时多路阀的各进油节流口前后压差 p_{LS}减小，但流经各阀的流量与阀口开启大小的关系不变。动作普遍慢下来，但不会停止；当挖掘机在重载作业时，如果工作点在恒功率曲线之外，泵的排量受到功率控制阀的限制，此时，假如多路阀的开度增大，也会出现流量不足，速度没有相应增加的现象。

根据以上分析，可对 NACHI 负载敏感系统小结如下：选出执行器中的最高工作压力 p_{Lmax}，p_1-p_{Lmax}作为负载敏感压力，分别引到负载敏感阀（PS 阀）和各压力补偿器的一腔。调节泵的输出流量和流入多路阀各进油节流口的流量，当负载敏感阀芯和各个压力补偿阀芯达到平衡时，各节流口上下游压差均为 $p_{LS}=p_1-$

p_{Lmax}，为一定值，因而通过各节流口流向执行器的流量只与各节流口大小（亦即各主阀芯开度）有关，而与每一执行器的工作压力无关。单独一个泵驱动多个执行器，各执行器的动作相互独立，互不干扰。但要注意到：虽然泵的压力、流量能自动适应负载的要求，当遇到大惯性负载时会产生压力变化快流量跟不上的现象，使压力补偿阀不能及时正确补偿压力调整，产生过度和不足调整，当泵和多路阀之间连接管道较长时，会引起压力传递滞后，因此易产生响应慢、操纵控制不稳定等问题。

4.5.10　电液负载敏感系统

随着液压系统电控器应用的增加，尤其是传感器价格的不断下降，实现驱动速度独立于负载的其他一些技术，也具有不同的应用价值。

图 4-38 所示电液负载敏感（LS）系统中，不再使用液压-机械式压差控制器（压力补偿器）。系统的压力通过压力传感器进行测量。通过设定值输入，提出执行器的供油请求，则压力设定为比负载高出所需压差的供油压力。

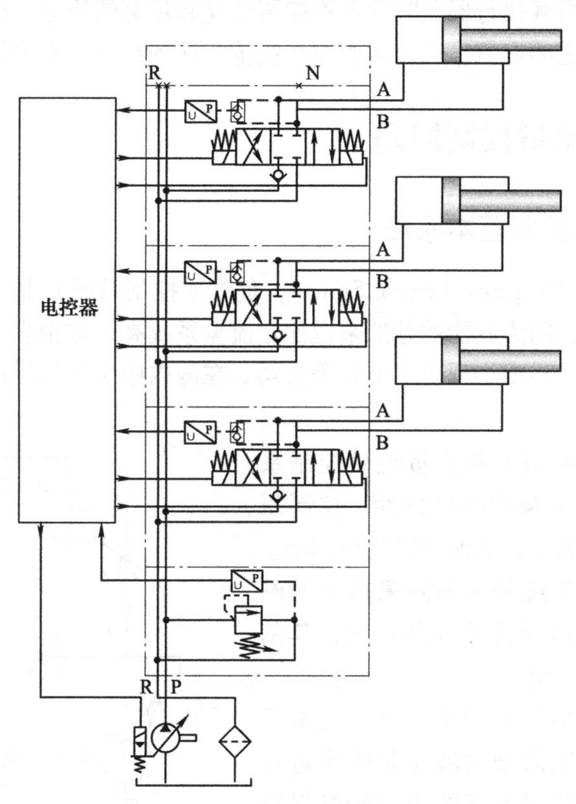

图 4-38　电液负载敏感（LS）系统

这一供油压力，可通过电液变量泵（控制泵）产生，也可由速度受控的定量泵产生。有关阀的特性曲线信息存储在电控器中；这样就能使阀的工作流量，达到泵与负载间给定（测量到）压差所对应的需要流量值。

在多个执行器压力设定的情形下，最高负载压力加上控制压差也可设定为供油压力。测量得到的各负载压差，可使每一阀达到需要的流量值。

对供油不足的情形下，可采用带初级压力补偿器的 LS 系统，以及带次级压力补偿器的系统，可作为改进的计划方案。

总结一下负载敏感系统：LS 系统=利用压力补偿器+泵的控制阀使 q 与负载变化无关，或者利用三通压力补偿阀+定量泵使 q 与负载变化无关，多余流量溢流回油箱。LS 系统可控制单个执行器系统，也可控制多执行器系统；多执行器时可选用：共用压力补偿器，或单独压力补偿阀。泵的流量必须能满足 $q_p \geqslant \Sigma q_V$，并且 $p_p \geqslant p_L + \Delta p$；或将其称之为饱和系统时，压力补偿器才能起相应的作用，否则，与节流系统无异。

在泵的流量未饱和的负载敏感系统中：低载执行器有可能还能保持其与负载无关的特性，但高载执行器此时肯定不能再建立起足够的压差，压力补偿器此时会全开，而失去它的调节作用，从而使系统重新回到与负载有关的节流状态。

4.6 负流量控制回路

4.6.1 负流量控制基本原理

负流量回路（Negative Control System，负流量控制系统）是 20 世纪 70 年代开发出来的技术，因为其能效总的来说比定流量系统高，被很多生产商采用。例如：住友、加滕、斗山、现代、卡特等公司。在国内中小型挖掘机上的应用至今仍十分普遍。

这个回路之所以被称为负流量控制系统，是因为所使用泵的变量特性：控制压力越高，则排量越小，从而输出流量越小。

负流量控制系统是为消除采用六通阀产生的节流损失而设计的控制系统，其基本原理如图 4-39 所示。

在六通阀的中位回油路上设置流量检测装置，利用检测信号对液压泵排量进行控制，使通过中位回油箱的流量始终保持在一个很小的恒定值，从而可以大大减小

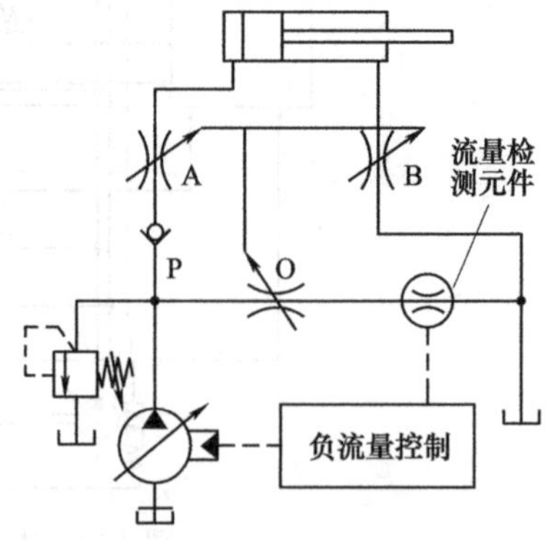

图 4-39 负流量控制系统的基本原理

甚至基本消除中位回油功率损失。

在系统刚启动时，主泵处于最大排量位置上。操作手柄中立，主控阀阀芯关闭，所有的油都从中位流过，节流孔前的压力最大。这个压力会让调节器上的排量控制伺服阀阀芯移动，泵变量缸大腔进油，迅速地减小主泵的排量。手柄有动作时，随着手柄行程的增大，主控阀阀芯的开度也会增加，这样从中位流过的油液就减小（可以关死），节流阀 O 前的压力就很小，这个压力的变化会促使排量控制伺服阀阀芯向另一个方向移动。排量控制差动缸大腔泄油，主泵排量变大。手柄行程减小时过程相反，回到中位，主泵排量最小。

只要节流阀 O 口还未完全关闭，在负流量控制机构作用下，通过中位的流量被控制在给定值。随着工作阀口 A、B 的进一步打开，在系统流量分流的作用下，液压泵需要增加排量才能满足中位流量的恒定。随着阀芯的继续移动，O 口继续关闭，液压泵排量逐步增加，所增加的流量都流入了工作液压缸，使液压缸速度逐渐增加。当 O 口完全关闭后，中位回油量为零，负流量控制功能不起作用，系统流量全部进入工作液压缸。因此，负流量控制的本质是一种恒流量控制系统。

4.6.2　负流量控制泵

在传统的负流量控制挖掘机上，负流量控制功能通常用负流量控制泵实现。如图 4-40 所示，将流量检测节流口前的压力直接连到负流量先导控制口 X_1，在负流量控制阀的作用下实现泵排量随先导压力的增加而减小。X_1 口为先导压力油入口，来自于六通阀的中位回油流量检测装置。其不足之处在于多路阀调速范围有限，受负载影响较大。

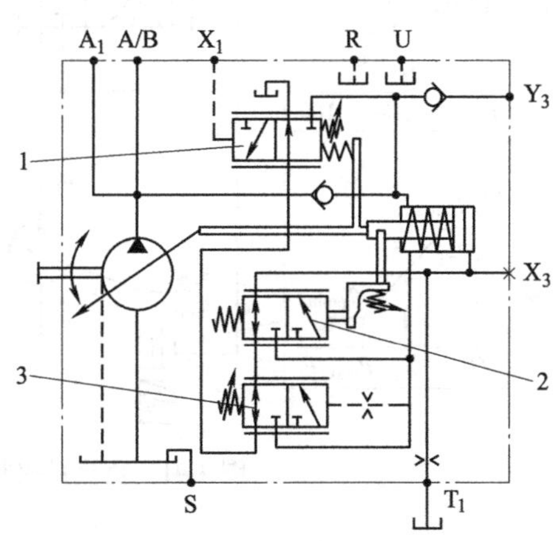

图 4-40　负流量控制泵原理

1—负流量控制阀　2—功率限制阀

3—压力切断阀

一旦阀芯越过调速区，负流量控制功能就失去作用而功率限制功能开始动作，使切换过程中系统流量变化较大。

4.6.3　挖掘机负流量控制液压系统基本原理

图 4-41 所示为经过简化后的挖掘机负流量控制液压系统原理图。液压系统工作原理如下：当操纵多路阀动作时，主液压泵输出的液压油流量 q_p 分为两部分：一部分液压油流量 q_a 通过多路阀后进入执行器做功，而另一部分液压油流量 q_0 则经过多路阀中位回油路流回液压油箱。在多路阀回油路上设置有一个节流

孔，在此节流孔前通过引出一条油路至液压泵的变量机构，从而将此节流孔上的流量 q_O 的变化转化为控制油压 p 的变化，即可控制主液压泵排量。当多路阀阀芯行程 S 变小时，多路阀回油量 q_O 变大，负流量控制油路的油压 p 增大，泵的输出流量 q_p 减小，反之，泵的输出流量 q_p 将增大。当多路阀处于中位时全部流量流回液压油箱，作用在液压泵变量机构有杆腔的控制油压 p 最大，泵的输出流量 q_p 减到最小。图 4-41 中的①~③表示负流量控制过程，而图④则表示当多路阀阀芯行程变化时液压系统的调速特性。

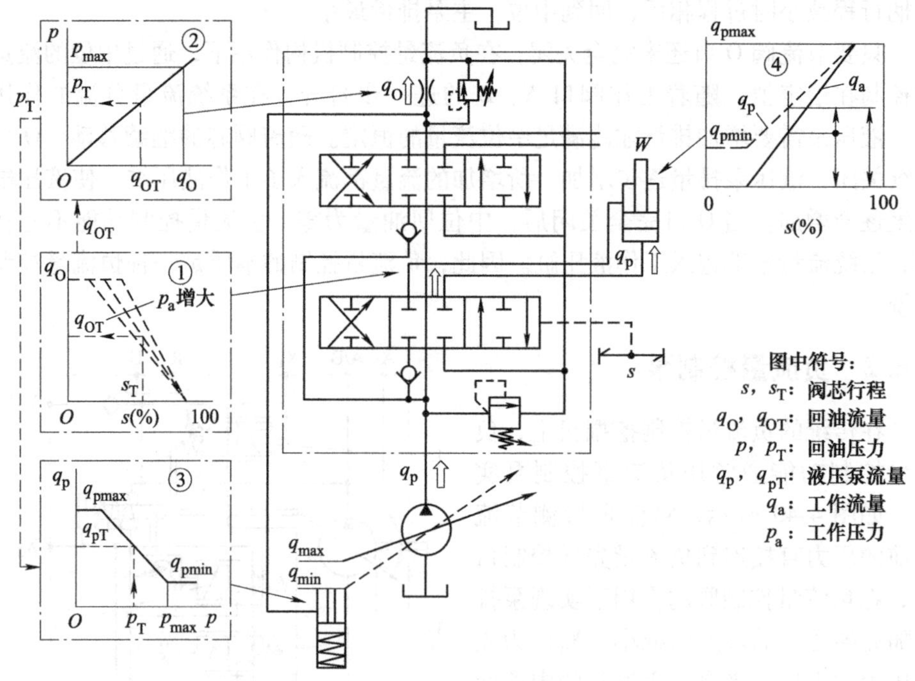

图 4-41 负流量控制液压系统原理简图

4.6.4 负流量控制泵——六通多路阀系统控制模型

负流量控制实际上是泵控系统与阀控系统相结合的一种控制方法，也是开中心系统最基本的控制形式之一。将负流量控制泵与三位六通多路阀组成的节流调速回路简化为图 4-42 所示模型。其中：三位六通阀简化为 A、B、O 三个可变联动节流口，固定节流口 r 作为负流量反馈压力的检测口。根据工作机构工作的具体情况，对此液压回路作如下假设。

1）不考虑管路泄漏和油液的压缩性。

2）液压马达没有内外泄漏。

3）对于管路上的压力损失以集中液阻形式换算到管路两端的阀口上。

根据上述假设，可列出下列基本方程。

液压泵流量连续方程为

$$q_p = Dn - C_p p_p \tag{4-11}$$

液压泵出口至节流口 A 和节流口 O 的流量方程为

$$q_p = q_A + q_O \tag{4-12}$$

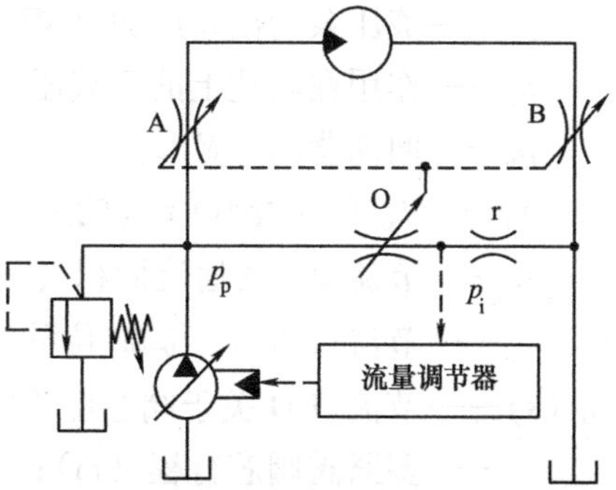

图 4-42　负流量控制泵——阀控制调速模型

节流口 A 上的流量-压力方程为

$$q_A = \begin{cases} C_d A_A(s)\sqrt{\dfrac{2}{\rho}(p_p - p_L)} & (p_p \geqslant p_L) \\ 0,(p_p < p_L) \end{cases} \tag{4-13}$$

节流口 O 上的流量-压力方程为

$$q_O = C_d A_O(s)\sqrt{\frac{2}{\rho}(p_p - p_i)} \tag{4-14}$$

负流量检测口 r 上的流量-压力方程为

$$q_r = C_d A_r \sqrt{\frac{2}{\rho}(p_p - p_b)} \tag{4-15}$$

因为通过旁路回油流量全部通过阻尼孔回油箱，故 $q_O = q_r$，由式（4-11）和式（4-12）可得

$$p_i = \frac{A_O^2(s)p_d + A_r^2 p_b}{A_O^2(s) + A_r^2} \tag{4-16}$$

液压泵的出口压力 p_p 可用下式表达：

$$p_p(t) = \frac{\beta_e}{V}\int_0^t \sum q \mathrm{d}t \tag{4-17}$$

即：

$$\Delta p_p = \frac{\beta_e \Delta V}{V} \tag{4-18}$$

式中　q_p——液压泵出口流量（L/min）；

q_A——流入节流口 A 的流量（L/min）；

q_O——流入节流口 O 的流量（L/min）；

C_p——液压泵的泄漏系数；

C_d——流量系数；

p_p——液压泵的出口压力（MPa）；

p_L——作用在马达上的负载压力（MPa）；

p_b——回油背压（MPa）；

p_i——负流量检测口 r 前的压力（MPa）；

A_r——节流口 r 的通流面积（m^2）；

$A_A(s)$——节流口 A 关于阀芯位移的通流面积函数（m^2）；

$A_O(s)$——节流口 O 关于阀芯位移的通流面积函数（m^2）；

s——多路阀阀芯行程（m）；

ρ——油液密度（kg/m^3）；

V——压力区的总容积（m^3）；

ΔV——压力区油液压力发生 Δp_p变化时，油液的体积增量（m^3）；

V_p——液压泵的排量。

由式（4-18）可以看出，泵口压力p_p与三个因素有关：油液的体积弹性模量β_e、压力区油液体积变化 ΔV 以及压力区的总容积 V。由恒功率控制特性可知，当 $p_p<p_L$ 时，p_p的变化主要是由 ΔV 的变化引起的，即由节流口通流面积的变化引起的。

节流口前产生的反馈压力 p_i作用在负流量控制泵的流量控制柱塞上，控制液压泵的输出流量 q_{p_i}；泵口压力 p_p作用在功率控制柱塞上，控制泵的输出流量为 q_{p_p}。对负流量控制系统，当两者同时作用时，液压泵的输出流量为：

$$q_p = \min\{q_{p_i}(p_i), q_{p_p}(p_p)\} \tag{4-19}$$

即输出流量为二者中的最小流量。

可以将三位六通阀的节流控制系统按照阀芯行程划分为三个区段：中位区段，即阀芯处于中位，旁路回油口全开，泵的压力仅需克服回油背压；接近区段，此时旁路回油口逐渐关闭，泵的压力逐渐升高，但还不足以使执行器动作；控制区段，随着阀芯的移动，泵的压力升高到足以克服负载，驱动执行器做功，流向执行器的液压油增加，直至旁路回油口完全关闭，这一区段也称为调速区段。根据阀芯行程划分的三个区段来分析 p_p与 p_i分别对液压泵流量的控制作用。

假设：阀的开口形式为零开口形式，柴油发动机的转速恒定。当 $A_A(s)=0$ 时 $s=0$，$A_O(s)=0$ 时 $s=s_{max}$。

中位区段：

$q_O=q_p$，p_p小于变量泵的变量起调点压力，由负流量控制原理可知，p_p对流量调节不起作用，泵输出特性按照 p_i-q_p曲线变化，如图 4-43 所示。

接近区段：

$q_O=q_p$，此时旁路节流口 O 逐渐关闭，从而使得 ΔV 增加，由式（4-18）可知 p_p增大，当 p_p 增大到 $p_p\geqslant p_0$时，p_0为泵的起调点压力，$q_p=\min\{q_{p_i}(p_i)$，

$q_{p_p}(p_p)\}$。

控制区段：

$q_A=q_p-q_O$，此时 p_p 继续增大，当 p_p 增大到 $p_p \geqslant p_L$ 时，执行器开始动作，流向执行器的液压油增加，此时 $q_p=\min\{q_{p_i}(p_i),\ q_{p_p}(p_p)\}$；当阀芯行程越过调速区后，即 $A_O(s)=0$ 时，$q_A=q_p$，此时恒功率控制起作用。

4.6.5　负流量控制系统节能性分析

采用负流量控制可以有效降低六通阀控制系统微操作时的节流损失功率和由于旁路回油而产生的中位损失功率。下面对负流量控制液压系统与简单节流控制液压系统在中位和调速过程中的功率损失进行定性对比分析。在图 4-43 中：q_O、q_O^* 分别为负流量控制系统和简单节流控制的液压系统在中位时的回油流量；q_p、q_N 分别为简单节流控制液压系统和负流量控制系统泵输出的流量；q_a 为流入执行器的流量。当阀芯在中位时，简单节流控制液压系统，泵输出的流量 q_p 仅由恒功率控制，泵输出的流量全部通过旁路直接回油箱，图 4-43 中阴影部分面积即为系统损失功率，而负流量控制液压系统能将此空流损失降低到液压泵最大输出流量的 15%。当阀芯处于接近区段时，简单节流控制液压系统，由于液压泵输出的流量不足以推动负载动作，随着泵口压力的上升，空流损失将达到最大值；然而在这一过程中，负流量系统的空流损失却很小。在阀芯处于控制区段时，两种系统的旁路回油功率损失都随阀芯行程增加而减小。

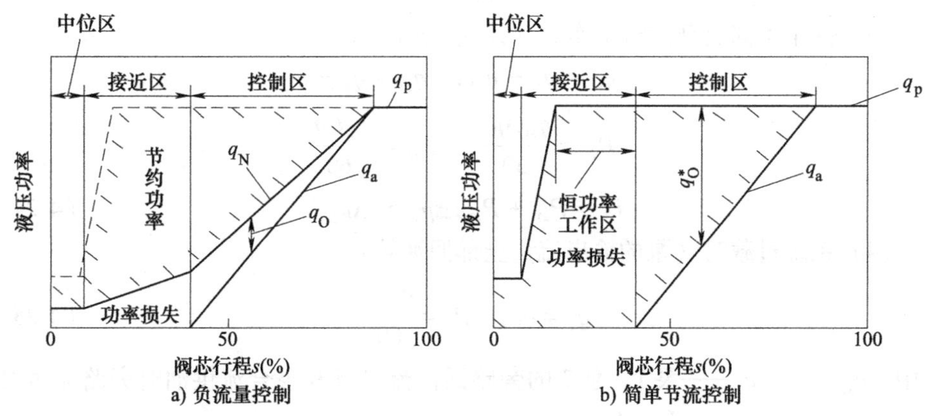

图 4-43　两种系统功率损失比较

由以上负流量控制系统与简单节流控制系统对比分析可知，负流量控制系统减少了系统的空流损失和节流损失，具有明显的节能效果。然而，当阀芯处于中位和控制区段时仍然存在功率损失。对负流量控制液压系统在不同的操作过程中的功率损失进行如下定量分析。

（1）阀芯处于中位区段时

$$q_{s1} = q_{s2} = 30\text{L/min}, \quad q_s = q_{s1} + q_{s2}$$

$$P_s = \frac{(q_{s1} + q_{s2})\Delta p}{60} \tag{4-20}$$

（2）阀芯处于控制区段时

1）单泵供油时（以液压泵 2 为例）：

$$q_{s1} = 30\text{L/min}, \quad q_{s2} = q_2 - q_{L2}$$

$$P_{s1} = \frac{q_{s1}\Delta p_1}{60}, \quad P_{s2} = \frac{q_{s2}\Delta p_2}{60}$$

$$P_s = P_{s1} + P_{s2} \tag{4-21}$$

2）双泵各自独立供油时：

$$q_{s1} = q_1 - q_{L1}, \quad q_{s2} = q_2 - q_{L2}$$

$$P_{s1} = \frac{q_{s1}\Delta p_1}{60}, \quad P_{s2} = \frac{q_{s2}\Delta p_2}{60}$$

$$P_s = P_{s1} + P_{s2} \tag{4-22}$$

3）双泵合流供油时：

$$\begin{aligned} q_{s1} &= q_1 - q_{L1}, \quad q_{s2} = q_2 - q_{L2} \\ P_s &= \frac{(q_{s1} + q_{s2})\Delta p}{60} \end{aligned} \tag{4-23}$$

（3）两个不同负载同时工作时（设 $p_{L1}>p_{L2}$）

$$q_{s1} = q_1 - q_{L1}, \quad q_{s2} = q_2 - q_{L2}$$

$$P_{s1} = \frac{q_{s1}\Delta p_1}{60}, \quad P_{s2} = \frac{q_{s2}\Delta p_2}{60}$$

$$P_s = P_{s1} + P_{s2}, \Delta p_1 > \Delta p_2 \tag{4-24}$$

（4）系统过载时（泵的输出流量全部回油箱）

$$q_s = q_L, \quad P_s = \frac{q_L p_L}{60} \tag{4-25}$$

式中 q_{s1}、q_{s2}、q_s——泵 1、泵 2 的旁路回油流量及双泵合流供油时旁路流量之和（L/min）；

P_{s1}、P_{s2}、P_s——泵 1、泵 2 的旁路功率损失及双泵功率损失之和（kW）；

Δp_1、Δp_2、Δp——泵 1、泵 2 的出口至回油节流口之间的压差及双泵合流供油时泵出口至回油节流口压差之和（MPa）；

q_1、q_{L1}——泵 1 的输出流量及流入执行器的流量（L/min）；

q_2、q_{L2}——泵 2 的输出流量及流入执行器的流量（L/min）；

q_L——泵 1、泵 2 的输出流量之和（L/min）；

p_L——负载压力（MPa）；

p_{L1}、p_{L2}——不同负载工作时，泵 1、泵 2 的负载压力（MPa）。

在流量损失的同时，又存在压力损失，是造成液压系统功率损失的主要原因（$\Delta P=\Delta pq+p\Delta q$）。由上述分析可以看出，在阀芯处于中位区段和控制区段时，负流量控制液压系统的功率损失是无法避免的，但可以从以下两方面采取措施来降低系统功率损失，一是在满足液压系统性能的前提下，考虑尽量地降低系统压降；二是降低系统流量损失，主要是从排量和转速来考虑。

 4.7　正流量控制回路

在单泵多执行器的系统中，不管采用什么回路，泵出口的压力总是由压力最高的回路决定的。这样，对同时动作、驱动压力较低的执行器来说，就不可避免地会有一个压力损失问题。所以，如果可能的话，例如，通过增加液压缸的有效直径来降低最高驱动压力，从而适当平衡各个同时工作的执行器的驱动压力，就可以提高能效。

在工程机械的液压执行器中，因为绝大多数是差动缸，因此，比较不便于采用闭式回路。因为执行器行程较短，需要不断切换，且多个并联，因此，目前采用容积控制的也不多。所以，大量被采用的回路，目前还是开式的液阻回路。

正流量控制回路（Positive Control System，正控系统）之所以被称为正流量控制，是因为使用的变量泵的变量特性与负流量变量泵恰恰相反：控制压力越高，则排量越大，从而输出流量越多。

4.7.1　回路分析

回路与工作原理　正流量控制回路（图 4-44）的结构与工作原理如下。

1）使用正流量变量泵。

2）使用开中心多路阀。

3）多路阀为液控。推动操作手柄，先导控制回路（a1，…，b3）中建立起与手柄偏转量成比例的先导控制压力，先导控制压力推动换向节流阀阀芯移动。

4）同时，来自各操纵手柄的先导控制压力，通过梭阀组，选出最高控制压力 p_c。这点是正流量控制与负流量控制的关键不同。

5）p_c被引到泵变量机构来控制泵的排量 V。p_c越高，V 越大。$p_c=0$ 时，V 最小，只输出很少量的备用流量 q_0（旁路流量）。

6）换向节流阀在中位时有旁路，只是为了让多余的备用流量 q_0通过。

7）溢流阀仅起安全作用，常闭。

4.7.2 动作过程

因为在正流量控制回路中，先导控制压力同时控制泵的排量和主控制阀，泵的流量 q_p 随控制压力信号 p_c 增大而增大，减小而减小，控制压力信号 p_c 为二次先导压力，二次先导压力的大小取决于操作手柄的角度，角度大，二次先导压力大，角度小，二次先导压力小。复合动作时，通过梭阀组合选择大的二次压力作为控制压力信号。下面从四个方面进行原理分析。

1）泵起动前，没有控制压力信号 p_c，加上液压泵内部弹簧的作用，液压泵处于最小排量状态。

2）泵起动时，不操作手柄，控制压力 p_c 最小，在 p_c 的作用及液压泵内部弹簧的作用下，液压泵处于最小排量状态，泵的流量 q_p 最小。

3）当操作手柄时，控制压力 p_c 随操作手柄角度变大而变大，p_c 变大时，液压泵的排量变大，泵的流量 q_p 变大，同时，主阀芯的开度也变大，进入执行器的流量变大，执行器运动速度加快。反之，控制压力 p_c 随操作手柄角度变小而变小，p_c 变小时，液压泵的排量变小，泵的流量 q_p 变小，同时，主阀芯的开度也变小，进入执行器的流量变小。这也与实际操作是完全吻合的。

4）当 p_p 高于负载压力时，驱动器就动作。

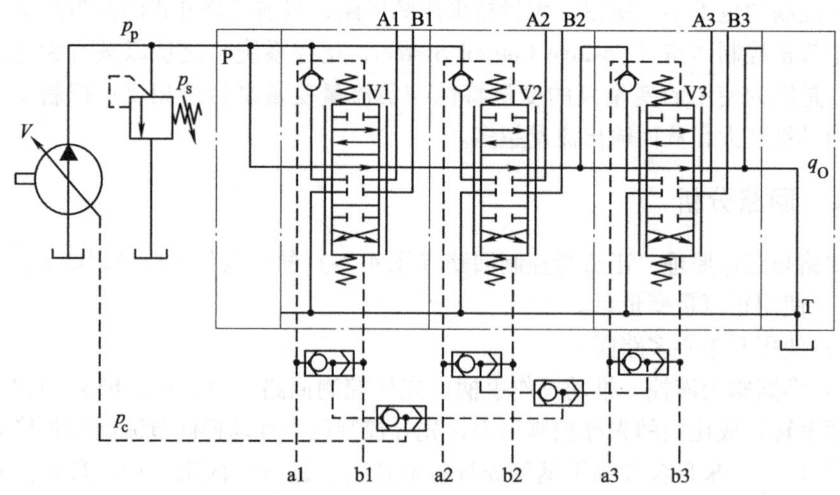

图 4-44 正流量控制回路原理图

p_s—溢流阀设定压力 p_c—最高控制压力

q_0—旁路流量 L—泵的排量 a1～b3—先导控制压力

这意味着，泵的排量控制与的路阀基本同步动作，操作敏感性优于负流量控制。但执行器开始动作点还受到负载影响，略有滞后，这点与负流量控制相同。

正流量控制回路也使用开中心阀块，这点与负流量控制相同。因此，从负流量控制改换到正流量控制变动不太大。

正流量控制这也是一个开中心系统，基于负流量控制系统。日本企业有走向这个系统的趋势。驱动主阀芯的先导压力也用于使泵斜盘倾角发生变化控制排量，它的优点是阀和泵的独立管理。

4.7.3　两种正流量液压系统

正流量控制的目的是为了用容积调速代替定量系统中的节流调速，以提高系统效率，并在20世纪70—80年代开始用于液压挖掘机。

（1）以梭阀技术为特征的正流量系统　在正流量控制挖掘机上，通常采用先导式三位六通多路阀，比较典型的一种产品是日立建机（HITACHI）生产的EX400液压挖掘机，其泵排量与先导压力成正比。三一的中型挖掘机上也使用这种控制方式，日立比三一更复杂一点，这种系统的正流量控制信号来自先导二次压力，原理是通过一长串的梭阀选出最高的一个先导二次压力信号去控制主泵的变量机构。

传统挖掘机用液控正流量系统如图4-45a所示，一个操作手柄同时控制两个执行器，手柄摆动，先导压力推动主阀芯移动，同时梭阀组检索出最大压力信号来控制主泵的斜盘倾角。当手柄处于中位时，先导压力为0，主阀芯处于中位，梭阀组检测出的压力信号也为0，主泵排量最小；当手柄摆角最大时，主阀芯处于最大开口面积的位置，梭阀组检索出最大压力信号，主泵排量最大。该图中仅有两台执行器，三个梭阀，一个检索信号；在实际挖掘机中，至少有六个执行器，四、五路压力输出信号，所以约有二十个梭阀。先导压力信号在筛选的过程中，受梭阀影响较大，反应速度和准确性都受到影响，且梭阀组较难制造。另外，仅用最高先导压力信号作为泵排量的控制信号，不能准确反映执行器的流量需求。所以，传统正流量系统一直没有得到广泛应用。

（2）现阶段的正流量系统　20世纪80年代，电液比例技术和传感器技术等电子技术的发展推动了正流量系统的发展。图4-45b为当前常见的电控正流量系统原理图。在神钢-8系列中型挖掘机上使用。这种控制方式的控制油来源于先导一次压力，经过两个泵比例电磁阀减压后输送到主泵的变量机构，正确的叫法应该是电子正流量控制。该系统中采样多个低压传感器来检测所有控制手柄的二次先导压力信号，多路传感器电信号输入到主控制器，进行一系列的逻辑运算和函数运算，输出信号用来控制电比例减压阀，以达到控制主泵斜盘倾角的目的。这种系统的动态过程如下：操作手柄在中位时，主泵处于最小排量位置；先导手柄

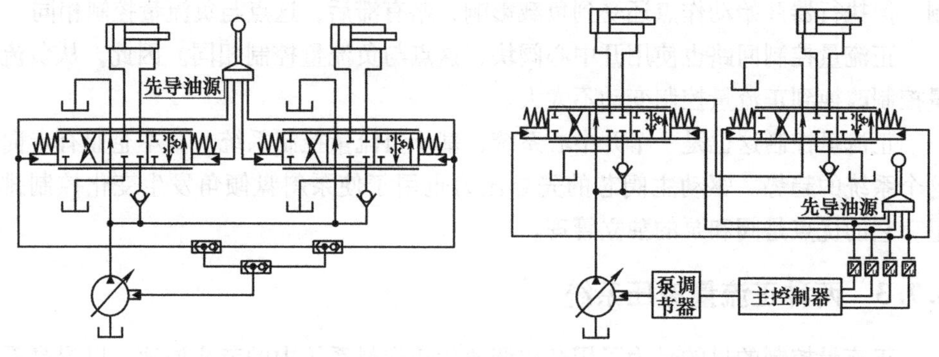

图 4-45 正流量控制原理图

有动作时，传感器采集到相应的先导二次压力信号并转化为相应的电信号传给控制器，控制器处理后输出相应的电信号给泵比例电磁减压阀，泵比例电磁减压阀输出相应的压力信号给主泵的调节器，改变主泵斜盘的角度，控制主泵的排量。至于手柄开度变大后，也都是差动缸大腔泄油，差动缸移动，主泵排量增大。在这一点上，不管是正负流量还是负载敏感，都是一样的。

传感器-正流量系统与梭阀-正流量系统相比较，有以下优点。

1）传感器较梭阀检索信号速度快、准确，信号衰减程度小。

2）梭阀组进行大小逻辑判断，仅能检索最大压力信号；处理器可实现更准确、更快的逻辑运算，并可完成梭阀组无法实现的复杂函数运算。

3）采用电子技术大大提高了系统的可移植性，升级换代更为方便。

4.7.4 三种液压泵流量控制原理的优缺点

负流量、正流量和负载敏感三种液压泵流量控制原理的优缺点见表 4-3。

表 4-3 三种液压泵流量控制原理的优缺点

性能	流量控制原理		
	负流量	正流量	负载敏感
1 节能	○	○	○
	泵出口压力与负载压力相等，泵出口流量大于动作需要流量	泵出口压力与负载压力相等，泵出口流量大于动作需要的流量	泵出口压力大于负载压力，泵出口流量约等于动作需要的流量

（续）

性能	流量控制原理		
	负流量	正流量	负载敏感
2 复合动作操作性能	△	△	◎
	各动作分配的流量大小除与主阀开口有关外，还与负载大小有关，压力小的先动，压力大的后动	各动作分配的流量大小除与主阀开口有关外，还与负载大小有关，压力小的先动，压力大的后动	各动作分配的流量大小与负载无关，仅与相应主阀开口大小，即先导阀操作角度有关
3 单个动作速度调整	○	○	◎
	可通过调整阀芯开口面积或行程实现，但由于通过流量与负载大小相关，调节不准确	可通过调整阀芯开口面积或行程实现，但由于通过流量与负载大小相关，调节不准确	可通过调整阀芯开口面积或行程实现，调节较准确
4 响应速度	○	◎	○
	控制压力经主阀后反馈，控制滞后，响应速度略慢	控制压力从手柄直接反馈，响应速度快	控制压力经主阀后反馈，控制滞后，响应速度略慢

注：◎—好，○—好，△——般。

现阶段，对挖掘机复杂多样的工况进行分析判断，利用电液一体化技术进行实时半智能或智能控制，是提高挖掘机系统性能的重要有效途径。更多有关正流量控制的特性，请参见张海平老师编著的《液压速度控制系统》一书。

4.8　抗饱和（或称分流比）负载敏感压力补偿系统

当出现流量未饱和时，不能满足各执行器流量的需要，较合理的方法是各执行器都相应地减少供油量，对应各阀杆操纵行程，按比例分配流量。这种系统称为抗流量饱和的同步操作系统（或称为分流比负载敏感系统）。

4.8.1　概述

在沿用了近 40 年的各联内部用二通压力补偿器（定差减压阀）实现负载压力补偿（开中心负载敏感系统），用三通压力补偿器（定差溢流阀，开中心负载敏感系统）或负载敏感泵（闭中心负载敏感系统）实现系统的负载适应控制系统中，当泵的流量未饱和（执行器的流量需求超过泵的最大流量）时，泵的输出压力下降，使进入最高压力联负载的流量减小，执行器速度降低；而进入其他负载的流量不变，这就不能实现工程上的同步操作要求。所以要使压力补偿器起到相应的作用，必须使泵的流量 $q_p \geqslant q_v$（$p_p \geqslant p_L + \Delta p$），否则负载敏感系统与节流

系统无异。但是目前为了降低设备造价，装机功率不可能、也没有必要达到设备各个部分所消耗最大功率的总和。因此，常利用尽可能小的装机功率完成同样所需要完成的工作，使设备更加小巧、精密、性价比更高，在市场上更具竞争力。那么系统就非常可能为不饱和的形式。

对大多数多执行器工程机械（例如液压挖掘机等）来说，为了以最高速度驱动其某一个执行器，往往需要将液压泵的能力最大限度地使用到该执行器上。因此，当以最高速度同时驱动几个执行器，使每个操纵阀的操作量都为最大时，泵的输出流量就会不足，更有甚之，如果液压泵采用的是功率匹配型的，那么随着负载压力的上升，泵的输出流量还会减少，更加剧了泵输出流量的不足。另外，如果作业机在进行一些比较精细的作业时，一般原动机都处于低转速工况，当泵的排量不足以提供所有执行器所需要的流量时，就不可能使所有节流口两端的压差都达到设定值。在高负载联，由于所需要的节流口两端压差低于设定值，该联的压力补偿器处于全开状态，泵的输出压力就无法上升到可以驱动最高负载联的压力。其结果是：流量不足的状态首先影响到高负载联，导致高负载联控制的执行器速度降低，严重影响了系统的正常工作。

通常，负载敏感系统的特点是，各操纵阀由独立的压力补偿器来设定阀芯的进出口压差，且是一定值。各阀芯的补偿压力可以设定为不相同，阀杆进出口压差是由弹簧力决定的。其主要问题是要起补偿作用，流经操纵阀的油产生的压降必须达到补偿压力。在并联油路中，油优先流向低负载执行器，在流量不足时，高负载执行器得不到足够的流量，因此不能起补偿作用。为了解决此问题，将压力补偿器进行改进，让它起负载均衡器作用，低负载的执行器通过压力补偿器的节流孔，使它与高负载执行器的负载压力相同，这样各路负载相等，就避免了油优先流向低负载执行器的问题。

分流比负载敏感系统的特点是，利用压力补偿器起均衡负载作用，设计成所有阀芯进出口压差都相等，与各执行器的负载状况无关。因为所有阀器的进出口压差相等，所以各执行器同时动作时，通过各阀器的流量只和该阀杆的行程（节流程度）有关。

起负载均衡器作用的压力补偿器可以布置在泵-操纵阀-执行器-回油路，整个液压回路的任何处。

1）布置在泵-操纵阀之间：一般称为阀前补偿，如图 4-46a 所示。压力补偿阀在前，操纵阀节流调速在后，先补偿，后节流，操纵阀节流和换向作用合二为一。

2）布置在操纵阀-执行器之间：一般称为阀后补偿，由于执行器一般都是双作用，有两条油路，为了避免阀后两条油路设两个压力补偿器，因此操纵阀增加一个节流油路。操纵阀节流调速在压力补偿器之前，先节流后补偿，换向部分在压力补偿器之后，如图 4-46b 所示。两者用双线相连，表示节流和换向两者组合成操纵阀。

3）布置在执行器和回油路之间：可称为回油补偿，操纵阀节流调速在进入执行器之前，执行器回油，经操纵阀后，通过压力补偿器回油，如图 4-46c 所示。

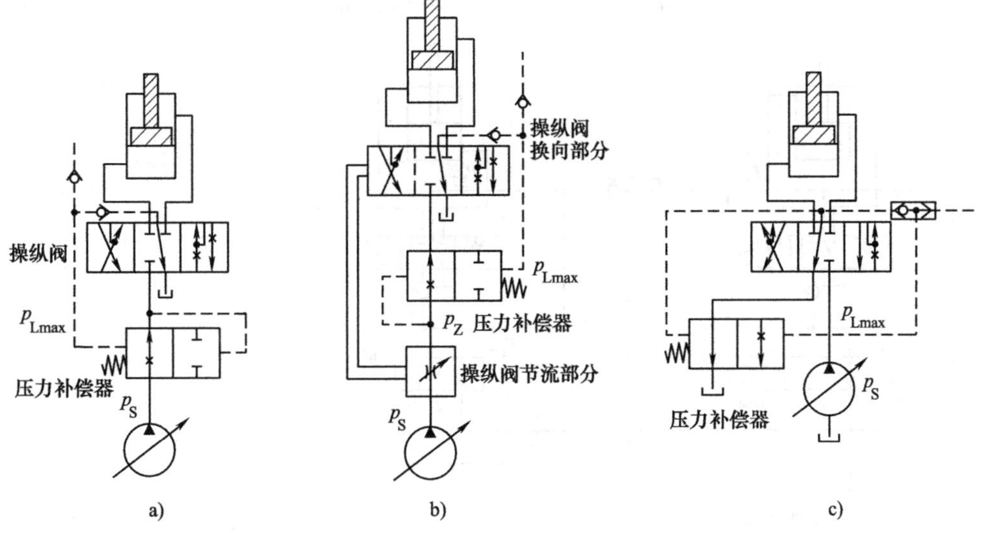

图 4-46　压力补偿器位置布置

根据压力补偿器的布置位置，分流比负载敏感系统总结起来有阀前压力补偿、阀后压力补偿和回油补偿三种形式。

4.8.2　阀前压力补偿分流比负载敏感系统（林德 LSC 系统）

如图 4-47 所示，为林德公司分流比负载敏感系统，其特点是，在每个操纵阀前设置压力补偿阀，此压力补偿阀阀芯左端受液压泵压力 p_{p} 和其负载压力 p_{L1} 或 p_{L2} 作用，右端受操纵阀前压力 p_{m} 和由梭阀引入的最高负载压力 p_{L1}（设 $p_{\mathrm{L1}}>p_{\mathrm{L2}}$，$p_{\mathrm{L1}}=p_{\mathrm{Lmax}}$）作用，对压力补偿阀 1 取力平衡得（设阀芯左右面积相等）：

$$p_{\mathrm{p}}+p_{\mathrm{Lmax}}=p_{\mathrm{m1}}+p_{\mathrm{Lmax}} \tag{4-26}$$

则：$p_{\mathrm{p}}=p_{\mathrm{m1}}$，即油流通过压力补偿阀无压差。

操纵阀 1 进出口压差 $\Delta p_1=p_{\mathrm{m1}}-p_{\mathrm{L1}}=p_{\mathrm{p}}-p_{\mathrm{Lmax}}$

对压力补偿阀 2 取力平衡得：

$$p_{\mathrm{p}}+p_{\mathrm{L2}}=p_{\mathrm{m2}}+p_{\mathrm{Lmax}}$$

$$p_{\mathrm{p}}-p_{\mathrm{m2}}=p_{\mathrm{Lmax}}-p_{\mathrm{L2}} \tag{4-27}$$

油流通过压力补偿阀 2 的压差 Δp_2 为 $p_{\mathrm{Lmax}}-p_{\mathrm{L2}}$，正好补偿了两执行器压力负载的差值。

操纵阀 2 进出口的压差为：

$$\Delta p_2 = p_{m2} - p_{L2} = p_p - p_{Lmax} = \Delta p_1 = \Delta p \tag{4-28}$$

即所有阀芯的进出口压差相等，为液压泵进口压力和最高负载压力之差。

通过两操纵杆的流量分别为：

$$q_1 = K_1\sqrt{\Delta p} \qquad q_2 = K_2\sqrt{\Delta p} \tag{4-29}$$

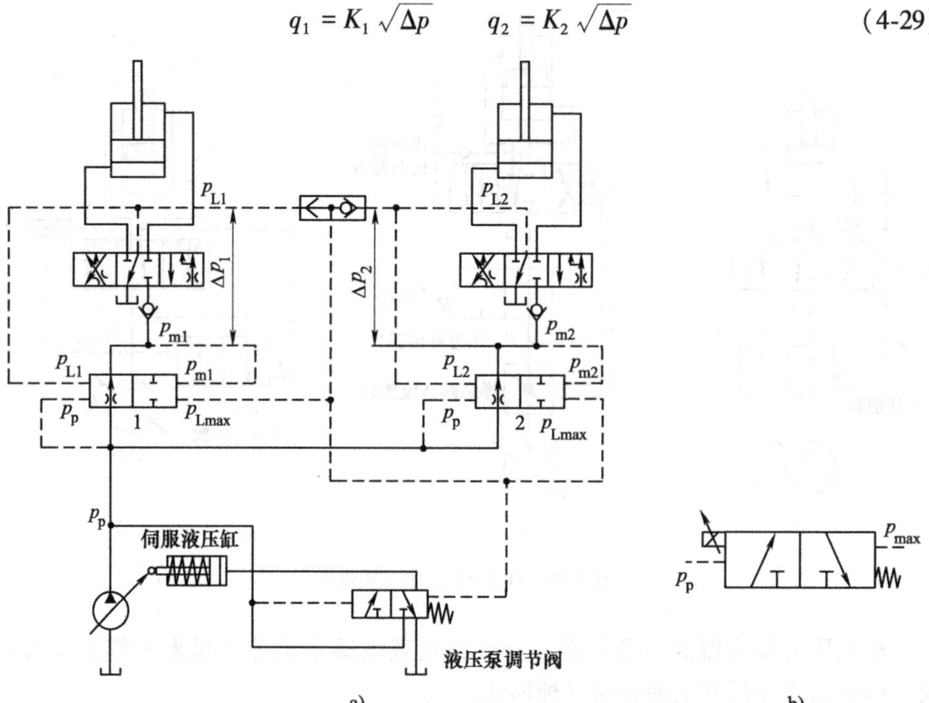

图 4-47 阀前压力补偿分流比负载敏感系统

各阀的 Δp 均相同，去执行器的流量仅取决于各阀杆的行程（K_1，K_2），当多执行器同时动作时，按各阀杆行程成比例地分配去各路的油量。

该系统采取负载敏感泵，变量机构由液压泵调节阀（泵负载敏感阀）和伺服液压缸等组成，液压泵调节阀左端受液压泵出口压力 p_p 作用，右端受最高负载压力 p_{Lmax} 和弹簧力 F_S 作用，由液压泵调节阀阀杆力平衡可得：

$$p_pA = p_{Lmax}A + F_S$$

$$\Delta p = p_p - p_{Lmax} = \frac{F_S}{A} \tag{4-30}$$

当 $p_p>p_{Lmax}+F_S/A$ 时，阀处于左位，压力油进入伺服液压缸，压缩弹簧，使液压泵流量减少。

当 $p_p<p_{Lmax}+F_S/A$ 时，阀处于右位，伺服液压缸回油，在弹簧力作用下，液

压泵流量增大。液压泵调节阀控制液压泵出口与最高负载压力的压差 $\Delta p = p_p - p_{Lmax} = F_S/A$，此压差的大小由弹簧力 F_S 和伺服液压缸活塞的受压面积 A 决定。此压差就是整个系统设定的补偿压差。

各阀杆在此压差下，通过阀杆行程大小，来调节去执行器的流量，与执行器负载无关。多执行器同时动作时，相互没有影响。

该补偿压力是由液压泵调节阀设定的，通过调节液压泵排量使得泵的出口油压和最高负载压力的压差为常数，大于此压差时，泵的排量自动减小，使压差下降；小于此压差时，泵的排量自动增大，使压差上升以保持压差不变。

当各阀芯都在较大行程，出现流量未饱和时，则 $p_p < p_{Lmax} + F_S/A$，液压泵处于最大排量，操纵阀的压差下降 $\Delta p < F_S/A$，但操纵阀各阀芯进出口压差仍相等，因此供给各路的流量仍与各阀行程成比例。

该系统的补偿压差 Δp 由液压泵调节阀来设定，Δp 取决于弹簧力 F_S，调节弹簧可改变系统压差，但比较麻烦。如液压泵调节阀采用比例电磁阀，可通过电控方便地改变 Δp。可变补偿压力系统调速可以改变 K（阀杆行程）也可以改变 Δp（电磁阀电流）来实现。而且调速都具有独立性，不受负载、泵流量和多执行器同时动作的影响。当各阀杆都在中位时，p_{Lmax} 通回油，压力为零，液压泵压力只需克服弹簧力，液压泵调节阀处于左位，压力油进入伺服液压缸，液压泵排量很小，实现中位卸载。在多路阀工作过程中，液压泵压力与最高负载压力之间差值由液压泵调节阀决定，始终保持常数，即略高于负载压力。当执行器需要流量小时，操纵阀杆节流，使节流压差增加，即 $p_p - p_{Lmax}$ 增大，通过液压泵调节阀的作用，自动使泵流量减小，使节流调速变为容积调速，使流量损失减少，并使系统始终保持在所需压力和所需流量下工作。

4.8.3　阀后压力补偿分流比负载敏感系统

也有学者称其为后补偿/流量共享或负载敏感压力补偿，英文全称是 Post-compensated/Flow Sharing, or Load Sense Pressure Compensated。力士乐公司开发的 LUDV 系统即属于此种类型。

阀后压力补偿用于不饱和系统（因大部分时间系统不在满功率状态工作，以其行走的最高速度确定最小功率 P_{min}，再根据其他工作系统适当调整（常+20%作为功率预留），所以，为了降低造价，使系统更紧凑，常将其做成不饱和系统，即：$q_p < \Sigma q_i$）。因为 p 并不特别昂贵，而 q 则特别昂贵（泵、阀、油箱、管路都要增大），但这时如使用普通的 LS 系统，则负载较大的阀的压力补偿阀会因泵压过低而不能满足其正常工作条件，则其 Δp 不能被保证，压力补偿阀口全开，不再调节，执行器的速度不再与负载无关，q_i 不再与各阀的开口成比例，而是负载小的执行器速度增大；负载大的执行器流量减小，严重时甚至停止。

阀后压力补偿的最高负载压力作用在弹簧一侧的每个次级压力补偿器上。而与弹簧相对一侧，则与相应的可变节流口的下游相连。这样，在每个可变节流口下游，就设定了超出最高负载的压力值；高出的这一部分压力值，就是压力补偿器的控制压差。由于公共供油压力位于可变节流口的上游，因此全部的可变节流口具有相同的压差。可调节流口的压差不仅取决于压力补偿器，而且取决于供油控制压差和压力补偿器的控制压差。

如果液压泵不再输出足够的流量，则压力也会下降。由于可变节流口下游的压力，保持在最高负载压力加压力补偿器的控制压差，所以全部可变节流口的压差随泵压而下降。因此，流经所有可变节流口的流量也会持续降低。泵压下降到系统建立起新的平衡为止。由于这样，每一执行器的速度，就会与预设值成比例地降低（公共压力供油，分流回路）。

后补偿系统结构类似于预补偿系统，该系统可采用定量泵或变量泵，具有待命压力低、独立的压力补偿、在泵过载期间的流量共享、诱导负载（超过负载敏感压力+负载敏感阀补偿弹簧压力的负载）保护等优点，缺点是设计阻止了成本效益，工作压力油口受限制，成本较高。

在每个操纵阀后设压力补偿器，如图 4-48 所示。

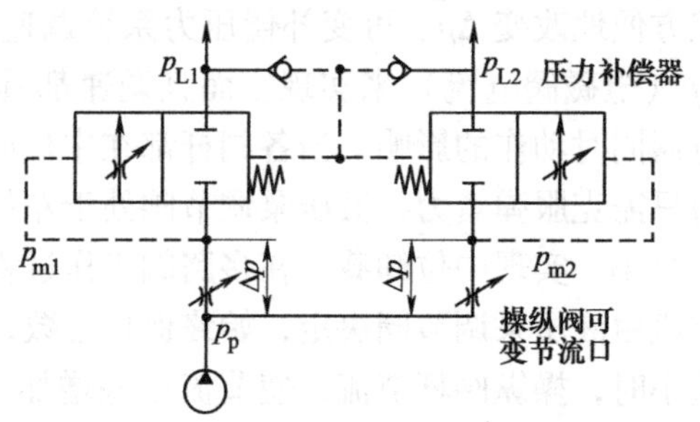

图 4-48 阀后压力补偿分流比负载敏感系统

压力补偿器阀芯一端受操纵阀出口压力作用，其另一端受弹簧力和通过梭阀引入最高负载压力（设 $p_{L1} > p_{L2}$）作用。

对压力补偿阀 1 取力平衡，则

$$(p_{m1} - p_{L1})A = F_S \qquad p_{m1} = \frac{F_S}{A} + p_{L1} \tag{4-31}$$

对压力补偿阀 2 取力平衡，则

$$(p_{m2} - p_{L1})A = F_S \qquad p_{m2} = \frac{F_S}{A} + p_{L1} \tag{4-32}$$

如设计中，取两压力补偿阀 F_S/A 相等，则

$$p_{m1} = p_{m2} \tag{4-33}$$

式中 p_{m1}、p_{m2}——分别为操纵阀 1 和 2 的出口压力；

p_{L1}——最高负载压力；

F_S——弹簧力；

A——压力补偿阀阀芯压力作用面积。

各操纵阀的入口为泵的压力 p_p，出口压力分别为 p_{m1} 和 p_{m2}，两者相等，因此各操纵阀的进出口压差都相等。

若各执行器的负载压力不等，而泵的供油压力是一定的，操纵阀的进出口压差也是相等的，显然各压力补偿阀起了补偿作用，其节流程度不同，产生压差的也不同，达到均衡负载的目的。

压力补偿器 1 的压降：

$$p_{m1} - p_{L1} = \frac{F_S}{A} \tag{4-34}$$

压力补偿器 2 的压降：

$$p_{m2} - p_{L2} = \frac{F_S}{A} + (p_{L1} - p_{L2}) \tag{4-35}$$

正好补偿了两执行器压力负载的差值。

通过压力补偿器的流量方程

$$q_1 = C_d \omega x_{v1} \sqrt{\frac{2}{\rho}(p_p - p_{m1})} = C_{d1} A_1 \sqrt{\frac{2}{\rho}\left(\Delta p_{Lp} - \frac{F_S}{A}\right)} \tag{4-36}$$

$$q_2 = C_d \omega x_{v2} \sqrt{\frac{2}{\rho}(p_p - p_{m1})} = C_{d2} A_2 \sqrt{\frac{2}{\rho}\left(\Delta p_{Lp} - \frac{F_S}{A}\right)} \tag{4-37}$$

式中　q_1、q_2——进入执行器 1、2 的流量；

ω——阀的过流面积梯度；

x_v——阀口开度。

将压力补偿阀设计在测量节流口之后，执行器的最高压力 p_{L1}（设 $p_{L1}>p_{L2}$）信号传递给所有的压力补偿阀和液压泵，由压力流量调节器给定的约为 2MPa 的压差作为调节压差 Δp 作用于系统，加于操纵阀可变节流口的压差 Δp，由于压力 $p_{m1}=p_{m2}$ 而相等，泵按节流口截面积 A_1 和 A_2 成正比供油。

这意味着各补偿阀均受较高的负载压力控制，故各回路的流量分配阀后的压力可保持相等。所以 $\Delta p_1 = \Delta p_2 = \Delta p =$ 常数，流经两阀的流量：

$$q_{V1} = C_{d1} A_1 \sqrt{2\Delta p/\rho} \tag{4-38}$$

$$q_{V2} = C_{d2} A_2 \sqrt{2\Delta p/\rho} \tag{4-39}$$

式中　C_{d1}、C_{d2}——流量系数（$C_{d1}=C_{d2}=C_d$）；

A_1、A_2——阀口开度；

ρ——油液的密度；

p_p、p_{m1}——阀前、后的压力。

式（4-40）和式（4-41）可写成：

$$q_{V1} = f(A_1) \qquad q_{V2} = f(A_2)$$

即两回路所得的流量只与节流阀的开度成比例。

流量分配特性：当液压泵的供油量 q_p 在多个执行器同时操作不能满足需要时，Δp_1 和 Δp_2 将相应减小。由于所有压力平衡阀上作用有最大的压力信号 p_1，所以流量继续以与负载压力无关的方式进行分配，即 $\frac{q_{V1}}{q_{V2}}=\frac{A_1}{A_2}$，由此实现了流量的比例分配。

由式（4-36）和式（4-37）以得出两种工况：①正常工作工况，此时泵所提供的流量能够满足执行器所需流量，由 LS 系统中的流量阀来设定泵压力与最高负载压力之间的压差 Δp（为一固定值），主阀的开度 x_v 决定其流量大小；②流量未饱和工况，此时泵所提供的流量不能满足执行器所需流量，泵压力与最高负载压力之间的压差 Δp_{Lp} 降低，不能保持 LS 系统中的流量阀设定值恒定，各主阀的阀口压差 $\Delta p_{Lp}-\frac{F_S}{A}$ 都会随之降低，从而，通过各主阀的流量将按比例减小，保证在流量饱和情况下各执行器动作的互不干扰。若有 n 个执行器，则系统的流量为

$$q_s = q_1 + q_2 + \cdots + q_n$$

$$p_p - p_{m1} = p_p - \left(\frac{F_S}{A} + p_{L1}\right) = \Delta p_{Lp} - \frac{F_S}{A}$$

$$q_i = C_d\omega_i x_{vi}\sqrt{\frac{2}{\rho}(p_p - p_{mi})} = C_d\omega_i x_{vi}\sqrt{\frac{2}{\rho}\left(p_p - p_{L1} - \frac{F_S}{A}\right)} \tag{4-40}$$

$$i = [0,1,2,\cdots,n]$$

式中 q_1，q_2，…，q_n——各执行器的流量；

q_i——第 i 个执行器的流量；

ω_i——第 i 个执行器对应的阀的过流面积梯度；

x_{vi}——第 i 个执行器对应的阀的开度；

p_{mi}——第 i 个执行器对应的压力补偿阀的进口压力。

由式（4-40）可得各执行器的流量分配关系

$$\frac{q_i}{q_s} = \frac{C_d\omega_i x_{vi}\sqrt{\frac{2}{\rho}\left(p_p - p_{L1} - \frac{F_S}{A}\right)}}{C_d\omega_i(x_{v1} + x_{v2} + \cdots + x_{vn})\sqrt{\frac{2}{\rho}\left(p_p - p_{L1} - \frac{F_S}{A}\right)}} = \frac{\omega_i x_{vi}}{\sum_{k=1}^{n}\omega_k x_{vk}} \tag{4-41}$$

式中 q_s——泵出口流量；

x_{vi}——执行器 i 对应的阀的阀口开度。

由式（4-41）可以看出，负载敏感阀后压力补偿系统中执行器对应的主阀开口量决定执行器的流量大小，当负载敏感阀后压力补偿系统中提供的总流量一定

时，进入各执行器的流量按照对应的主阀过流面积的比例进行分配。由式（4-41）可得：

$$\frac{q_s}{\sum_{k=1}^{n}\omega_k x_{vk}} = C_d\sqrt{\frac{2}{\rho}\left(p_p - p_{L1} - \frac{F_S}{A}\right)} \tag{4-42}$$

所以得出泵的出口压力为

$$\frac{q_s}{\sum_{k=1}^{n}\omega_k x_{vk}} = C_d\sqrt{\frac{2}{\rho}\left(p_p - p_{L1} - \frac{F_S}{A}\right)}$$

$$p_p = p_{L1} + \frac{F_S}{A} + \frac{\rho}{2C_d^2}\left(\frac{q_s}{\sum_{k=1}^{n}\omega_k x_{vk}}\right)^2 \tag{4-43}$$

由式（4-40）可以看出，负载敏感阀后压力补偿系统中泵的出口压力是最高负载压力和控制阀阀口开度的函数，在负载与阀口开度不变的情况下，泵的出口压力会自动调节对应系统中的流量变化，在负载及其给定流量不变的情况下，阀芯开度越大系统压力越低，起到一定的节能作用。

阀后压力补偿（LUDV）与阀前压力补偿负载敏感系统（LS）相比的差异是在压力补偿器。LUDV 控制系统是 LS 控制系统的改良，其改变的核心是将压力补偿器的位置与主控阀节流口的位置进行了调换，即由原来的节流阀前压力补偿变为节流阀后压力补偿。其正常工作时的工作原理与 LS 系统基本相同，也是由于节流口开度变大导致油源压力下降，而产生的斜盘角度变化使泵的输出流量增加。

当系统处于流量未饱和状态时流量是如何分配的？首先看压力补偿器的控制油口，一端与最高负载相连，一端与压力补偿器的进口相连。当两个压力补偿器调定压力相等时，高低负载对应的压力补偿器的进口压力是恒定的。再看各自对应的节流阀，节流阀的进口与油源压力相连，出口与压力补偿器的进口相连。随着油源压力变化，对于每个负载其节流阀前后压差可能是在变化的，但能保证每个负载对应节流阀前后压差与其他负载对应节流阀前后的压差是一致的。这种特性从根本上保证了流量的再分配特性。而 LS 系统的节流阀前后压差是恒定值，由初始调定决定，一旦压力补偿器失效，流量调节便会失效。以未饱和状态的临界为研究点，无论哪个负载需要的流量增加，都会严格按照流量 $q_V = C_d A\sqrt{2\Delta p/\rho}$ 进行重新分配，所有执行器的速度都会均匀降低。这是由于所有压力补偿器的压差减小所致，而不会只影响较高压负载的情况，没有执行器会停下来。

LS 限压阀只有在阀前补偿的系统中才有，阀后补偿的 LUDV 是没有的。因为阀前补偿是每联工作模块中的 LS 压力都作用在自身的压力补偿阀上，所以可以通

过设置 LS 限压阀来单独设定每个油口的最高工作压力。但是，LUDV 是将最大负载压力作用在每一个工作模块的压力补偿阀上，所以对于 LUDV 来讲，只有一个总的 LS 溢流阀来设定系统的最大工作压力，没法单独设定每个油口的压力。

LUDV 负载敏感系统的特性曲线如图 4-49 所示。由该图可知执行器的运动速度与负载无关，控制起始点与流量大小无关，控制范围与流量有关。

执行器之间的影响是流量同比分配。在流量未饱和时所有负载所获得的流量都同样有所下降，都可运动。

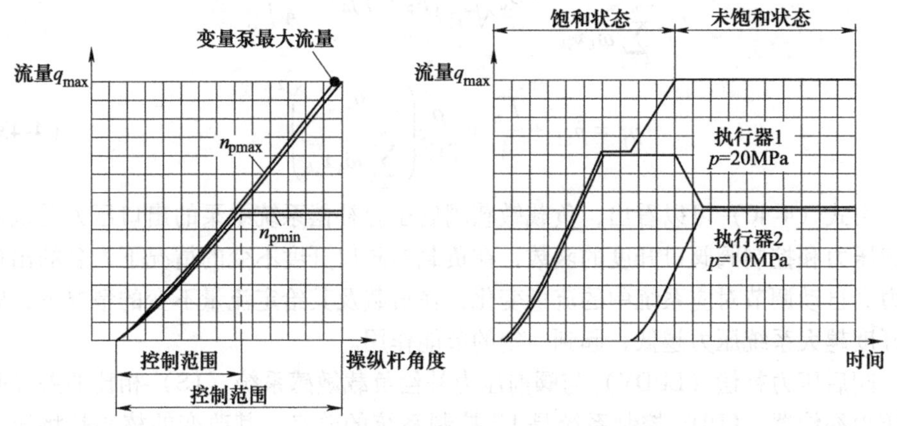

图 4-49 LUDV 负载敏感系统的特性曲线

由图 4-50 更能直观地看到 3 个负载的 LUDV 阀后压力补偿系统流量分配情况。

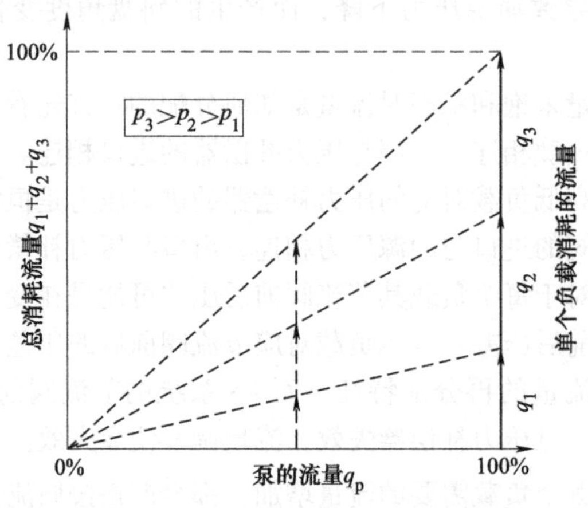

图 4-50 LUDV 阀后压力补偿系统的流量分配情况

举例说明一下泵流量供给不足时的流量分配情况，如图 4-51 所示。

其中泵的最大供给流量为 100L/min。当通过阀 1 的流量为 80.0L/min、阀 2

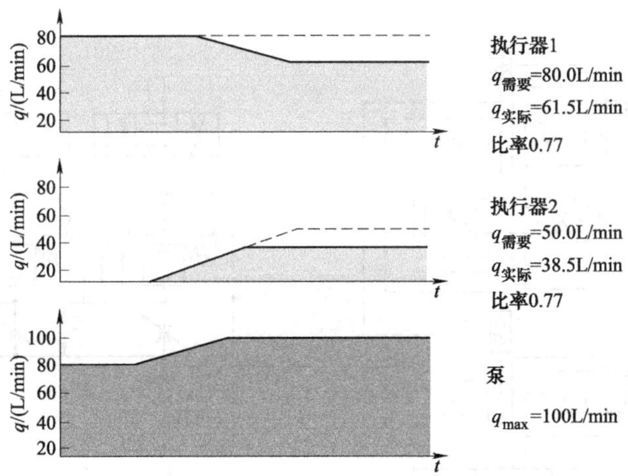

图 4-51　LUDV 系统的流量分配

流量上升到 50. 0L/min 时，流经两阀的总流量为 130L/min，超过了当前泵的最大供给流量，这时系统就按比例 50. 0/80. 0 = 0. 625 向各阀分配流量，此时流过阀 1 的流量成为 61. 5L/min，流过阀 2 的流量成为 38. 5L/min。

典型的具有阀后压力补偿分流比结构的多路阀有 HUSCO 负载敏感多路阀和 Rexroth 的 M7 多路阀。图 4-52 所示的是 HUSCO SCX 负载敏感多路阀的结构图和原理图。

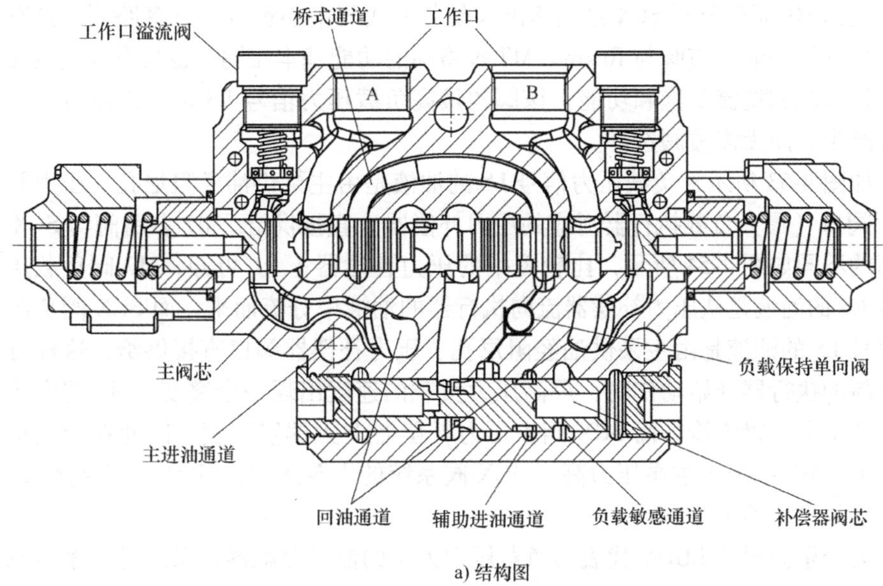

a) 结构图

图 4-52　HUSCO SCX 负载敏感多路阀结构图和原理图

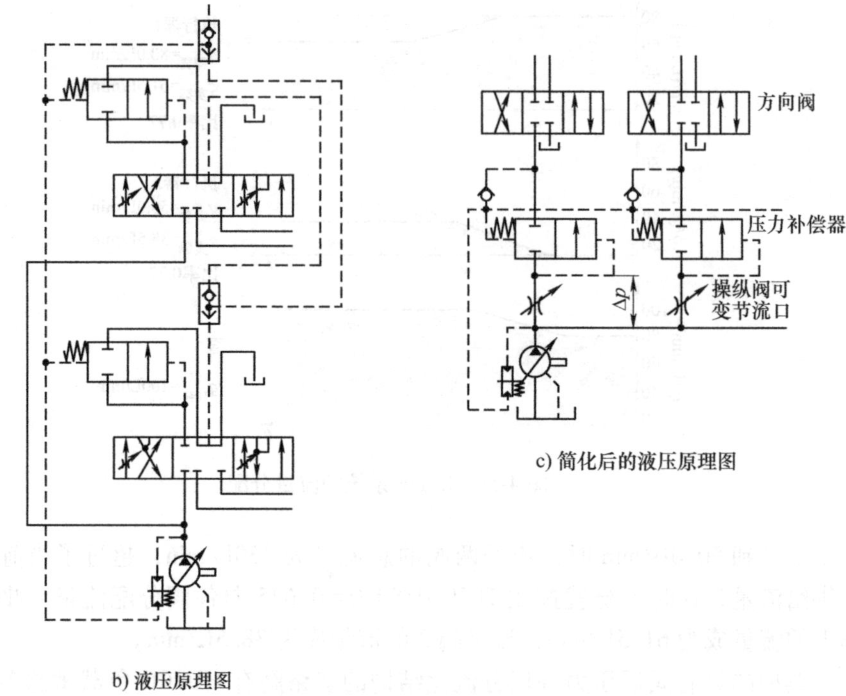

b) 液压原理图

c) 简化后的液压原理图

图 4-52 HUSCO SCX 负载敏感多路阀结构图和原理图（续）

美国 HUSCO 公司 SCX 系列多路阀是分片式闭中心负载敏感多路阀，具有阀后压力补偿功能。该阀与 Rexroth M7 多路阀的功能基本相同，也具有与负载无关的流量分配和抗流量饱和功能。该阀的最高负载压力信号 LS 也是由压力补偿器直接产生，而无需梭阀选择。

如图 4-53 所示，负载压力信号 LS 的油液是由主泵供油经阻尼孔、压力补偿器 1′阀口（最大负载执行器对应的压力补偿器）直接供给。M7 多路阀与 SCX 多路阀的不同如图 4-54 所示，比较图中的压力补偿器 1、1′可知，M7 阀负载压力信号 LS 的油液是从压力补偿器流向执行器的油液中分流而来，而 SCX 阀负载压力信号 LS 的油液是由主泵供油经阻尼孔、压力补偿器阀口直接供给，这样可以防止新的执行器开始动作时，最高压力负载的速度出现一个突变。M7 阀中压力补偿器 1 有偏置弹簧，而 SCX 阀中压力补偿器 1′无偏置弹簧。因此在相同负载情况下，M7 系统中主泵压力高于 SCX 阀系统的主泵压力，且 SCX 多路阀 LS 的压力信号平稳性更好。

力士乐公司的 LUDV 代表与负载压力无关的流量分配器，系统是一个特殊形式的负载敏感控制系统。为了消除供给不足这一缺点，根据 LUDV 原理，M7 多路阀控制块有不同的设计形式。

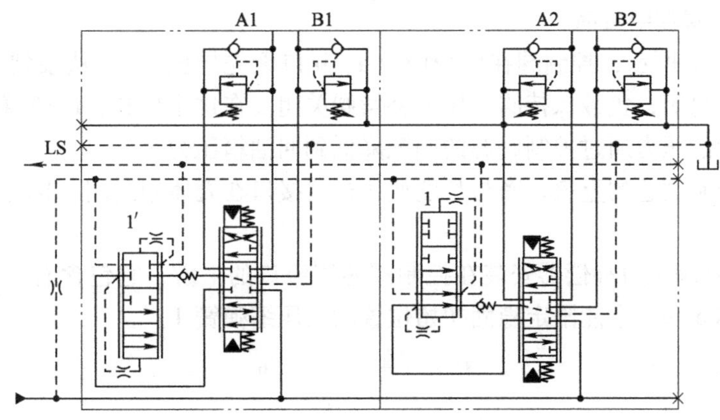

图 4-53　SCX 负载敏感多路阀

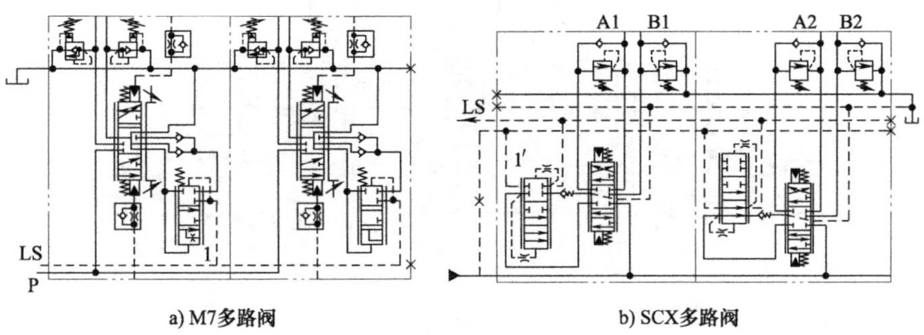

a) M7多路阀　　b) SCX多路阀

图 4-54　SCX 多路阀与 M7 多路阀的不同

当用于 LS 控制时，压力补偿芯不是安置在泵和主阀芯之间，而是安置在主阀芯和执行器端口之间，如图 4-55 所示。

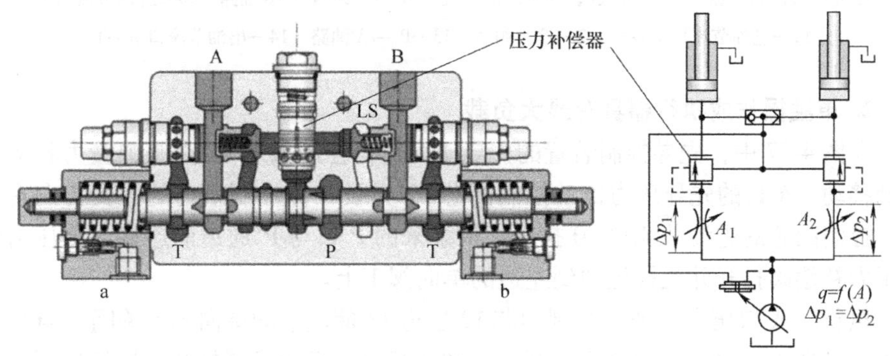

图 4-55　LUDV 模块 M7-22

M7 多路阀的 LUDV 功能如下。

1. 控制阀在中位时

如图 4-56 所示，控制阀在中位时（a、b 口无先导压力），从泵到 P′通道的连接被阀芯封闭，负载保持阀和压力补偿阀关闭。在这个位置，P′通道内和负载保持阀下游的压力通过控制阀芯的间隙降低到回油箱压力。

由于控制阀芯的重叠，密封长度使执行器接口在壳体中封闭，执行器因此保持在这个位置。

M7 多路阀压力补偿器安装在控制阀芯测流口的下游，它包含有一个压力补偿控制阀芯 6 和一个能限定稳固初始位置的微压缩弹簧 4。

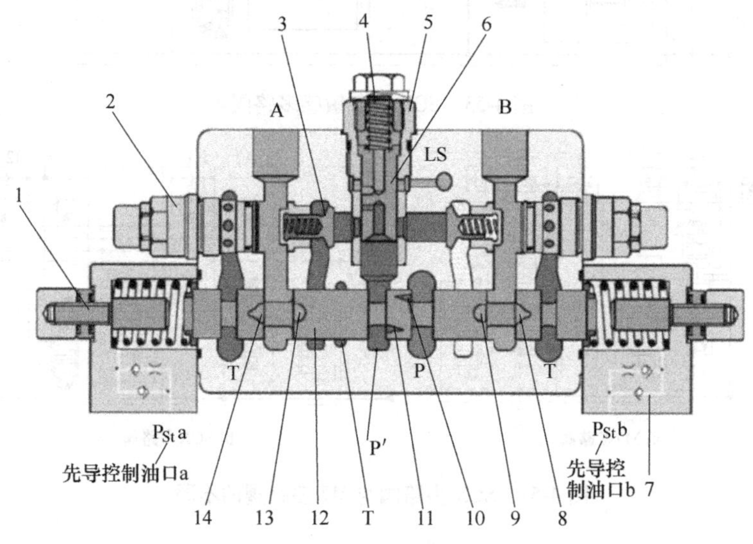

图 4-56 控制阀在中位时

1—行程限制 2—二次溢流阀/补油防气蚀阀 3—负载保持阀 4—微压缩弹簧 5—LUDV 压力补偿阀 6—压力补偿控制阀芯 7—先导梭阀 8—出油节流口 B→T 9—P_c→B 油路 10—进油节流口 P→B 11—进油节流口 P→A 12—控制阀芯 13—P_c→A 油路 14—出油节流口 A→T

2. 单独操作或执行器具有最大负载

在图 4-57 中，先导控制装置的先导压力使得控制阀芯 12 克服弹簧力相应按比例移动。A 口的先导压力推动控制阀芯 12 克服 B 侧控制盖内的弹簧力向右移动。控制阀芯的进油节流口 10 打开了从泵来的 P 口与 P′通道的连接。该压力使得压力补偿阀打开并且被施加到左边的单向阀 1 上。

执行器 A 口压力 p_c通过控制阀芯 12 通道 13 使左边的单向阀 1 关闭。当 P′口压力升至高于 p_c时，单向阀 1 打开，泵和执行器之间的通道打开，执行器开始动作。执行器内排出的油从 B 口通过出油节流口 8 流回到油箱，只要执行器口的压力低于设定压力，二次压力安全阀 6 保持关闭。在外负载作用力造成的执行器气穴现象的情况下，与A口连接的过载阀2（压力释放/防气蚀阀）的补油锥阀芯打开，进行补油，防止吸空。

在单独动作情况下或当执行器的负载压力p_c在系统中处于最高，通过来自P′通道的压力补偿阀的内孔产生负载敏感（LS）压力，并且反馈到泵控制器和带有较低负载压力的压力补偿阀。

从负载保持阀上游，P′通道提供的LS压力信号，确保达到执行器需要的工作压力，执行器端口才打开，这样可以防止由于从执行器油路中分流油液供给LS而导致执行器速度短暂下降。

压力补偿阀完全打开后，P′通道与执行器的p_c油口连接而没有压降。

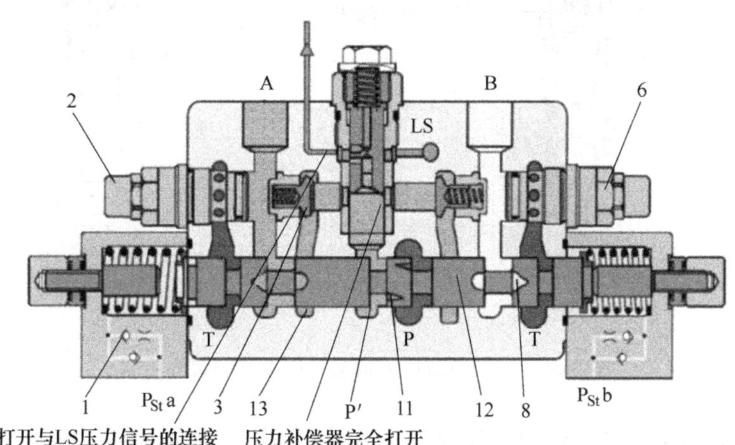

图4-57　单独操作或执行器具有最大负载

3. 同时动作

（1）饱和系统　在饱和系统的工作过程中，经由进油节流口的需求流量小于或等于泵的最大输出流量$\sum q \leqslant q_{pmax}$（功率控制范围内）。主阀节流口两端的压差$\Delta p$近似等于变量泵流量控制器（即压差调节阀）的设定压差Δp_{LS}，两个值的差异是由于从泵到进油节流口的供油管路上的沿程压力损失造成的。负载最高压力通过负载敏感油路传递到负载压力低的压力补偿器弹簧腔内，即图4-58中的1处。在压力补偿器作用下，两只控制阀节流口后，也即图4-58中的2处的压力相等，即$p_1'=p_2'$，两个控制阀节流口两端的压差为$\Delta p_1=p_p-p_1'$；$\Delta p_2=p_p-p_2'$；$\Delta p_1=\Delta p_2=\Delta p$。

各个执行器控制阀节流口两端的压差相同，根据流量方程可得

$$q_1=C_1A_1\sqrt{\frac{2\Delta p_1}{\rho}} \qquad q_2=C_2A_2\sqrt{\frac{2\Delta p_2}{\rho}}$$

式中，C_1、C_2为流量系数；A_1、A_2为阀口开度；ρ为油液密度。故上述流量方程

可改写为 $q_1=f(A_1)$，$q_2=f(A_2)$。所以流量（即执行器速度）与负载无关，只取决于节流口开度。

$$\frac{q_1}{q_2}=\frac{A_1}{A_2}$$

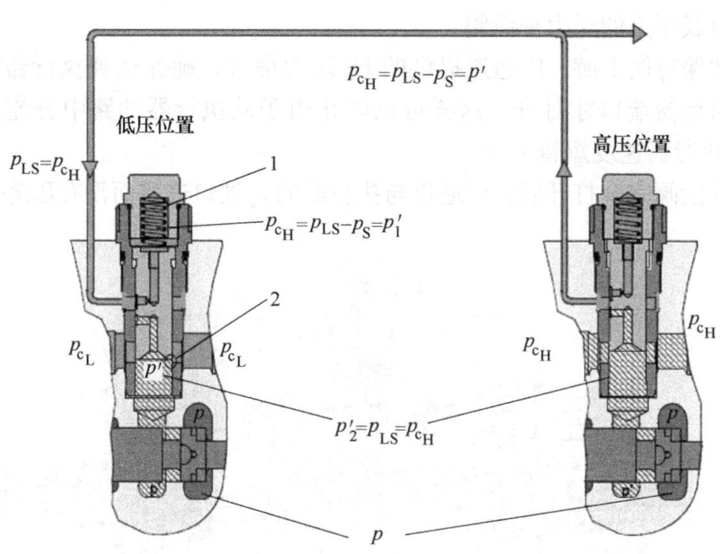

图 4-58　不同负载压力情况下压力补偿阀的功能

典型的例子就是动臂的提升和铲斗的同步动作，动臂回路中更高的负载压力使得铲斗部分的压力补偿器中的节流口通流面积减小，在这种控制状态下，压力补偿器的控制端产生一个从 P′通道到执行器油口 P_c 的压降，通过进油节流口 11 的 Δp 是恒定的。因此，执行器的速度与负载压力差无关，如图 4-59 所示。

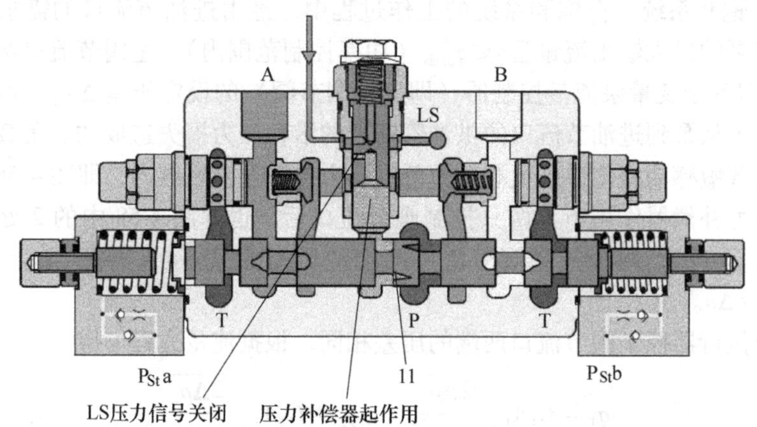

图 4-59　执行器具有最大负载压力力时的同时动作

（2）非饱和系统　当通过所有阀的流量大于泵所能提供的流量时，变量泵流量控制器（即压差调节阀），不再能够通过进一步推动变量缸来获得先前提供的系统压力，此时泵只受功率控制器调节，$\sum q>q_{pmax}$。如图4-58所示，右侧执行器的负载压力高，其压力补偿阀完全打开，故控制阀节流口后的压力等于负载压力。负载最高压力通过负载敏感油路传递到负载压力低的压力补偿器弹簧腔内，其控制阀节流口后的压力也等于负载压力。两个控制阀节流口两端的压差为$\Delta p_H=\Delta p_L$。总而言之，各个执行器的控制阀节流口两端的压差始终相同，但是其值不是定值而是和负载压力相关的（根据非饱和状态的程度，它可能在泵的流量控制阀的设定值Δp_{LS}和大约0.2MPa的压力之间变化），由此实现了流量的比例分配。随着不饱和度的增加，泵的压力减小，控制阀节流口两端的压差以及流量都要减小，各个执行器按照各自控制阀节流口开度成比例降低速度。即使在饱和的情况下，高负载的执行器也不会立刻停止。

LUDV控制的优点如下。

1）多执行器同时控制在微控范围内与负载无关。

2）容易对系统进行扩展，接管费用较小，系统效率比节流控制高，即需要的冷却器较小。

LUDV控制的缺点如下。

1）对油液污染较敏感（采用斜盘式液压泵时），对振动敏感。

2）在流量不足时控制范围降低。

多执行器系统应这样设置：让经常同时运动的负载压力尽可能的接近。否则，多个负载以不同的压力工作时系统效率较低，也就是说，与泵控系统相比，阀控系统需要的冷却器要大，对于负载敏感系统也存在同样的问题。同样，节流系统也存在同样状况，它是所有阀控系统共同的问题。所以，当设计一个系统时，应尽可能在其他条件许可的情况下，使各个执行器的压力接近。

尽量使用阀的负载信号进行压力切断，代替泵的压力切断，因为：①负载信号的安全阀溢流量很小，对系统影响很小。②可以使泵的流量不致被切断，能长期供油，使得所有的执行器还都可以运动。

4.8.4　回油路压力补偿分流比负载敏感系统（东芝IB系列多路阀）

东芝负载敏感压力补偿系统（Innovative Breed-off Load Sensing System）采用回油路分流比负载敏感压力补偿多路阀（IB系列多路阀）和负流量控制泵（PVB系列变量泵）。

1. IB系列多路阀

采用回油路分流比的东芝IB系列多路阀的阀片液压原理图如图4-60所示。

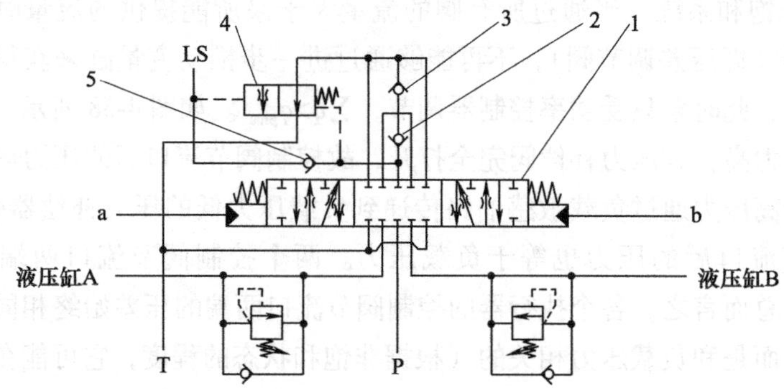

图 4-60 IB 系列多路阀的阀片液压原理图

1—主阀 2—进油单向阀 3—再生单向阀 4—压力补偿阀 5—检出最高负载压力单向阀

IB 系列多路阀块由主阀 1（三位十通阀）、压力补偿阀 4、进油单向阀 2、再生单向阀 3 和检出最高负载压力单向阀 5 以及液压缸 A 和 B 腔的过载阀和补油单向阀等组成。

2. 回油路压力补偿的工作原理和特点

回油路压力补偿分流比负载敏感系统的主要特点是，压力补偿器布置在操纵阀回油路上，东芝 IB 系统是此种原理应用的典型代表。IB 系列负载敏感系统工作原理图如图 4-61 所示。

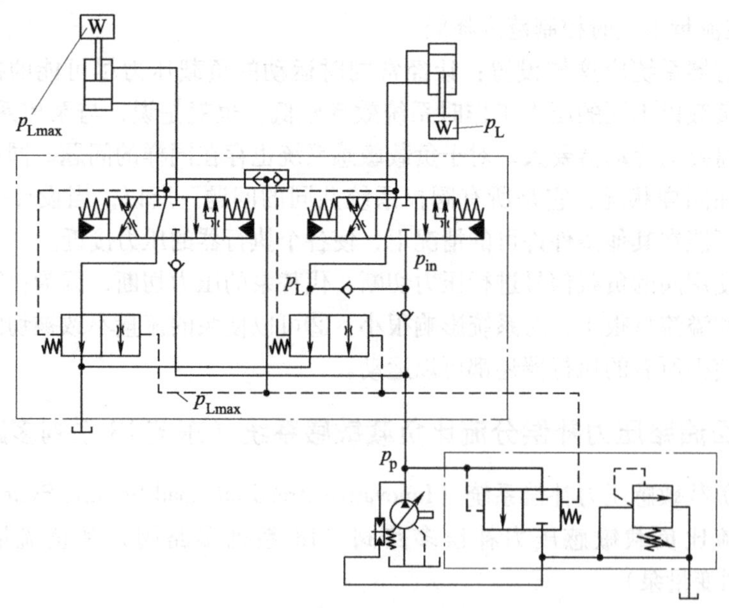

图 4-61 IB 系列负载敏感系统工作原理图

压力补偿器左端受负载压力 p_L（即操纵阀的出口压力）和弹簧力作用，右端受最大负载压力 p_{Lmax} 作用，从压力补偿阀力平衡可得：

$$p_L A + F = p_{Lmax} A \tag{4-44}$$

式中　p_L——各阀负载压力；

p_{Lmax}——最大负载压力；

F——弹簧力，采用弱弹簧，可忽略弹簧力；

A——阀芯受压面积。

则得：

$$p_L = p_{Lmax}$$

即各执行器负载压力相等，都为 p_{Lmax}（由于回路上压力补偿器的节流补偿作用，使各操纵阀的负载均衡）。各操纵阀阀芯进出口压差都相等，即 $\Delta p = p_m - p_L = p_m - p_{Lmax}$。

p_{in}为各操纵阀的进口压力；p_L为各阀的出口压力（即负载压力）。由于各阀 Δp 相等，因此通过各阀芯的流量只与阀芯行程有关，具有抗未饱和的功能。

把压力补偿器放在回油路上的优点是，可以利用压力补偿器的节流补偿作用，防止因重力作用，执行器过快下降产生真空，容易利用重力组成再生回路。为实现再生供油，在油路上设置了再生单向阀了。

3. 负载敏感泵控制系统

东芝小型挖掘机液压系统采用 PVB 系列变量泵，该泵具有恒功率控制阀，可实现恒功率控制。原用于开中心负流量控制系统，在恒功率控制阀上，由多路阀回油路节流孔前引入的先导控制油压实现负流量控制。

IB 系列的 PVB 泵仍采用负流量控制，在多路阀上设置流量控制阀，在其回油路设置负流量控制节流孔和当节流孔堵塞时溢流的安全阀，防止进入变量液压缸的油压过高。

流量控制阀为二位二通阀，其作用是控制液压泵排量。左端受泵出口压力 p_p 作用，右端受最大负载压力 p_{Lmax}和弹簧力 F_S 作用。

当 $p_p - p_{Lmax} < F_S/A$ 时，流量控制阀处于右位封闭位置，液压泵压力油被切断，不能通过流量控制阀回油。

当 $p_p - p_{Lmax} > F_S/A$ 时，流量控制阀处于左位，液压泵输出的压力油可通过流量控制阀经节流孔回油，在节流孔前建立的油压 p_i，将 p_i引向调节液压泵的伺服缸，作用在其活塞上，克服弹簧力使液压泵流量减小。弹簧力使液压泵排量变大，p_i油压使液压泵排量减小，液压泵排量由两者力平衡确定。随着压差 $\Delta p = p_P - p_{Lmax}$增加，流量控制阀开口量逐渐增大，则流经节流孔的流量增加，p_i上升，在 p_i作用下液压泵流量逐渐减小，与开中心负流量控制泵性能相同。

该阀的作用是，使液压泵出口油压 p_p和最高负载压力 p_{Lmax}之差 Δp 保持一定

值，即 $\Delta p = p_p - p_{Lmax} = F_S/A$，该压差 Δp 也就是各阀芯的阀前和阀后压差。

液压泵只向执行器提供比负载稍高一些（Δp）的液压油，驾驶人可通过操纵多路阀主阀杆，进行节流以改变供给执行器的流量，因主阀芯节流使 Δp 升高，流量控制阀起作用，打开回油，油通过节流孔，使负流量控制先导控制油压上升，作用在变量液压缸上，使液压泵流量减小，实现了按驾驶人的要求来改变液压泵排量，以按需供油。

当操纵阀都在中位时，各 p_L 都通回油，则 $p_{Lmax} = 0$，只需克服弹簧力，流量控制阀就处于左位，液压泵压力油通过该阀经节流孔建立油压，作用在变量液压缸活塞上，使液压泵流量变得很小，只输出少量液压油供冷却和冲洗系统使用，使液压泵处于待命状态。一旦系统工作，液压泵就能很快响应。当操纵阀在中位时，液压泵在低压小流量下工作，可实现中位卸载节能。

第5章 典型多路阀的结构和工作原理

5.1 基于负载敏感原理的 PSL 和 PSV 型比例多路阀

负载敏感式 PSL 和 PSV 型比例多路阀用于控制液压执行器的运动方向和运动速度（无级地，并且不取决于负载）。为此，可使多个执行器同时并相互独立地以不同的速度和压力工作，直到所有执行器流量的总和达到泵的流量为止。其主要应用于重物的举升和卷扬设备（如起重机，混凝土泵车，伐木设备，高空作业车等）。

根据其使用功能的不同，该系列多路阀分为：PSL 型和 PSV 型。它们之间的区别是，PSL 型比例多路阀应用于定量泵供油系统开中心回路中；PSV 型多路阀应用于变量泵供油系统闭中心回路中，或者作为在同一个恒压系统中的另一个独立方向控制阀组上使用。方向阀的操纵方式有手动（手柄）、电液控制（可以遥控）和液压控制等。

PSL 和 PSV 型比例多路阀是一种组合分片式阀，并由以下三种功能组件组成。

5.1.1 进油联

进油联共有两种基本类型：①装有三通流量阀的进油联，用于定量泵系统（开中心回路）的 PSL 型；②用于变量泵供油系统（闭中心回路）、恒压系统或多组换向阀（阀组分开布置，并联供油）进油联的 PSV 型。

进油联上带有泵侧压力油进口 P 和回油箱接口 R，另外还有控制接口 Z 和测量接口 M 以及负载敏感接口 LS，可依据下列要求选择进油联。

1）按提供的压力油种类有，定量泵（开中心回路），变量泵（闭中心回路）或恒压系统。

2）带或不带集成的控制压力供油。

3）带或不带限压阀。

4）带或不带泵的卸荷回路（安全回路）。

1. 用于定量泵的 PSL 型进油联

1）典型的 PSL 进油联和阻尼组件结构如图 5-1 所示。

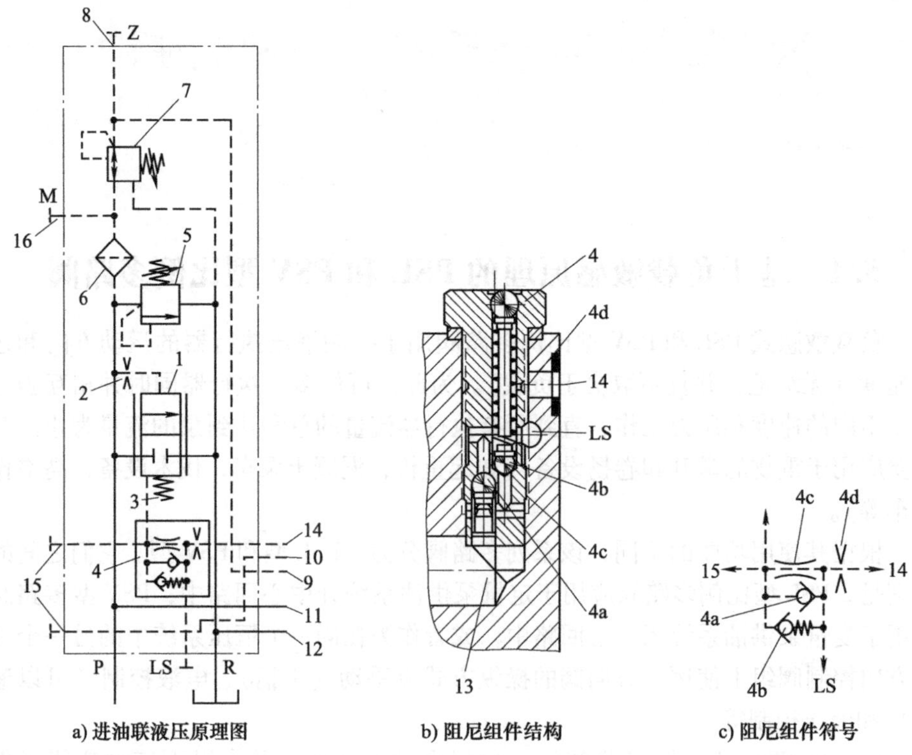

a) 进油联液压原理图　b) 阻尼组件结构　c) 阻尼组件符号

图 5-1　PSL 进油联及阻尼组件

1—三通流量调节阀　2—阻尼孔　3—调压弹簧　4（4a~4d）—阻尼组件　5—限压阀　6—过滤器　7—三通减压阀　8—外部控制油接口　9—电控压力油控制通道　10—控制油的回油通道　11—压力油路（泵侧）　12—回油油路　14—LS 通道　15—油口　16—压力表接口

图 5-1a 中元件 1 为三通流量调节阀，用于与定量泵一起实现负载敏感控制。2 为用来消除和平衡进油管路压力冲击的阻尼孔，尺寸为 M4×0.5。3 为调压弹簧，控制压力 $p=0.9$MPa。4 为阻尼组件，包括用于压力平衡的预压阀 4b 和阻尼阀 4c、4d。在滑阀回到中位时可减少振荡和快速卸压，同时慢速地带阻尼地进行空转循环。5 为限压阀，必须松开锁紧螺母以后再调压，用于限制系统的最高压力，起安全阀的作用。6 为保护三通减压阀 7 的过滤器；7 为三通减压阀，出口压力约为 2.5MPa，在操纵方式为电液控制 E(EA) 的情况下，用来提供内部控制油；也可以向外部的控制阀供油。如果没有内置三通减压阀 7，8 是外部控制油接口，可提供大约 2.5~3.0MPa 的压力油；此外，它能向控制主控阀的遥控阀供油（最大流量 2L/min）。9 为操纵方式 E(EA) 的压力油控制通道。10 为控制

油的回油通道（在终端块处可由外部连接到油箱，也可以内部连接到回油油路12）。11为压力油路（泵侧）。12为回油油路，在原理图上只画出一条油路，在结构图上12为上回油油路，13为下回油油路（图中未画出，结构图中可见）。14为LS（负载敏感）通道。油口15处如果可选择，可以安装一台电磁阀，用来使泵空转循环。16为压力表接口，用于观测泵供油侧的压力。

阻尼组件4由单向阀4a、预压阀4b、螺纹节流阀（通过不同的螺纹长度决定阻尼的大小）4c和节流孔4d组成，如图5-1所示。可针对不同的系统工况选择不同的系统配置，以实现系统的减振控制。该组件插装在进油联的下端面内，靠近A、B连接口处。节流孔4d限制LS接口处控制油的流量，单向阀4a用于立即封闭住LS压力。在控制压力的振荡小于2.0MPa的情况下，预压阀4b保持关闭状态；于是三通流量阀1的控制油必须通过螺纹节流阀4c。如果压力较高，多余的油流能够绕过螺纹节流阀4c经过预压阀4b流出。

阻尼阻件的调节原理和动态过程如图5-2所示。在时间$0\sim t_1$阶段，LS压力信号可以快速通过单向阀4a；在$t_1\sim t_2$阶段，这是实际的工作区，LS信号通过节流阀4c，仅含低于2.0MPa的振荡；$t_2\sim t_3$阶段，工作结束，LS压力通过预压阀4b快速释放（此时$\Delta p>2.0$MPa）；在$t_3\sim t_4$阶段，预压阀阀芯复位，三通阀弹簧腔流量通过节流阀4c，其阀芯缓慢下降。

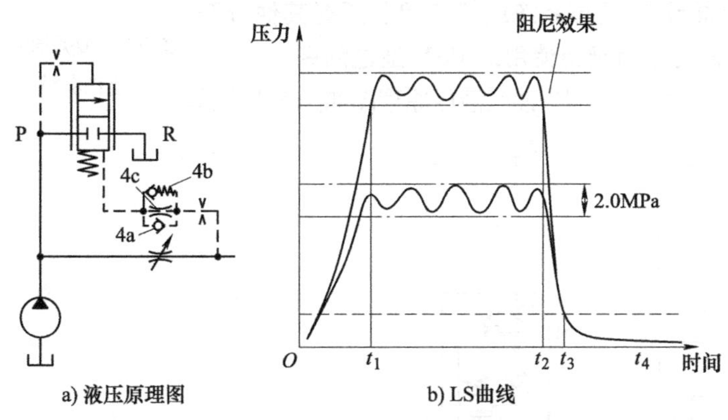

图5-2　调节原理和动态过程（阻尼元件的阻尼效果）

2）带旁通卸荷阀的PSL进油联液压原理图如图5-3所示。

在图5-3中，件号1~4见前述，此处无阻尼孔2。5为限压阀的先导阀，件号6~16见图5-1。17为旁通卸荷阀，当所有的阀芯都处于中位时快速卸压，卸荷阀能够自动降低泵的循环压力。当负载敏感压力LS通道14的压力降至25%的泵（剩余）压力时，降压立即开始产生。

卸荷阀会由于阀芯两侧面积比不同，当负载敏感压力LS通道14的压力增加

至一定值时该阀将立即关闭，即当某一个阀芯动作时（LS 信号升高），降压将立即停止产生。

由于这种特点，它可以与具有较高控制压力的方向控制阀一起工作。在操作该方向控制阀时使执行器获得较大流量；当阀芯不动作时，获得较低的卸荷循环压力（大约 0.8MPa）。对电液操纵方式，这一较低的控制压力使阀芯移动还是足够的。

对于内部提供控制油的电液操纵方式，必须保证泵的最小流量不小于 80L/min。在小流量时，控制压力（≤泵的循环压力）不能使滑阀移动。负载压力必须至少为 2.0MPa。如果由于执行器速度的需求，至少要使用一台大流量的方向控制阀（加大循环压力），那么三通流量阀的控制压力必须提高到 1.5MPa 左右，以便保证二通流量补偿器和三通流量阀之间的压差。因而加大了控制系统的功率损耗。为此，作为标准结构集成一台旁通卸荷阀，来减小泵卸荷循环期间的压力损失。

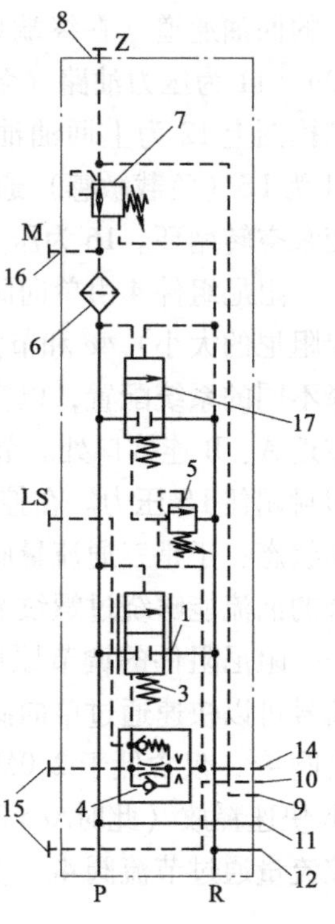

图 5-3 带旁通卸荷阀的 PSL 进油联液压原理图

2. 变量泵系统/恒压系统或第二组及所有其他分开布置的并联方向控制阀组使用的 PSV 型进油联

用于变量泵的 PSV 型进油联液压原理图如图 5-4 所示。

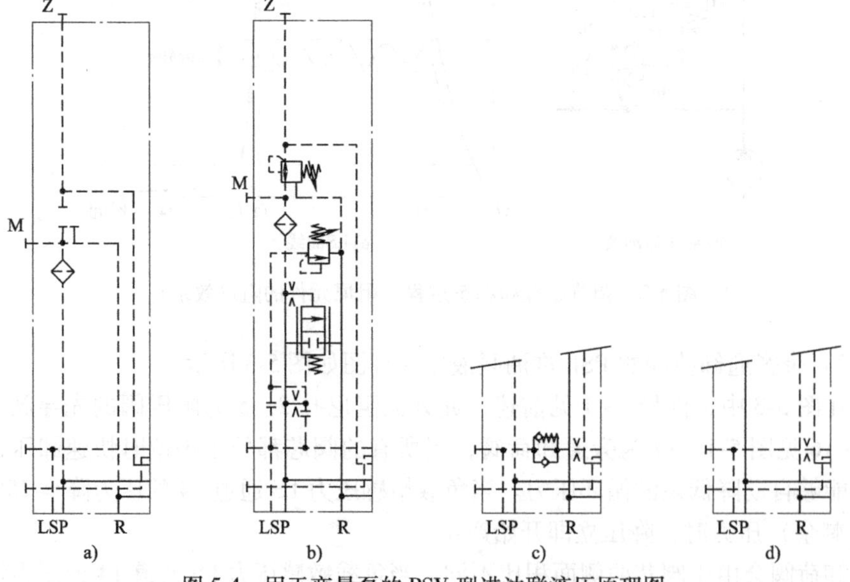

图 5-4 用于变量泵的 PSV 型进油联液压原理图

在图 5-4 中：

图 5-4a 为标准型。

图 5-4b 为带先导式溢流阀。

图 5-4c 为带有用于变量泵的 LS 变量控制机构阻尼元件，仅适于变量泵工况（限制控制油的油量），其集成有节流阀、单向阀，预压阀（预压约为 2.5MPa）；如同 PSL 型标准元件。

图 5-4d 为在 LS 油路中具有 ϕ0.8mm 的节流孔（用于限制控制油的流量）。

5.1.2　工作联

1. 工作联的选型

通常按照以下原则选择工作联。

1）按照方向控制阀的机能。

2）按照阀芯在最大换向位置时允许通往的最大流量。

3）按照附加的次级功能，例如限压阀，开断功能。

4）按照操纵方式。

2. 典型的 HAWE 工作联

HAWE 多路阀工作联液压原理图如图 5-5 所示。

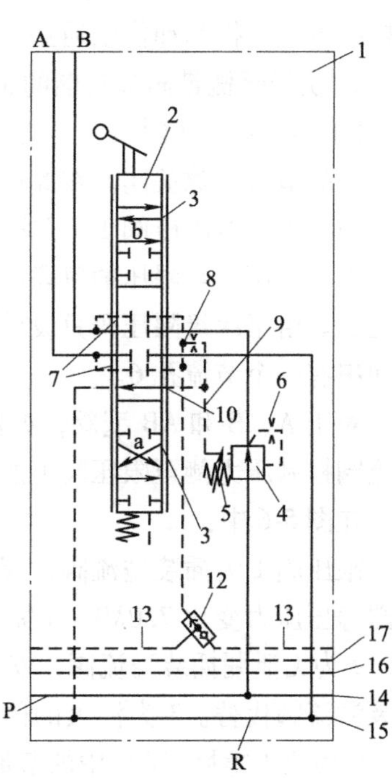

图 5-5　HAWE 多路阀工作联液压原理图

1 为阀体，采用了渗氮淬火技术，因而阀孔具有很硬的用金刚石磨削的工作表面。阀孔和阀芯之间具有很低的摩擦力，耐磨损。

2 为阀芯，通过淬火、抛光和去毛刺工艺，使其具有互换性（例如：可以更换不同中位机能）。

3 为阀芯上有特殊的控制节流槽设计。内部的油路将执行器的压力和系统泵侧之间的压差 Δp 提供给二通流量阀；此外，将执行器侧的最大负载压力提供给进油联中的三通压力补偿器（三通流量阀）或是变量泵的调节器（PSV）。在阀芯移动的过程中，横截面积是变化的；其设计思路为：直到其行程终点，它都会使通往执行器的流量呈线性增长。当其移动到终点时，其横截面的尺寸将限制通往执行器的最大流量。油口 A 和 B 提供流量的阀芯两

侧可以具有不同的最大流量限制值。因而它可以使阀芯适应于具有各种不同面积比的执行器。例如，如果某个执行器的面积比 $\varphi=2$，那么流量值的关系也能设计成 2，譬如 80/40L/min，或是用行程限位的方法进行调节。

4 为集成的二通压力补偿器（二通流量阀）。5 为流量阀的弹簧，调节压差 Δp 大约为 0.6MPa。6 为集成有消除振荡用的阻尼孔。7 为负载压力（LS 信号）的采集点。8 为由负载采集点至压力信号通路 9 和至卸荷通路 10 的油路。压力信号通路 9 是通往压力补偿器 4 的通路，压力补偿器用于调节油流。如果阀芯 2 处于中位，油从卸荷通路 10 流至回油路 15，于是进油联中三通压力补偿器处于卸荷循环位置，压力补偿器 4 处于关闭位置。

9 为信号通路，10 为卸荷通路，如 8 中所述。11 无。12 为梭阀（从外面可以看到），阀座经过淬火处理。如果只有一个滑阀动作，它便开启通往 LS 通路 13 的通路。如果有两个以上的滑阀动作，它就给较高压力的 LS 信号开启通路，而关闭另一条 LS 信号（较低压力的）的通路。

13 为通往进油联（PSL）中的压力补偿器，或是通往泵调节器（PSV）的 LS 信号通路。14 为从泵来的压力油路（P）。15 为回油路（R）。16 为 E/EA 电控操纵方式的控制油供油通路。17 为控制油回油通路（通过尾联流回油箱）。

3. 执行器侧带附加功能的工作联

次级限压（LS 限压）压力作用于进口三通流量阀的弹簧腔，并使之将三通流量阀的节流间隙关闭。在此位置时，压力稳定于次级压力的设定值上，即将 P 口压力减到次级限压阀 1（亦称为 LS 溢流阀）所调定的压力值。

可调限压仅与限压的每联阀片有关，而与另外一联阀片的相同压力或较高压力无关。由于次级限压阀只设计成用于小流量，因而在负载压力采集口和流量阀之间串有一个节流孔 6。

对于 A、B 和 AB 型阀，如图 5-6 所示，必须识别哪一侧动作。阀芯将进口节流阀控制压力侧至限压阀 1 的通路封死，只是通过阀芯位移将通路 9 和环槽接通。在图 5-6 中：

限压阀 1 为插装溢流阀，阀芯经淬火处理，该阀弹簧调压可至 40MPa，每转一圈静压压力变化 7.0MPa（需用压力表监测）。该阀可用无泄漏插装溢流阀代替。2 为无泄漏插装溢流阀，安装在 A 型或 B 型阀执行器侧，任何时候都可以用插装溢流阀代替。3 为淬火的阀座。4 为流量阀的控制压力侧。5 为内部回油接口。6 为位于螺堵（8）中的节流孔。7 为用于一侧位移信号的环槽。图中是用于 A 侧的，在 B 侧也相同。

8 为螺堵，过滤器和节流孔 6 具有环状间隙。通路 9 为浅孔（使两个环槽 7 彼此相连）；两端相同；位于阀芯两端相反的两侧。

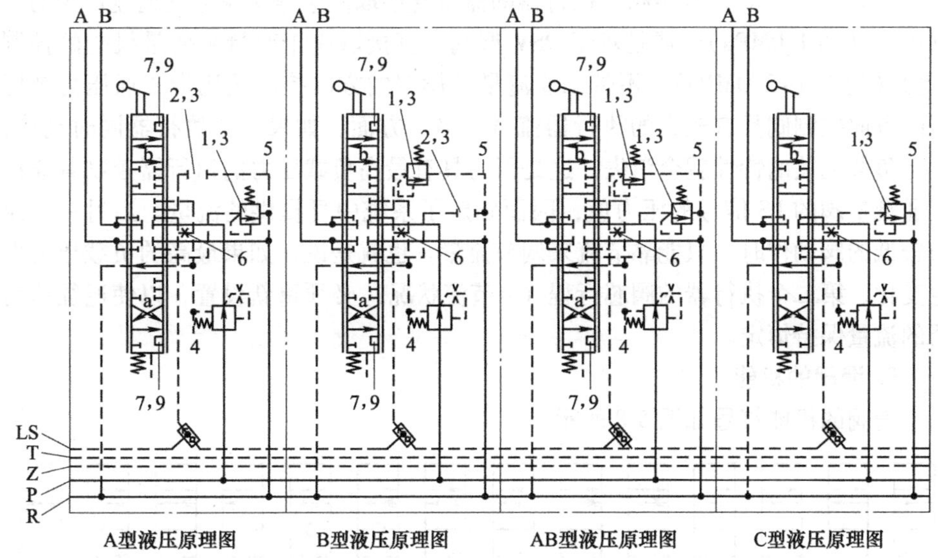

图 5-6　A、B、AB 和 C 型工作联液压原理图

4. 装或未装进口压力补偿器型工作联

装或未装进口压力补偿器，带梭阀，用于同时实现几个执行器的负载补偿运动（三位三通，三位四通方向控制阀），如图 5-7 所示。

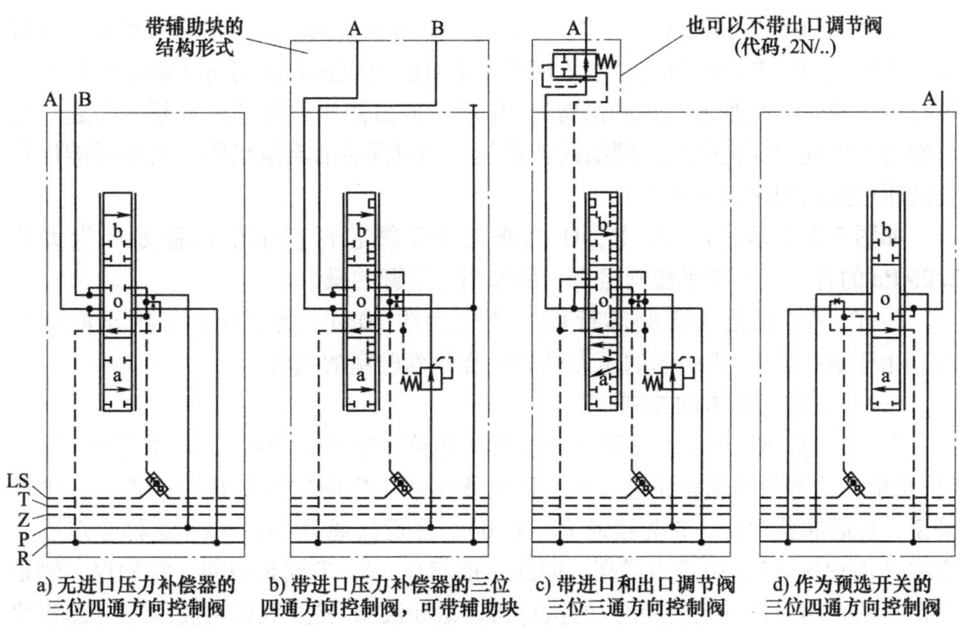

图 5-7　标准型工作联阀片液压原理图

一方面，对于 PSL 型阀，执行器的流量直接取决于连接块上三通流量阀的控制压力（约 1.0MPa），或是对于 PSV 型阀，直接取决于变量泵变量机构的控制压力（约 1.4~2.0MPa）；不带二通流量补偿器的方向控制阀比带二通压力补偿器的方向控制阀具有较大的执行器流量。另一方面，如果几个执行器同时动作，则与负载无关的特性就会消失，这是因为具有最高负载压力的执行器控制着通往三通流量阀的 LS 信号的压力值，因而确定了系统中可提供的流量。当另一个压力较低的阀动作时，只能靠节流来调节流量。也就是说，如果最高的负载压力发生变化，第二个执行器的阀芯行程（=节流状况）必须重新设置，以使通往执行器的流量保持恒定。

5. 滑阀的机能

滑阀的机能符号如图 5-8 所示。

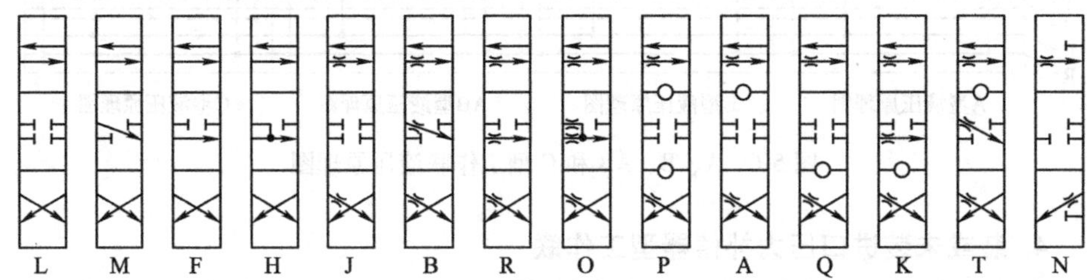

图 5-8 滑阀的机能符号

符号 J、B、R、O、I、Y、Z、V 具有回油节流的阀芯，有消除振动阻尼的机能。符号 J、B、R、O 和 I、Y、Z 用于振动可能发生在起动期间（例如卷扬）或正常操作期间（例如起重机的吊臂）。振动可能由液压马达的固有频率引起，也可能由外负载的变化引起，例如回转负载。相应阀芯的流量代码应当尽可能地符合液压缸的面积比，见表 5-1。

如图 5-9 所示，J、B、R、O 机能在 1/3 阀芯行程至全行程处产生大约 2.0MPa 的背压，可与平衡阀组合，例如用于吊臂的操纵。

I、Y、Z 在接近 1/3 阀芯行程处产生大约 10MPa 的背压，可用于液压马达（由于面积比 1∶1 引起的压力升高）操纵驾驶室的回转。

N——三位三通方向控制阀。

P、A、Q、K、T 具有正遮盖（阀芯机能符号中用-o-表示），回油节流同 JB、RO 机能，这些滑阀都是正遮盖的。P 机能在两个换向位置都是正遮盖的，也就是说，在阀芯移动时，首先接通 P→A(B)，然后接通 B(A)→R。这样会造成液压缸（面积比≠1）中压力增高。因此，推荐 Q、A、T 或 K 机能，它们仅一侧是正遮盖的，用于具有正转矩/力的执行器，诸如液压马达/双作用液压缸（面积比 1∶1），以及具有超越负载的液压缸（面积比≠1）。短时间的预加载可以防止

“下滑”和“空转”。这些阀芯在一定范围内可以替代平衡阀。必须考虑到，这会出现短时间的最大系统压力工作情况。

JE、LE（机能符号同 J、L）阀芯具有更严格的公差，用于减少内泄漏和减少滞环，并非改进型。HW、OW（机能符号同 H、W）阀芯具有大公差带，用于防止阀芯卡死，或可能有污染的系统。

表 5-1　液压缸的面积比

液压缸的面积比 A 活塞/B 活塞杆	阀芯代码		面积比举例
1	—	P…	P40/40
≠1	活塞侧，接 A 口	A、T	T25/16
	活塞杆侧，接 B 口	Q、K	Q40/63

为了避免不希望的压力增高，对于阀芯机能符号 A 和 T 的方向控制阀，接 A 口的流量代码应当大于接 B 口的流量代码（对于滑阀机能符号 Q 和 K，$q_{额定A}<q_{额定B}$）。

机能符号 W，二位四通换向机能主要用于需要持续供油的设备中，如：风机或发电机的驱动。比例性能受到限制，但通过压力补偿器的负载独立功能不受影响。

各机能符号对应的阀芯位移与阀口压差的关系曲线如图 5-9 所示。

6. 附加元件（中间过渡联）

具有流量优先分配功能，利用优先阀提供油口 L，产生一个特定的或可调的（决定于节流口）流量，剩余流量用于其他油路。液压原理图如图 5-10 所示。

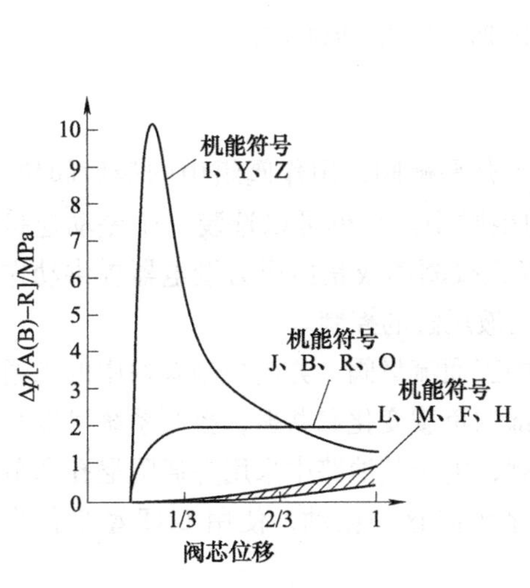

图 5-9　阀芯位移与阀口压差的关系曲线

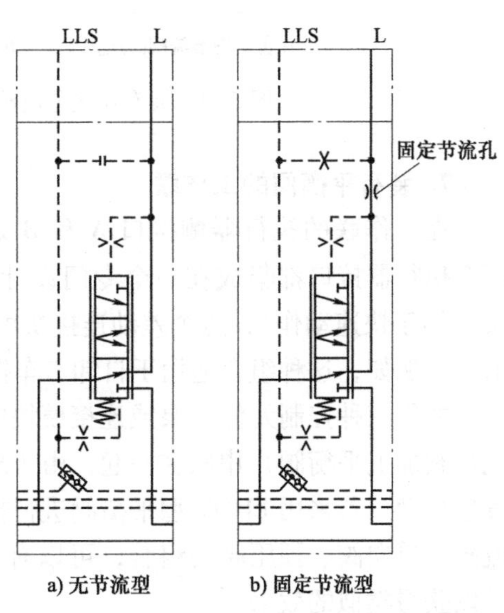

图 5-10　流量优先分配中间过渡联液压原理图

图 5-10a 为无附加功能，负载反馈信号油即可通过内部固定节流口连接，也可通过外部 LLS 油口（无固定节流）连接，图 5-10b 为带固定节流型，可用于恒流量系统。

装有比例节流阀的中间过渡联液压原理图如图 5-11 所示，通过比例节流阀使进入 L 油口的流量可调。

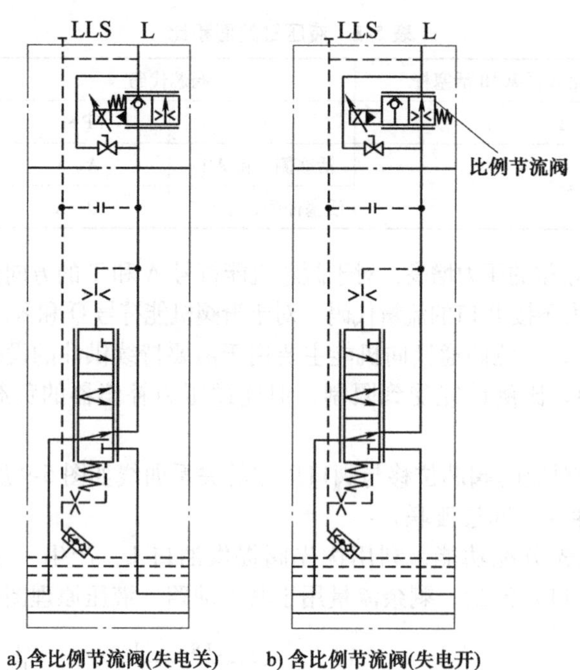

a) 含比例节流阀(失电关)　　b) 含比例节流阀(失电开)

图 5-11　装有比例节流阀的中间过渡联液压原理图

7. 装有平衡阀的工作联

在工作联的执行器侧接口 A 和 B 处装有平衡阀，用作阀组中的最后阀块。两个执行器接口都集成在一个专门设计的尾联中。它也可以选装一个差动连接块（用于快速动作）；这个差动连接块可以直接驱动或是由压力继电器提供动作信号。例如，这种组合适用于自卸卡车摆动液压缸的控制。

如果三种控制元件（泵或连接模块中的三通流量阀、方向控制阀块中的二通流量阀加上平衡阀）串联在一起，由于外部的负载变化和共振，控制系统可能会发生振动。若采用 LHDV 型平衡阀进行控制，由于其油路中采用旁通阻尼孔和节流阀、单向阀、预压阀的组合，可以有效地消除这种振动，使用 LHT 型平衡也可以获得类似的效果。

装有平衡阀的阀块应用实例液压原理图如图 5-12 所示。

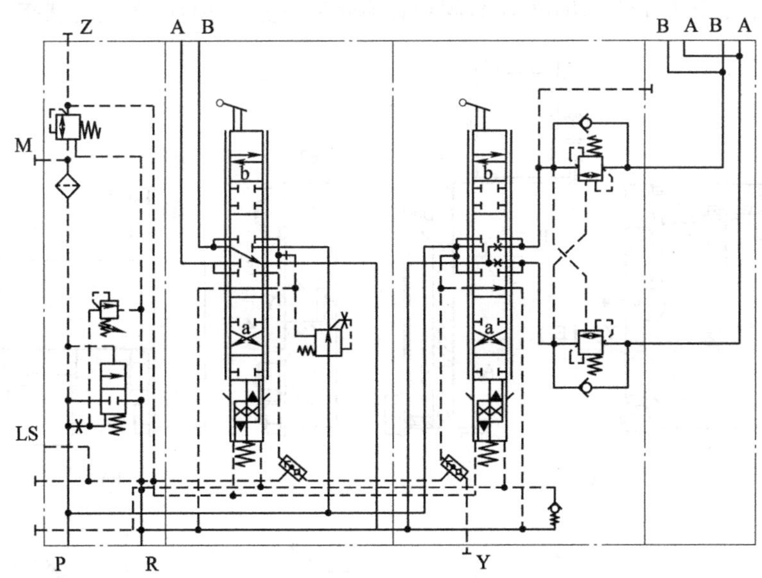

图 5-12　装有平衡阀的工作联应用实例液压原理图

5.1.3　尾联（尾板）

尾联是在组合阀的尾部，作为阀块组合的终端，有几种不同型号的终端块可供选择。带控制油回油的内排或外排接口 T，带或不带附加的 LS 进口，其中包括具有外控油接口、内控油接口的和具有二位三通阀，电磁阀可以任意地将泵的循环油路锁住（使其不卸荷）。

不同类型尾板的液压原理图如图 5-13 所示，其中：

1 为 A 和 B 侧 R 油路之间的内部连接孔。

2 为 E1、E2 和 E3 型的控制油路回油口，标准尾板外接回油 T（单独回油管道），使控制油可以无压状态回油。如同主油路 1 中没有流阻和压力冲击。在 E4、E5 和 E6 型中，控制油从主油路内部回油，T 口用油堵封死。注意：主回油路 1 的最大压力为 1.0MPa。

3 为 E4、E5 和 E6 型中的单向阀，防止主油路的回油压力波动。

4 为远程 PSV 型阀 LS 信号外部油路接口 Y。例如，用来连接另一个 PSV 阀组的 LS 控制油管道。

5 为滤芯，防止 LS 信号外部油路不受杂质损坏。

6 为二位三通电磁阀。在电控下将 P 油路与 LS 油路连接和切断，连接时连接块（PSL 型阀）中压力平衡处的压力保持最大；使用 PSV 型阀也同理。这样模拟 PSL/PSV 型阀全负载状态，因而可以向其他油路提供压力油。为了让其他并联油

路正常工作，PSL/PSV 型阀的所有阀片必须处于中位，并且处于关闭状态。

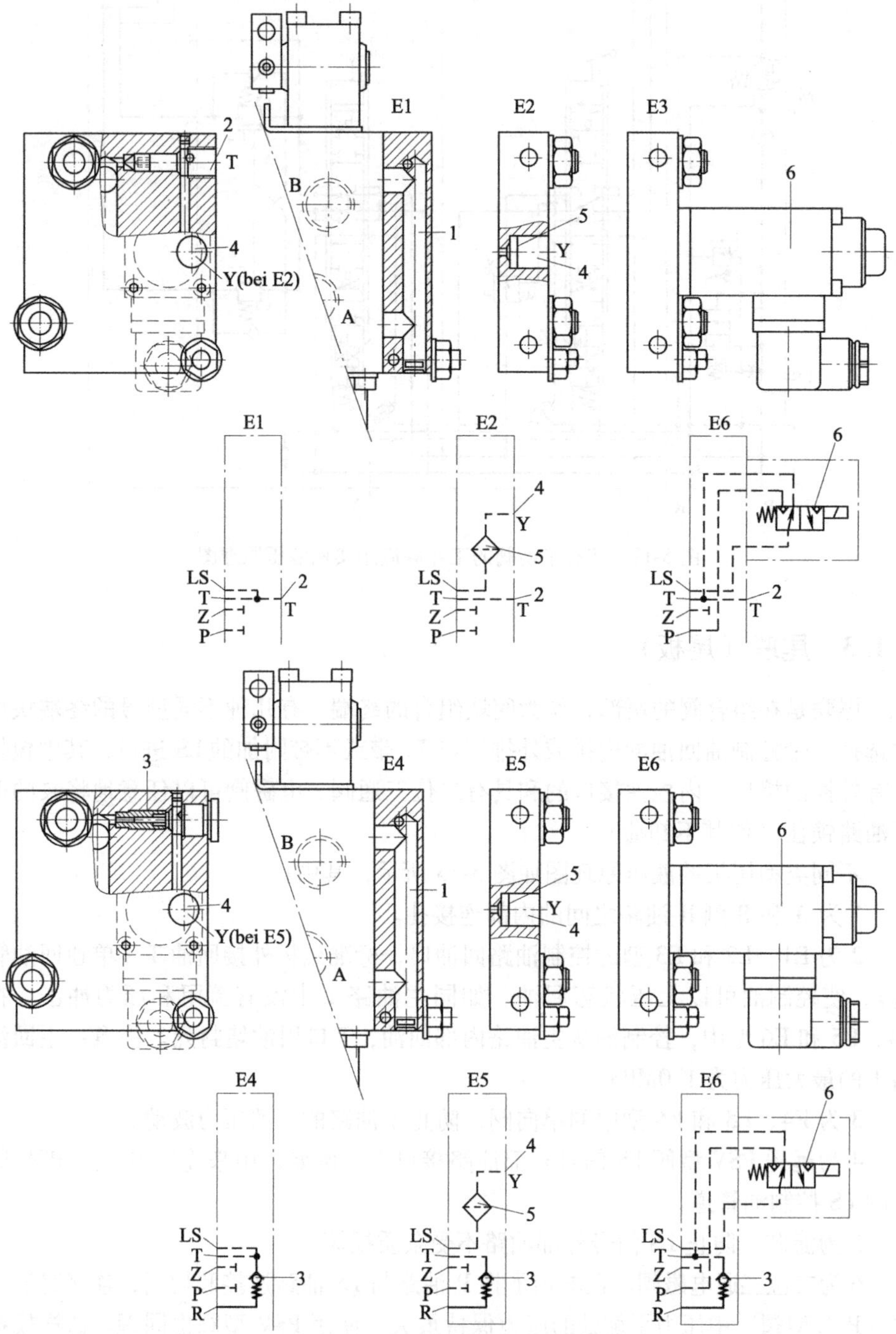

图 5-13 不同类型尾板的液压原理图

5.1.4　PSL 和 PSV 型多路阀的负载敏感控制

1. 标准型 SKS 多路阀

从所有阀片引出的所有 LS 通路 1 汇合成一条公共的 LS 通路 2；这条通路或是通往进油联中的三通流量阀 3（SKS 型），如图 5-14 所示；或是通往出口 4（SKV 型），如图 5-15 所示，出口 4 与泵的流量调节器 5 相连。当所有的阀都不动作时，通过通路 6 卸压。节流孔 10 在各自的 LS 通路上，它们能够减少内部损失，并能防止流入其他阀片较多的流量，这种最简单的负载敏感控制形式只在一个阀片动作时才具有这种特点。

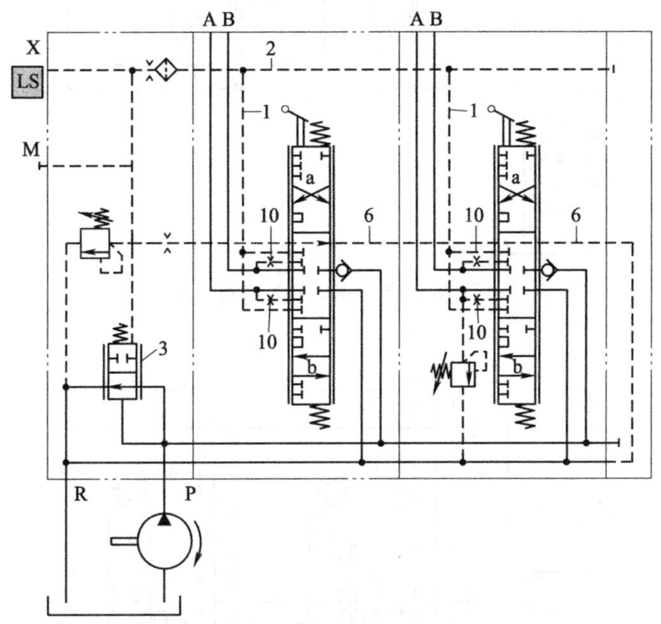

图 5-14　SKS 型多路阀

因为只有压力较低的 LS 信号起作用，因而如果有两个或更多个与较高负载执行器相连的阀片也动作，则它们不会有任何结果。三通流量阀或泵的流量调节将调整到只是向较低负载的执行器提供足够的流量。由于较高负载的 LS 信号不能产生或是流到较低负载执行器的 LS 通路中，因而较高负载的执行器不会动作。只有当第一个执行器到达行程终点或是不再动作时，另一个执行器的压力才升高到下一个较高的数值。

2. 特殊型 SKS 多路阀

如图 5-16 所示，两个或更多个执行器可以同时动作的 SKS 型多路阀是由于只有最高的 LS 信号作用与三通流量阀 3 或泵的流量调节器。安装在每一个 LS 通

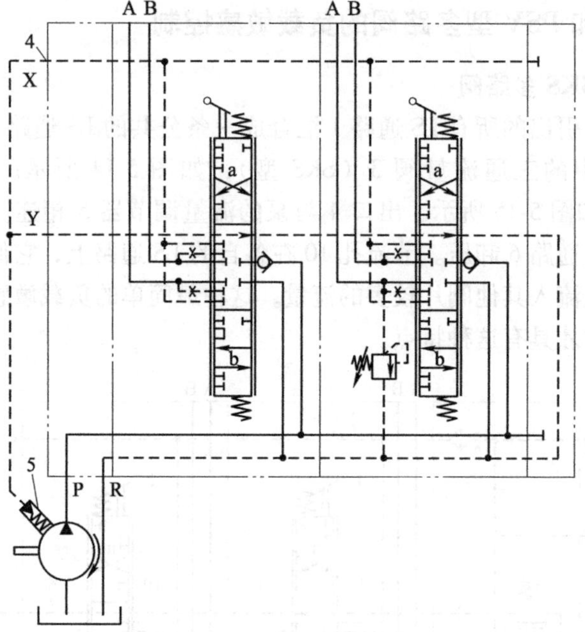

图 5-15 SKV 型多路阀

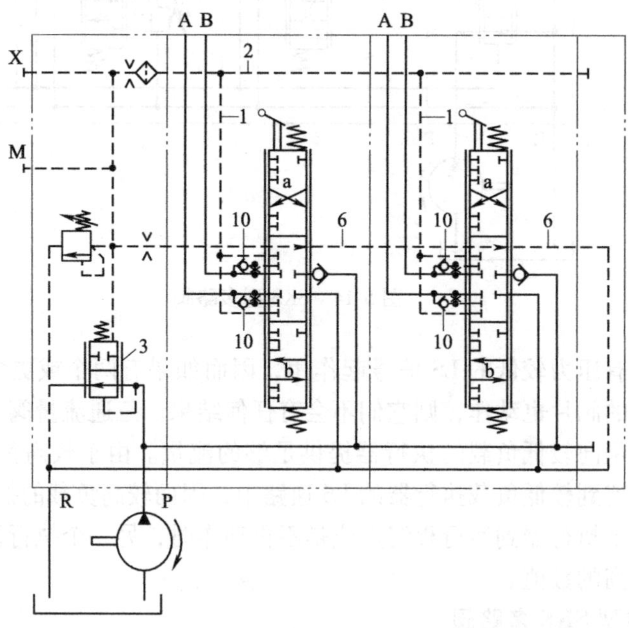

图 5-16 特殊型 SKS 型多路阀液压原理图

路中的单向阀 10 可以防止较高的 LS 信号流到较低的 LS 信号中，从而避免了降低 LS 信号压力。

这种特性决定了具有较高负载的执行器能够无级地和不取决于负载地动作。另一方面，具有较低负载的执行器只能靠方向控制阀的节流控制进行动作。节流控制在滑阀执行器侧的控制棱边处形成。这样能使三通流量阀或泵的流量调节器调节到所有执行器所需求的流量。

具有较小负载的各个滑阀的节流位置必须随着控制机构每一个向上或向下的压力变化而变化。

因而，由特殊型 SKS 多路阀操纵的都不是负载无关的。由于较高的 LS 信号起作用，因而三通流量调节阀或泵的流量调节器将调节到所有执行器都够用的流量。

3. PSL 型进油联的多路阀的负载敏感控制系统

该系统采用了三通流量控制阀和定量泵。

该系统只有那些可以对几个负载不同的执行器同时控制的换向阀才可以把负载敏感与换向阀联系起来。三通流量调节阀或泵的流量调节器只接受最高的 LS 信号，并保证独立地操纵几个执行器，根本上的差异是在 LS 信号通路上有梭阀 2。这些梭阀位于单独的 LS 通路 3 和主 LS 通路 1 之间的连接处，由于通路 3 与通路 1 的压力不同，它们或是开启或是关闭。当单独的 LS 通路 3 关闭时，主 LS 通路上的最高压力不能流入，因而在主通路上不会产生任何压力降，如图 5-17 所示。

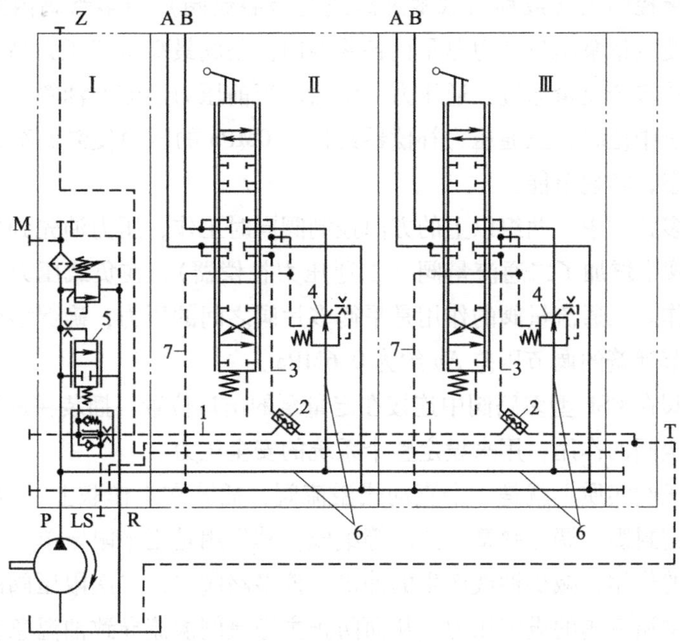

图 5-17　带有 PSL 型进油联和梭阀阀组的多路阀液压原理图

与SKS型多路阀的另一个重要区别是，该系统具有二通流量阀4（亦称二通压力补偿器）。二通流量调节阀装在每一个单独的大阀片中，它调节进入每一个单独阀片的油液。二通流量阀4位于滑阀的上游，可以视为初始调节阀。滑阀上的控制棱边用作二次节流控制。因为处于下游的梭阀2能够防止较高的LS信号从主LS通路1进入，因而二通流量阀4仅仅接收它本身的那个阀片的LS信号。进口二通流量阀4根据LS信号不断地调整其环状间隙，以便校正系统主油路6的压力和执行器所需压力之间的压差。因而，对较小负载的阀片也能够实现比例控制，适用于这种类型阀组中的所有阀片。

由于装有梭阀2，因而连接块中的三通流量阀5或泵的流量控制器只接受最大负载阀片的LS信号。因而它们能调整到提供所有动作的执行器所需要的总流量。

如果没有阀动作，也就是所有的滑阀都处于中位，那么所有的LS通路3都通过回油路7卸压。在这种情况下，二通流量调节阀4关闭，而三通流量调节阀5开启，使P—R连通。以便泵空转循环（PSL型阀）；或是泵的流量调节阀将变量泵的流量调节到最小（PSV型阀）。空转循环的压力粗略地等于控制压差Δp加上回油通路的背压。

图5-18为该阀的剖视图。

三通流量控制阀（或称负载敏感阀或定差溢流阀）与多路阀内的梭阀阀组配合工作，使定量泵出口压力总是比各路方向控制阀最高负载压力高约1.0MPa，定量泵提供的多余流量通过三通压力补偿器以当前压力溢流回油箱。当所有方向控制阀均处于中位时，三通压力补偿器约以1.0MPa的压力使泵卸荷，系统处于低压待机状态，实现节能。

一般的多路阀中，两组以上的方向控制阀同时工作，压力油先到负载低的油路。PSL型阀中增加了二通流量阀（二通压力补偿器），在负载压力不同时也可完成组合动作。二通流量阀的作用是平衡多片阀之间的压力，确保多个执行器同时工作，调节弹簧的调节压差Δp约为0.6MPa。

主溢流阀在PSL型多路阀中连接在定量泵的出口位置，插装在进油联的侧面一端，起安全阀的作用，用来设定整个系统的安全压力。

二次限压阀实质上就是一个直动式溢流阀，插装在工作联上，由锁紧螺母、调节螺杆、密封圈、调压弹簧、阀芯等组成，其作用是用来限定单个工作联的油压，起缓冲的作用，减少油液产生的冲击。该多路阀中，二次限压阀的调定压力一定要小于主溢流阀的设定压力，从而防止主溢流阀溢流导致油温急剧升高而造成系统过热。

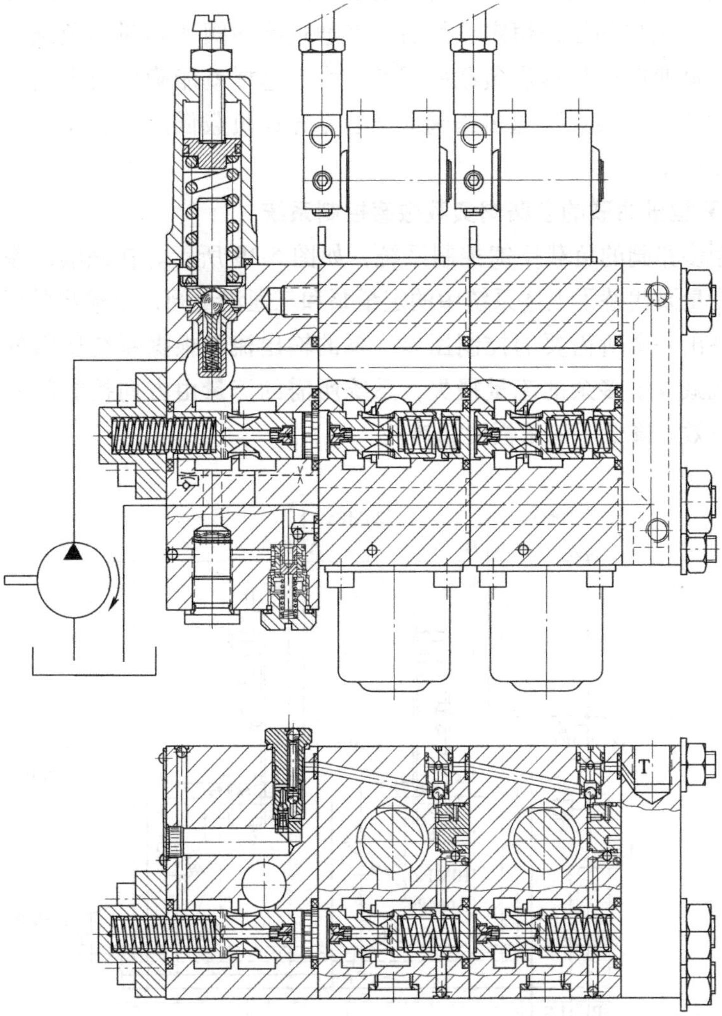

图5-18　带有PSL型进油联和梭阀阀组的多路阀剖视图

PSL型多路阀的工作原理是：先假设图5-17中两个方向控制阀工作联A口的工作压力分别是10MPa和20MPa。首先各阀片的负载反馈检测到各自的油压分别为10MPa和20MPa，反馈到梭阀2进行比较，换向阀工作联Ⅲ的压力大于方向控制阀工作联Ⅱ的压力，所以前面的梭阀关闭，后面的梭阀把20MPa反馈给进油联（Ⅰ）阻尼元件，对反馈油压进行缓冲，通过阻尼元件后到三通流量阀的弹簧端；泵根据三通流量控制阀的控制弹簧端提供的压力和反馈回来

的压力来给系统提供液压油，多余的油经过三通流量阀卸荷回油箱。当泵提供的油液到达方向控制阀工作联Ⅱ时，通过二通流量阀4的“补偿作用”来保证方向控制阀进出口的压差恒定，然后油液通过换向阀A口供给负载；油液到达换向阀工作联Ⅲ时刚好提供负载所需的压力，这样就能确保两个换向阀联能够同时协调动作，不会像普通多路阀那样总是先让负载低的一联先工作再让负载高的一联工作。

4. PSV型进油联的多路阀负载敏感控制系统

PSV型多路阀的负载反馈控制系统，如图5-19所示。在该液压系统中，用负载敏感变量泵代替了上述系统中的定量泵和三通流量阀，泵输出的压力比负载所需压力高出一个所需要的控制压差，泵的输出流量根据系统所需的流量来提供，这样就减少了多余的流量损失，系统所需的流量由方向控制阀的节流口控制，因此有效地降低了能量损失和热耗。

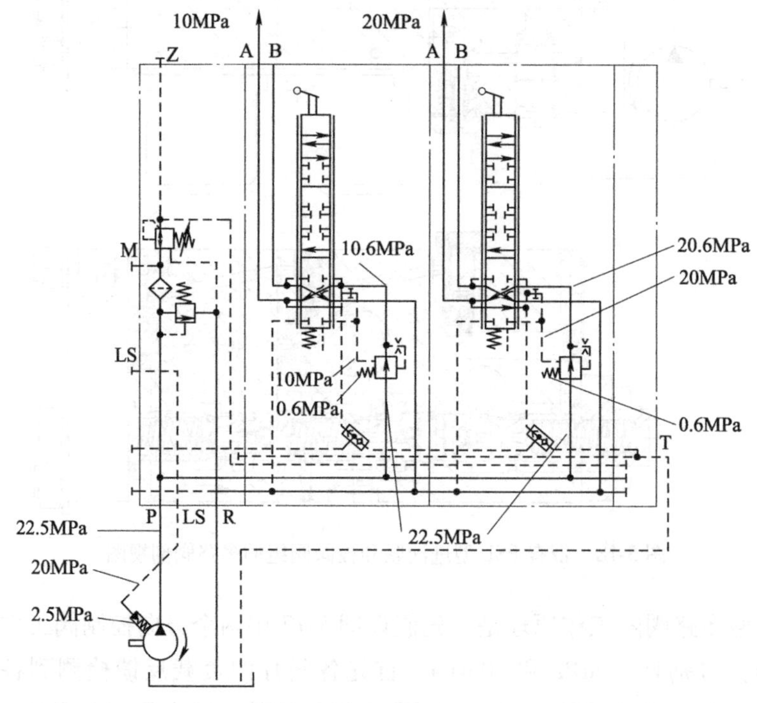

图5-19 PSV型进油联的多路阀在变量泵系统中的液压原理图

与PSL型多路阀相比，从结构组成上看，PSV型多路阀上没有阻尼元件和三通流量阀。PSL型多路阀是通过三通流量阀进行负载反馈的，而PSV型多路阀直接通过变量泵进行负载反馈，系统需要多大的流量，泵就提供多大的流量，这样就减小了系统的多余流量损失，达到了节能的效果。和 PSL 型一样，系统通过梭阀选择一个最高压力，然后直接反馈给变量泵，变量泵根据控制弹簧的作用力和反馈回来的油压调节自身的斜盘倾角来改变排量，为系统提供合适的油压，同上述一样，经过二通压力补偿器和方向控制阀以后提供给 A 口。

在图 5-19 中，标示了两台执行器的负载压力分别为 10MPa 和 20MPa，最大的负载压力 20MPa 通过梭阀阀组的比较并经 LS 通道作用于变量泵的负载敏感口，若此时泵的流量调节器设定的弹簧压力为 2.5MPa，那么泵将输出 20MPa+2.5MPa=22.5MPa 的压力，因此两联阀的二通压力补偿器进口压力都为 22.5MPa，若二通压力补偿器的设定调节压差为 0.6MPa，那么根据二通压力补偿器的工作原理，两联阀的实际输出压力分别为 10.6MPa 和 20.6MPa，在流量饱和的情况下，可以做到两联阀同时工作而不互相干扰。

负载敏感控制与变量泵组合使用时，泵的压力-流量控制器（负载敏感阀）的 LS 信号油路在空转状态（执行器不工作时）是卸荷的，以减小循环损失。这种约束是通过比例换向阀实现的。没有这种卸压，泵在比例方向阀非换向位置时仍将以全部剩余流量和压力调节器安全阀设定的压力工作，由于有些方向阀没有这种约束，因而某些品种的压力-流量控制器在 LS 信号入口和卸压排油出口之间有一个内部旁通小孔或节流阀。

当使用 PSV 型比例方向阀时，没有必要使用上述的流量控制器，否则会由于控制油的过多排泄，引起功能故障。由于功能的原因，控制油的流量特意地限定在 2L/min 左右（执行器低速运行）。因此要注意，必须将压力-流量控制器中可能有的旁通小孔堵住。

例如：当使用力士乐公司的压力-流量控制器时，应使用 DFR1 型（节流孔堵住的），不能使用 DFR 型（有节流孔的）。

负载信号管路的容积一般要大于泵出口到阀之间管路容积的 10%，并且有足够阻尼，否则容易产生振荡。

5.1.5　回路示例

图 5-20 所示为采用定量泵、使用 PSL 型多路阀，用于液压起重机的典型阀组液压原理图。

也可以使用 PSV 型多路阀由变量泵提供压力油，其他型号和方向控制阀和图 5-20 相同，唯一的不同点是进油联连接板，如图 5-21 所示。

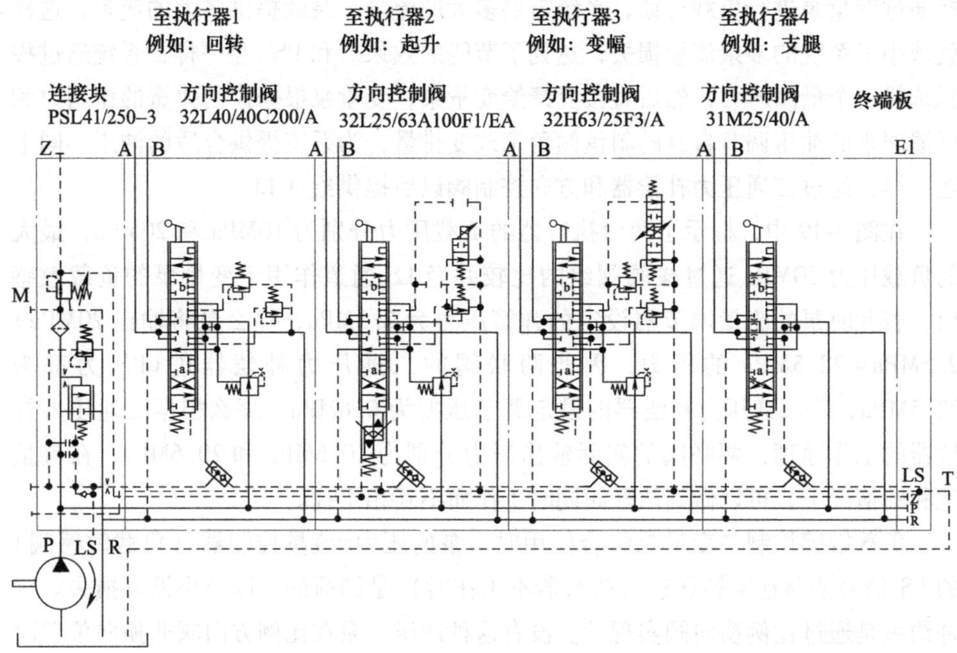

图 5-20 液压起重机的典型阀组液压原理图（使用 PSL 型多路阀）

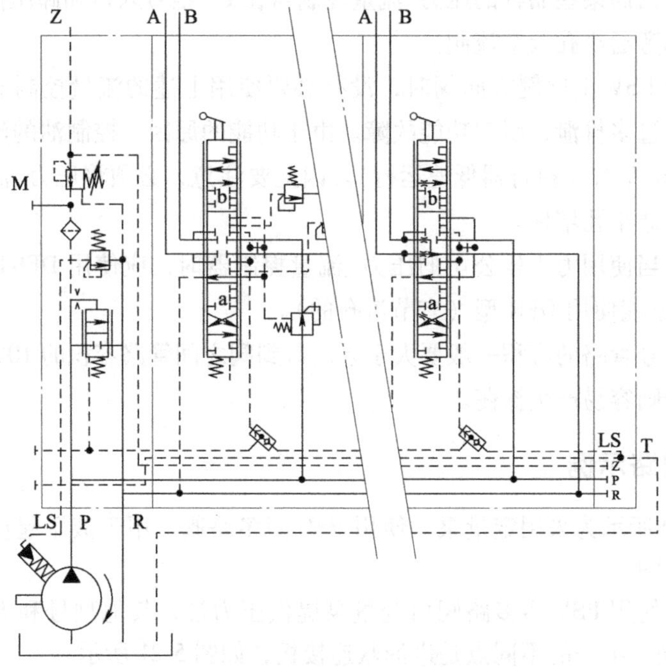

图 5-21 液压起重机的典型阀组（使用 PSV 型多路阀）液压原理图

5.2　丹佛斯 PVG 32 多路阀

5.2.1　阀组系统

PVG 系列由 PVG16、32、100 和 120 组成，采用模块化设计。所提供的流量最高达 240L/min。PVG32 是一种负载敏感多路阀，它有多种规格，从简单的负载敏感方向控制多路阀到先进的电控比例多路阀，能适应各种不同的需求。PVG32 多路阀由液压泵模块、工作模块、端盖板三部分组装而成。液压泵模块分为开中心液压泵模块和闭中心液压泵模块两种，开中心液压泵模块主要用于定量泵液压系统，闭中心液压泵模块主要用于变量泵液压系统。

该系列多路阀的共同特点是模块化概念。PVG32 的模块化设计使得通过各模块建立一个阀组就可以准确实现客户的需求。无论所选择的功能怎么变化，阀组的尺寸始终不变，保持结构紧凑。

PVG32 多路阀的特点如下。

1）与负载无关的流量控制，其各工作模块的流量与其负载压力无关或某一工作模块的流量与其他模块的负载压力无关。

2）良好的调速特性。

3）节能。

4）每个阀组可安装多达 10 个 PVB 32 工作模块（阀片）。

5）带有多种连接接头。

6）质量轻。

5.2.2　PVG32 的模块

1. PVP 泵侧模块（进油联）

泵侧模块 PVP 内置溢流阀，可接压力表。类型：①开中心，用于定量泵系统；②闭中心，用于变量泵系统。内置电控模块的先导油源，或内置液控模块的先导油源，或内置多种电控 LS 卸荷阀。

2. PVB 工作模块（工作联）

PVB 工作模块的阀芯可互换。根据需求，工作模块可配置以下部件：在通道 P 内集成压力补偿器和负载保持单向阀；A 或 B 口的缓冲/补油阀（防冲击/防气蚀阀）；可对 A 或 B 口分别进行调节的 LS 限压阀；可互换的不同规格的阀芯；所有类型均适用于手动控制、液控和电控。

3. 工作模块

工作模块一般都会连接有机械驱动模块 PVM，根据需求也可以连接电驱动

模块 PVE。

4. 其他模块

例如遥控模块和一些特殊专用模块。

5.2.3 负载敏感系统的工作原理

1. 带 PVP 开中心进油模块（定量泵）**的 PVG 32 阀组**（带流量控制阀芯的 PVB 工作模块）

如图 5-22 所示，当泵起动时，各工作模块的主阀芯 11 均在中位，液压油从泵流出，经过油口 P 和三通流量阀（三通压力补偿器）6 回到油箱。液压油流经三通流量阀阀芯的流量就决定了泵压（待命压力）。当一个或多个主阀芯开启时，最高负载压力通过梭阀 10 回路反馈至三通流量阀 6 阀芯后面的弹簧腔，进而完全或部分地关闭回油油口。泵压施加于三通流量阀 6 阀芯的右侧，一旦负载压力超过设定值，溢流阀 1 就会开启，让泵的一部分输出流量直接回油箱。

在一个带压力补偿的工作模块中，无论是负载变化还是具有更高负载压力的模块被驱动，压力补偿器 14 能够维持主阀芯的压降不变。

在一个不带压力补偿的工作模块中，P 通道内集成一个单向阀 18 来防止液压油回流。工作模块（阀片）在外部有平衡阀的情况下，其 P 通道内可以不带单向阀。A 或 B 口处的缓冲阀 13（压力具有固定设定值）和补油阀 17 用于在过载和（或）产生气穴时保护各工作部件。

带压力补偿工作模块的 A 或 B 口可内置一个可调的 LS 限压阀 12，用于限制各个工作油路的压力。

LS 限压阀 12 相对于缓冲阀更加节能。使用缓冲阀时，如果压力超过设定值，工作油路的所有流量都将通过缓冲/补油组合阀流回油箱。

使用 LS 限压阀时，如果压力超过设定值，只有大约 2L/min 的流量经过 LS 限压阀流回油箱。

2. 带闭中心 PVP（变量泵）**的 PVG 32 阀组**（带流量控制阀芯的 PVB 工作联模块）

如图 5-22 所示，在闭中心的 PVP 中，节流口 5 和螺堵 7 代替了螺堵 4。这表示，当 P 口压力超过溢流阀 1 的设定值时，三通流量阀 6 阀芯才会开启回油箱的油口。

在负载敏感系统中，负载压力通过 LS 油口 8 进入泵的调节装置。

主阀芯在中位时，通过泵的负载敏感阀调整泵排量以补偿系统的泄漏，进而来维持系统的待机压力。

当一个主阀芯被驱动时，泵的负载敏感阀通过调整排量来维持 P 口和 LS 口的设定压差。

PVP 中溢流阀的设定压力应该高于系统压力约 3.0MPa（系统压力在泵或外部溢流阀处设定）。

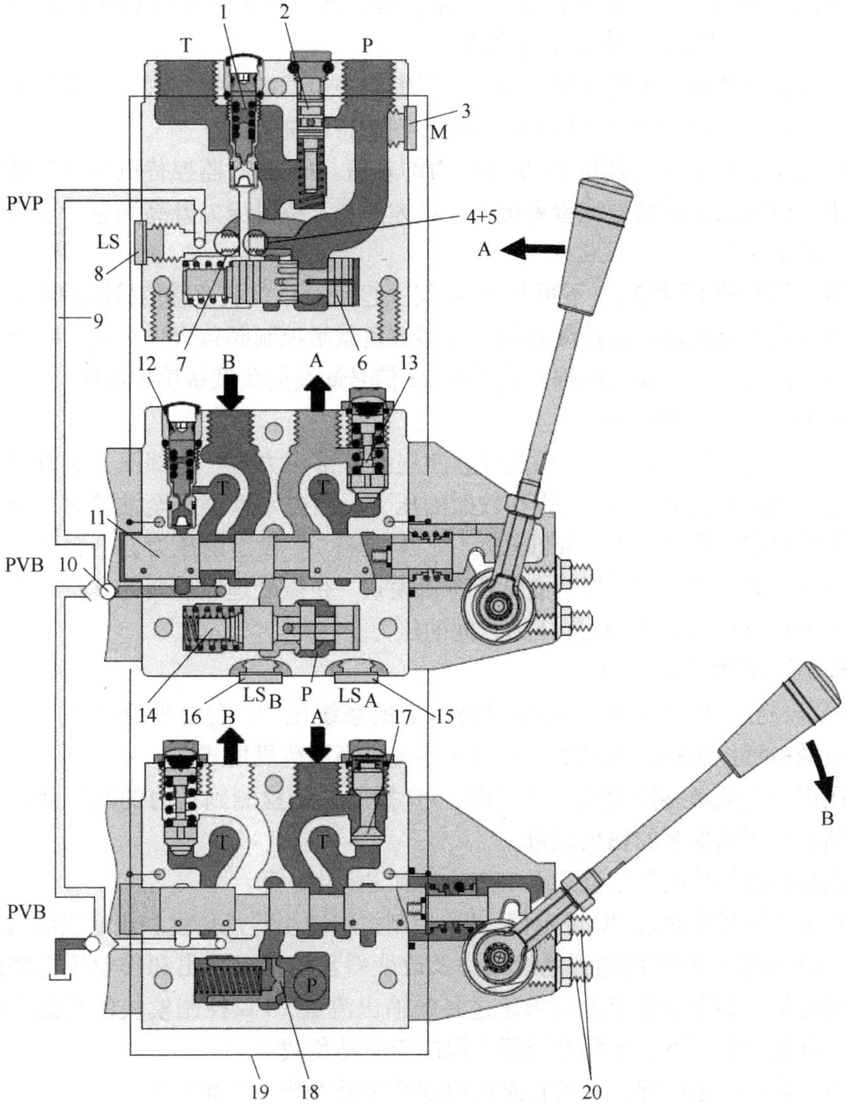

图 5-22　PVG 32 阀组剖视图

1—溢流阀　2—先导减压阀　3—压力表连接口　4—螺堵（开中心）　5—节流口（闭中心）　6、14—三通流量阀　7—螺堵（闭中心）　8—LS 油口　9—LS 信号　10—梭阀　11—主阀芯　12—LS 限压阀　13—缓冲阀　15—LS 油口（A 口）　16—LS 油口（B 口）　17—补油阀　18—负载失效单向阀　19—先导油源　20—A/B 口最大流量值的调节螺钉

3. 负载敏感控制特性

不论系统工作压力如何，LS 控制使回路的压力和流量与系统要求相对应。LS 控制使用闭中心负载敏感控制阀，除非阀打开，泵将以零流量保持低压的待机模式。LS 的设定压力决定了待命压力。

大多数负载敏感系统使用并联的、闭中心的负载敏感控制阀，此阀带有允许最高工作压力（LS 信号）反馈至泵 LS 控制的特殊油口。

待机压力是系统压力和 LS 信号压力的差值。LS 控制监控待机压力以获得系统需求。待机压力降低意味着系统需要增大流量，待机压力升高则意味着系统需要减小流量。

带阻尼孔的 LS 控制（不可与 PVG 阀一起使用）负载敏感信号回路需要一个泄流孔以防止泵控制中的持续高压。大多数负载敏控制阀包含这个孔。一个可选的内部泄流孔可用于那些内部不能进行 LS 信号卸荷的负载敏感控制阀。

4. 远程压力补偿控制

远程压力补偿 PC 控制使用先导管路连接外部压力阀。外部压力阀改变先导管路的压力，致使 PC 控制工作在较低的压力。当先导管路连至油箱时，泵维持负载敏感设定的压力。当先导油被堵住，泵维持 PC 设定的压力：一台开关电磁阀可以用在先导管路中，以建立低压待机模式。带微处理器控制的比例阀无级地设定介于待机压力和 PC 设定压力之间的压力。

5. 压力补偿控制（PC）

PC 控制通过改变泵输出流量维持恒定的系统压力。除非驱动负载，使用闭中心负载敏感控制阀的情况下，泵处于零流量高压待机模式。

闭中心负载敏感控制阀一旦工作，PC 控制系统检测到压力的跌落而且通过增大斜盘角度增加泵的输出流量。

泵持续增加输出流量直到系统压力达到 PC 设定值。

如果系统压力超过 PC 设定值，PC 控制模块减小斜盘角度和流量以维持系统压力。PC 控制模块持续监视系统压力及改变斜盘角度以输出和作业压力需求相对应的流量。如果系统流量需求超过泵的输出流量，PC 控制模块使泵处于最大排量，在这种情况下，实际系统压力取决于驱动负载。

对于附加的系统保护，可在泵的出油管路处安装一个卸荷阀。

5.2.4 PVP 进油模块（进油联）

1. PVPC 进油模块

带单向阀的 PVPC 进油模块用于仅需要通过电气遥控而无需泵输出流量来控制 PVG32 阀的系统。该进油联用于带 PVP 进油模块的开中心系统。

当外部电磁阀打开时，从液压缸压力侧流出的液压油经 PVPC 进油模块和减压阀后的流量用作电气驱动的先导油源。这意味着，无需起动泵，仅通过遥控手柄就可以使负载下降，如图 5-23 和图 5-24 所示。

内置的单向阀可以阻止液压油经过压力调节阀芯流回油箱。当泵功能正常时，关闭外部电磁阀来保证负载不会下滑，所需的先导油流量约为 1L/min。

对闭中心 PVP 进油模块，外部先导油源可直接连接至压力表连接口，而无需 PVPC 堵头。

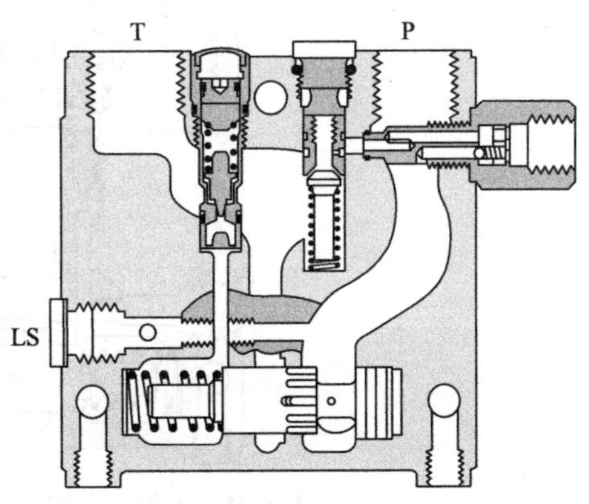

图 5-23 带单向阀的 PVPC 进油模块结构图

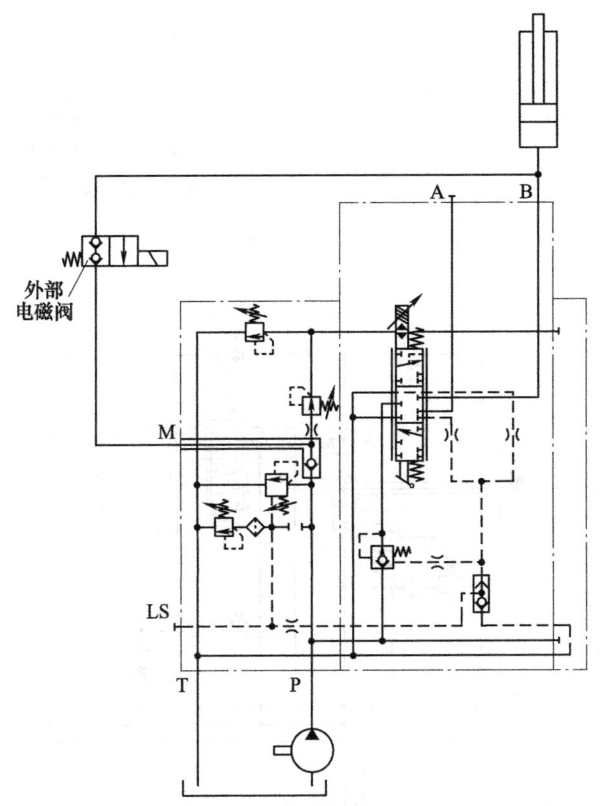

图 5-24 带单向阀的 PVPC 进油模块液压原理图

不带单向阀的 PVPC 进油模块用于开中心或闭中心系统，如图 5-25 与图 5-26

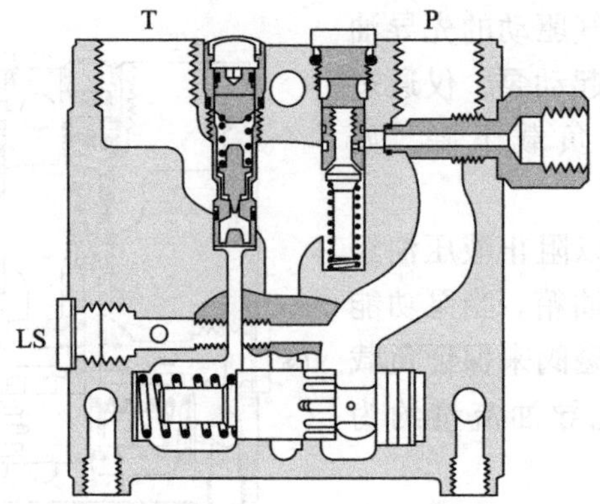

图 5-25 不带单向阀的 PVPC 进油模块结构图

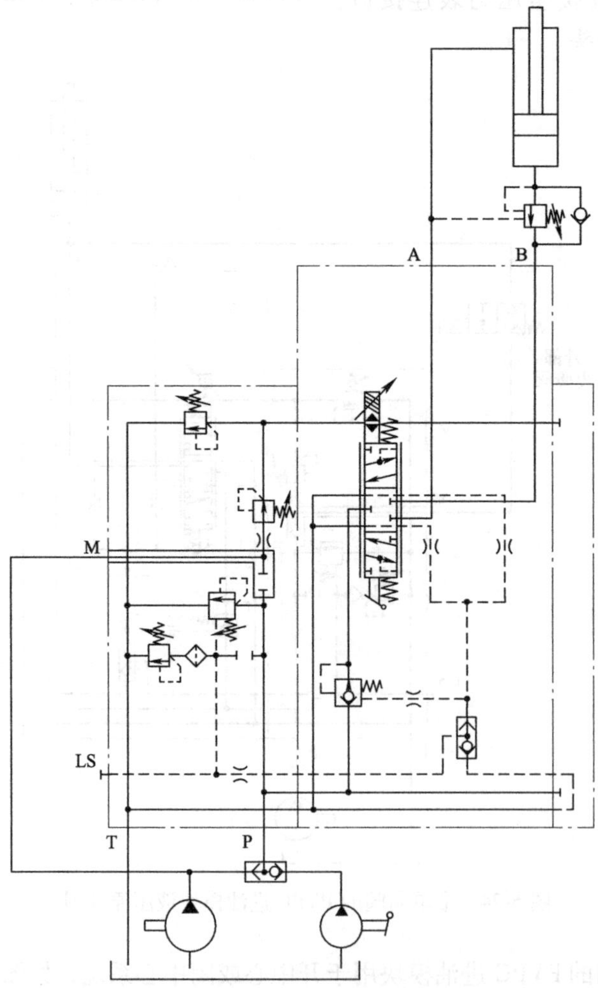

图 5-26 不带单向阀的 PVPC 进油模块液压原理图

所示。该进油模块用于需要通过手动应急泵为 PVG32 阀提供油源，而没有接先导油源的系统（油耗大约为 1L/min）。当主泵正常工作时，液压油直接通过 PVPC 螺堵，经过减压阀进入电气驱动部分。

当主泵发生故障时，外部梭阀保证通过手动应急泵提供的液压油能作为先导油源来开启平衡阀，进而使负载下降。此时，只能通过 PVG32 阀的机械操作手柄使其下降。

2. 带电控 LS 卸荷阀的 PVPX 进油模块

PVPX 是一种带电控 LS 卸荷阀的进油模块，其结构如图 5-27 所示。PVPX 适用于泵侧模块，能够在 LS 信号和回油路之间建立连接。这样，就能通过电信号来控制 LS 信号是否通油箱。

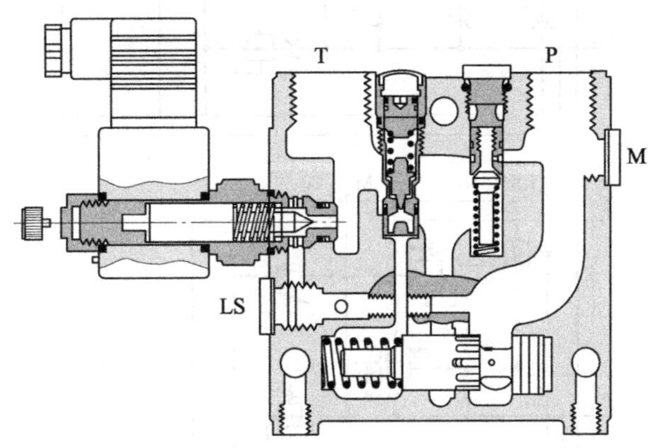

图 5-27　带电控 LS 卸荷阀的 PVPX 进油模块结构图

对一个开中心的 PVP 泵侧模块来说，LS 信号通油箱就表示，系统压力将会降至出油箱背压和泵侧模块无负载时的压力之和。

对一个闭中心的 PVP 泵侧模块来说，LS 信号通油箱就表示，系统压力将会降至出油箱背压和泵的待机压力之和。

其他泵侧模块的基本类型见表 5-2。其中 HPCO（high pressure carry over）为高压延续接口。

表 5-2　PVP 泵侧模块的基本类型

液压符号	描述
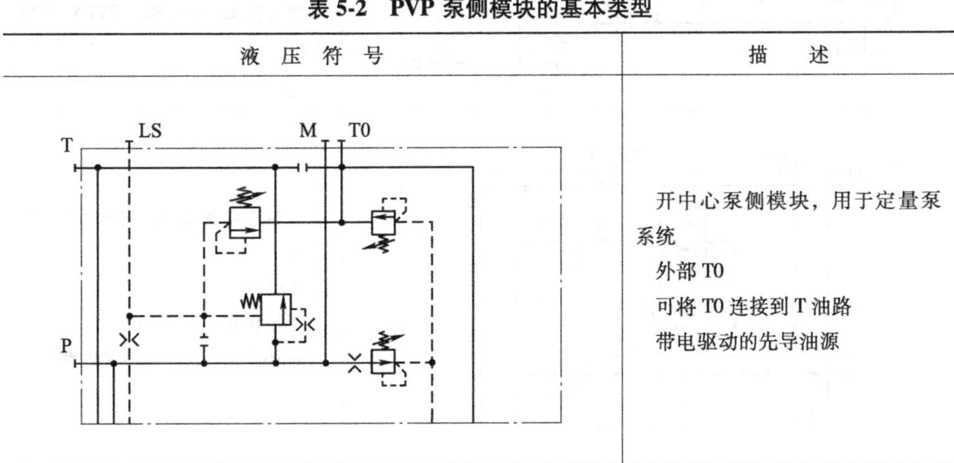	开中心泵侧模块，用于定量泵系统 外部 T0 可将 T0 连接到 T 油路 带电驱动的先导油源

（续）

液压符号	描述
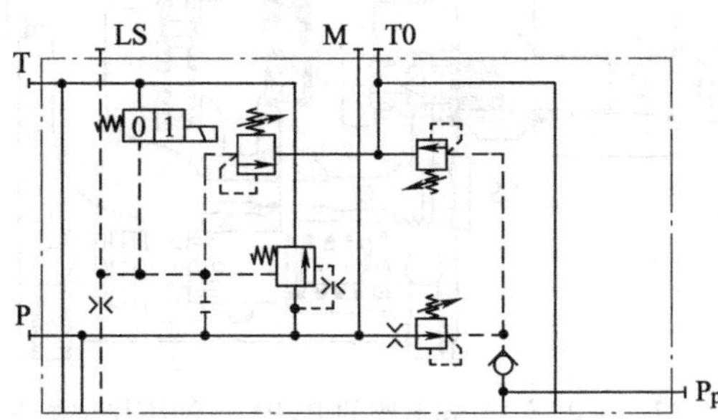	闭中心泵侧模块，用于变量泵系统 外部 T0 可将 T0 连接到 T 油路 带电驱动的先导油源
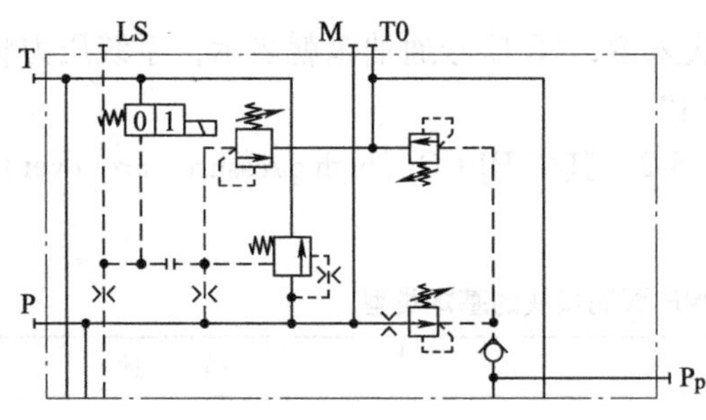	开中心泵侧模块，用于定量泵系统 外部 T0 具有电驱动的先导油源和先导油接口 带电控 LS 卸荷阀，PVPX 进油模块
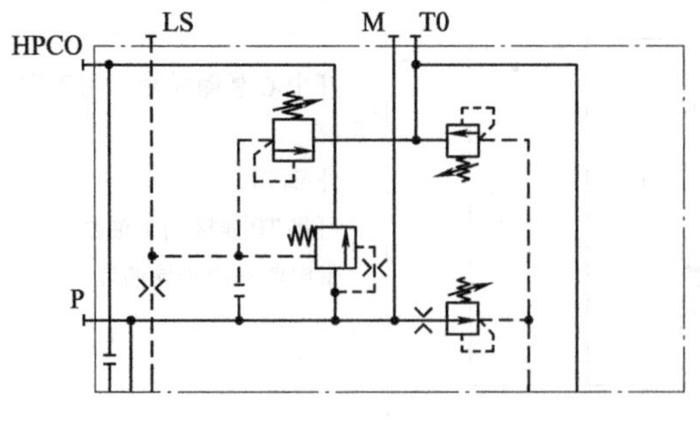	闭中心泵侧模块，用于变量泵系统 外部 T0 具有电驱动的先导油源和先导油接口 带电控 LS 卸荷阀，PVPX 进油模块
	开中心泵侧模块，用于定量泵系统 外部 T0 带有电驱动的先导油源 带 HPCO 功能（封堵 T 油路）

（续）

液 压 符 号	描 述
	开中心泵侧模块，用于定量泵系统 外部 T0 具有电驱动的先导油源和先导油接口 带电控 LS 卸荷阀，PVPX 进油模块 带 HPCO 功能（封堵 T 油路）

5.2.5　PVB 工作模块（工作联）

1. PVBS 流量控制主阀芯（标准）

当使用标准的流量控制主阀芯时，泵压由最大负载压力决定。这是通过开中心 PVP（定量泵）的压力调节阀芯或泵排量调节阀（变量泵）来实现的，液压原理图如图 5-28 所示。

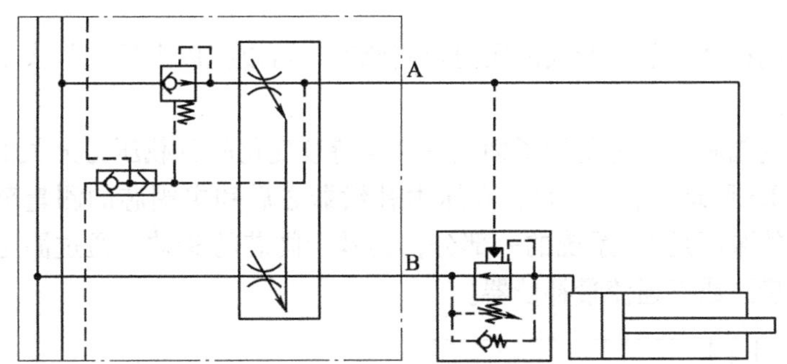

图 5-28　流量控制主阀芯的液压原理图

这样，泵的压力总是与最大负载压力和压力调节阀芯（或泵排量调节阀）的待机压力之和相对应。这将优化和稳定通过主阀芯的流量。

2. PVBS 流量控制主阀芯（线性特性）

具有线性特性的 PVBS 主阀芯比标准阀芯的死区更小，而且前者在死区范围外的控制信号和流量具有完全的线性比例关系。这种阀芯不能和 PVEM 电气驱动一起使用。

阀芯的小死区和 PVEM 驱动的 20%迟滞相互影响，可能会在中位建立一个 LS 压力。在有些系统中，负载敏感泵的压力会引起流量不稳定和系统不规则波

动。这些可能是工作部件的惯性过大或平衡阀的工作特性引起的。在这些系统中选择压力控制主阀芯具有很大的优势。

3. PVBS 压力控制主阀芯

在某些负载敏感控制应用系统中存在着 0.5~2Hz 的振荡。当试图操作应用系统时可能会造成严重的不稳定问题。

某些实际应用经常驱动较大的惯性负载，或带有二级压力控制元件（平衡阀），例如，驱动旋转功能的机械，起重机大臂的提升和下放等。

这种情况经常表现为长时间的振荡（图 5-29a）、大致恒定频率的振荡（图 5-29b）或最严重的幅度变大的振荡（图 5-29c）。

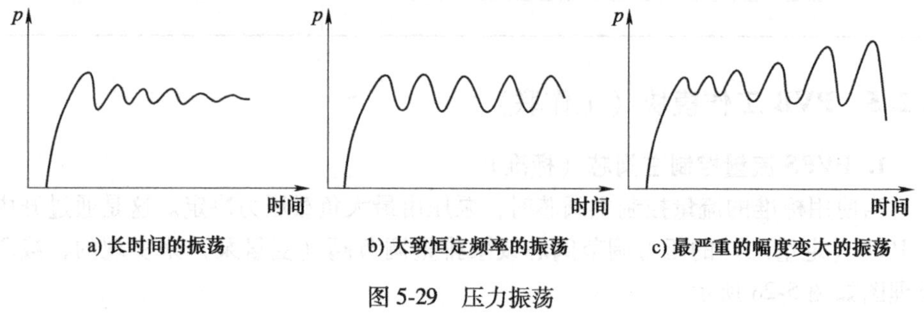

a) 长时间的振荡　b) 大致恒定频率的振荡　c) 最严重的幅度变大的振荡

图 5-29　压力振荡

为了控制振荡现象而开发的压力控制阀芯，可以把以上提到的大部分振荡问题减至最小。

压力控制阀芯的原理是为了创立一个与持续变化的负载压力无关的系统，因此通过改变 LS 原理（图 5-30），在压力补偿器之后和主阀芯的测量范围之前形成的补偿后的泵压是 LS 系统的一部分，其基于阀芯的驱动，通过固定和可变阻尼反馈至变量泵或三通流量补偿器。

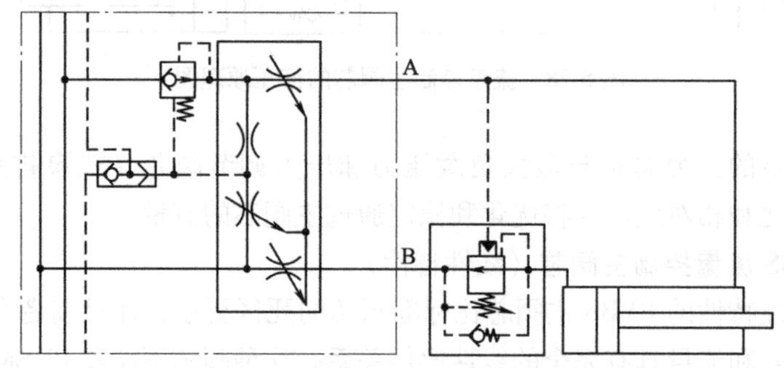

图 5-30　压力控制主阀芯液压原理图

在阀芯刚打开时可变阻尼全开，阀芯满行程时，可变阻尼全关，然后，两个阻尼间建立的压力以常规方式进入 LS 系统。

这种补偿是基于 B 型半桥的工作原理，可变阻尼的变化决定了作用于压力补偿器弹簧腔压力的大小，在阀芯刚打开时，弹簧腔压力最小，此时通过主控阀口的压差增大，主控阀输出流量最大，可实现快速建立压力。当阀芯满行程时，可变阻尼全关，压力补偿器弹簧腔的压力最大，导致通过主控阀阀口的压差减小，输入流量减少，可实现减缓或保持系统压力的目的。

因此，泵压与阀芯行程有关。闭中心必须移动至泵压大于实际负载压力时才从 P 口向 A 或 B 口供油。其特性曲线如图 5-31 所示。

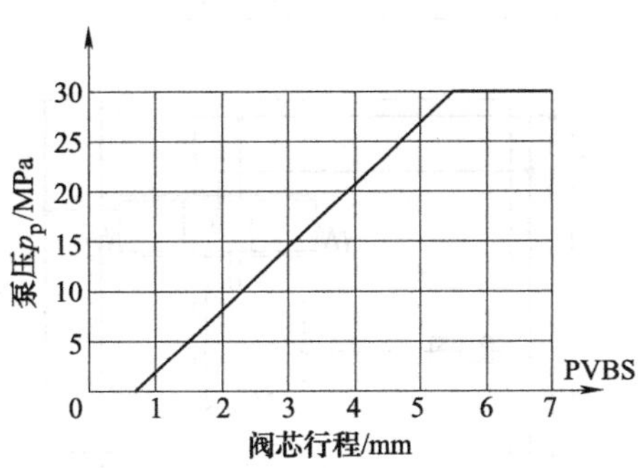

图 5-31　泵压与阀芯行程的特性曲线

当阀芯位移固定但负载变化时，流量会随之变化。

阀片是与负载相关的阀，但确保输出恒定泵压以实现稳定操作功能。

该阀芯的设计基于泵的压力由阀芯行程控制。在执行器起动前，主阀芯必须移动到泵的压力刚好超过负载的压力。如果主阀芯固定在一个位置上，则泵的压力即使在负载变化的情况下也保持稳定，这样系统也能保持稳定。使用压力控制主阀芯也意味着：

- 流量和负载相关。
- 死区和负载相关。
- 泵的压力可以远远超过负载压力。
- 主阀芯前后的压差会变化（能量损耗）。

基于上面这些因素，仅当确定系统中会出现或是已经出现稳定性问题时，才推荐选用压力控制主阀芯。

应用：压力控制阀芯应该用在出现稳定性问题的场合，在起重机上的典型应用如下。

- 举升/下放动作。
- 通过液压缸实现旋转运动。

- 对于起重机主臂的举升/下放动作，建议采用“半”压力控制阀芯。即对于举升运动采用常规流量控制，对于带平衡阀的工作油路采用压力控制，因此可以实现与负载无关的举升运动及稳定的与负载相关的下放运动。

- 因为旋转运动的负载通常是稳定的，所示不论起重机是否带载，采用 A/B 口都是压力控制的阀芯是很有优势的。

对于这两种情况，建议采用带压力补偿器的工作联 PVB，压力补偿器将确保阀组中每联阀都是与负载无关的。

建议使用 LS 限压阀，不但可以对单个阀进行限压，而且使调节工作口的流量成为可能。使用压力控制阀芯时，不推荐用缓冲阀替换限压阀。

其他常用 PVB 工作模块的类型见表 5-3。

表 5-3 PVB 工作模块的类型

液 压 符 号	PVB 描述
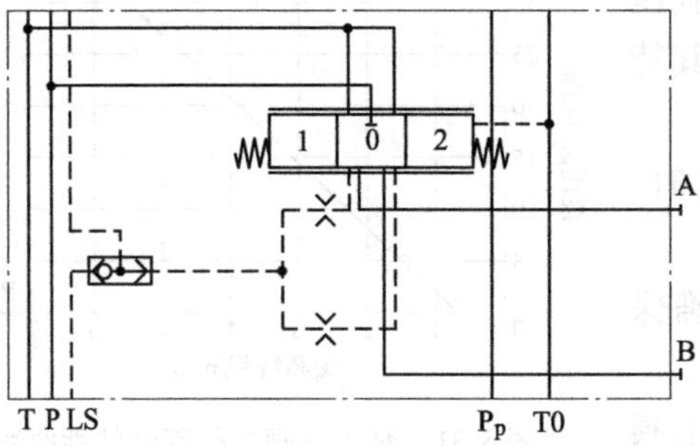 1 0 2 A B T P LS P_p T0	不带卸荷单向阀和压力补偿器 可用于带负载保持阀（防止油液从 P 通道回流）的场合
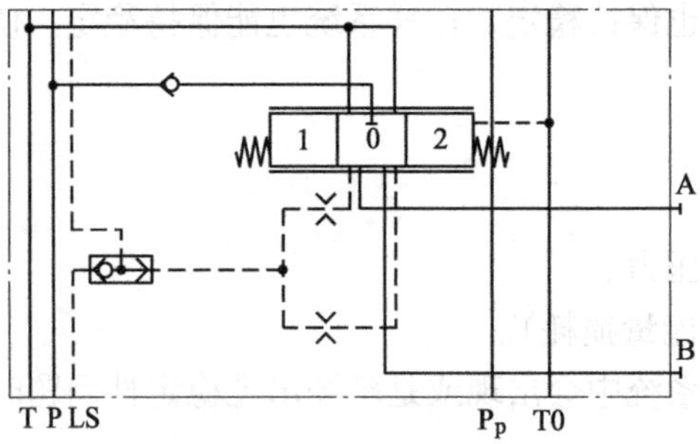 1 0 2 A B T P LS P_p T0	带卸荷单向阀
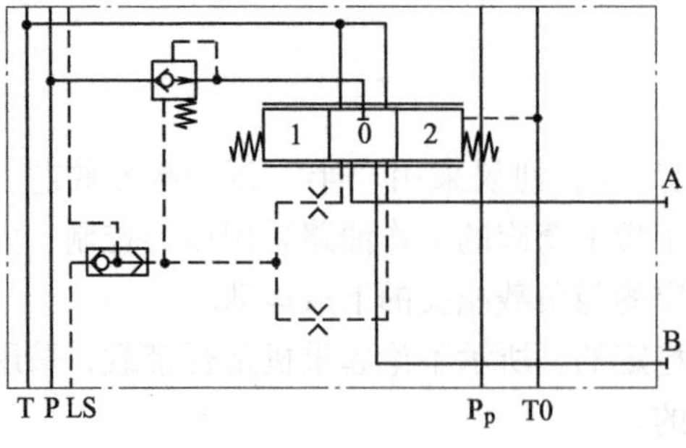 1 0 2 A B T P LS P_p T0	带压力补偿器

（续）

液　压　符　号	PVB 描述
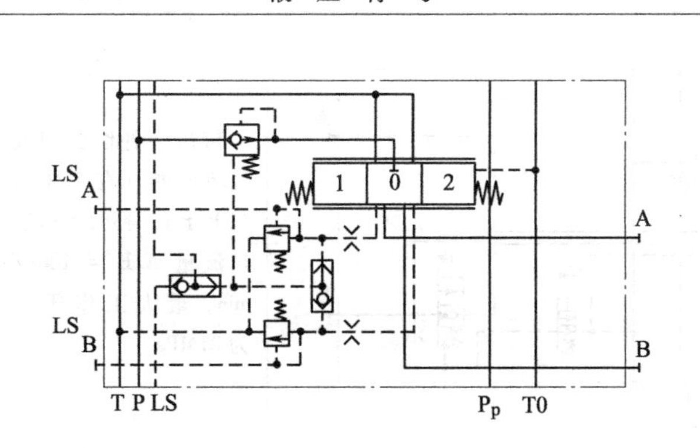	带压力补偿器 带可调 LSA/B 限压阀 带外部 LSA/B 连接口 可用于浮动阀芯

PVBZ 工作模块的类型见表 5-4。

表 5-4　PVBZ 工作模块的类型

液　压　符　号	PVBZ 描述
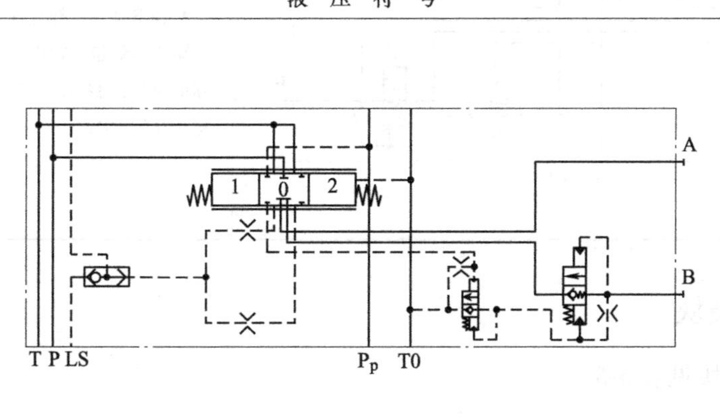	不带压力补偿器和负载保持单向阀，带液控单向阀（在工作油口 B 上），最大工作压力为 21MPa
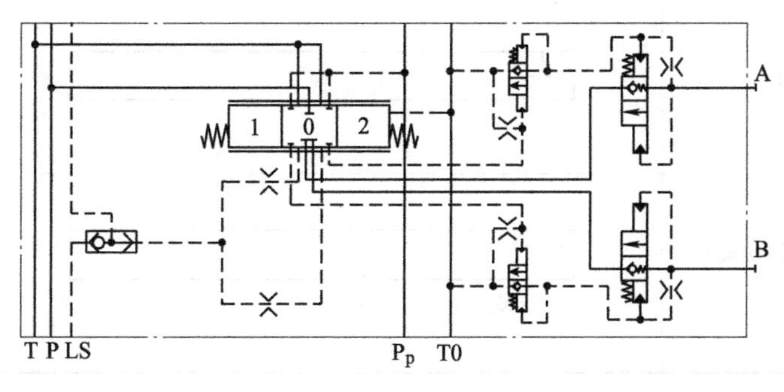	不带压力补偿器和负载保持单向阀，带液控单向阀（在工作油口 A 和 B 上），最大工作压力为 21MPa

（续）

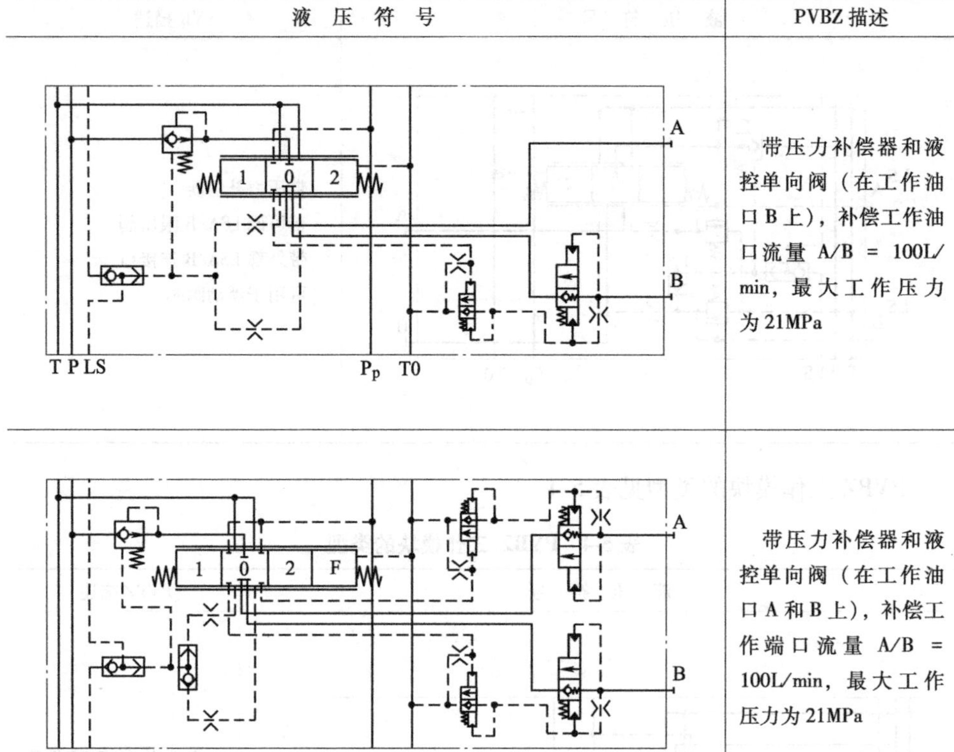

液 压 符 号	PVBZ 描述
T P LS Pp T0 A B 1 0 2	带压力补偿器和液控单向阀（在工作油口 B 上），补偿工作油口流量 A/B = 100L/min，最大工作压力为 21MPa
T P LS Pp T0 A B 1 0 2 F	带压力补偿器和液控单向阀（在工作油口 A 和 B 上），补偿工作端口流量 A/B = 100L/min，最大工作压力为 21MPa

5.2.6 PVS 尾联模块

两种 PVS 尾联模块见表 5-5。

表 5-5 PVS 尾联模块

PVS，铸铝材料，无外接油口	
PVS，铸铝材料，带 LX 外接油口，最大间歇 LX 压力为 25MPa	LX

5.2.7　PVE 比例阀电控模块

丹佛斯的 PVE 模块与高性能比例阀 PVG32、PVG100 和 PVG120 相配合，实现了多路阀的比例控制，该控制器同样适用于转向器。通过 PVE，可控制 PVG 阀组的 1 个工作联或同时控制多个工作联。一般工作联 A/B 口的流量控制可由下列组合方式加以控制。

通过 PVE 先导油控制阀芯位移。通过机械手柄控制阀芯位移。根据不同的选型，压力油通过 PVP（比例阀泵侧模块）、PVSK（中间进油联）或其他系统接口进入 PVG 阀组，通过 P 油路进入 PVB（比例阀工作模块）及通过 T 油路回油箱。同时，PVP/PVSK 为 PVE 提供先导油 p_p以驱动阀芯。特殊设计的浮动阀芯允许 A 口和 B 口两个方向连接油箱而不连接泵。

当 PVM 和 PVE 为标准安装时，图 5-32 所示为从 PVP 到 PVS 的方向看过去的示意图。当 PVM 和 PVE 调换时，称之为可选安装。标准安装时：

A 口出油= PVM 推向 PVB =缩回= LVDT 向 PVE 移动。当复位弹簧保持阀芯在中位时，P→A/B 是封死的。PVBS 朝 PVE 方向移动时，如图 5-32 所示，打开了 P 到 A 及 B 到 T 的连接通道，这是通过推动 PVM 或控制 PVE 而实现的。

通过先导油口 P_p的油压 p_p作用在 PVBS 的右端，同时左端泄油，实现 PVE 驱动阀芯。

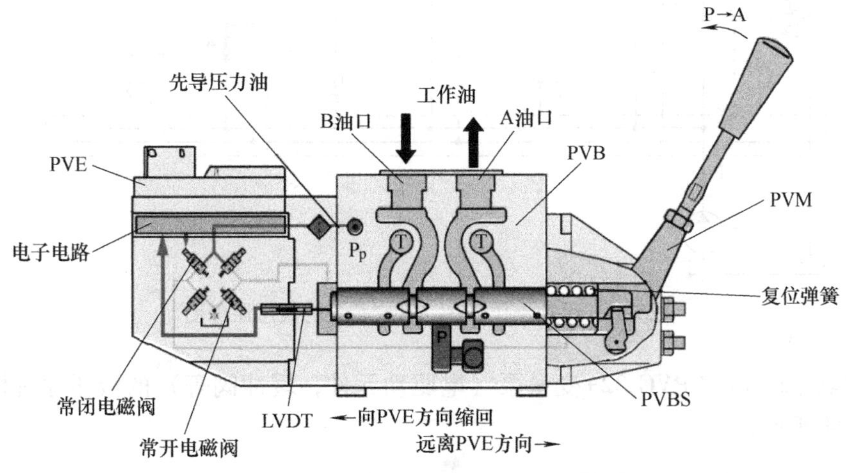

图 5-32　阀组示意图（标准安装，从 PVP 侧看）

PVE 是一个机电装置，即：其功能由机械、液压、电气和来自 PVE、PVG 车辆应用等控制条件决定，因此，实施操作和安全条件与车辆的特定工况息息相关。

5.2.8 应用实例

实例1：手动操作PVG 32+定量泵的液压原理图如图5-33所示。

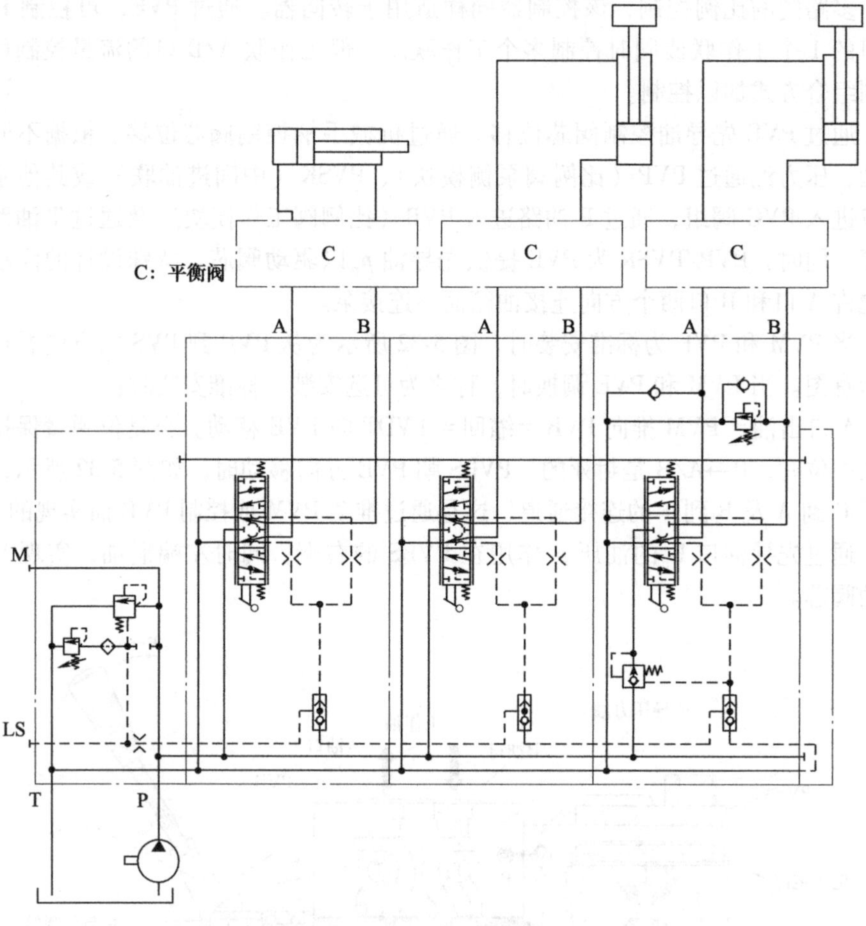

图5-33 手动操作PVG 32+定量泵的液压原理图

实例2：电控PVG 32+变量泵（电驱动元件，缓冲阀等）的液压原理图如图5-34所示。

5.2.9 PVG32的专用模块

1. PVSK模块

PVSK模块是集成了分流和P口切断功能的模块。这种模块是为普通起重机、伸缩臂起重机和其他对功能和安全性有特殊要求的应用场合而设计的。PVSK模块可用于开中心或闭中心的PVG32阀组。PVSK模块的功能如下。

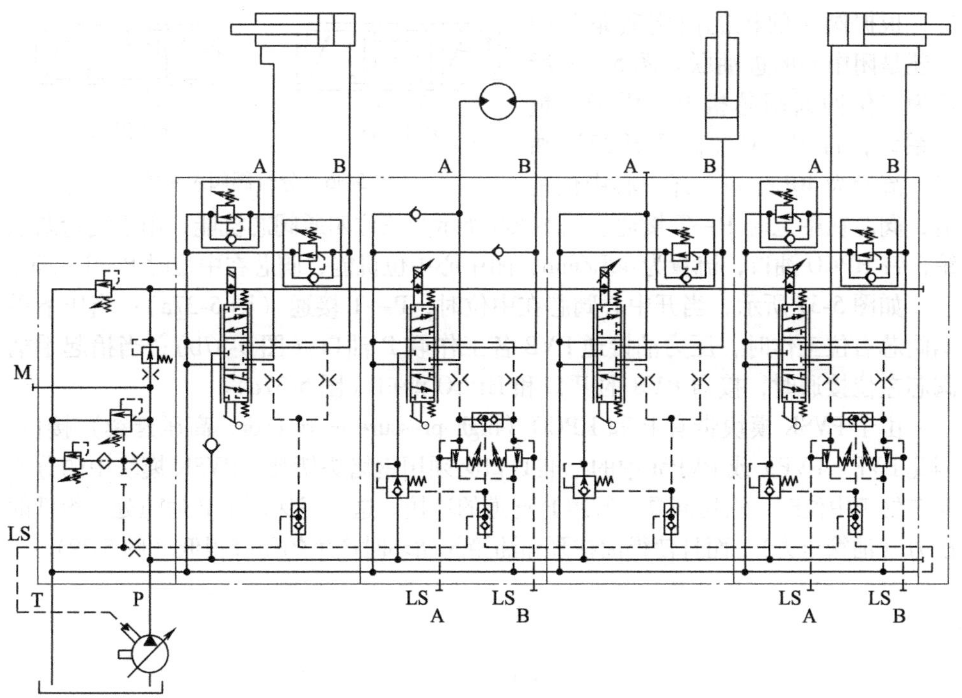

图 5-34　电控 PVG 32+变量泵的液压原理图

1）当分流阀处于中位时，阀组中的 P 通道没有压力（T 口压力）。

2）当分流阀阀芯朝 A 方向移动时，从泵的排油通过 P 通道流向 PVG 阀组的工作模块。

3）当分流阀阀芯朝 B 方向移动时，从泵的排油同时流向 PVSK 模块中的 HPCO 油口和阀组中的 P 通道。

该模块属于比例多路阀 PVG32 的尾联，但又起进油联的功能，属于带阀芯控制的开中心和闭中心进油模块，并带有电气驱动的先导油源，最大泵压达 35MPa，泵最大输出流量为 120L/min，液压原理图如图 5-35 所示。

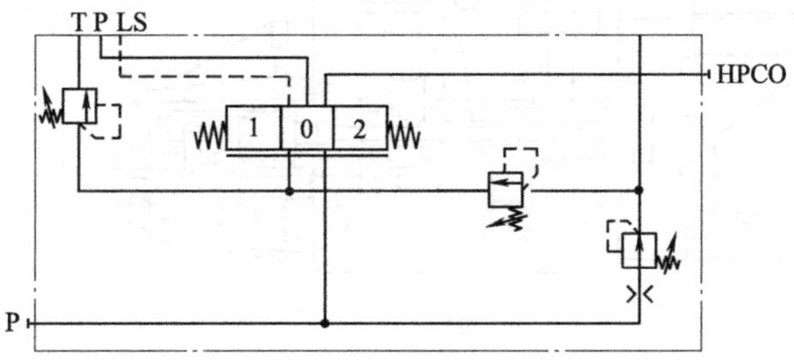

图 5-35　PVSK 进油模块液压原理图

根据阀芯的机能决定其是开中心还是闭中心的进油联。图 5-36a 所示为三位四通阀芯机能，用于定量泵系统，带 HPCO（高压延续）油口，流量为 40L/min。开中心中位机能，阀芯在中位时 P→T 接通。图 5-36b 所示为三位四通阀芯机能，用于变量泵系统，带 HPCO 油口，流量为 40L/min，闭中心中位机能，阀芯在中位时 P→T 关闭。

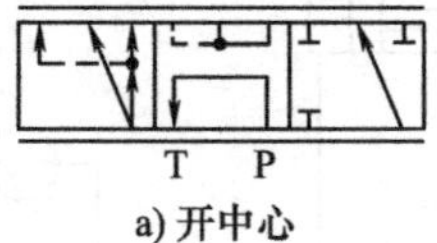

a) 开中心

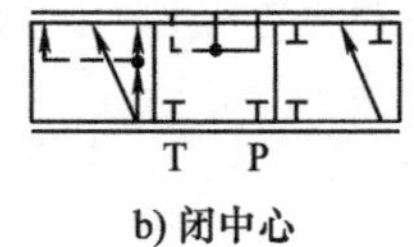

b) 闭中心

图 5-36 分流阀阀芯机能

如图 5-37 所示，当开中心阀芯在中位时，P→T 接通（图 5-37a）；当压下手柄阀芯右位工作时，压力油接通 PVB 各工作联 P 油口（图 5-37b）；当抬起手柄阀芯左位接通时，接通 PVB 的 P 口和 HPCO 油口（图 5-37c）。

由于 PVSK 模块带有 P 和 HPCO（high pressure carry over，高压延续）接口，因此 PVP、PVPV 或 PVPM 中的标准 P 口必须用钢堵头堵死。PVSK 模块中的分流阀芯处于中位时，它切断泵与阀组 P 通道的连接。这不但保证了 P 通道处于很低的压力（油箱压力），而且使得油在泵和油箱间循环时产生的压降很低（图 5-39）。

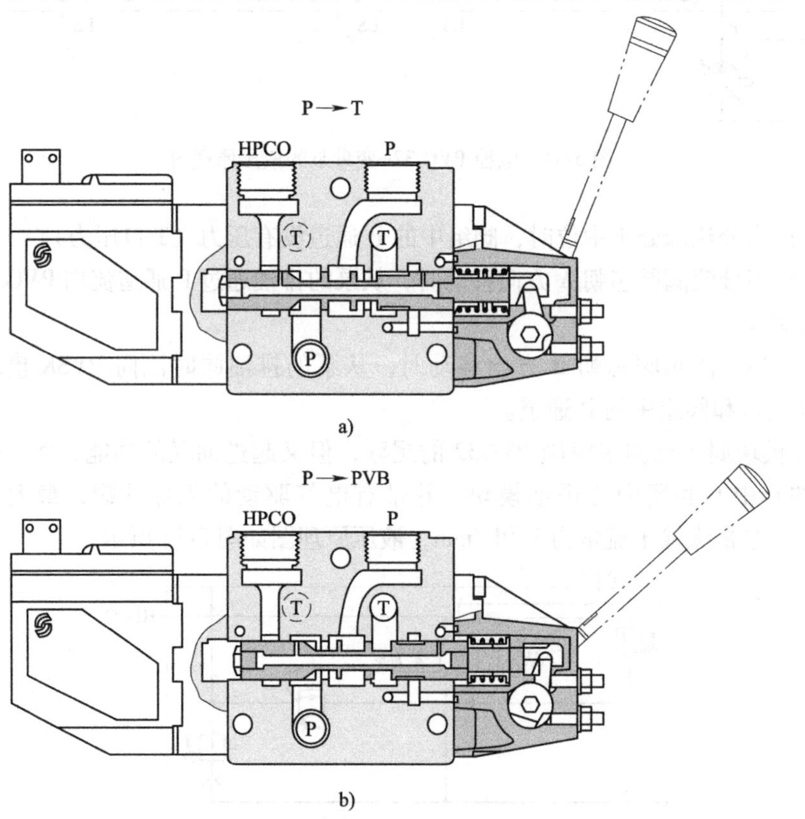

图 5-37 PVSK 工作模块

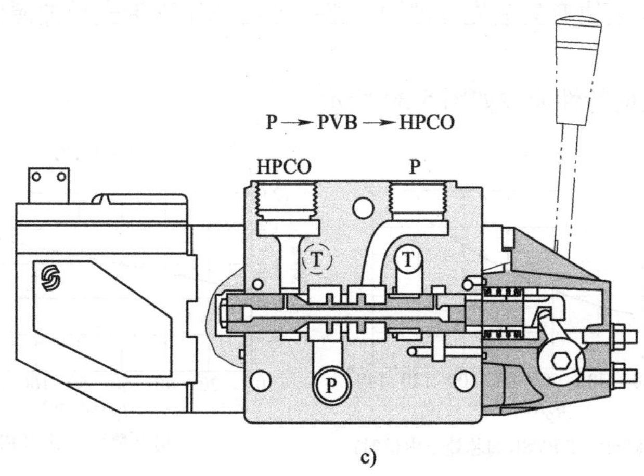

图 5-37　PVSK 工作模块（续）

由于 PVSK 模块代替了后端盖 PVS/I，为了保证 PVE 先导油路减压阀有充足的油源，PVSK 的油箱通道包含一个背压阀。在开中心系统中，最小泵流量必须是 40L/min，以维持背压阀处有足够的压降。带有 PVSK 模块的 PVG32 阀组应用实例如图 5-38 所示。

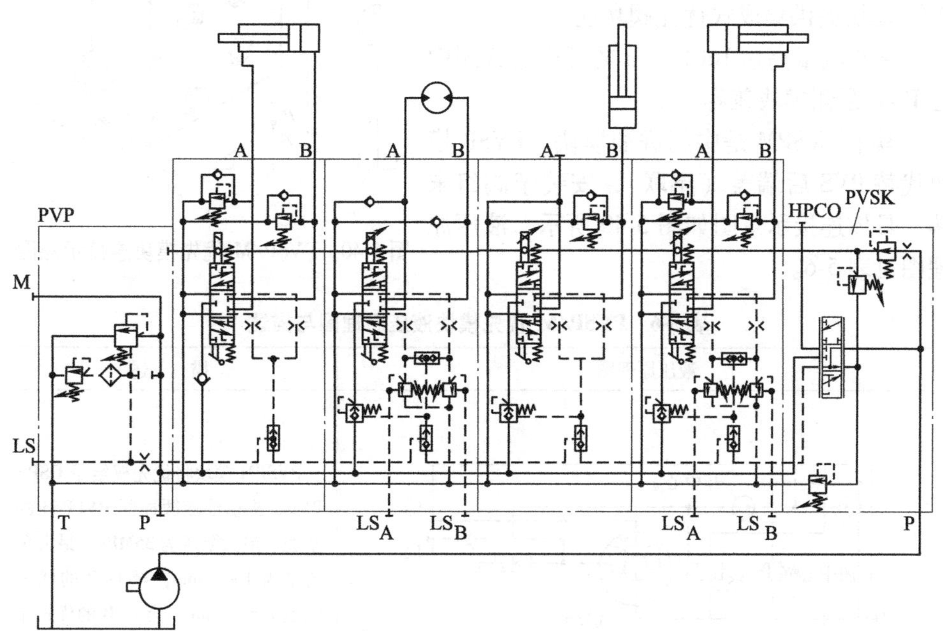

图 5-38　带有 PVSK 模块的 PVG32 阀组应用实例

由于 PVSK 模块有集成先导油源，必须始终选用不带先导油源的标准 PVP32 阀组。

PVSK 模块的特性曲线如图 5-39 所示。

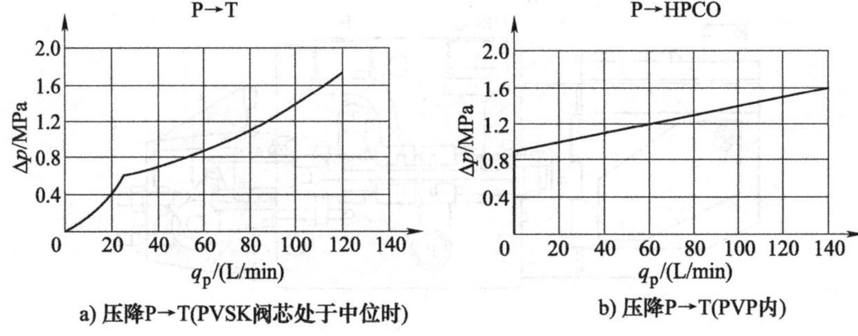

图 5-39 PVSK 模块的特性曲线

2. PVSP/M 优先模块

丹佛斯的 PVSP/M 优先模块是集成了优先功能的泵侧模块。这种模块具有以下优点。

- 为 OSP 转向器和/或工作液压系统、PVB 模块提供集成式优先阀功能。
- 与流量高达 160L/min 的开中心或闭中心 PVP 泵侧模块兼容。

其中 PVSPM 是中间进油模块。PVSP 模块代替 PVS 后端盖（尾联），安装于阀组末端。具体连接示意图如图 5-40 所示，液压原理图见表 5-6。

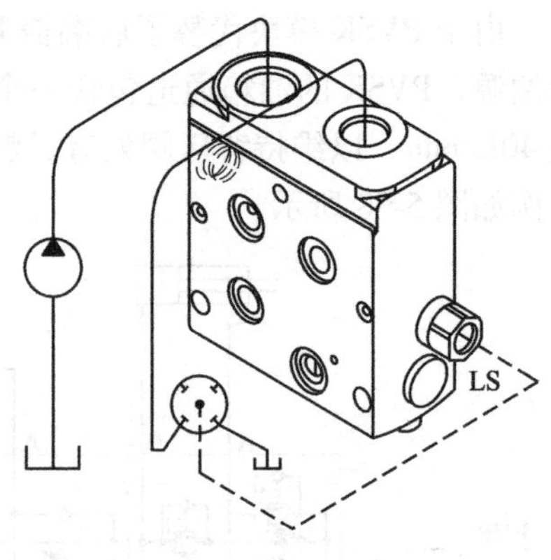

图 5-40 PVSP/M 优先模块连接示意图

表 5-6 PVSP/M 优先模块液压原理图与描述

液压原理图	描　述
开中心 CF LS 闭中心 P 动态	PVSPM 模块将优先权给予 OSP+PVB，提供油液缓冲阀 PVLP63 的空腔。最大泵压为 35MPa，最大泵流量为 160L/min，至 OSP 的优先流量为 60L/min，至 PVB 的优先流量为 100L/min

（续）

液压原理图	描　述
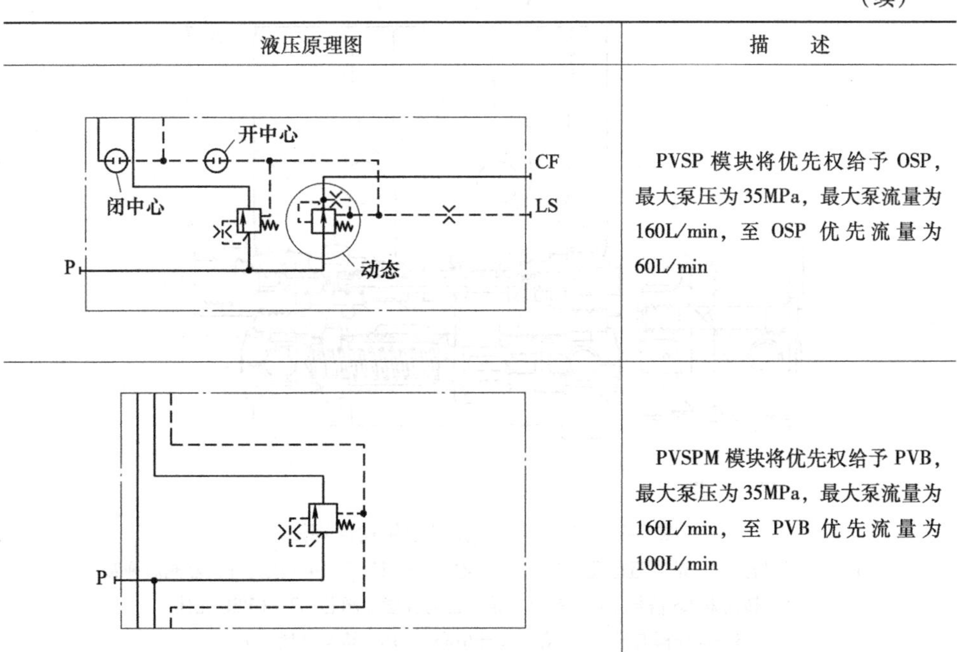	PVSP 模块将优先权给予 OSP，最大泵压为 35MPa，最大泵流量为 160L/min，至 OSP 优先流量为 60L/min
	PVSPM 模块将优先权给予 PVB，最大泵压为 35MPa，最大泵流量为 160L/min，至 PVB 优先流量为 100L/min

压力补偿器和缓冲阀需另行指定参数。

PVSP/M 优先模块的结构原理图如图 5-41 所示。PVSP 优先模块有一个 P 口和一个 CF 口。因此，PVP 模块和 PVPVM 模块（中间进油模块）的 P 口通常要钢堵头堵住。PVSP 模块能给 OSP 转向器（或其他阀）和/或 PVB32 模块提供优先功能。剩余流量经过 CF 口流向非优先的 PVB 模块。

如图 5-41 所示，当转向器不工作时，LS 油口压力为 0，泵输出流量经 P 口进入优先阀阀芯 8，作用在优先阀阀芯 8（流量补偿阀）左端，使其处于右位，流量全部通过节流阀口进入执行器。当转向器工作时，根据负载高低分两种情况讨论：①当转向 CF 负载压力高于工作回路负载压力时，CF 接口压力补偿器阀芯 6 维持 P 口与 LS 口压差为定值，流量优先供转向，剩余流量从优先阀芯上的节流孔流往执行器。此时优先阀阀芯 8 上的节流孔处于小开口节流状态；②当工作回路负载压力高于转向 CF 负载压力时，P 口压力油将优先阀阀芯 8 完全推动到右位极限全开位置，P 处与负载处压力相同，因转向压力比负载压力低，流量优先流向低负载回路，超过转向器节流口需求的流量通过 CF 接口压力补偿器阀芯 6，使得 CF 腔压力增高，推动 CF 接口压力补偿器阀芯 6 动作，关小节流开口以降低 CF 腔压力，直到 CF 压力与 LS 压力之差达到原来的补偿弹簧定差时，系统达到平衡，此时通往转向系统的流量为转向器转速确定的所需流量，剩余流量通往执行器。

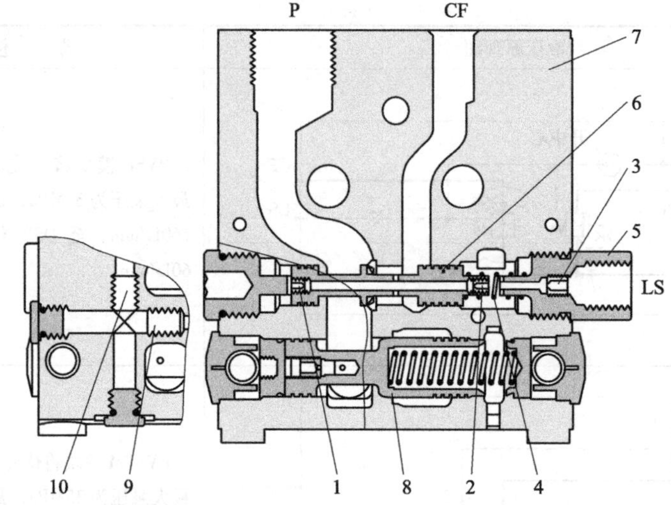

图 5-41 PVSP/M 优先模块结构原理图

1—PP 阻尼孔 2—动态阻尼孔 3—接转向器的 LS 阻尼孔 4—压力补偿器阀芯弹簧 5—转向器 LS 信号接口 6—CF 接口压力补偿器阀芯 7—PVSP 壳体 8—优先阀阀芯 9—堵头（开中心） 10—堵头（闭中心）

如果仅仅是 OSP 转向器优先，那么 PVSP 模块安装在后端盖 PVS（Ⅰ）的位置。当阀组中的 PVB（最多 1 个 PVB）优先时，必须选择中间进油联 PVSPM。被优先的 PVB 模块需要旋转 180°，安装在 PVSP 的右侧。

假如 OSP 转向器和 PVB 工作模块同时优先，必须确保泵始终能给 OSP 转向器提供足够的流量。

当某个 PVB 模块优先时，切记将该 PVB 模块中的 LS 梭阀拆除（图 5-44）。与此同时，对于被优先的 PVB 模块，始终选用不带 O 形密封圈的后端盖。

在开中心系统中，被优先的 PVB 模块和转向器须内置溢流阀，防止出现不可预知的压力冲击。在闭中心系统中，PVP 模块中的系统溢流阀开启压力会高于被优先模块（最大 2.0MPa）。因此建议使用带集成溢流阀的 PVB 模块和 OSP 转向器。

当 PVSP 模块只让 PVB 模块优先时，PVSP 不带压力补偿器。

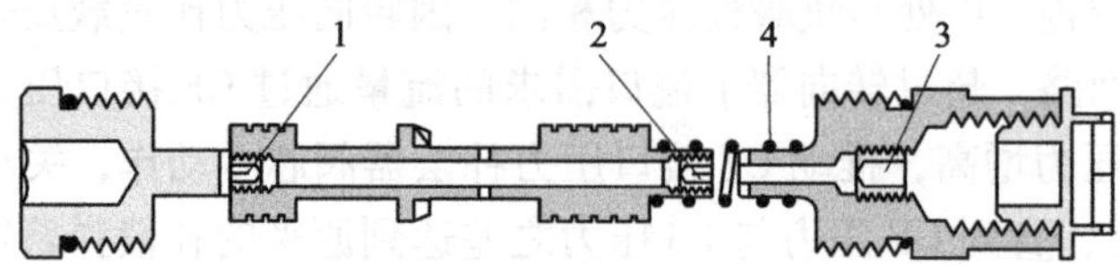

图 5-42 PVSP/M 的补偿器阀芯中各阻尼孔位置

（件号 1~4 见图 5-41）

压力补偿器阀芯中各阻尼孔位置如图 5-42 所示，阻尼孔直径见表 5-7。

表 5-7 PVSP/M 的补偿器阀芯阻尼孔直径

代码	内置 PP 阻尼孔 位置 1	动态阻尼孔 位置 2	LS 阻尼孔 位置 3	弹簧 位置 4
157B7900	ϕ0.6mm	ϕ0.9mm	ϕ1.2mm	0.7MPa
157B7902	ϕ0.6mm	ϕ1.2mm	—	0.7MPa
157B7903	ϕ0.6mm	ϕ1.0mm	ϕ1.2mm	1.0MPa
157B7904	ϕ0.6mm	ϕ0.9mm	ϕ1.2mm	1.0MPa
157B7905	ϕ0.6mm	ϕ1.0mm	—	0.7MPa

PVSP 与 PVSPM 应用实例液压原理图分别如图 5-43 与图 5-44 所示，可供连接油路时参考。

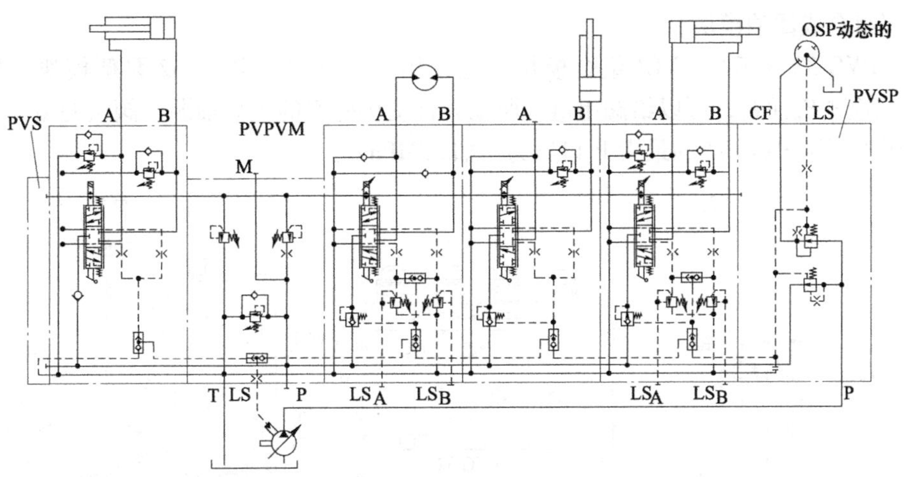

图 5-43 PVSP 应用实例液压原理图应用实例

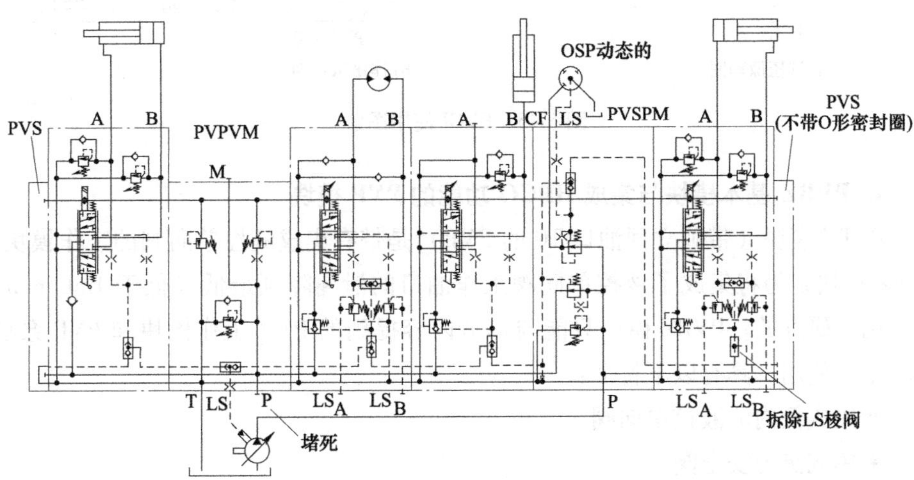

图 5-44 PVSPM 应用实例液压原理图应用实例

3. PVGI 组合模块

PVGI 是用于连接 PVG32 和 PVG120 的组合模块。该模块具有以下优点。

1）可将 PVG 32 和 PVG 120 组合成一个阀组。

2）补偿油流量范围：5~200L/min。

3）安装紧凑。

PVGI 组合模块将 PVG 32 和 PVG 120 的 P、T、LS 和 P_p通道连通，如图 5-45 所示。在同一个组装阀组中，PVGI 组合模块允许组装最多四个 PVG 120 工作模块和 1 到 7 个 PVG 32 工作模块（但在同一个阀组中最多允许装配 8 个 PVB 工作模块）。

组合模块替换 PVG 120 标准回油模块的上部，与 PVG 120 标准回油模块的下部组合成回油模块。

PVG 32 阀组与 PVGI 组合模块一起使用时，不需要 PVG 32 泵侧模块。另外，通过 P_p油路，可以给阀组电气驱动元件提供外部的先导油源。阀组的最大 P 口压力等于 PVG 32 的最大 P 口压力（如 35MPa）。

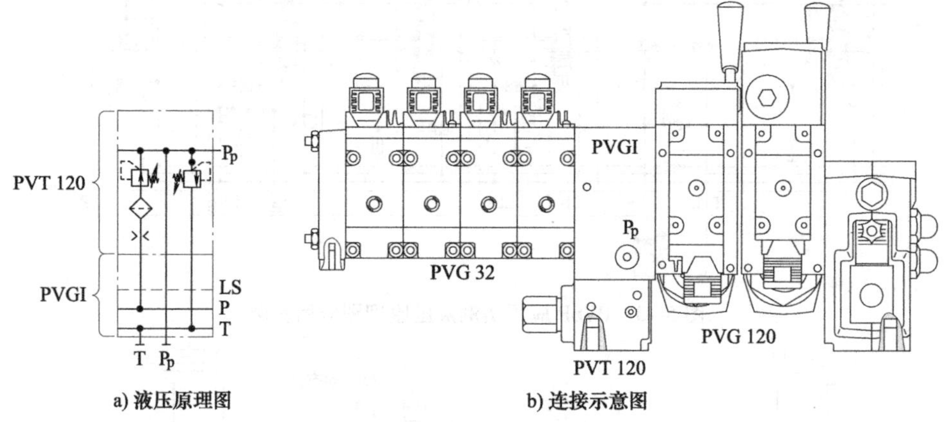

a) 液压原理图　　b) 连接示意图

图 5-45　PVGI 使用图解

4. PVBZ 基本模块与集成 HPCO 功能的 PVP 模块

PVBZ 模块（带独立回油口 T0 的 PVB）是带有集成液控单向阀的工作模块。PVBZ 模块是为将集成了液控单向阀工作油口的泄漏降到最低（低于 1mL/min）的应用而研发的。PVBZ 模块只能与本节内容提到的 PVB 工作模块和 PVP 泵侧模块结合使用，具有以下特征：

- 集成低内泄液控单向阀。
- 集成热力安全阀。
- 标准 4/3（三位四通）阀芯。

- 4/4（四位四通）浮动阀芯。
- 阀芯可互换。

集成HPCO的PVP——集成有HPCO油口的PVP模块与PVBZ（带独立回油口T0的PVB）模块一起组成PVG 32阀组。

HPCO功能引导PVG 32阀组中多余的泵排出油液通过HPCO口流到其他地方，如方向控制阀。集成HPCO功能的新的PVP泵侧模块只能与本节的PVB、PVBZ和PVST模块配合使用，它具有以下特征：

- HPCO功能。
- 优先保证PVG 32需要的流量。
- 节省油管。

PVBZ模块的结构原理图如图5-46所示。

当主阀芯15处于中位时，液控单向阀（POC）14在弹簧力和工作压力的共同作用下保持关闭，工作压力经过阻尼孔作用于POC14的弹簧侧。

当主阀芯15被驱动，B口有油流出时，液压油强行打开B口的POC14。同时，先导油通过主阀芯到A油口侧的先导阀12的背面。这保证了POC14背面的负载压力通过座阀的独立T0口20释放到油箱中，从而使POC14打开，让执行器的回油通过主阀芯回到油箱。

对于浮动功能，两个POC背面的压力同时都被释放掉，POC打开，A和B口与油箱接通。在某些配合3/3主阀芯和低负载压力（如提升应用）的应用中，必须通过梭针17强行打开POC。梭针通过A侧的泵压驱动。

注意：PVM在B侧时，PVBZ模块不可选。

独立回油口T0消除了主回油路背压对POC的影响，从而确保了POC的正确功能。因此，必须采用独立的油管，把进油联PVP的T0口9直接接回油箱。

集成式热力安全阀可以确保POC和液压缸/马达间不会因为外界的热源而产生有害的高压。热力安全阀的压力设定在27.6MPa，最大流量为1L/min。

如果未使用独立回油T0口，那么必须移除堵头10。由于有些型号没有堵头10，因此这些型号中的T0口9必需接回油箱。

当PVB、PVBZ和带独立回油口的PVP组合使用时，可能会导致带HPCO功能的PVP模块的回油背压增大。来自PVG32 A和B口的回油必须通过PVST盖板的独立回油口回油箱。PVP处的T0油口必须始终连接到油箱。

带PVBZ工作模块和内置液控单向阀的PVG32阀组如图5-47所示。

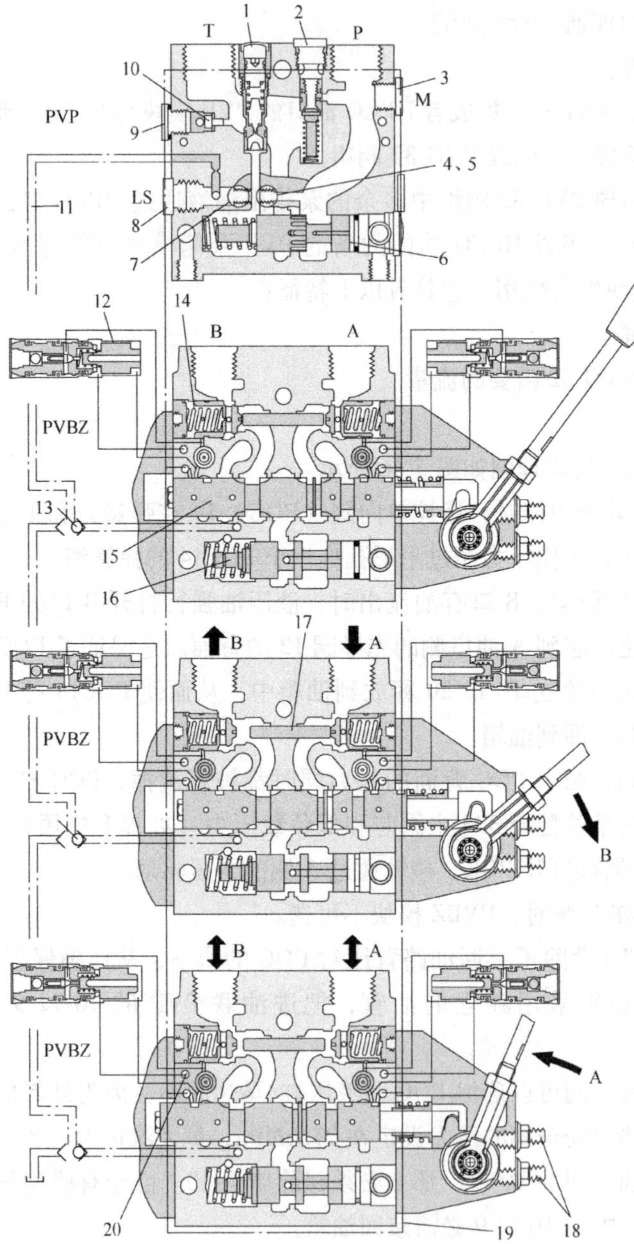

图 5-46 PVBZ 模块的结构原理图

1—溢流阀 2—先导油路减压阀 3—压力表连接口 4—堵头（开心） 5—节流口（闭心） 6—压力调节阀芯 7—堵头（闭心） 8—LS 连接口 9—T0 连接口 10—堵头（若 T0 内置，则移除） 11—LS 信号 12—液控单向阀的先导阀 13—梭阀 14—液控单向阀（POC） 15—主阀芯 16—压力补偿器 17—梭针 18—A 和 B 口的最大油量调节螺栓 19—PVE 的先导油源 20—独立回油口（T0）

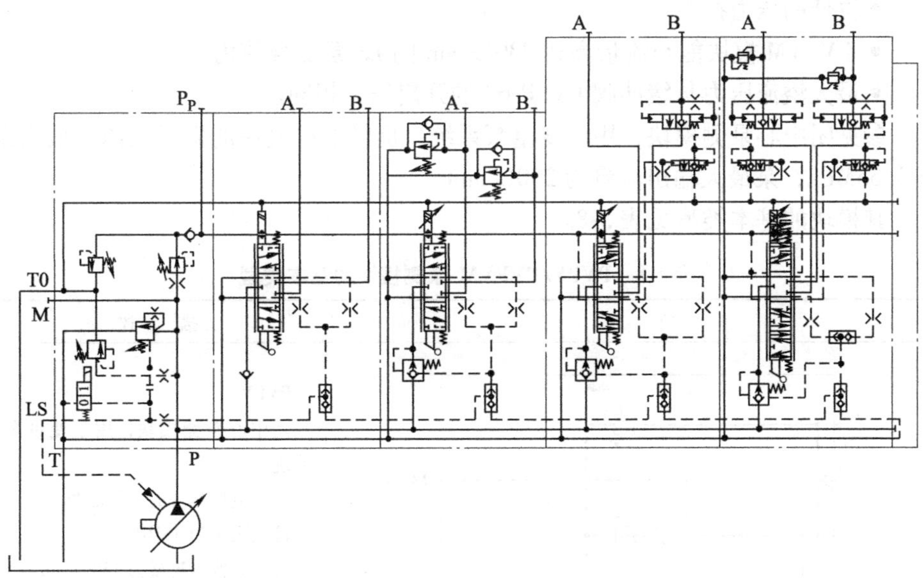

图 5-47　带 PVBZ 工作模块和内置液控单向阀的 PVG32 阀组

带内置 HPCO 的 PVG32 阀组如图 5-48 所示。

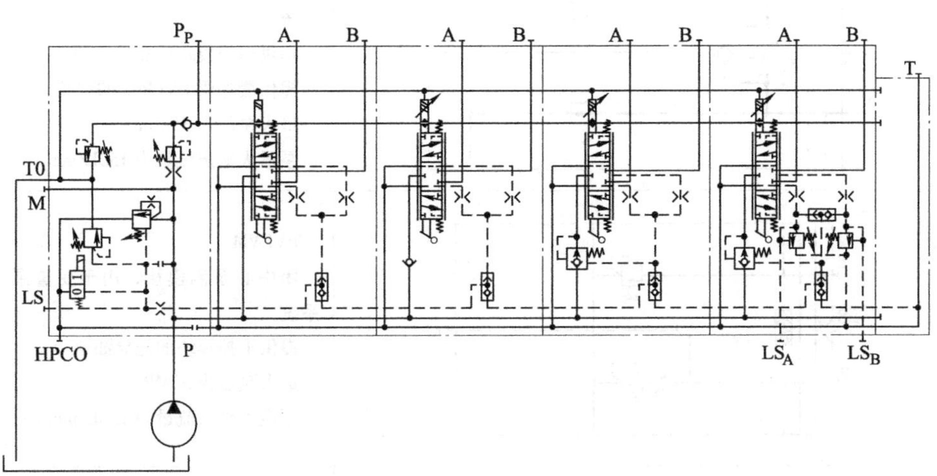

图 5-48　带内置 HPCO 的 PVG32 阀组

5. PVPV/PVPVM 泵侧模块用于变量泵系统

丹佛斯的 PVPV/PVPVM 泵侧模块只应用于变量泵系统。这两种模块具有以下优点。

- P 和 T 油口尺寸：1in。

- 更低的压力损失。
- PVPVM 模块能与流量高达 230L/min 的 LS 泵配合使用。
- 最大溢流压力与缓冲阀 PVLP 63 的开启压力相同。

参见闭中心泵侧模块，用于变量泵系统，提供电控模块的先导油源，最大泵压为 35MPa，泵最大输出流量为 230L/min。

其模块的基本类型见表 5-8。

表 5-8 PVPV/PVPVM 泵侧模块的基本类型

符　号	描　述
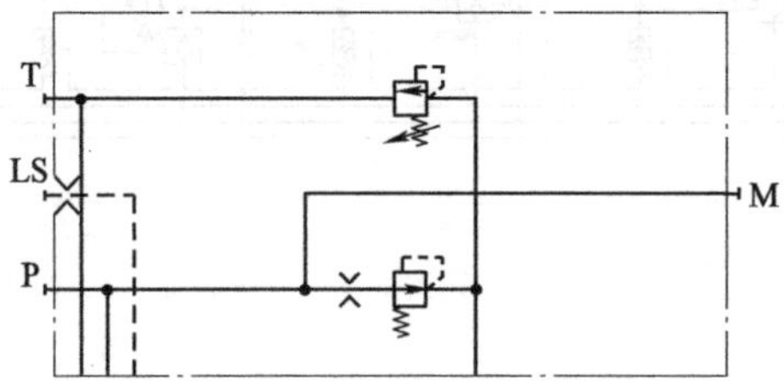	PVPV 闭中心泵侧模块，用于变量泵系统 提供电控模块的先导油源 最大泵压为 35MPa 泵最大输出流量为 150L/min
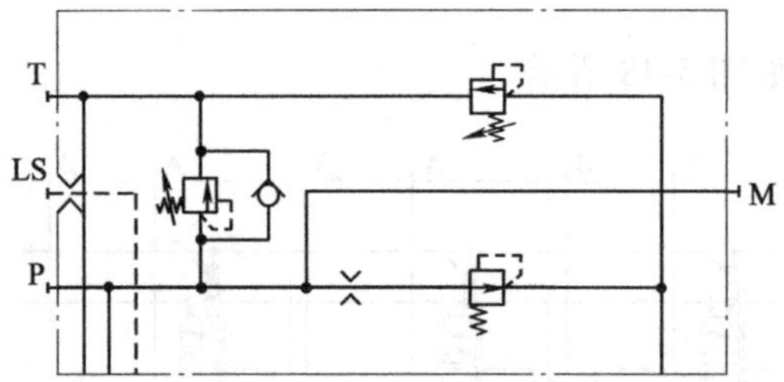	PVPV 闭中心泵侧模块，用于变量泵系统 提供电控模块的先导油源 提供缓冲阀 PVLP63 的空腔 最大泵压为 35MPa 泵最大输出流量为 150L/min
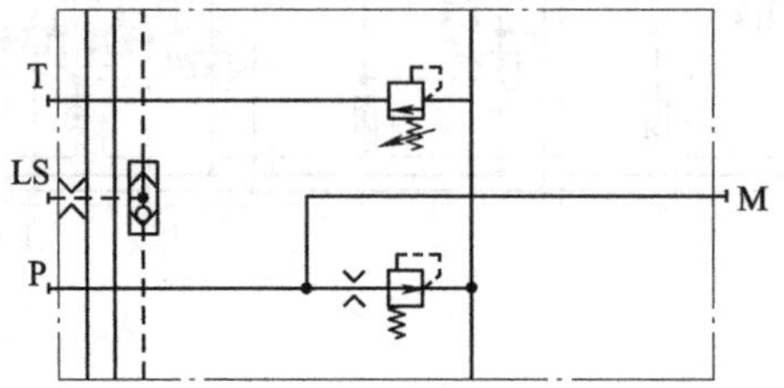	PVPVM 闭中心泵侧模块，用于变量泵系统 提供电控模块的先导油源 最大泵压为 35MPa 泵最大输出流量为 230L/min
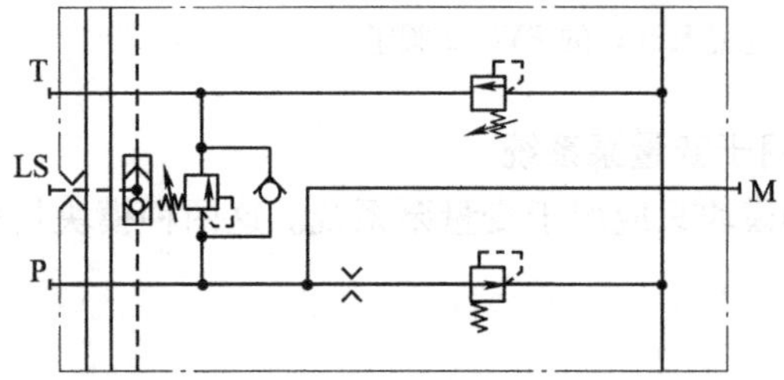	PVPVM 闭中心泵侧模块，用于变量泵系统 提供电控模块的先导油源 提供缓冲阀 PVLP63 的空腔 最大泵压为 350MPa 泵最大输出流量为 230L/min

使用 PVPV/PVPVM 泵侧模块的应用实例分别如图 5-49 和图 5-50 所示。

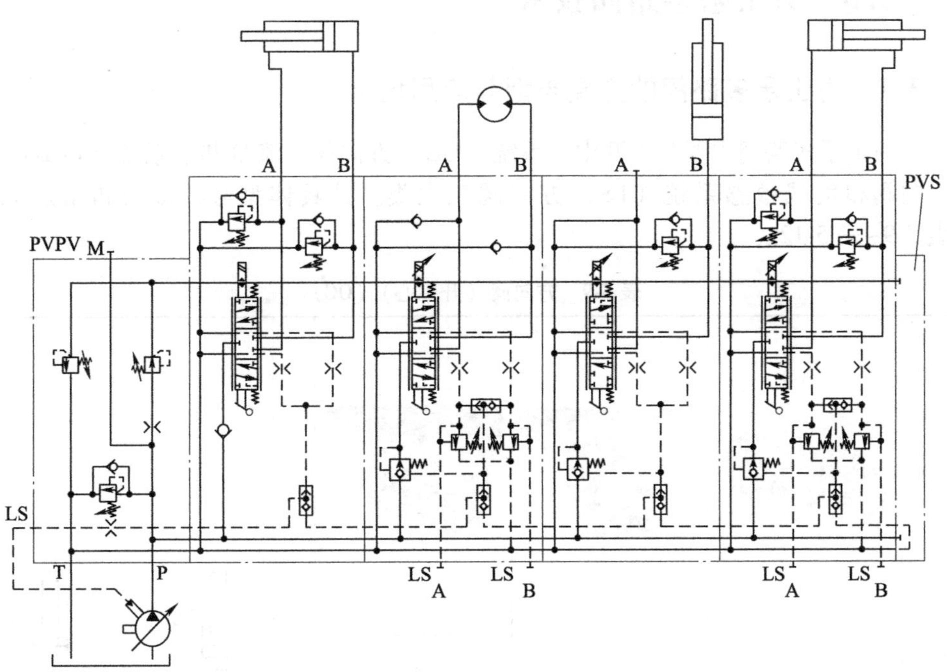

图 5-49　使用 PVPV 泵侧模块的应用实例

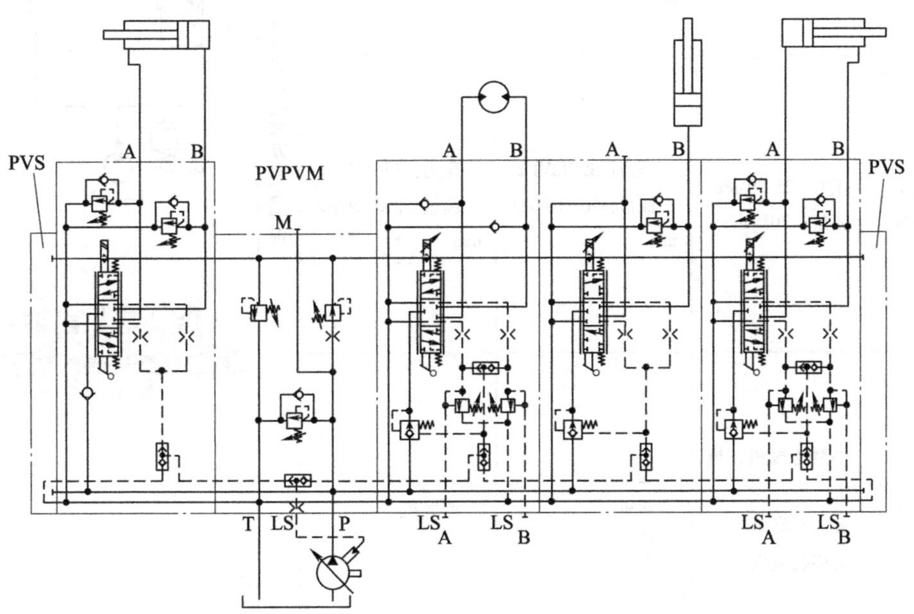

图 5-50　使用 PVPVM 泵侧模块的应用实例

5.3 力士乐多路阀技术

5.3.1 力士乐多路阀的主要类型与应用场合

力士乐多路阀主要分为开中心系统（OC）方向阀、流量共享系统（LUDV）方向阀和负载敏感系统（LS）方向阀三大类。其具体型号、参数和用途见表5-9~表5-12。

表5-9 方向阀（开中心）（OC）

外形	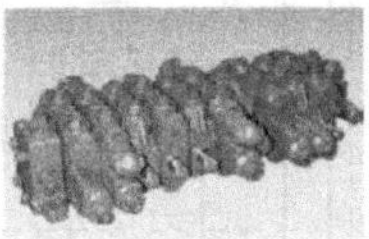			液压原理图和方向阀结构 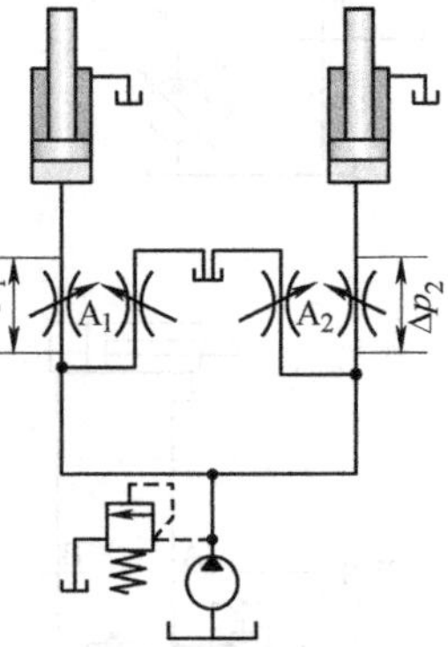 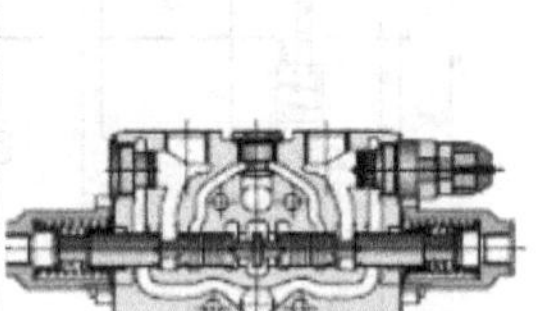	
型号	SM12	MO-16，22，32，40，52	M8-18，22，25，32		
技术参数	压力：25/30MPa 流量：70L/min	压力：35/42MPa 流量：110~1600L/min	压力：35/42MPa 流量：200~500L/min		
用途	小型挖掘机，拖拉机 叉式升降机 滑移装载机	起重机 钻机 采矿铲	挖掘机		

表 5-10　方向阀［流量共享（LUDV）］

外形			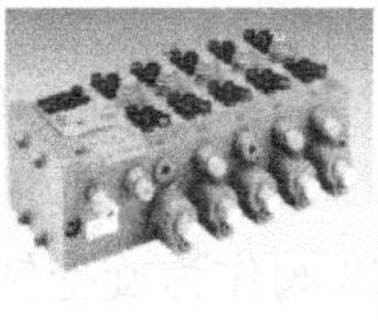	液压原理图和方向阀结构 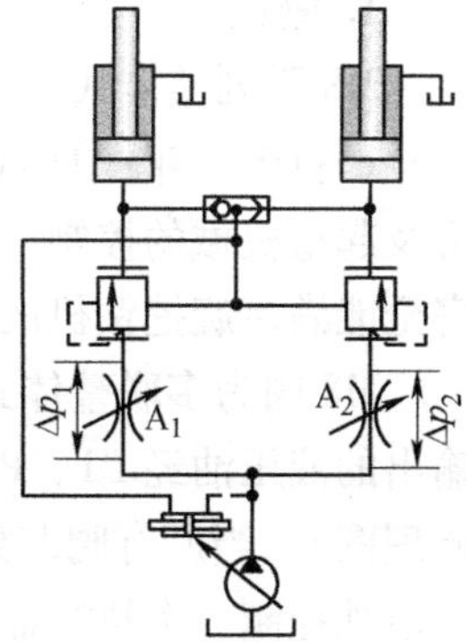 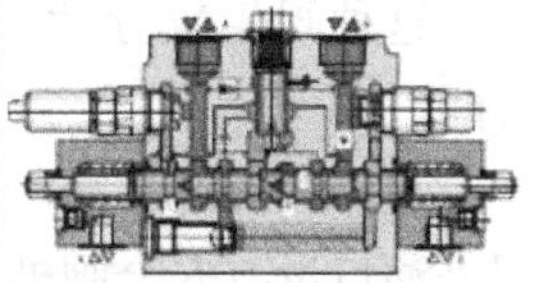
型号	SX 10，12，14	M6-15，22	M7-20，22，25	
技术参数	压力：30MPa 流量：70～120L/min	压力：35/42MPa 流量：160～350L/min	压力：35/42MPa 流量：220～650L/min	
用途	小型挖掘机<6T 挖掘机<10T 挖掘装载机（两头忙） 滑移装载机	装载机 推土机	挖掘机>10T 林业机械 钻机	

表 5-11　方向阀，负载敏感（LS）

外形				液压原理图 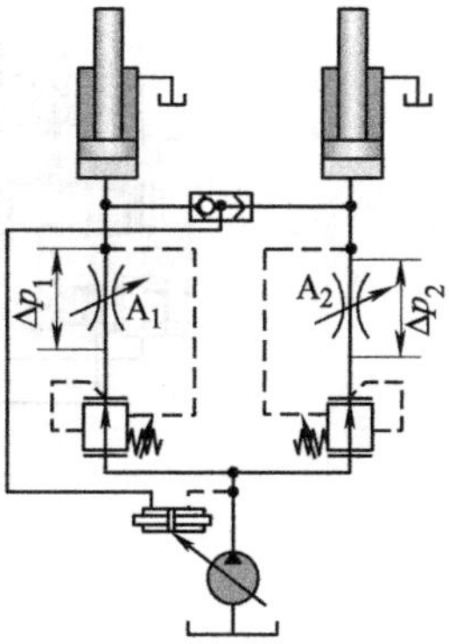
型号	SP-08	M4-12，15，22	SB 12，23	
技术参数	压力：25MPa 流量：60L/min	压力：35/42MPa 流量：100～400L/min	压力：25MPa 流量：80～100L/min	
用途	钻机 市政车辆 辅助功能	林业机械 卡车 伸缩臂叉车	拖拉机 联合收割机，收割机 叉车	

5.3.2 整体式开中心多路阀 M8

1. 概述

M8 系列整体式多路阀主要用于履带和轮式挖掘机的标准功能控制，如动臂、铲斗、行走、斗杆及回转等。用 A8V 恒功率双泵为此阀供油。此阀还可用于钻机及起重机械的控制，将 M8 阀作为旋挖钻机主阀，配以 M4 阀作为辅助阀，也完全能满足旋挖钻机的工作及使用要求。

M8 阀为多联整体式多路阀，控制原理为三位六通型比例控制。从 A8V 主泵输出的液压油经 P1、P2 口进入该阀（P1 和 P2 油口参见图 5-54 M8 多路阀液压原理图），当所有阀芯处于中位时，液压油通过阀内常通油路返回油箱。主阀可以单独控制一个执行器，也可同时控制多个执行器，完成多项复合动作，并可实现斗杆阀内合流等功能。

这种阀相较分片式结构的优点在于，节省组装阀体及连接油路的费用和时间。

整体式开中心 M8 多路阀三位六通阀的液压原理图如图 5-51 所示，除 M8 主阀进油口设有安全阀外，各联还可根据执行器的不同要求，在 A、B 油口配备溢流阀和补油阀，用于限制负载压力。整体式开中心 M8 多路阀的剖面图如图 5-52 所示。

该阀的缺点是泵的流量按功率设定，节流调速时可能会出现泵的部分流量经两位两通阀回油箱，浪费能量、发热。阀上可有很大的压差，系统流量增益大，有利于产生较大的推力，运动合成完全靠驾驶人的操作水平。

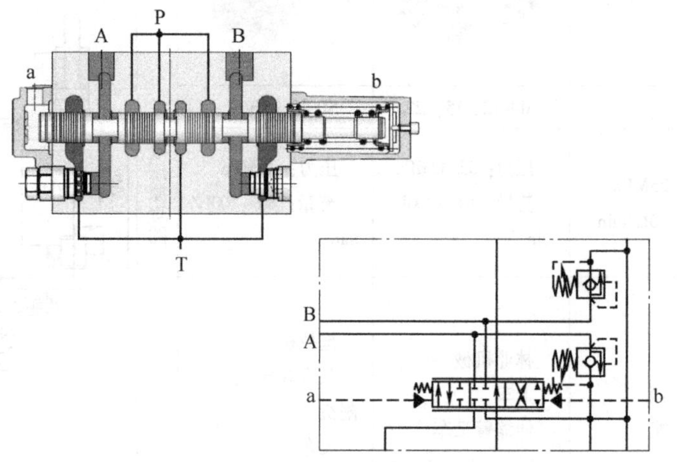

图 5-51 整体式开中心 M8 多路阀三位六通阀的液压原理图

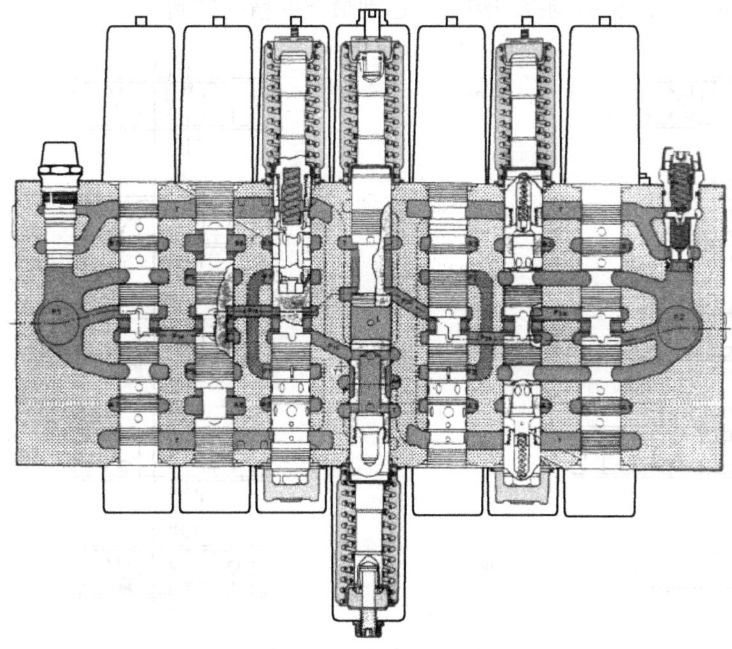

图 5-52　整体式开中心 M8 多路阀的剖面图

2. 技术特性

M8 阀的控制机能为三位六通型比例控制，具有更加精确灵敏的流量控制，操作类型有减压阀先导液压控制或电控。

阀芯数量：通径 16：8~10 联。

通径 18：7~9 联。

通径 22：7 联。

通径 25：6 联。

通径 32：6~8 联。

M8 阀有多种回路形式，包括并联/串并联/串联，可同时控制多个执行器，多达 3 个执行器具有内部合流功能（其他可外部合流），用于履带行走控制的阀芯带内装式制动功能。带有回转执行器的优先回路。法兰安装可带平衡阀和分流阀。带有用于油箱、冷却器和补油的油口。带有各种一次和二次插装溢流阀。M8 阀的主要油口都在阀体的正反面，这使得总体安装和管路布置简便。

3. 阀芯类型、行程和控制特性

阀芯类型和代码如图 5-53 所示。

阀芯行程分成下列几部分：大约 30%用于控制开启正遮盖，50%用于精调控制范围，其余 20%用于产生全开口，阀芯为三位六通结构。

通过先导阀的特精调控制沟槽可达到最佳的精调控制。

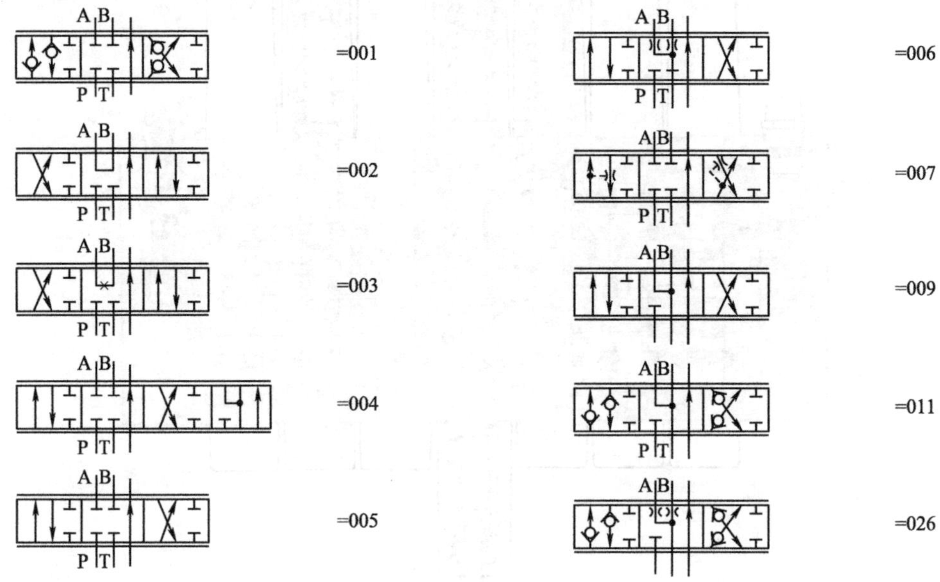

图 5-53 阀芯类型和代码

4. 制动阀芯（007 型）

主要用于履带式车辆的静液传动系统，用来在两个行驶方向中防止超速驱动。根据供油压力来控制回油开口，实现受控的无气蚀下坡行驶。注意：对于制动阀芯的正确工作须在车辆上进行系统优化。

5. 功能说明及挖掘机多路阀回路

M8 多路阀液压原理图如图 5-54 所示，该多路阀主要由阀体、带复位弹簧的控制阀芯 1，内装式一次插装溢流阀 3，二次插装溢流阀 4 以及负载保持阀 2 组成。通常与泵 P1（件号 5）连通的是动臂 12（阀芯 1）和铲斗 13（阀芯 2）以及左行走系 14（阀芯 3）。动臂和斗杆可用并联回路供油或用串联回路供油，也就是说这两种功能可同时使用。如果未使用这些功能，泵的流量可用于控制行走机构。

泵 P2（件号 6）通常向回转 17（阀芯 7），斗杆 16（阀芯 6）和右行走系 15（阀芯 5）提供油液，回转较斗杆和行走有优先权（串并联回路）。斗杆运动又优先于行走。不用这些功能的泵 P2 的流量可以通过令 a4 通控制油使二位二通方向控制阀阀换向，操作 C 阀 10 在外部合流，用于其他执行器。如果不操作动臂和铲斗，也不操作左行走系（阀芯 1~3），那么泵 1 的流量可以通过 b4 通控制油使二位二通方向控制阀阀换向，操作阀芯 8（控制斗杆）（斗杆合流）的合流阀 9 在内部供油，在系统压力不变的情况下，进入斗杆液压缸的流量成倍增加，使斗杆高速运动。借助于行走平衡阀 7 可将 P1 泵和 P2 泵的剩余油液供给控制行

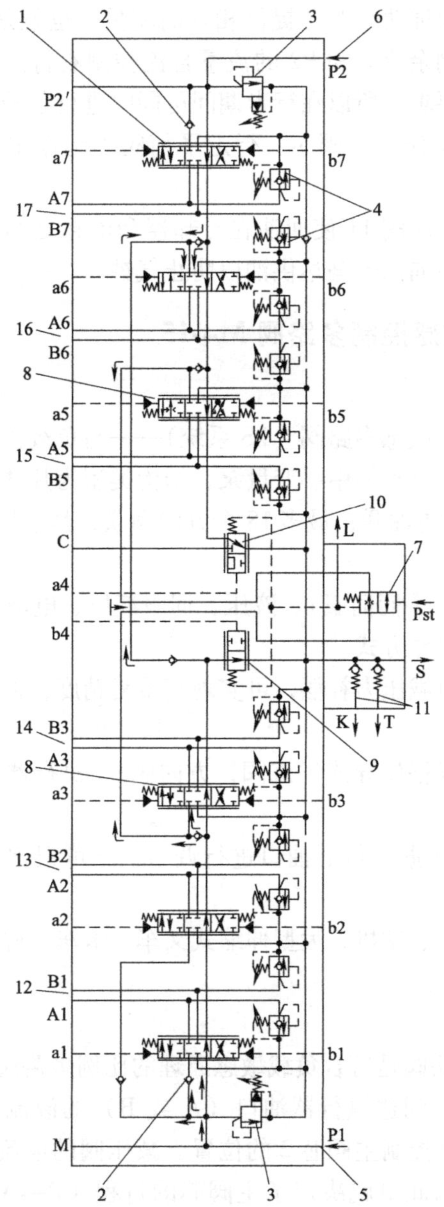

图 5-54　M8 多路阀液压原理图

1—控制阀芯　2—负载保持阀　3—一次插装溢流阀（安全阀）　4—二次插装溢流阀（安全阀）
5—泵 1 油口（P1）　6—泵 2 油口（P2）　7—行走平衡阀（静止时有剩余油）　8—带内置式制动功能的阀芯
9—合流阀（内部、斗杆合流，将 P1 的流量用于斗杆）　10—C 阀（外合流，将 P2 的流量用于其他执行器）　11—背压阀（分配去冷却器和直接回油箱的流量）　12—油口：动臂　13—油口：铲斗
14—油口：左行走系　15—油口：右行走系　16—油口：斗杆　17—油口：回转（摆动）
P1、P2—泵出油口　Pst—a、b 控制油口　S—补油口　K—冷却口
T—回油口　L—泄油口　M—压力表接口　C—外部合流口

走机构的两个阀芯，保证两个阀芯提供相等的流量，也就是当 P1 有剩余流量时通过行走平衡阀 7 把剩余流量和 P2 的流量合流控制右行走，使其增加流量满足两个行走阀芯同步的要求。所以在行走期间可同时进行各种操作而不会影响车辆的直线行驶。如果仅操作行走阀芯，行走平衡阀不起作用，仅进行剩余合流的补偿。

安置在回路中的背压阀 11 使回油在冷却器和油箱之间分流。所形成的回油也能经 S 口排出，然后向回转马达供油以防止气蚀。

5.3.3 片式负载敏感控制多路阀 M4-15

1. 特点

该多路阀属于负载敏感多路阀（LS 系统）——与负载压力无关的流量控制系统，可用于开中心定量泵和闭中心变量泵，结构类型为片式，包括进油联，最多 9 个方向阀联，带中间进油联，最多 18 个方向阀联，其中最多 6 个带伺服操作联以及尾联。

操作类型有机械（手柄伺服）、液压、伺服液压、电液（开关，比例）和带集成电子元件的电液操作方式。

输出流量因为有负载压力补偿，可实现高重复精度，低滞后，并可通过行程限位器进行调节。

进油联集成有大规格先导式溢流阀，方向阀联/执行器油口装有具有补油功能的紧凑型压力阀。

LS 压力限制：可根据执行器油口进行调节，亦可根据执行器油口进行外部压力设置。

主要应用于起重机、钻机、大型伸缩式叉车、卡车、碎石机、市政车辆、林业机械和固定机械等。

2. 功能描述

多路阀 M4-15 多路阀是符合负载敏感原理的比例多路阀。

（1）执行器控制　到达执行器油口（A 或 B）的液流方向和流速是由主阀芯 2 确定的。减压阀 9 控制主阀芯 2 的位置。减压阀的电流等级决定了弹簧腔 8 中的先导压力等级，因此也就决定了主阀芯的行程（P→A；P→B）。通过压力补偿器 3 使主阀芯 2 两端的压差保持不变，因此到执行器的流量也保持不变。M4-15 多路阀的结构和液压原理图如图 5-55 和图 5-56 所示。

（2）负载压力补偿　执行器或泵处的压力变化是由压力补偿器 3 补偿的。即使负载发生变化，流向执行器的流量仍保持不变。

（3）流量限制　通过行程限位器 6 可以按机械的方式单独设置最大流量。

（4）溢流阀功能　执行器油口的 LS 压力可通过 LS 溢流阀 4 在阀内调节，也可通过 LS 油口 M_A、M_B在外部调节。

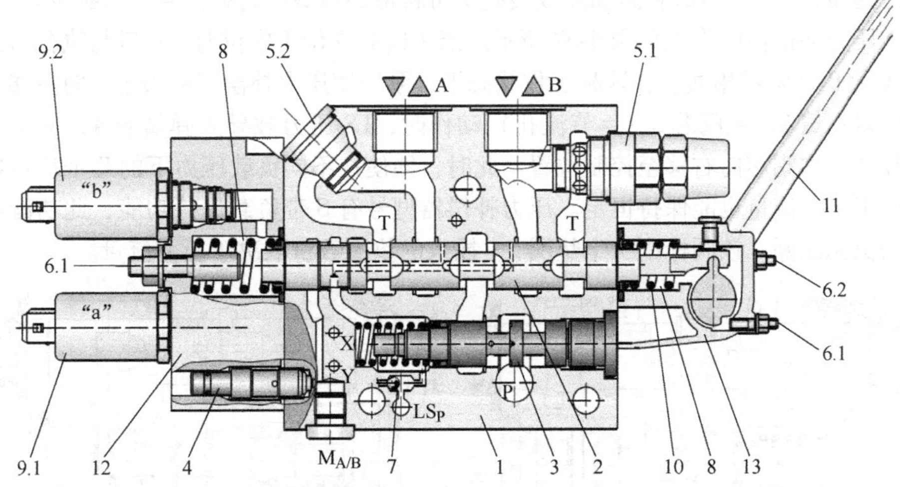

图 5-55　M4-15 多路阀的结构

1—壳体　2—主阀芯　3—压力补偿器　4—LS 溢流阀　5.1、5.2—二次溢流阀　6.1、6.2—螺堵（6.1—A 侧行程限位器，6.2—B 侧行程限位器）　7—LS 梭阀　8—弹簧腔　9.1—减压阀（先导控制阀 a）　9.2—减压阀（先导控制阀 b）　10—压缩弹簧　11—手柄　12—A 侧盖　13—B 侧盖

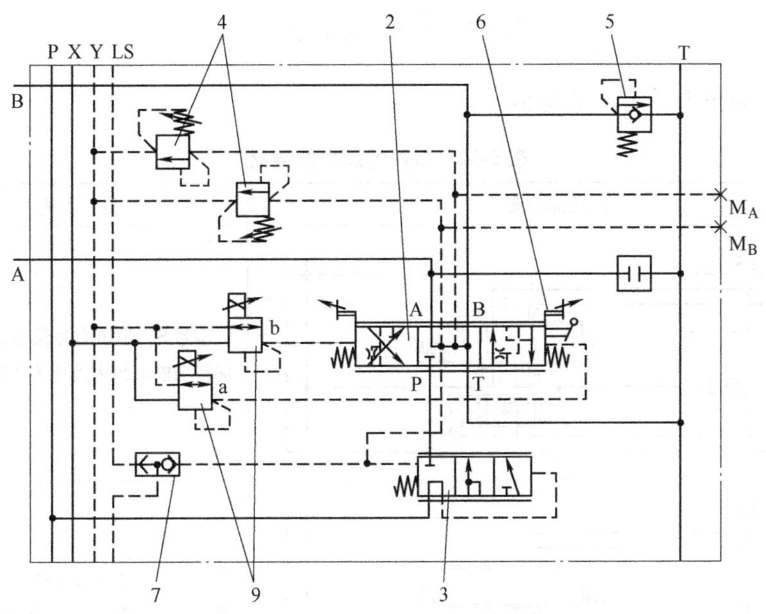

图 5-56　M4-15 多路阀的液压原理图

油口：P—泵　A、B—执行器　T—油箱　X—先导供油　Y—油箱（已卸压）　LS—负载敏感（LS）　M_A、M_B—外部 LS 测量油口（序号意义同图 5-56）

二次溢流阀（溢流阀/补油阀）5 保护执行器油口 A 和 B 免受压力峰值和外部力的损害。通过 LS 管路和集成梭阀 7 可将最高负载压力的信号发送到泵。

压力补偿器的作用如图 5-57 所示。当主阀芯 3 位于中位时，P 口与执行器油口 A 和 B 之间不相通。在这种工作状态下，泵压使压力补偿器的阀芯 1 向左移动而压紧弹簧 2。主阀芯 3（=节流孔）动作时，LS 压力被导入弹簧腔 4，使得压力补偿器的阀芯向右移至控制位置。此时，即使在不同负载压力下的几个执行器并行工作，流量也能保持恒定。压力补偿器型号有 S 带负载保持功能，此功能不能确保无泄漏。该阀标配一个垫圈 5，插入的垫圈数量取决于所需流量。

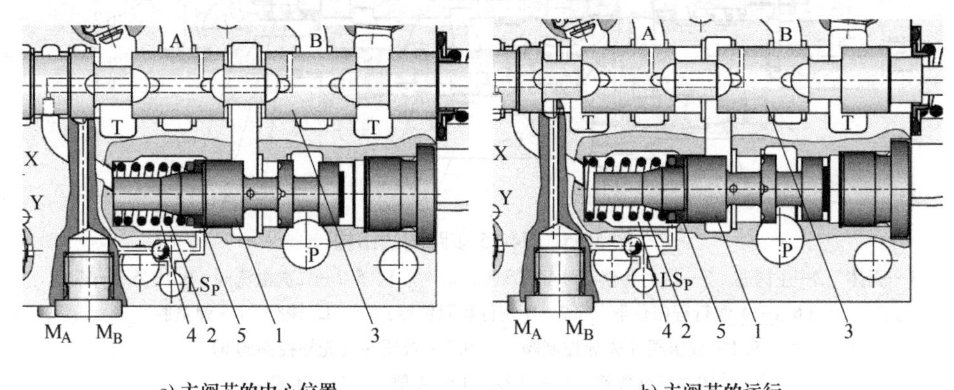

a) 主阀芯的中心位置　　b) 主阀芯的运行

图 5-57　压力补偿器的作用

常用的压力补偿器见表 5-12。

表 5-12　常用的压力补偿器

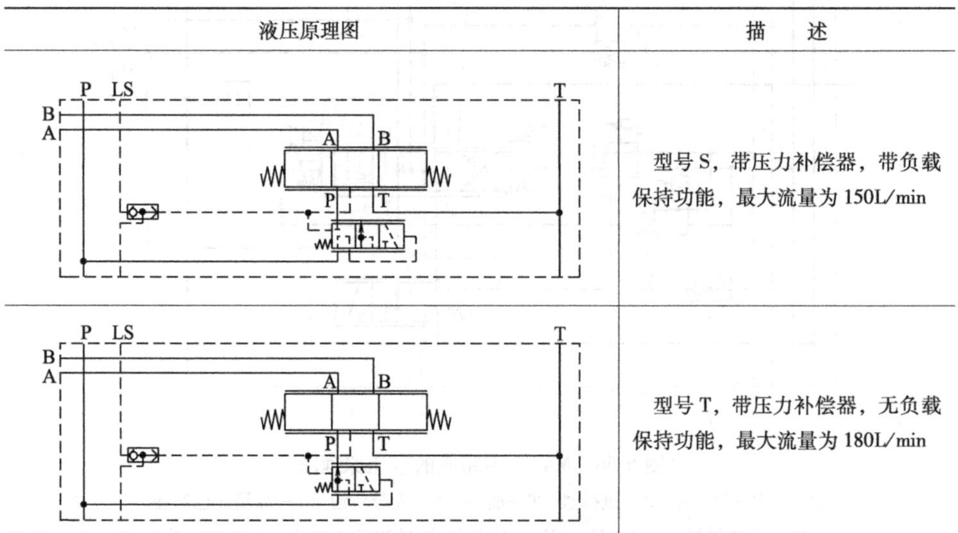

液压原理图	描　述
	型号 S，带压力补偿器，带负载保持功能，最大流量为 150L/min
	型号 T，带压力补偿器，无负载保持功能，最大流量为 180L/min

（续）

液压原理图	描　　述
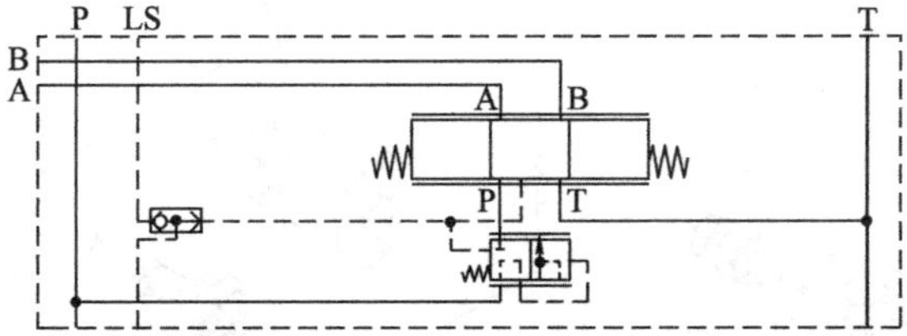	型号 C，无压力补偿器，带负载保持功能，最大流量为 200L/min
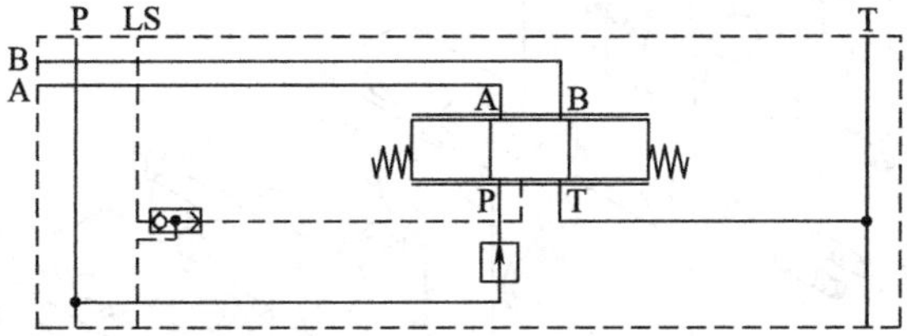	型号 Q，无压力补偿器，无负载保持功能，最大流量为 200L/min

压力补偿器压差 Δp 值可以通过增减调整垫片进行设定，采用软弹簧（0.6~1.2MPa），补偿阀芯的行程较小，如图 5-58 所示。

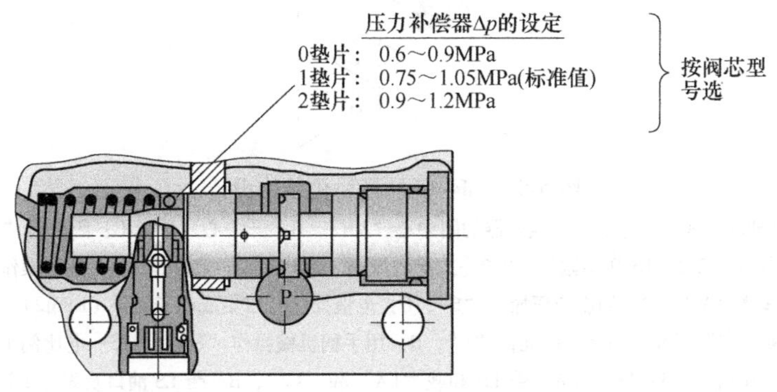

图 5-58　M4-15 中压力补偿器压差 Δp 的设定

3. 模块化结构设计

（1）带侧面进油联的多路阀　M4-15 系列的多路阀有模块化结构，可以将其进行组合用于相应应用，各模块如图 5-59 所示。

（2）带中间进油联的多路阀　其模块化结构设计如图 5-60 所示。应放置具有最大流量的方向控制阀联，使其尽可能地接近进油联。

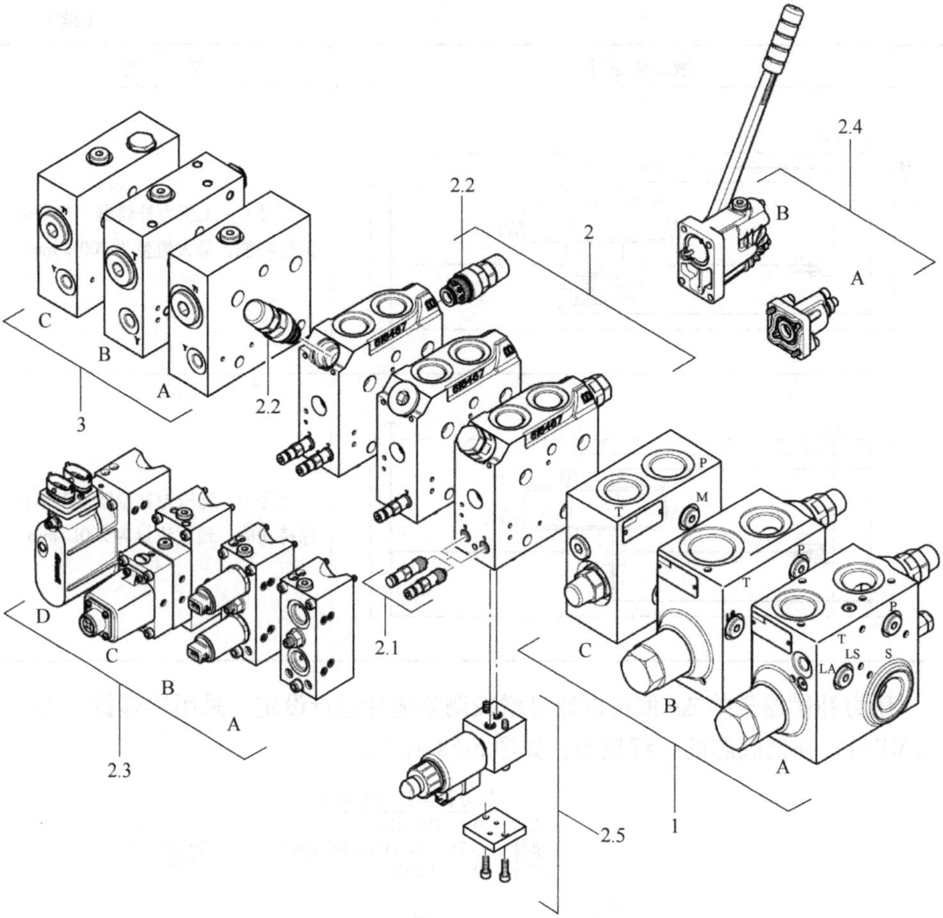

图 5-59　M4-15 的模块化结构设计

1—进油联（A：带外部优先执行器的闭中心“VR”，B：开中心“P”，C：闭中心“J”）
2—方向阀联｛2.1—LS 压力限制　2.2—二次溢流阀　2.3—“A”盖操作［A：液压操作“H”，B：电液操作“W”，C：伺服液压操作“S”，D：电液操作，带集成电子元件（EPM2）“CBA”］
2.4—“B”盖操作（A：标准盖“-”，B：用手柄机械操作“K”）　2.5—电比例 LS 压力限制｝　3—尾联（A：带 LS 卸载“LA”和“LZ”，B：带 LS 油口及先导供油“LAY”和“LZY”，C：带 LS 油口及先导供油“LAX”和“LZX”）

4. 阀芯机能符号

阀芯机能符号如图 5-61 所示。带压力控制功能的阀芯用 T 表示，仅与 E、J 或 Q 阀芯连接。E 型阀芯，适用于液压缸作为执行器；J 型阀芯，适用于液压马达作为执行器；Q 型阀芯，适用于使用规定剩余开口的应用（A/B→T），执行器油口在中位卸荷；P 型阀芯，适用于柱塞缸作为执行器；W、Y 型阀芯则带浮动位置功能。

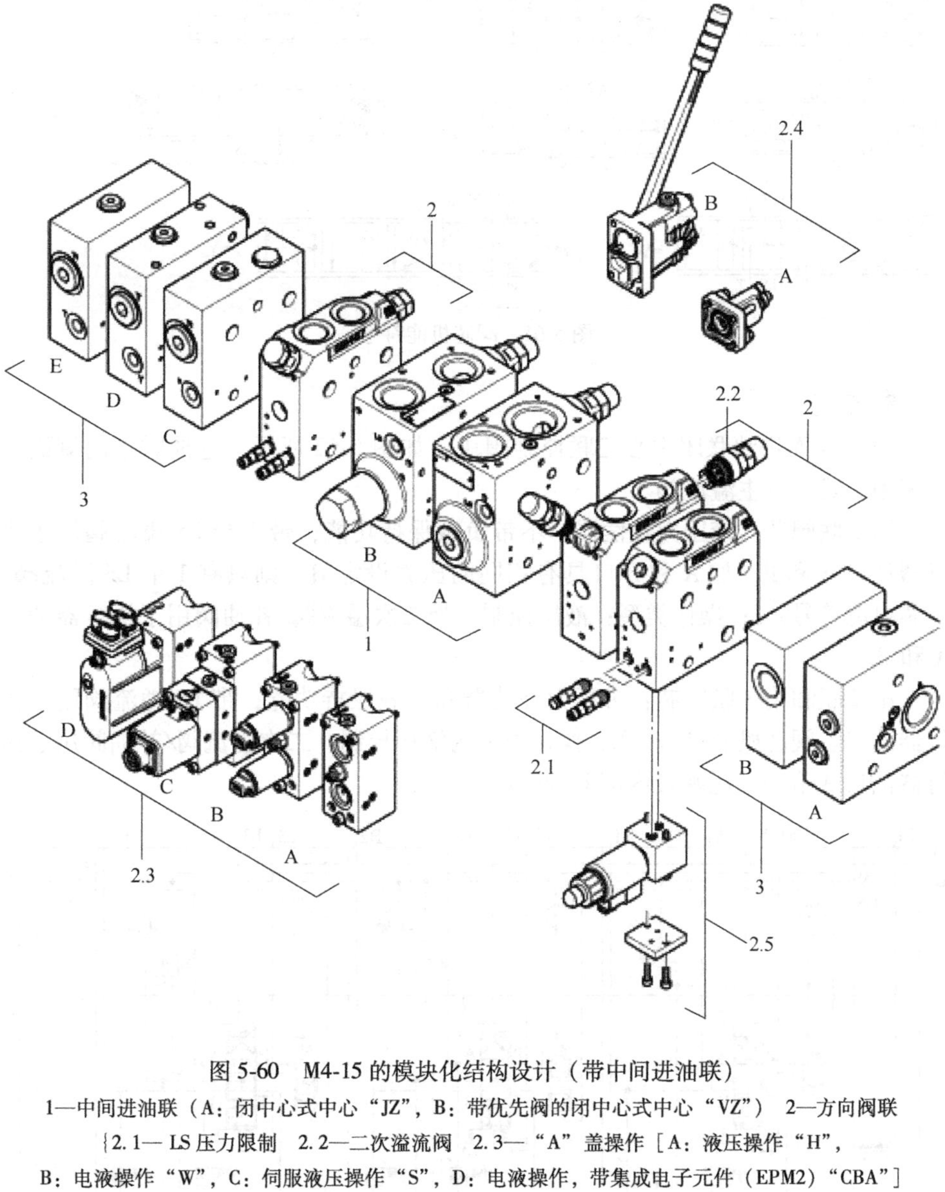

图 5-60　M4-15 的模块化结构设计（带中间进油联）

1—中间进油联（A：闭中心式中心“JZ”，B：带优先阀的闭中心式中心“VZ”）　2—方向阀联｛2.1— LS 压力限制　2.2—二次溢流阀　2.3—“A”盖操作［A：液压操作“H”，B：电液操作“W”，C：伺服液压操作“S”，D：电液操作，带集成电子元件（EPM2）“CBA”］　2.4—“B”盖操作（A：标准盖“-”，B：用手柄机械操作“K”）　2.5—电比例 LS 压力限制｝　3— 尾联（A：带外部优先油口的配流阀板“LVZ”，B：配流阀板“LU”，C：带 LS 卸载“LA”和“LZ”，D：带 LS 油口及先导供油“LAY”和“LZY”，E：带 LS 油口及先导供油“LAX”和“LZX”）

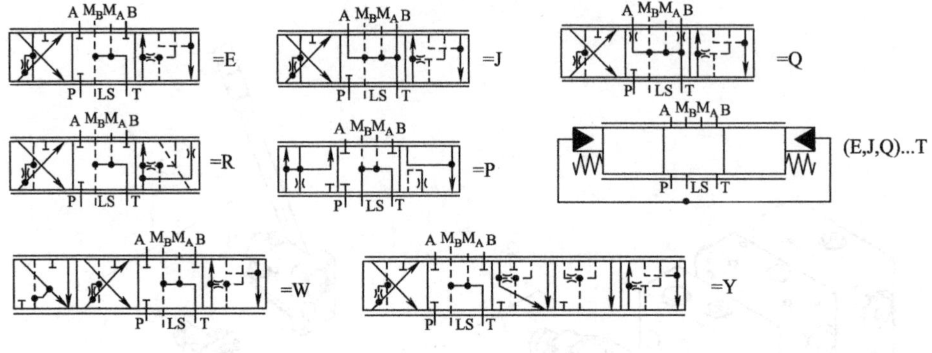

图 5-61 阀芯机能符号

5. 示例

（1）侧面进油联闭中心三联控制阀块 如图 5-62 所示，进油联采用侧面进油闭中心式，带主溢流阀。

第 1 联阀芯：带压力补偿器，不带负载保持功能；带 1 台 LS 溢流阀用于执行器油口 A 和 B，如 A 和 B 口具有相同的压力设定值，则只有 1 个 LS 溢流阀。阀芯机能符号：J；操作类型：液压控制。带二次溢流阀/补油阀用于执行器油口 A 和 B。

第 2 联和第 3 联阀芯：带压力补偿器和负载保持功能；带 LS 溢流阀用于执行器油口。阀芯机能符号、E；操作类型为液压控制。二次溢流阀/补油阀用于执行器油口 A 和 B。尾联带内部 LS 卸载。

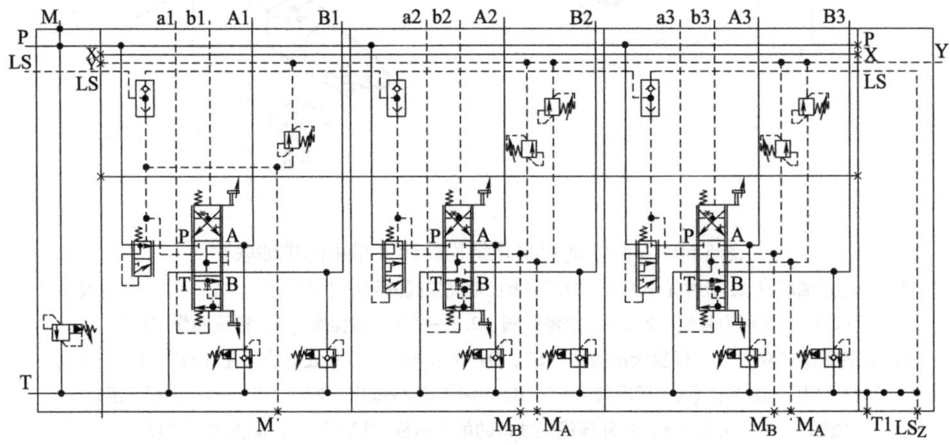

图 5-62 侧面进油联闭中心三联控制阀块

（2）中间进油联闭中心二联控制阀块 如图 5-63 所示，左端尾联为配流

阀板。

第 1 联阀芯不带压力补偿器，带负载保持功能，不带 LS 溢流阀（不可加装），阀芯机能符号：E，操作类型为电液比例操控，带越权手柄（随动），二次溢流阀孔堵死。

中间进油联为带优先阀（动态）的中间进油联，设置压力为 25MPa，主溢流阀设置压力为 30MPa。

第 2 联阀芯带压力补偿器和负载保持功能，带 LS 溢流阀，执行器油口 A 和执行器油口 B 可设置不同的溢流压力，带电比例压力限制。阀芯符号：E，操作类型：数字 OBE，带越权手柄（随动），二次溢流阀孔关闭。

尾联带内部 LS 卸载和先导供油，先导油有最高压力限制，管螺纹连接。

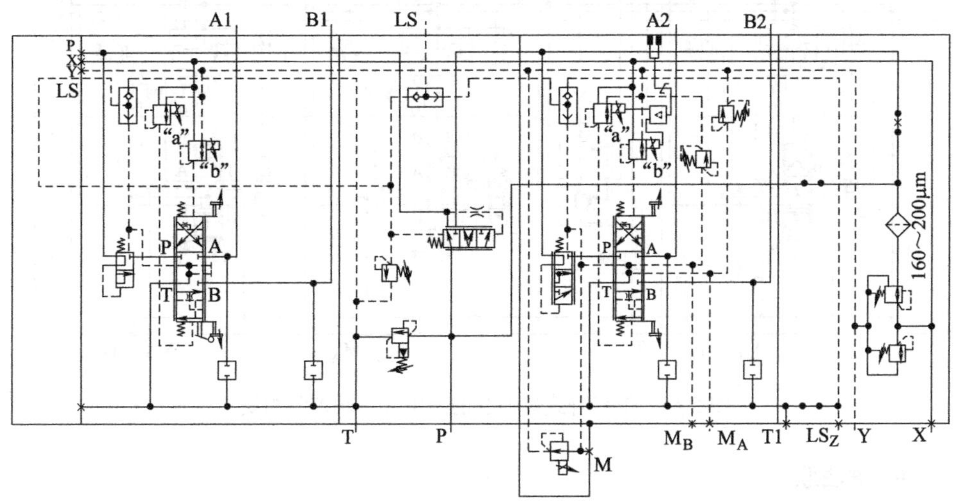

图 5-63　中间进油联闭中心二联控制阀块

（3）带组合式进油联的闭中心三联控制阀块　左端尾联为配流阀板，如图 5-64 所示。第 1 联阀芯为 M4-15，带压力补偿器，不带负载保持功能，带 LS 溢流阀，执行器油口 A 处的压力为 23MPa，执行器油口 B 已卸载，阀芯机能符号 E、B 中的流量连接已关闭。操作类型：数字 OBE（集成电子装置），带越权手柄（随动），二次溢流阀孔堵死

第 1 联用于 M4-12/15 方向阀联的过渡板，也称中间进油联，带主溢流阀和集成先导供油。

第 2 联和第 3 联阀芯 M4-12，带压力补偿器、负载保持功能和 LS 溢流阀，阀芯机能符号：E，操作类型：数字 OBE，不带二次溢流阀孔。

尾联 M4-12 带内部 LS 卸载，有 FKM 密封件，管螺纹连接。

在内部先导供油时，也可使用 X 连接引导用于其他执行器的先导油。然而，

这可能影响 M4-12 处的切换时间。在外部先导供油时，通常情况下不关闭“X”连接。如果不使用外部先导供油，需要将“X”关闭（例如，液压控制“H”时）。

如果在控制块中使用伺服液压操作，注意外部先导供油压力：$p_c = 3.3\text{MPa} + 0.2\text{MPa}$（常数），每个伺服液压阀芯的先导流量 $q_c = 2\text{L/min}$，对于进油联 P 口是必要的。

内部先导供油则最多允许 6 个伺服液压控制的阀芯，外部执行器不进行先导供油，Δp（进油联处的）需要的压差为 4.0MPa，在进油联中无内部先导供油。

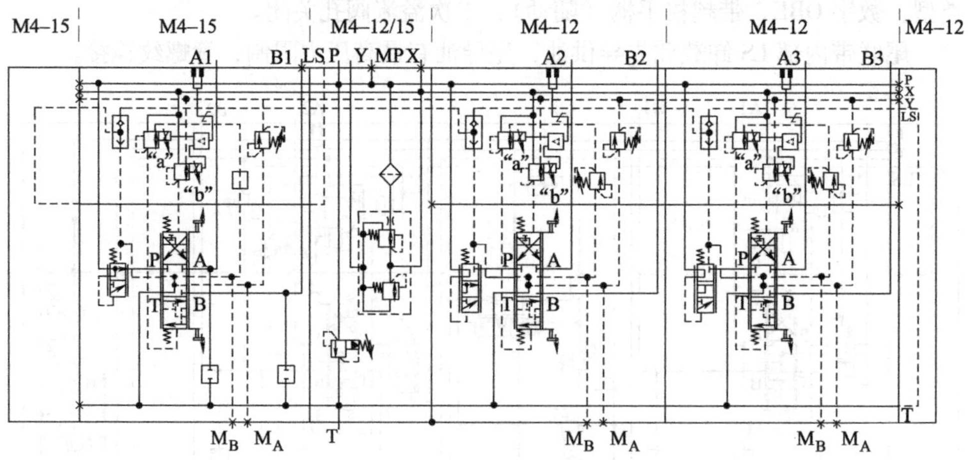

图 5-64　带组合式进油联的闭中心三联控制阀块

6. 进油联

M4-15 进油联的主要类型见表 5-13。

表 5-13　M4-15 进油联的主要类型

液压原理图	描　述
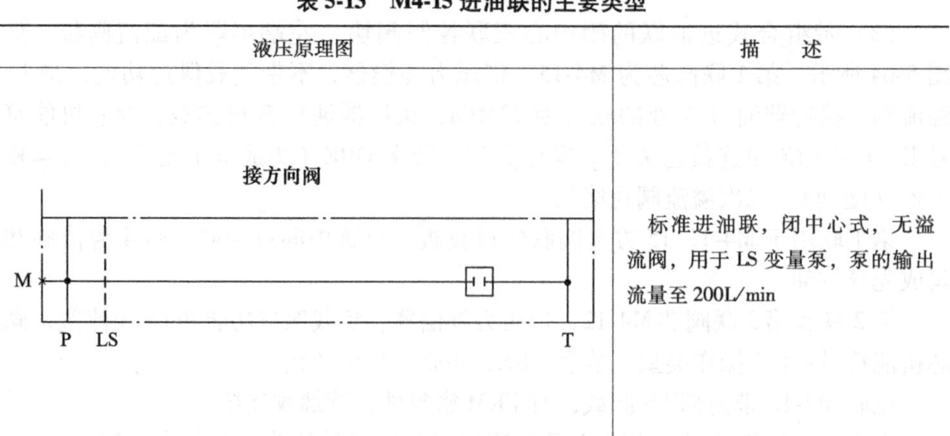	标准进油联，闭中心式，无溢流阀，用于 LS 变量泵，泵的输出流量至 200L/min

（续）

液压原理图	描　述
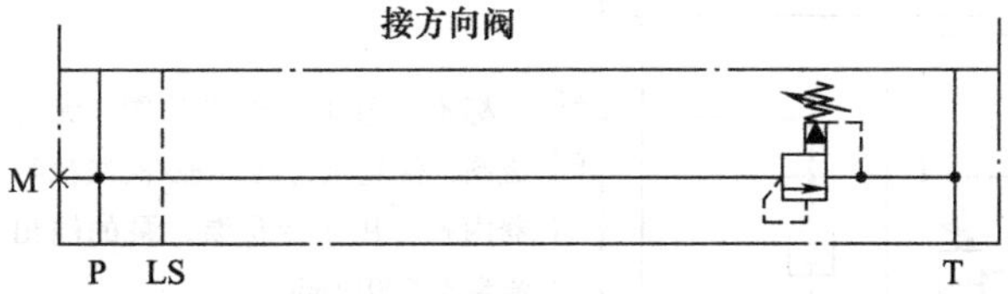 接方向阀 M P LS T	标准进油联，闭中心式，带溢流阀，用于 LS 变量泵，泵的输出流量至 200L/min
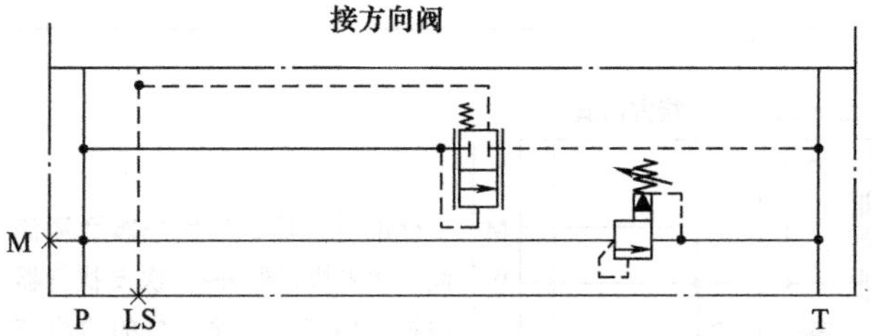 接方向阀 M P LS T	标准进油联开中心式，带主溢流阀，带有三通流量补偿器，适用于定量泵
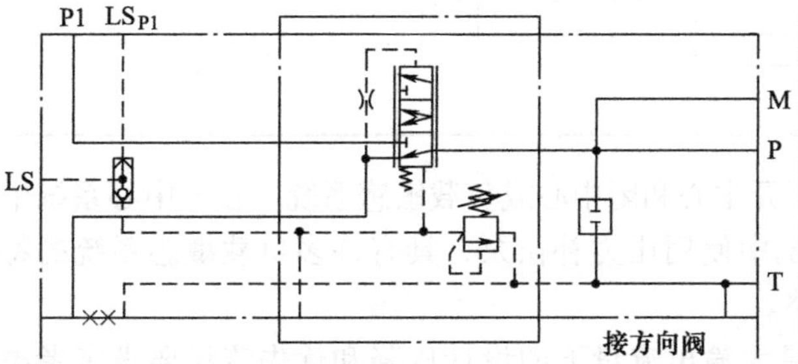 P1 LS_{P1} LS M P T 接方向阀	标准进油联，带优先阀，无溢流阀，优先执行器内控/次要执行器外控，用于变量泵，泵输出流量至 200L/min
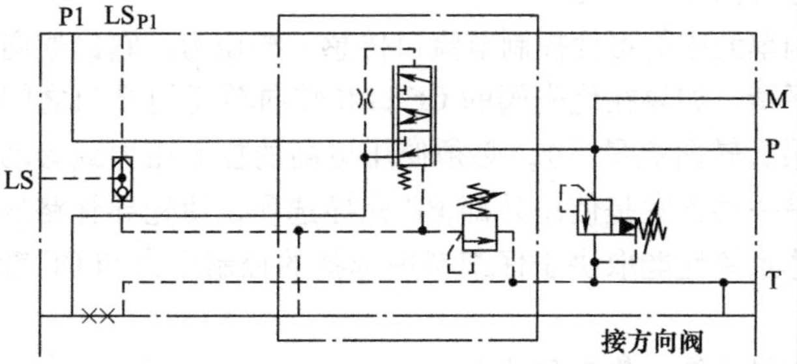 P1 LS_{P1} LS M P T 接方向阀	标准进油联，带优先阀，带溢流阀，优先执行器内控/次级执行器外控，用于变量泵，泵的输出流量至 200L/min

（续）

液压原理图	描　述
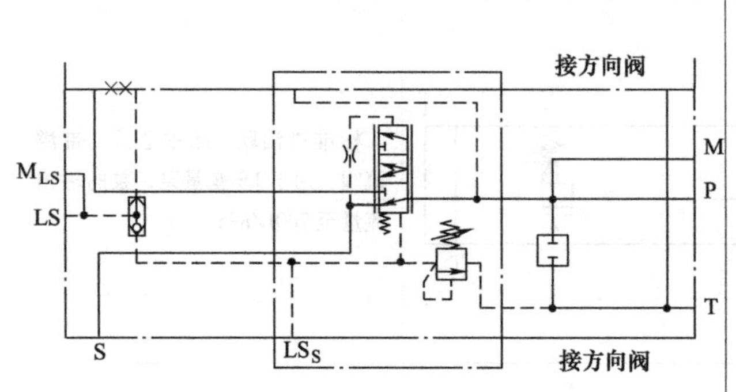	标准进油联，带优先阀，无溢流阀，优先执行器外控/次级执行器内控，用于变量泵，泵的输出流量至 200L/min
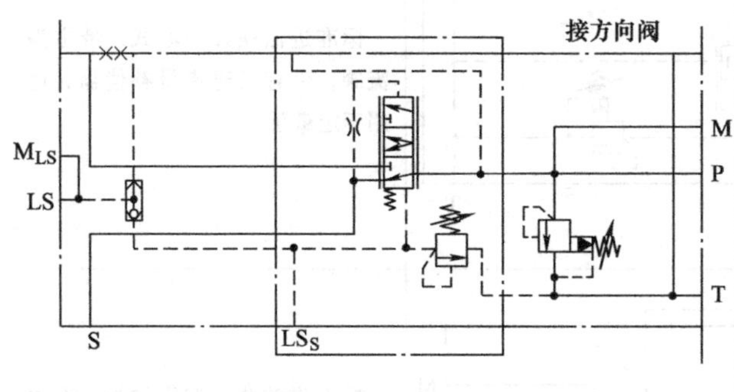	标准进油联，带优先阀和溢流阀，优先执行器外控/次要执行器内控，用于变量泵，泵的输出流量至 200L/min

负载敏感优先阀能够用于开中心和闭中心或负载敏感系统。在开中心系统中使用定量泵，或在闭中心系统中使用压力补偿泵，具有许多负载敏感系统的特征。多余流量可用于辅助回路。

优先阀的大小是根据泵最大输出流量下的设计压降和优先流量要求来考虑的。最低控制压力必须保证足够的转向流量而且必须和转向控制单元匹配。动态信号优先阀必须用于动态信号转向控制单元。

要求先导管路从转向控制单元中的可变控制节流口传感下游压力。它由通向优先阀芯对侧的内部通道来平衡。如果在优先阀的 CF 口和转向单元的 P 口之间的管路中有明显的压降（在最大转向流量下），必须使用更高的控制压力或者动态信号转向单元和优先阀。另一种方案是使用外部 PP 先导选项，使先导管路尽可能近地连接转向单元。总体系统性能取决于仔细考虑选择的控制压力和 CF 管路中的压降。

有两种型式的负载传感信号系统：静态和动态。

静态：用于响应或回路稳定性不成问题的传统应用场合。负载敏感先导管路应当不超过 2m。

动态：动态信号系统具有的优点，包括更快的转向响应，改善了寒冷气候下的起动性能，提高了对于最优系统性能的可靠性以及稳定性。此外，它减小了通过转向单元（轮反冲）的反向流动，这就能够去除进口单向阀。这种设计通过由节流口规格确定的“增压比”来提高 CF 弹簧差异。优先（CF）回路先导溢流阀在工厂设定的压力必须起码高于最高转向压力 2.0MPa。当达到 CF 溢流设定值时，除了溢流阀少量先导流量外，所有流量将直接进入多余流量（EF）回路。优先阀的上游要求有泵的压力补偿器或主溢流阀。压力补偿器或主溢流阀的设定压力必须起码高于 CF 溢流设定压力 1.0MPa。

优先阀上设有进油口 P、EF 油口、CF 油口和与转向器共用的回油口 T、LS 油口。优先阀的符号如图 5-65 所示。下面以优先阀连接有转向器为例说明其工作原理。

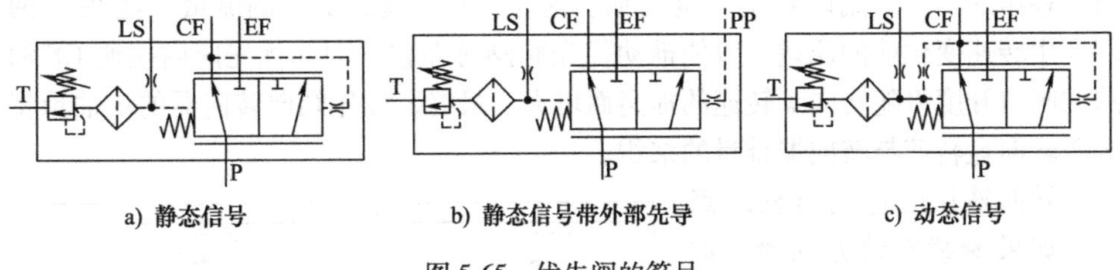

图 5-65　优先阀的符号

负载敏感全液压转向器和优先阀有动态信号和静态信号两种形式。当负载敏感转向器在中位（不转动转向盘）时，优先阀进油口的进油通过优先阀，绝大多数从 EF 油口到其他工作系统，优先阀的左进油口没有油。当负载敏感全液压转向器转向（转动转向盘）时，优先阀进油口的进油通过优先阀，首先保证转向器转向用油，多余的油再通过 EF 油口到其他工作系统。这时优先阀法兰面上的进油口与转向器的进油口相通，液压油进入转向器的进油口，通过转向器的配油机构、计量机构，到达转向器的左油口或右油口，转向器的左油口或右油口分别与优先阀的左油口或右油口相通，液压油通过优先阀的左油口或右油口到达液压缸的左侧或右侧。液压缸右侧或左侧的回油，通过优先阀的右油口或左油口到达转向器的右油口或左油口，进入转向器的内部，通过转向器的回油口回油。转向器的回油口与优先阀的回油口相通。转向器的回油通过优先阀的回油口回到油箱，完成左或右转向。

优先阀是一个定差减压元件，实际上是一个 3 通口 5 端口的定压差阀。无论负载压力和液压泵供油量如何变化，它在平衡位置时，阀芯两端压差等于弹簧压力，基本保持一个恒值。优先阀均能维持转向器内变节流口两端的压差基本不变，从而保证供给转向器的流量始终等于转向盘转速与转向器排量的乘积。

转向器处于中位时，如果发动机熄火，液压泵不供油，优先阀的控制弹簧把阀芯推向右，接通 CF 油路。发动机起动后，优先阀分配给 CF 油路的油液，流经转向器中位节流口 C_0产生压降。C_0两端的压力传到优先阀阀芯的两端，由此产生的液压力与弹簧力、液动力平衡，使阀芯处于一个平衡位置。

由于 C_0的液阻很大，只要流过很小的流量便可以产生足以推动优先阀阀芯左移的压差，进一步推动阀芯左移，开大 EF 阀口，关小 CF 阀口，所以流过 CF 油路的流量很小。

转动转向盘时，转向器的阀芯与阀套之间产生相对角位移，当角位移达到某值后，中位节流口 C_0完全关闭。油液流经转向器的变节流口 C_1产生压降。C_1两端的压力传到优先阀阀芯两端，迫使阀芯寻找新的平衡位置。如果转向盘的转速提高，在变化的瞬间，流过转向器的流量值小于转向盘转速与转向器排量的乘积、计量装置带动阀套的转速低于转向盘带动阀芯的转速，结果阀芯相对阀套的角位移增加，变节流口 C_1的开度增加。这时，只有流过更大的流量才能在 C_1两端产生转速变化前的压差，以便推动优先阀阀芯左移。因此优先阀内接通 CF 油路的阀口开度将随转向盘转速的提高而增大。最终，优先阀向转向器的供油量将等于转向盘转速与转向器排量的乘积。

转向液压缸达到行程终点时，如果继续转动方向盘，油液无法流向转向液压缸。这时负载压力迅速上升，变节流口 C_1两端的压差却迅速减小。当转向油路压力超过转向安全阀的调定值时，该阀开启。压力油流经节流口 C_2（LS 回路阻尼）产生压降，这个压差传到优先阀阀芯的两端，推动阀芯左移，迫使接通 CF 油路的阀口关小，接通 EF 油路的阀口开大，使转向油路的压力下降。

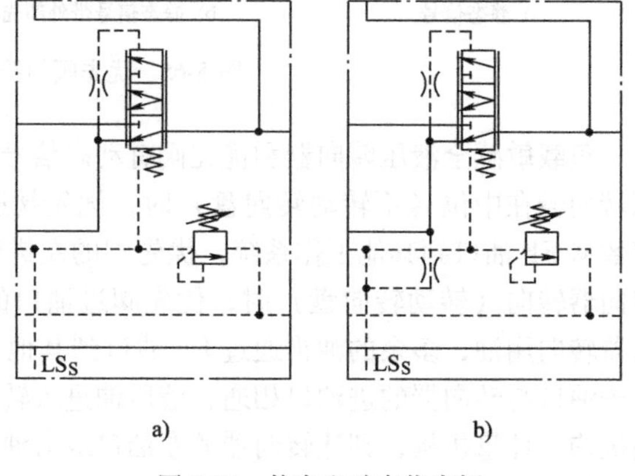

图 5-66 静态和动态优先阀

1）对于定量优先执行器，推荐选用静态优先阀块，如图 5-66a。

2）对于动态响应较高的执行器（例如转向），推荐使用动态优先阀，如图 5-66b。

7. 中间进油联

M4-15 中间进油联的主要类型见表 5-14。

表 5-14　M4-15 中间进油联的主要类型

液压原理图	描　述
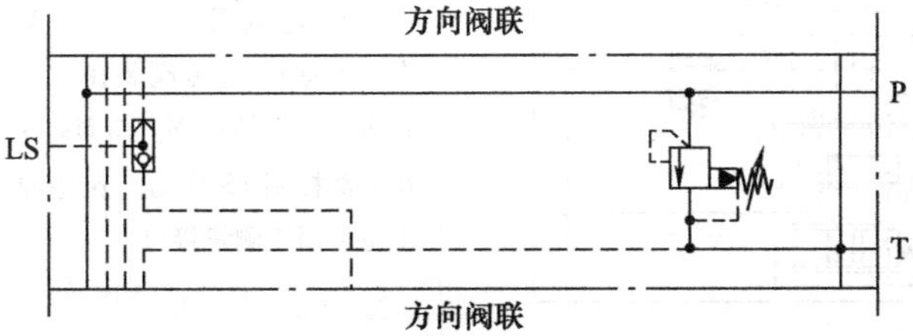 方向阀联 LS P T 方向阀联	中间进油联，闭中心式，带溢流阀（中间板式结构），用于 LS 变量泵，泵的输出流量至 300L/min
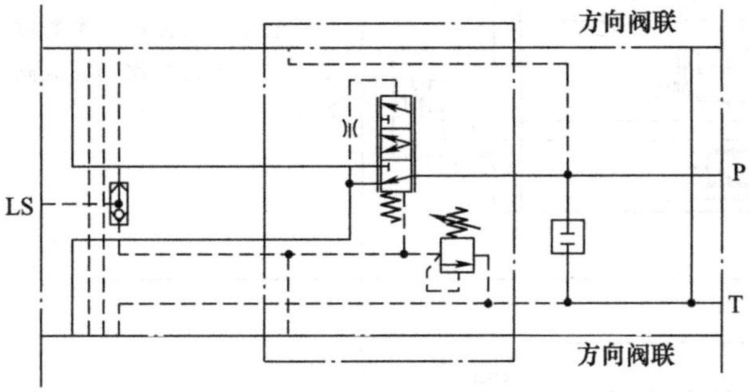 方向阀联 LS P T 方向阀联	中间进油联，带优先阀，无溢流阀，用于变量泵，泵的输出流量至 200L/min
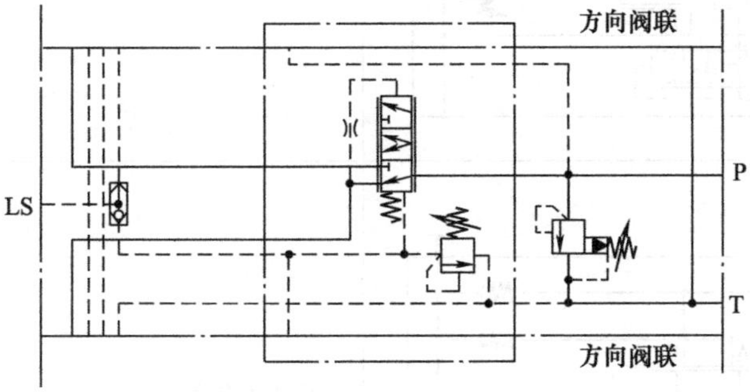 方向阀联 LS P T 方向阀联	中间进油联，带优先阀和溢流阀，用于变量泵，泵的输出流量至 200L/min

8. 带 LS 压力限制的方向阀联（工作联）（电比例/液压开关压力限制）

方向阀联的主要类型见表 5-15。

表 5-15 方向阀联的主要类型

液压原理图	描　述
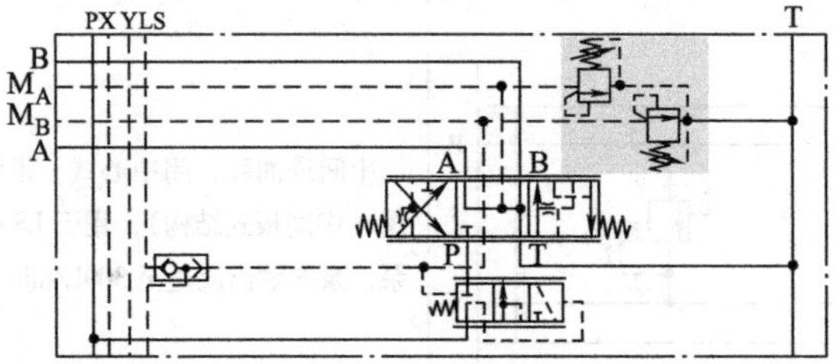	带 LS 溢流阀，在“M”型中，可将 LS 溢流阀装在方向阀联上。经油口 M_A 和 M_B 可在外部控制 LS 压力。这些油口也可用于测量接口
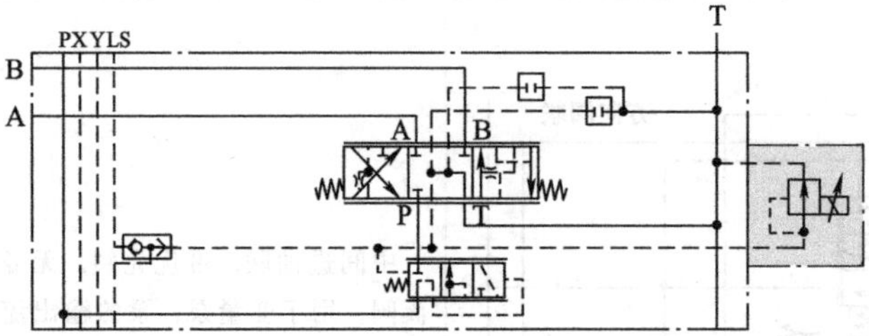	带电比例溢流阀，无测量油口，LS 压力由比例溢流阀调定
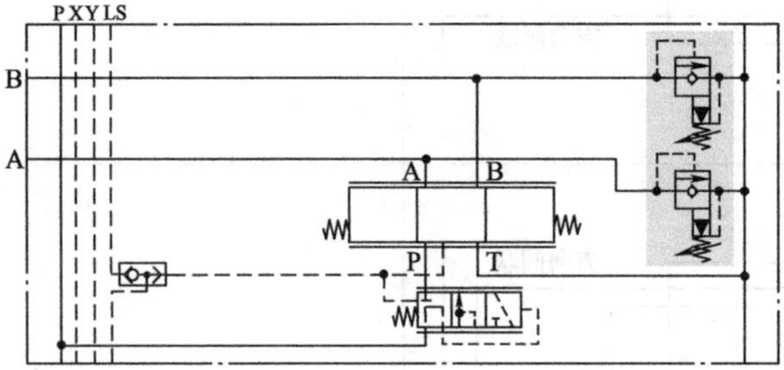	带二次压力溢流/补油阀，先导式
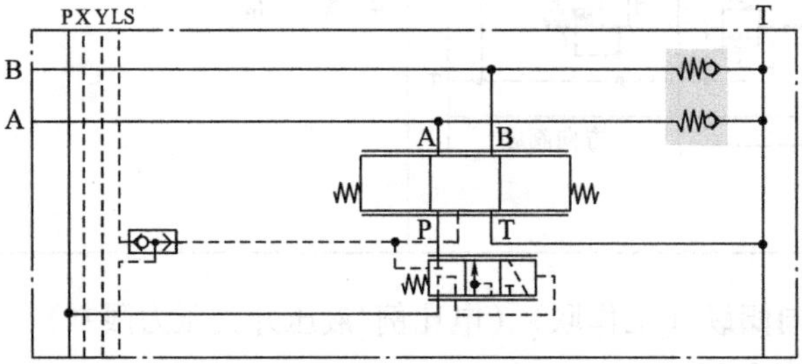	只带补油阀

（续）

液压原理图	描　　述
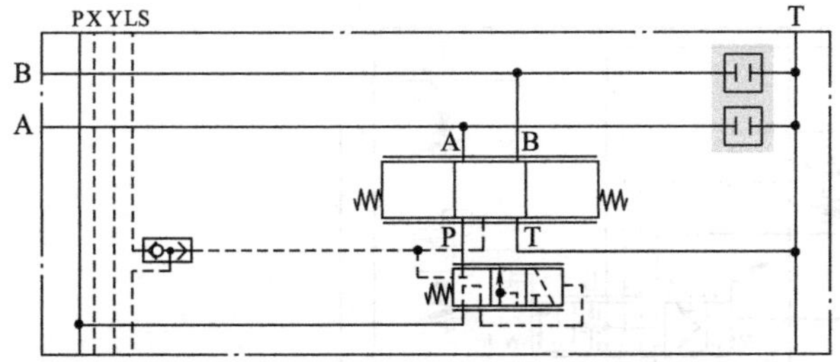	无二次阀，可补装
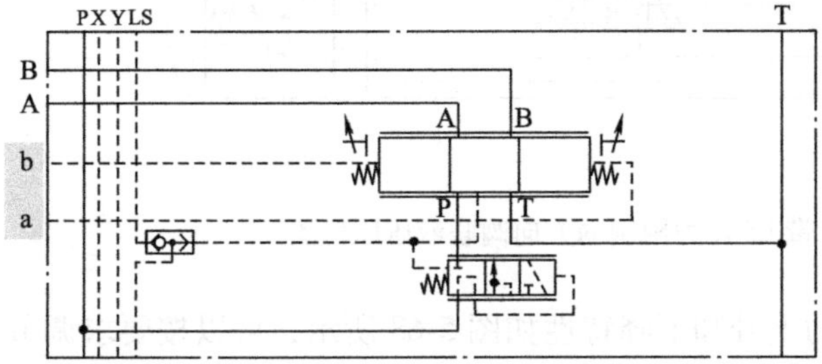	标准换向阀联，两侧装有阀芯行程限制器，液压控制
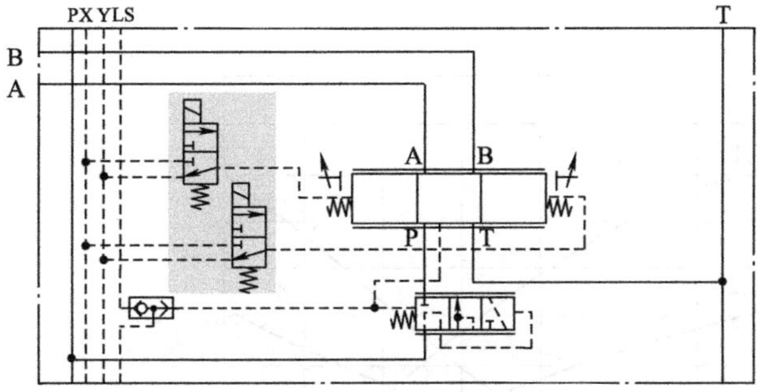	电液开关控制
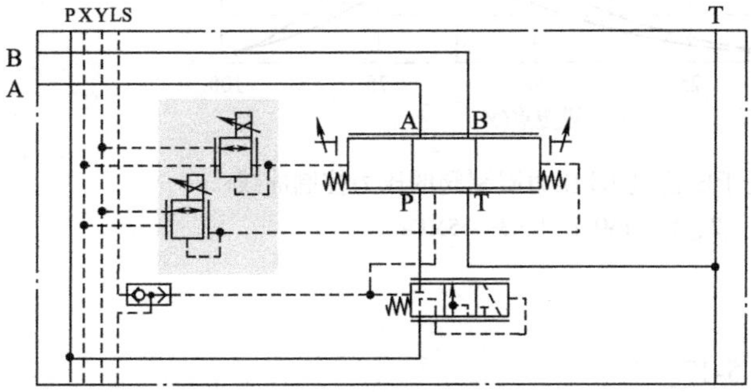	电液比例控制

选用电比例 LS 溢流阀，用于 LS 压力限制，液压原理图如图 5-67 所示。

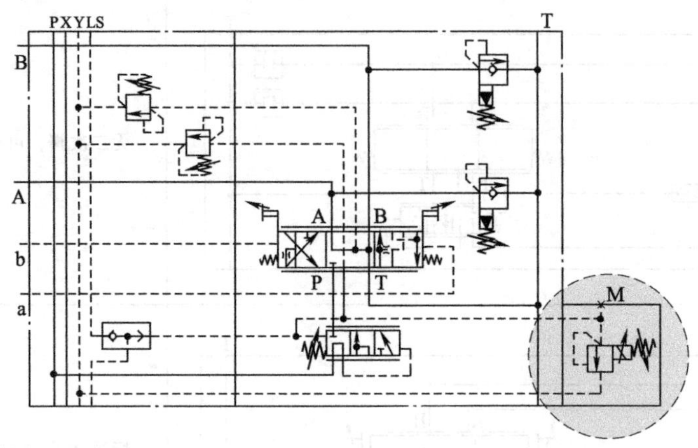

图 5-67 带 LS 压力限制的方向阀联液压原理图

电比例 LS 压力限制阀的上升和下降特性如图 5-68 所示，可以按要求调节比例压力阀使其满足系统的需求。

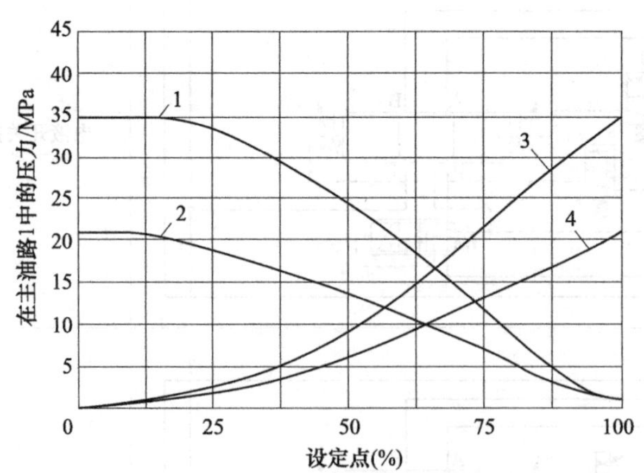

图 5-68 基于电比例 LS 压力限制阀的压力控制曲线

2、4—21MPa 1、3—35MPa

9. 回油联（尾联）

回油联的主要类型见表 5-17。

表 5-16　回油联的主要类型

液压原理图	描　述
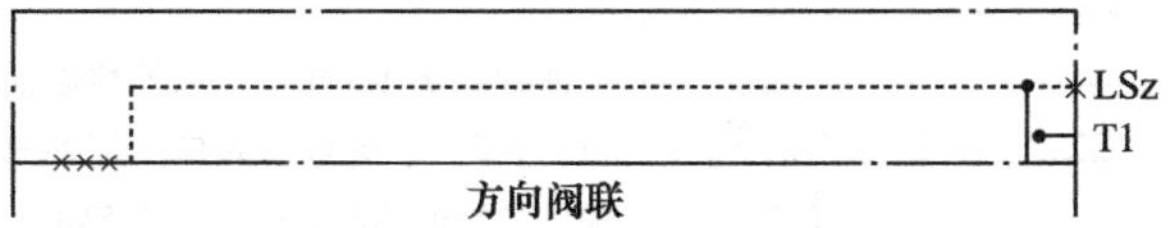 LSz T1 方向阀联	回油联，带 LS 卸荷
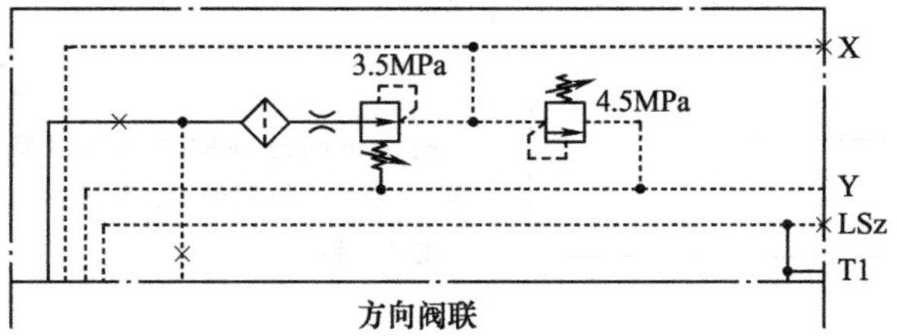 3.5MPa 4.5MPa X Y LSz T1 方向阀联	回油联带 LS 卸荷，加内置控制油油源，控制油取自 P 油路，减压阀出口压力降至 3.5MPa（固定设定值），溢流阀设定压力为 4.5MPa
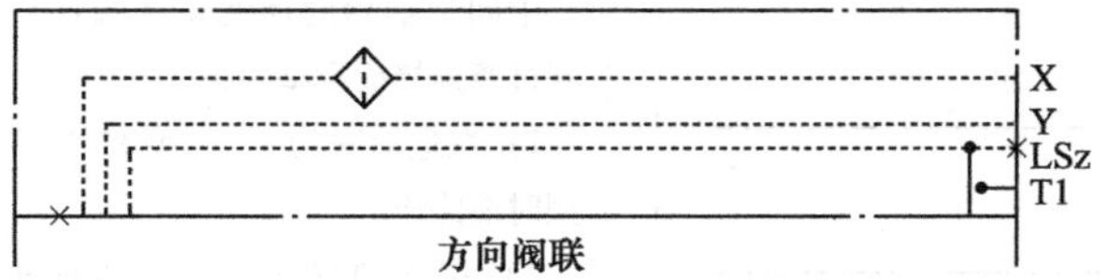 X Y LSz T1 方向阀联	回油联带 LS 卸荷，加外控制油口，须外部提供控制油，p_{stmax} = 3.5MPa
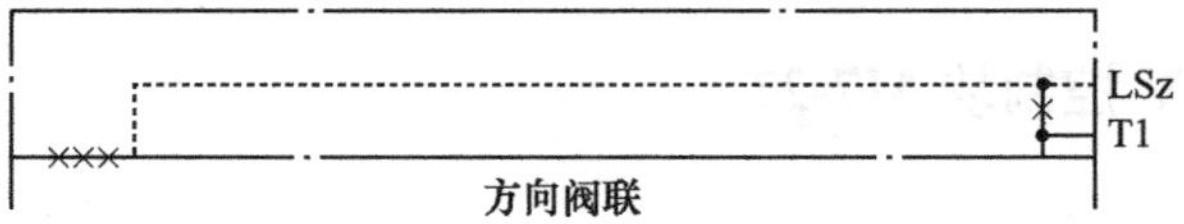 LSz T1 方向阀联	回油联无 LS 卸荷，并联 LS 信号输入口
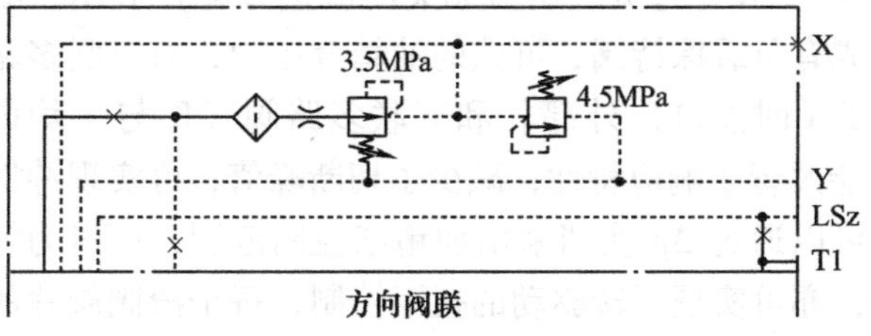 3.5MPa 4.5MPa X Y LSz T1 方向阀联	回油联无 LS 卸荷，加内置控制油油源，并联 LS 信号输入口，控制油取自 P 油路，减压阀出口压力降至 3.5MPa（固定设定值），溢流阀设定压力为 4.5MPa

（续）

液压原理图	描　述
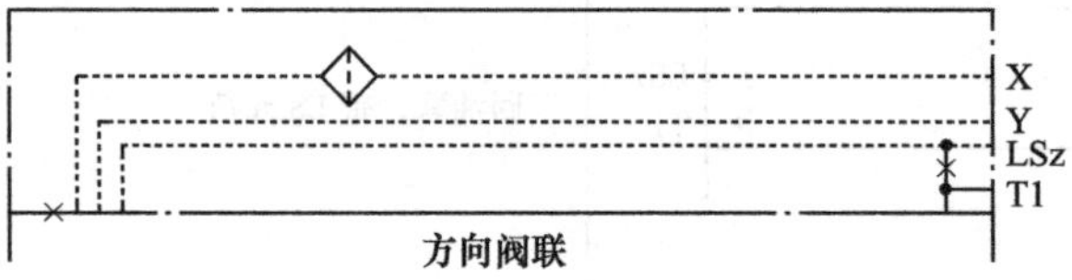 X Y LSz T1 方向阀联	回油联无 LS 卸荷，加外控制油口，并联 LS 信号输入口，须外部提供控制油油源，$p_{st\ max}$=3.5MPa
 方向阀联 S LSz	用于中间进油的回油联（端盖），带外接控制油口，可连接其他的执行器
 方向阀联	中间进油用的回油联（端盖），其过渡连接板类型为： 1）在进油联为“J”型和“P”型时油路通 2）在进油联为“V”型时油路通

5.3.4 整体式/片式 LUDV 控制块 M7-22

1. 概述

该型号的多路阀主要应用于普通起重机、普通挖掘机、拉铲挖掘机/履带牵引式起重机、物料搬运机和旋挖钻等。其特点是：

（1）系统方面　采用 LUDV 技术（与负载压力无关的流量分配）和闭中心滑阀结构，可用于变量泵。集成有负载保持阀、可选的油箱背压阀，有三联多路阀［K（冷却器油口）内部，T（回油口）外部］和五联多路阀（K 与 T 均内部）等结构。所具有的卸荷功能改善了响应特性，减少了切断峰值，可实现冲洗和冷却，并降低了气蚀风险。可以通过 Δp 换档来增加精细控制范围，可以为转向和其他执行器提供优先回路，亦可实现回转驱动的扭矩控制，每个滑阀阀片的最大流量可单独调节。

（2）结构方面　属于整体式/叠加阀板式：3 联或 5 联的基本块，可通过片式联扩展（最多 4 联），实心阀芯设计可使压力损失降低，可装 M7-20LS 片式联。此结构可以使用能量再生阀芯，实现差动控制，尾联带 P2 油口。控制形式：可实现液压控制和电液控制。其具有负载压力补偿功能，重复精度高，滞环低，可通过阀芯行程限制器进行压力调节，包含一次溢流阀（主溢流阀）和二次溢流阀（工作管路溢流阀），溢流阀结构采用先导式紧凑型插装阀，带补油功能。还具有 LS 限压功能（用于整个控制块的 LS 溢流阀）。

2. 工作原理和剖面图

M7-22 是符合 LUDV 原理（与负载压力无关的流量分配）的比例方向阀。其剖面图如图 5-69 所示，液压原理图如图 5-70 所示，其压力补偿器 4 安装在控制阀芯 6 和执行器油口（A，B）之间。所有执行器的最高负载压力传递到所有压力补偿器，同时也传递到泵。当泵流量不能为所有功能提供所需的额定流量时，LUDV 系统中的单个执行器不会停止动作，而是所有动作的速度将同比降低，这与标准 LS 系统不同。

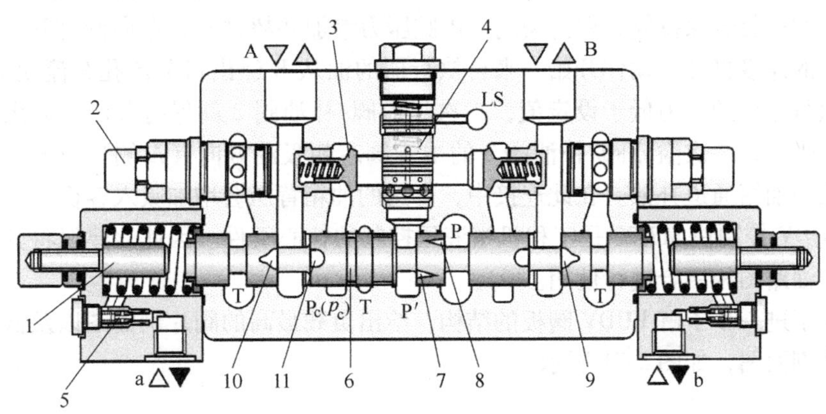

图 5-69　M7-22 多路阀剖面图

1—行程限制　2—二次溢流阀/补油阀　3—负载保持阀　4—LUDV 压力补偿器　5—先导压力缓冲梭阀　6—控制阀芯　7—供油节流槽 P→P′→A　8—供油节流槽 P→P′→B　9—出口节流孔 B→T　10—出口节流孔 A→T　11—换向槽 P→A（P→B 与之对应）

当主阀芯处于中位（a 口或 b 口无先导压力），液压泵与 P′腔的连接被主阀芯切断。负载保持阀和压力补偿器关闭。通过阀体内控制阀芯的正遮盖，执行器的油口处于关闭状态。LUDV 压力补偿器由一个控制阀芯和一个压缩弹簧组成，压缩弹簧确定了控制阀芯的初始位置，该弹簧仅约相当于 0.06MPa，用于支撑压力补偿器阀芯的重量，使压力补偿器在开始时处于关闭状态。来自先导控制单元的先导油按压力大小比例作用于控阀芯 6，与弹簧力相对应。控制阀芯的供油节

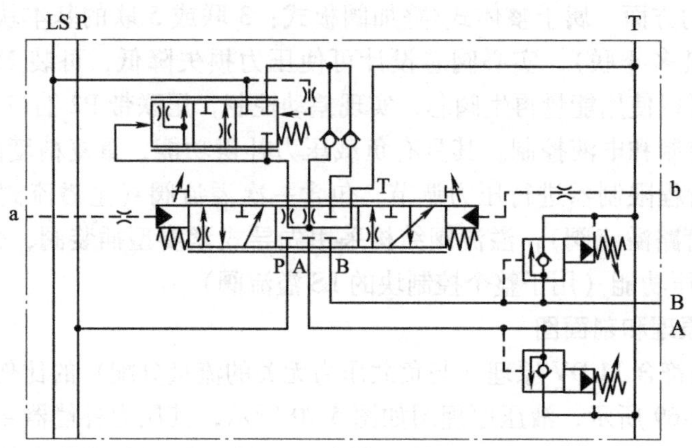

图 5-70　M7-22 多路阀液压原理图

流槽 7 打开泵油口 P 至 P′通道的连接。在此区域的压力打开 LUDV 压力补偿器 4 并最终作用于负载保持阀 3。A 口的执行器压力 p_c 经主阀芯上的换向槽 11 内的流道使左边负载保持阀 3 保持关闭。P′腔压力增加并超过 p_c，单向阀打开。泵至执行器的连接打开，动作开始。来自执行器的油从 B 经出口节流孔 9 流回油箱。只要执行器口的压力低于设定值，二次溢流阀/补油阀 2 就保持关闭。如果执行器发生吸空，二次溢流阀/补油阀 2 的主锥阀芯朝吸油方向（A 侧）打开，从阀内预压的油箱通道补油。在此连接中，可选的油箱背压会增加吸入容积。

LUDV 控制块 M7-22 是工程机械液压控制的核心组件。因此，建议将其与整体液压油路图相结合进行使用。

为了进一步了解 LUDV 阀板的结构，给出负载最高的阀片剖面图以及低负载的阀片剖面图，如图 5-71 所示。

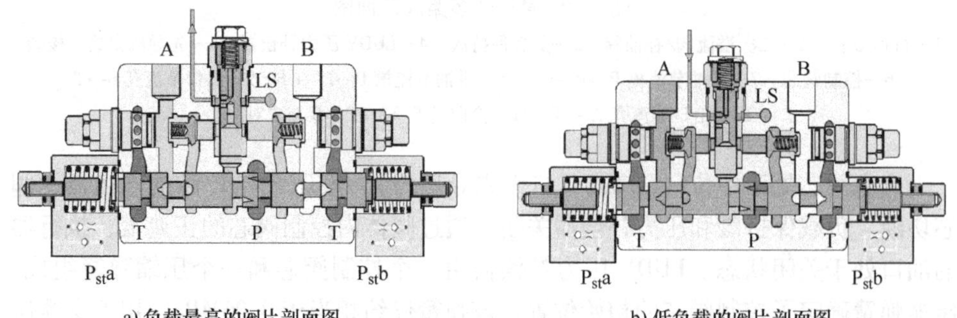

图 5-71　LUDV 阀片结构

3. 控制阀芯的机能

控制阀芯的主要机能见表 5-18。主要有 E、J、Q、R 四种机能。

表 5-17　控制阀芯主要机能

订货代码+流量规格/(L/min)	主　要　应　用	机　能　符　号
E…—…	液压缸作为执行器 中位时 A/B 口关闭的阀芯	P′ Pc Pc T P A B
J…—…	液压马达作为执行器 中位时 A/B→T 的阀芯	P′ Pc Pc T P A B
Q…—…	液压缸和液压马达作为执行器，与防爆阀、单向节流阀和下降制动阀连接 中位时规定剩余开口 A/B→T 的阀芯	P′ Pc Pc T P A B
R…—…	具有再生功能的 E 型阀芯 控制阀芯 P/B→A	P′ Pc Pc T P A B

4. 组合方式

M7-22 由一个 3 联或 5 联整体式 LUDV 多路阀组成，在整体多路阀的正面可安装一组最多为 4 片 LUDV 阀板（带或不带分片联）和相应的终端板。在另一面上可安装最多 3 联 LUDV 阀板，带终端板。多路阀阀芯的数量为整体多路阀阀芯的数量和附装的 LUDV 及 LS 阀板的数量之和。

（1）变型 1，如图 5-72 所示。

（2）变型 2，如图 5-73 所示。

5. 液压原理图（示例）

液压原理示例如图 5-74 所示，分别由一个 3 联整体阀加上两个单联阀板以及两块终端板构成。K 油口通常接冷却器，T 油口接油箱。

在图 5-74 中共有 5 个主阀芯，包括 3 联整体式多路阀，1 个 LUDV 阀板（第 1 组），1 个 LS 分片阀板，带 P2 口的端板（LUDV 终端板）和无附加功能端板（LS 终端板）。

在三联整体阀中，集成有以下 2 台阀。分别是：

执行器A侧
执行器B侧
阀芯号
端板(带P)
02
1M7-20/LS
01
1M7-20/LS
1
2
3
4
5
5M7-22/LUDV
液压
1M7-20/LUDV
6
7
端板(带P)

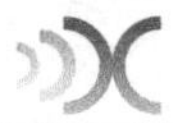

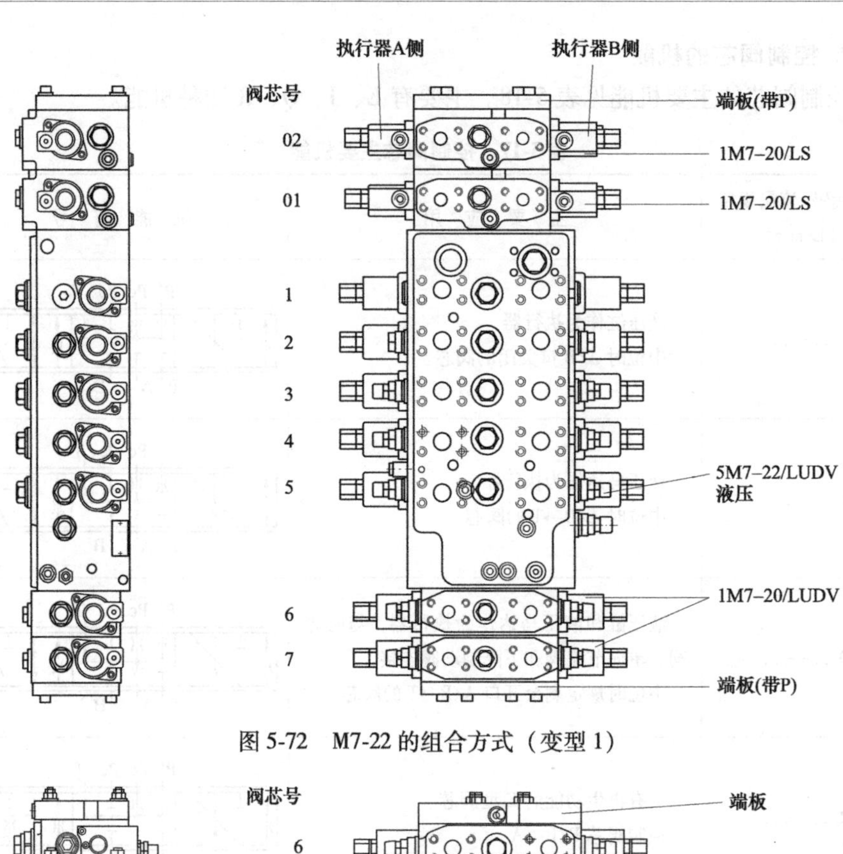

图 5-72 M7-22 的组合方式（变型 1）

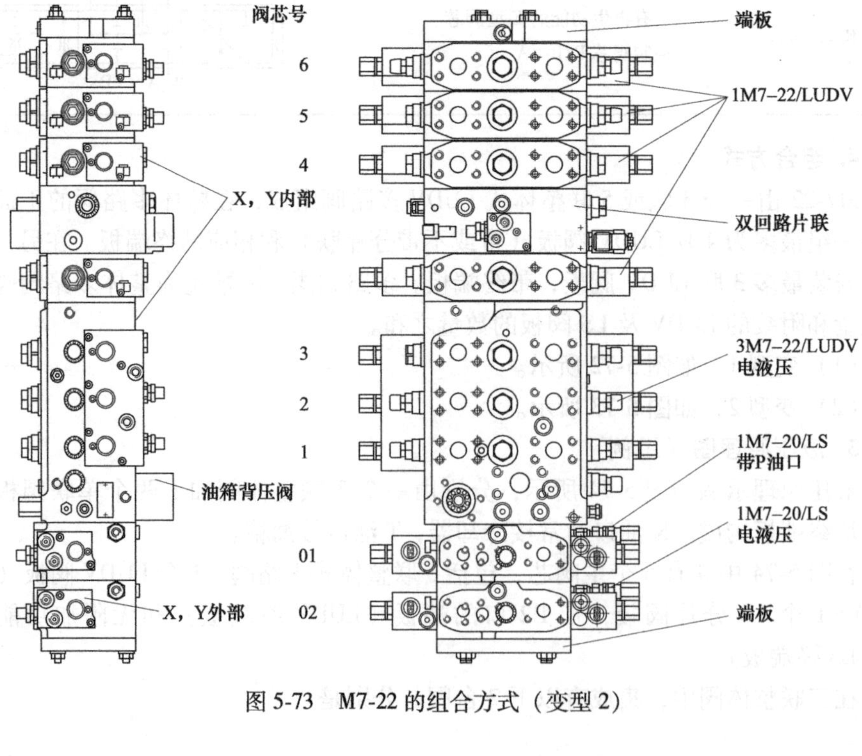

阀芯号
端板
6
5
1M7-22/LUDV
4
X，Y内部
双回路片联
3
3M7-22/LUDV
电液压
2
1
1M7-20/LS
带P油口
油箱背压阀
1M7-20/LS
电液压
01
X，Y外部
02
端板

图 5-73 M7-22 的组合方式（变型 2）

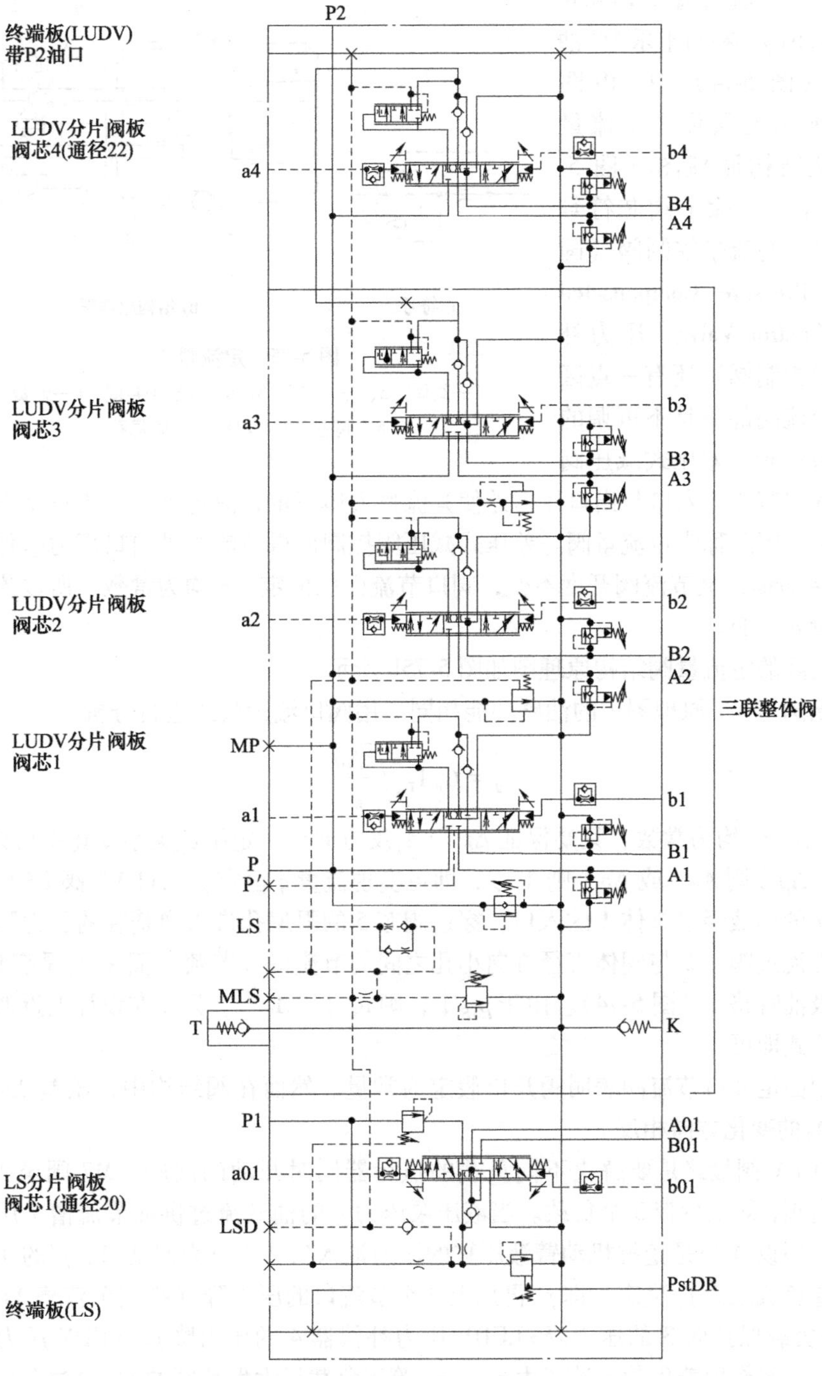

图 5-74　液压原理图示例

（1）定流量阀（Constant Flow Valve） 在力士乐 M7 油路图（图 5-74）中，由图 5-75a所示的阀称为定流量阀。从结构原理图（图 5-75b）上看，除了阀芯符号居中外，与流量控制阀（国外叫 Pressure Compensated Flow Control Valve，压力补偿流量控制阀）还有一点区别：节流阀部分是不可调的固定节流阀。差压式减压阀控制固定节流阀入口与出口压力差使其流量大体恒定，流过该阀的流量基本上是定流量，因此称为定流量阀。差压式减压阀控制使得节流阀进出口压力差保持不变 Δp=const；又节流阀开度不变，阀口节流面积恒定，ρ 均为常数，所以流经阀的流量 q 不变。

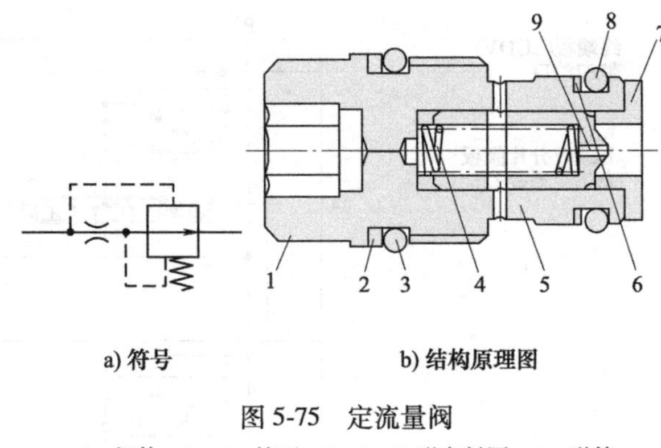

a) 符号　　b) 结构原理图

图 5-75　定流量阀

1—阀体　2、6—挡环　3、8—O 形密封圈　4—弹簧　5—阀芯　7—阀座　9—阻尼孔

实际的定流量阀结构原理图如图 5-75b 所示。

该阀与 M7 原理图中的油路功能相同。用阀口流量公式进行分析：

$$q = C_d A_T \sqrt{\frac{2\Delta p}{\rho}}$$

因为，ρ、C_d均为常数，只要保证 Δp 与 A_T反方向按一定函数关系变化就可以使 q 不变：$\Delta p\downarrow$则 $A_T\uparrow$或 $\Delta p\uparrow$则 $A_T\downarrow$，即可实现流量 q 恒定。来自 M7 阀 LS 口的压力为 p_s的油液经过阀体 1 的入口，穿过阀芯 5 的阻尼孔进入弹簧腔的压力降低为 p_{ss}。再流过阀芯 5 与阀体直径方向小孔之间的节流口（节流口面积 A_T是变化的）进入吸油管路 T（图 5-74）。由于 $p_{LS}\downarrow$，则 $p_{ss}\downarrow$、$A_T\uparrow$。只要在设计上近似保证上述公式即可。

用固定开口节流阀表明阀开口假定为常量。然而在阀结构中，压差 Δp 与开口量 A_T的变化方向相反。

LUDV 阀最终是要解决不同负载的执行器同时开动的问题。M7 阀至少有 3 片换向阀，即至少带 3 个负载。当液压泵压力 p 的油液流过供油节流槽 7 压力降为 p'，假设 A 口是挖掘机动臂液压缸的压力油入口，B 口为回油口，p'的压力值由动臂负载压力 p_A决定，即 p_A再加上 3 个节流口的压力降（换向节流槽 11 的压力降+负载保持阀 3 的压力降+LUDV 压力补偿器 4 的压力降）。LUDV 压力补偿器 4 的顶部作用着负载敏感压力 p_{LS}。p_{LS}等于负载最大那片阀的 p'+穿过孔道的压力降，忽略此压力降，$p_{LS}\approx p'_{max}$。各个阀片 LS 口连通起来组成 LS 管路。液压泵

的压力为 p 的管路与压力为 p_{LS} 的负载敏感管路双双与阀 2 相连。

假设 LS 管路敞开，没有定流量阀，则 p_{LS} 的压力不能建立起来，接近 0；如果 LS 管路被堵死，当最大负载变化时，p_{LS} 可能及时随动。

设置定流量阀的目的，是保证在最大负载变化时 p_{LS} 随动变化。至于定流量阀的定流量值设计为多少，与随动的动态品质有关：流量设定太大，响应固然快，但 p_{LS} 未必能建立起足够的压力；流量设定太小，响应太慢以至于新的最高负载压力尚未响应，前面的参数仍然占据 LS 管路。多路阀研发厂家通过计算与实验相结合的手段加以解决。设定流量之后安装定流量阀。整个 M7 阀出厂后，定流量阀不需要调整。一般这个值是 0.7L/min。

（2）差压式顺序阀（溢流阀）（Sequence (Relief) Valve with Differential Pressure Controlled）　力士乐 M7 阀液压原理示例图（图 5-74）中由图 5-76a 表示的阀被称作差压式溢流阀。力士乐公司称此阀为 Three-way Pressure Compensator，即三通压力补偿器。按照我国习惯，应该称为差压式溢流阀。所谓差压式溢流阀，是指该阀是由两个压力之差控制阀芯：即用液压泵的压力 p 和负载敏感压力 p_{LS} 的压力之差控制阀芯，常态位，阀芯在旁边，阀关闭。

差压式溢流阀剖面图如图 5-76b 所示。

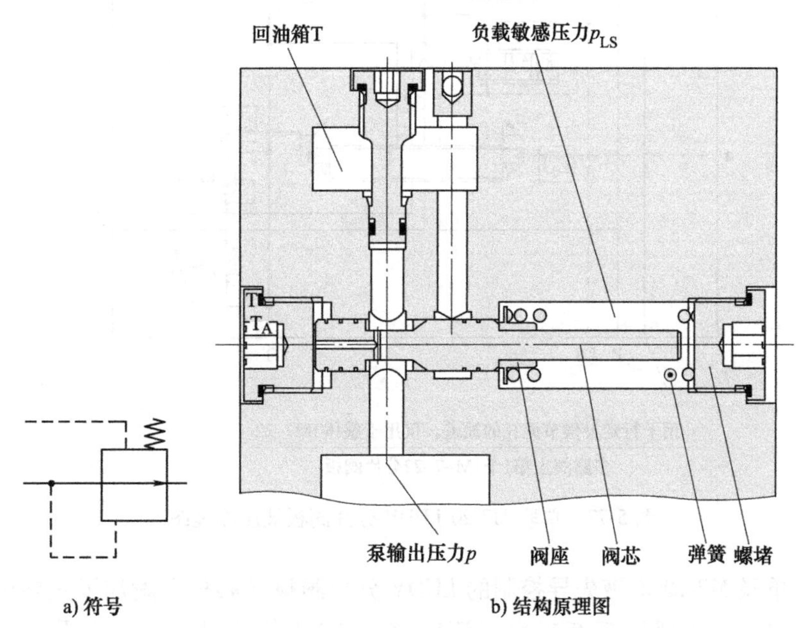

图 5-76　M7 阀中差压式溢流阀剖面图

液压泵输出压力 p 经过阀芯的直径方向的小孔和中心孔注入阀芯的左端，负载敏感压力 p_{LS} 引入阀芯的右端。如果阀芯两端压力差 $\Delta p = p - p_{LS}$ 超过调定值，阀

芯右移，打开 P 通往 T 之间的开口，降低 p 值，使压力差 Δp 恢复原值。

差压式溢流阀只保证阀片节流压差 $\Delta p=p-p_{LS}$ 为恒定值，如果超过此值，则开口增大，卸除部分压力。但卸除的压力并不多，流量也不大，因为压差 Δp 增大的同时，变量泵就减小排量。特别是在所有阀片都停止工作时，液压泵压力 p 急剧升高，即 $\Delta p=p-p_{LS}$ 急剧升高，此刻，变量泵减小排量和差压式顺序阀打开放油的同时继续工作，可以迅速卸荷。这是压力卸荷与流量卸荷并举的卸荷方式。

从阀结构原理图可知，该阀的功能为：压差 Δp 与开口量 A_T 的变化方向相反。定流量阀是负载敏感系统建立负载敏感压力 p_{LS} 不可缺少的元件，影响到 p_{LS} 的响应时间。

6. 其他元件

1）单联 M7-20 或 M7-22 属于 LUDV 分片阀板，阀芯采用液压先导控制（主阀芯的开关速度可以调节，阀芯行程限制装置可实现精确流量调节），配有工作油口二次溢流阀/补油阀，具有负载保持阀，液压原理图如图 5-77 所示，最大流量为 250L/min。

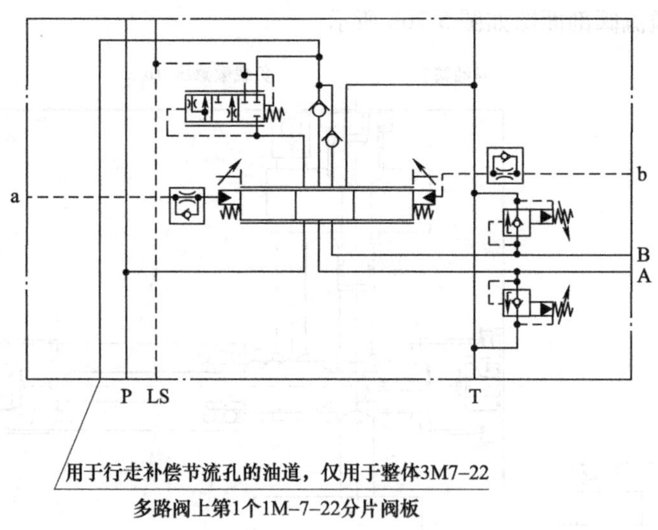

用于行走补偿节流孔的油道，仅用于整体3M7–22多路阀上第1个1M–7–22分片阀板

图 5-77　单联 M7-20 LUDV 分片阀板液压原理图

2）单联 M7-22 电液先导控制的 LUDV 分片阀板（阀板上附加了先导压力口 X_a，X_b，X、Y 内部）带有二次溢流阀/补油阀和负载保持阀，液压原理图如图 5-78所示。

3）LS 分片阀板带 LS 溢流阀、电液先导控制和负载保持阀，可以不要二级安全阀，液压原理图如图 5-79 所示。

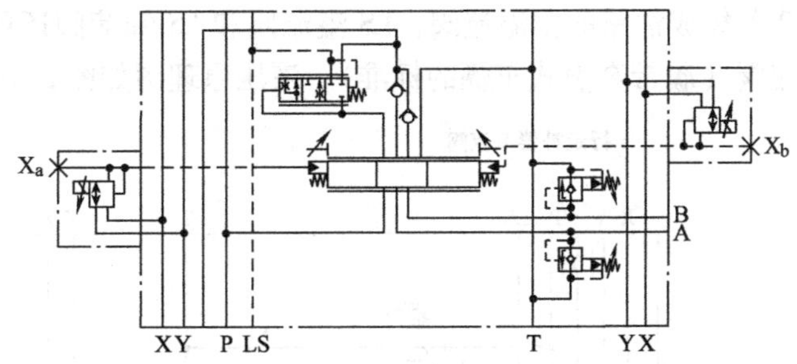

图 5-78　单联 M7-20 电液先导控制的 LUDV 分片阀板液压原理图

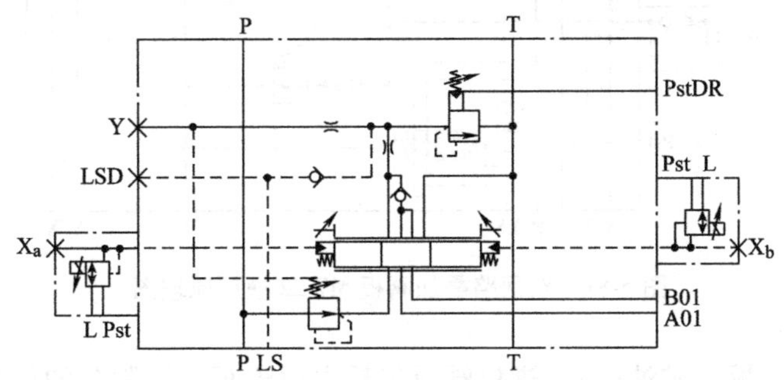

图 5-79　单联 M7-20LS 分片阀板液压原理图

4）单联 M7-20 LS 方向阀板（例如，用于执行器：回转驱动，夹具）带 LS 溢流阀（也可用作转矩控制），采用液压先导控制（主阀芯的开关速度可以调节，阀芯行程限制装置可实现精确流量调节），带负载保持阀，可以不要二级安全阀（无二次溢流阀），最大流量为 200L/min，液压原理图如图 5-80 所示。

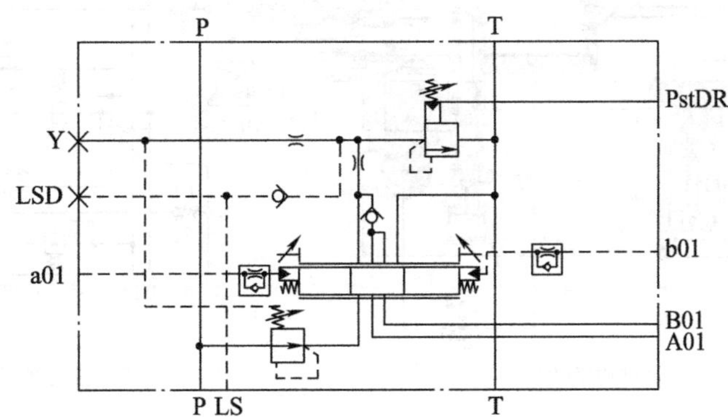

图 5-80　单联 M7-20 LS 方向阀板（不带二次溢流阀）液压原理图

5）双回路叠加阀板 M7-22，双回路阀用于 P1 与 P2（LS1 与 LS2）的连接/

断开，用于第 2 条集成油路的主溢流阀，LS 溢流阀和 LS 卸荷阀还可以关闭集成的行走补偿节流阀（履带牵引式车辆的标准）。液压原理图如图 5-81 所示。

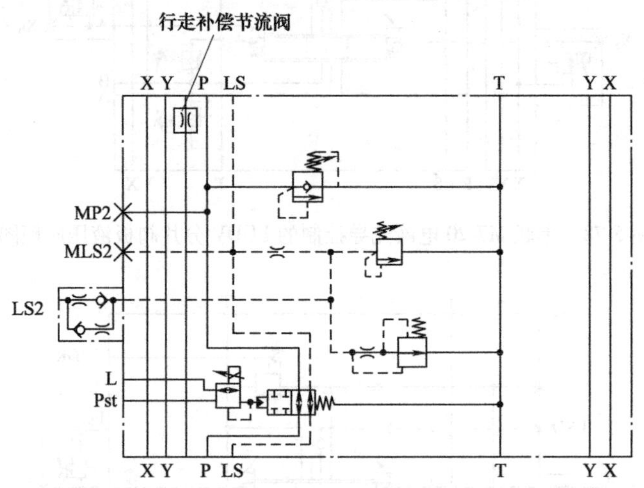

图 5-81 双回路叠加阀板 M7-22 液压原理图

6）进口阀板（进油联），进口阀板包括主溢流阀 1 限制泵的最高工作压力，LS 油液排放阀（恒流量阀 6）用于定量排放 LS 油路的油液，LS 压力限制阀 9 用于限制 LS 油路的最大工作压力。三通流量补偿器用于实现 LS 控制。p_1的参考值为 0.35MPa，p_2的参考值为 0.6MPa，如图 5-82 所示。

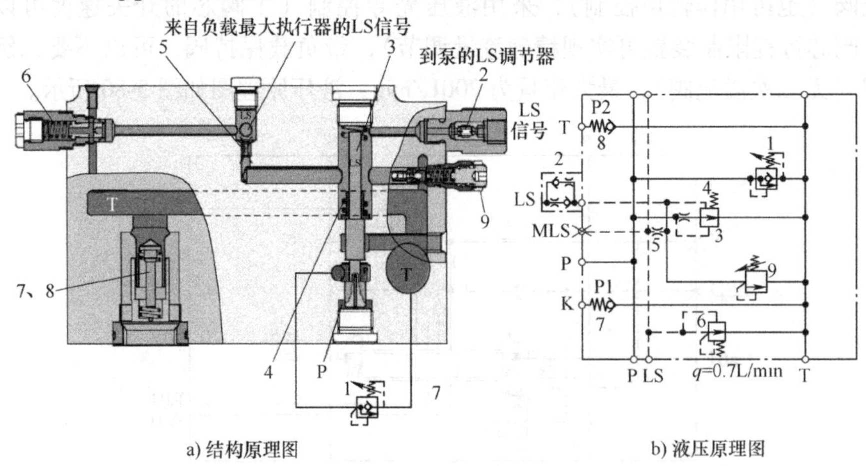

a) 结构原理图 b) 液压原理图

图 5-82 进口阀板

1—主溢流阀（仅示意图） 2—LS 梭阀 3—三通压力补偿器柱塞 4—三通压力补偿器弹簧 5—LS 中心阻尼孔 6—LS 油液排放阀（定流量阀） 7、8—油箱和冷却器管路预充功能（$p_1<p_2$） 9—LS 压力限制阀（带/不带压力顺序级）

M7 多路阀的特性曲线如图 5-83 所示。

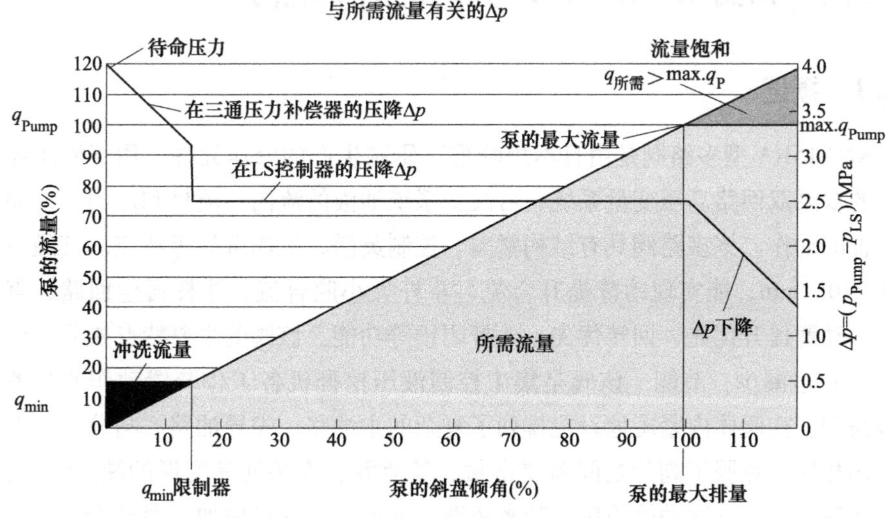

图 5-83　M7 多路阀的特性曲线

7. LUDV 控制回路系统应用举例

例如用于 15t 轮式挖掘机，采用了 2 片 SX 阀板，3 片整体式 M7 和一片 M8 阀片，由一台 A10VO 泵驱动 A2FE 马达实现开中心回路控制，如图 5-84 所示。

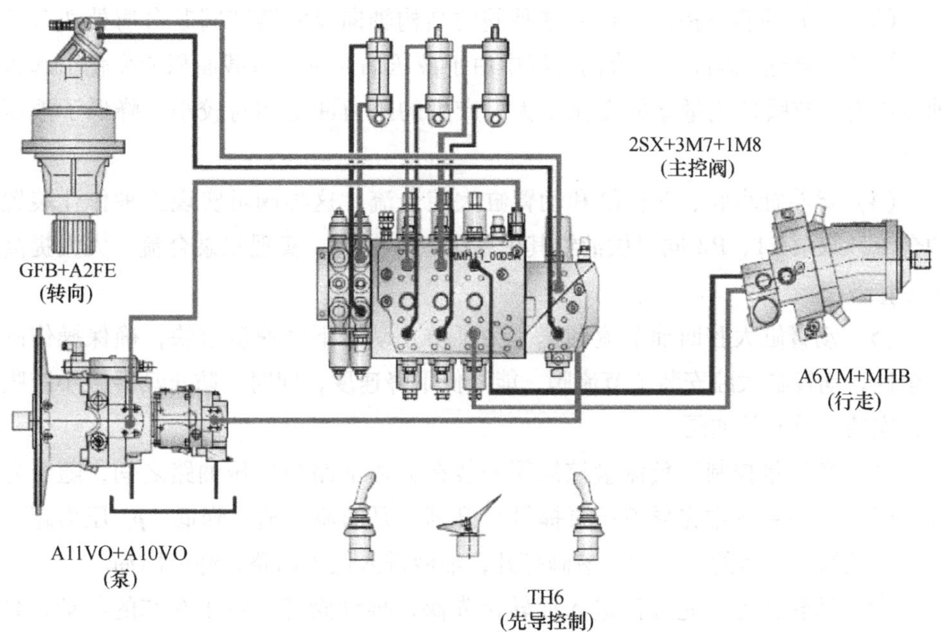

图 5-84　M71. 5 开中心回路用于挖掘机

5.4 川崎 KMX15RA 多路阀结构和原理

5.4.1 概述

KMX15RA 型多路阀是由日本川崎重工研制生产的液压元件，用于液压挖掘机等的双泵双回路高压变量系统，可改变系统油液的流向、流量和压力，控制工作装置的动作。该多路阀具有结构紧凑、控制灵活、工作可靠等特点。其最大流量为 270L/min，能实现动臂提升合流、斗杆大小腔合流、斗杆再生回路、直线行走、动臂提升优先、回转优先、斗杆闭锁等功能。该阀的主要特点如下。

（1）泄漏少，节能　该阀是集中控制液压挖掘机各工作装置动作的半整体式多路阀。在阀体内紧凑地设置排列了复杂的主油路、先导油路。与分片式多路阀结构相比，克服了阀片之间需要密封、易泄漏、连接处易变形的缺点，因此，内部泄漏少；而且这种阀采用了精密铸造，通道比阀片机械加工通道产生的压力损失更小，减少了能量损失。

（2）两级安全保护　双泵 P1、P2 的主油路上安装了主安全阀，防止液压泵过载，保护液压系统，实现第一级保护；动臂缸、铲斗缸、斗杆缸控制阀旁路上分别安装了旁路安全阀，防止相应的工作装置过载，实现第二级保护。

（3）良好的静态特性　由于这种阀的结构轴向尺寸链和阀芯台肩处切口角度设计较为合理，因此，在换向过程中由于液压油通过阀口截面积的变化引起进油腔压力 p 与阀口流量 q 的变化不大，产生的压力冲击相对较小，降低了液压噪声。

（4）铲斗缸小腔、斗杆缸和动臂缸大腔合流　这种阀可实现三种作业装置的合流，双泵 P1、P2 同时供油给其中一个工作装置，实现双泵合流，大大提高了工作效率。

（5）动臂缸大腔回油节流调速　为了防止动臂下降速度过快，确保操作的安全性，动臂缸大腔安装了节流阀，能降低下降速度；同时，防止动臂缸小腔吸空，安装了单向补油阀。

（6）负流量控制　负流量控制阀安装在旁通油路与低压油路之间，随着先导油压 p_G（由系统中先导液压泵提供）升高，泵的流量随之降低，p_G 压力超过负流量控制阀弹簧的压力时，该阀打开，油液进入低压回路，卸荷回油。

（7）回转优先　先导油进入回转优先阀，推动阀杆，由于阀芯的移动，泵 P1 的压力油全部进入回转马达的一边，最大程度地满足回转作业要求。

（8）斗杆锁定　先导油产生压力信号，送到斗杆锁定阀，使阀芯移动，切断斗杆阀回油路，可将斗杆锁定，保持刚性状态。

液压系统原理图如图 5-85 所示。该阀主要有主安全阀，负流量控制阻尼孔 NR1、NR2，二台设定压力为 3.5MPa 的溢流阀限制最大的负流量控制压力，动臂，斗杆锁定阀 HV，铲斗，动臂，液压破碎锤回路都安装有二级安全阀/补油阀。油路油口名称见表 5-18。

图 5-85 换成下图：

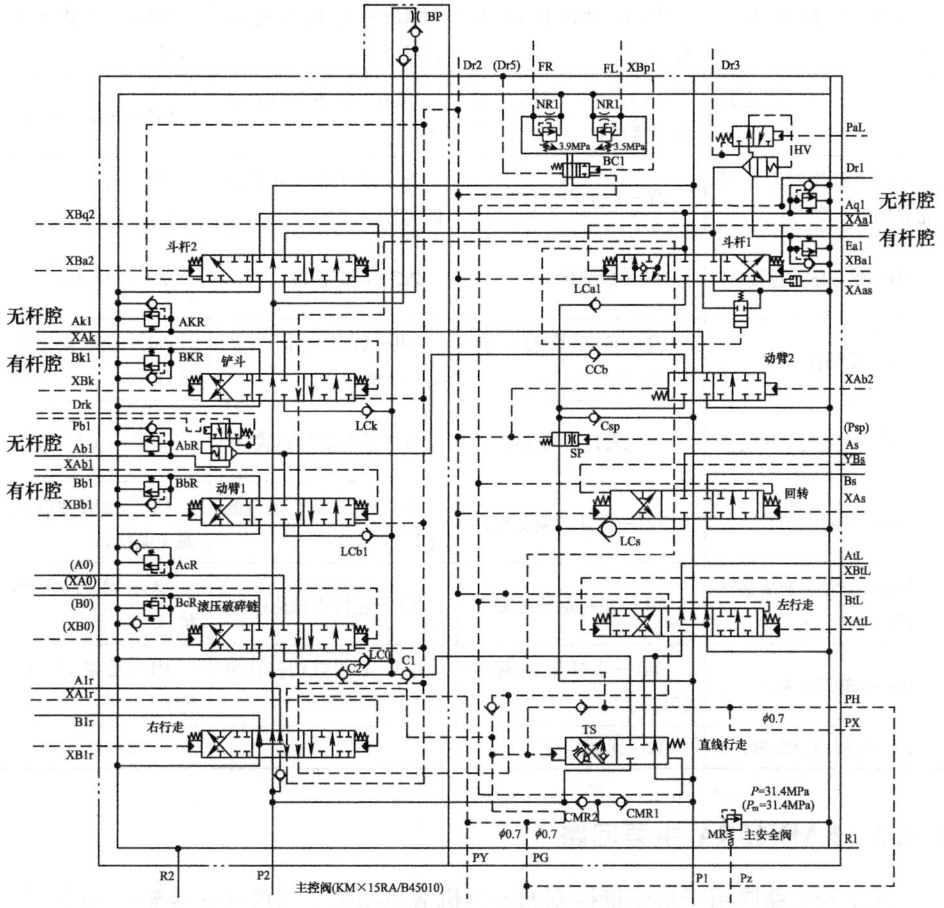

图 5-85　液压系统原理图（带铲斗合流功能型式）

TS—直线行走阀　BP—流量分配阀（斗杆双泵合流）　BC1—铲斗合流阀

SP—回转优先阀

表 5-18 油路油口名称

R1—回转补油接口	(XA0)—(备用先导接口)	XBb1—动臂下降先导接口	XAs—回转先导接口
Ck1—铲斗合流接口	(XB0)—(备用先导接口)	XAa2—斗杆收回合流先导接口	XBs—回转先导接口
Ck2—铲斗合流接口	XAk—铲斗收回先导接口	XBa2—斗杆伸出合流先导接口	XAa1—斗杆收回先导接口
XAtr—右行走先导接口	XBk—铲斗伸出先导接口	XAtL—左行走先导接口	XBa1—斗杆伸出先导接口
XBtr—右行走先导接口	XAb1—动臂上升先导接口	XBtL—左行走先导接口	XAb2—动臂上升合流先导接口
(Psp)—(回转优先先导接口)	(XAas)—(回转优先先导接口)	XBp1—铲斗合流先导接口	Dr5—泄漏油接口
Pz—主溢流阀升压用先导接口	PY—行走用信号接口	Px—除行走以外作业的信号	PG—先导压力源接口
PH—先导压力源接口	Dr1—泄漏接口	Dr2—泄漏接口	Dr3—泄漏接口
Dr4—泄漏接口	FL—负流量控制接口(P1侧)	FR—负控制信号接口(P2侧)	PaL—锁紧阀先导接口
PbL—锁紧阀先导接口	Atr—右行走马达接口	Btr—右行走马达接口	(A0)—备用接口
(B0)—备用接口	Ak1—铲斗活塞侧接口	Bk1—铲斗缸活塞杆侧接口	Ab1—动臂油缸活塞头侧接口
Bb1—动臂油缸活塞杆侧接口	AtL—左行走马达接口	BtL—左行走马达接口	As—回转马达接口
Bs—回转马达接口	Aa1—斗杆缸活塞侧接口	Ba1—斗杆缸活塞杆侧接口	P1—泵接口(P1侧)
P2—泵接口(P2侧)	R2—回油接口		

5.4.2 KMX15RA 主要回路

该型号多路阀用于负流量控制的挖掘机液压系统，从液压主泵输出的高压油进入主控阀的两个油道入口 P1 和 P2，再通过主溢流阀 MR（调定压力为 31.4MPa，增力时为 34.3MPa）和中央旁通油道对称地流向各工作联阀芯的并联油道，如果工作联阀芯没有接收到先导控制信号，则压力油流过负流量控制节流孔和负流量控制溢流阀返回油箱，在此同时作用在节流孔的压差信号作用于负流量控制泵上，使泵的输出流量减小。如果工作联阀芯作用有先导控制信号，则压力油从并联油道经过进油单向阀，进入执行器实现动作，回油通过阀内回油通道返回油箱。

川崎系统的主控阀还存在中位锁定的安全机能，当挖掘机长时间不动作或者需要保持某种动作时，单靠柱状阀芯闭锁难免会有泄漏卸缸现象，因此，在动臂和斗杆这两个工作阀芯油口端都设置了液压锁定阀，以保证该两种液压缸能长时间定位。

泵通过吸油过滤器从油箱吸油，泵加压排出液压油，从执行器返回的液压油经主控阀通过主回油管、油冷器返回液压油箱。主油管设置有旁通单向阀（旁通压力分别为 0.5MPa 和 0.3MPa），其作用是油温较低压力油黏度大、管道压力增大时，打开设定压力较高的旁通阀，能够确保油箱油温保持在一定的温度，另外还能起到防止油路堵塞，保护液压器件的作用。泄漏油路的主要作用则是对关键液压组件如马达、回转接头等进行润滑。

工作辅助油路并不是液压系统中不可或缺的，但能够大幅提高液压系统的工作效率和稳定性。其中内容包括以下几点。

(1) 直线行走回路　川崎系统设计中，基本油路左右两边的行走马达是靠两个轴向变量柱塞泵各自供油，但往往挖掘机作业过程中不可能只实现某一个动作，液压泵还需要为其他工作执行器提供流量，这样造成的结果就会导致两个马达获得的流量不对称，进而造成跑偏现象，这在矿物码头拖车或多层矿料堆头加高是非常危险的。川崎系统为了保证多动作时两边行走流量均衡，设计了直线行走阀，其原理是扣除其他动作所需要的流量，剩余流量通过换向阀汇合起来再重新分配给两个行走马达。

(2) 油路再生回路　该功能可分为动臂油路再生、斗杆油路再生和铲斗油路再生，就是在换向阀杆处增加了旁通回流油路，其目的一是为了加快工作响应时间，提高效率，二是避免工作液压缸活塞杆伸出时，大腔出现缺油吸空现象，利用小腔回流液压油实现大腔补油。

(3) 平衡回路　由于川崎系统中行走马达和旋转马达都为轴向定量柱塞马达，这种类型的马达没有设置平衡功能的阀，因此，当马达转速所需供油大于液压泵供给马达的油时，会产生缺油气穴现象，损坏马达壳齿轮组，因此在马达出口端设置了平衡补油阀。而在旋转马达出口端还设计了节流口和方向阀组成的控制阀，当实现正反转时，控制阀节流会产生内阻，作为制动力达到快速减缓转向力，完成换向功能。

(4) 动作优先回路　前面提到动臂和斗杆方向阀都有补油再生机制，在多动作流程中，为了让挖掘机的动作更为平滑协调，会在系统中设置节流方向阀，限制液压缸阀芯供油，并将多余流量分配给旋转和行走，以达到动作平滑过渡。

或者重载模式下，当液压缸速度低于正常速度时，为了增加工作效率，电磁阀会给主控阀信号油，信号油推动阀杆至更低位置，限制旋转供油，起到提高效率的作用。

川崎液压系统属于双泵双回路系统，输出给主控制阀的油路也是分开的。一般而言，前泵输出的压力油经过主控阀的中央油路、旁通油路以及汇流油路供油给左行走、旋转、斗杆缸；后泵输出的压力油则供油给右行走、大臂和铲斗缸。当进行单一操作时，液压泵按照上述路径供油，而当进行多动作复合操作时，先导油压会打开汇流油路，在两部分主控阀合流阀杆处进行合流。

5.4.3 主要动作原理

1. 直线行走

当今，全液压挖掘机的多路阀设置直线行走阀（Straight Travel Valve）的目的并不是为了解决两行走马达同时驱动时整机直线行走的性能，而是为了在两个行走马达同时工作时还可与动臂、斗杆、铲斗三组液压缸及回转马达这四个执行器之一或它们任意两者以上进行复合动作，以满足挖掘机特殊作业之需要。为了实现这一功能，要求多路阀能自动地将一般作业状态下一个主泵向左（右）行走马达、回转马达、斗杆缸供油，另一主泵向右（左）行走马达、动臂缸、铲斗缸供油的方式切换成一个主泵同时向左、右行走马达供油，另一主泵可同时向其余的执行器供油的方式。这时，只要两行走马达的负载相同，液压系统即可保证整机边作业边行走的直线行走性能。

如图 5-86 所示，当挖掘机只有行走动作时，无直线行走控制油路压力。直线行走阀 TS 位于原位，P1 泵向左行走马达供油，P2 泵向右行走马达供油；当驾驶人操纵回转或工作装置的任何一个动作时，直线行走控制油路形成压力，使直线行走阀 TS 至右位工作，P1 泵向行走马达之外的动作供油，

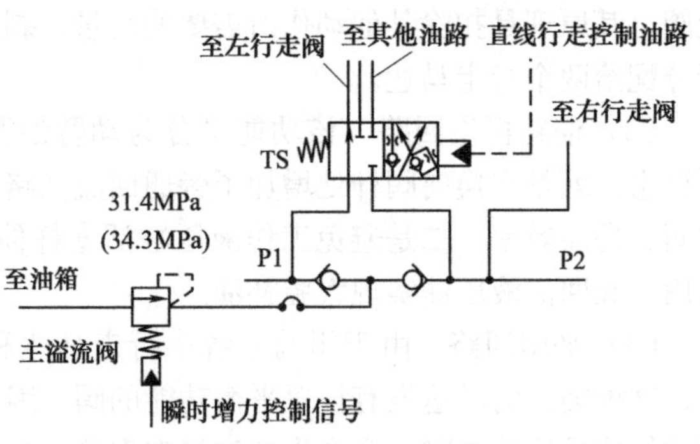

图 5-86 直线行走阀及主溢流阀液压原理图

P2 泵向左右行走马达供油，以保证左右马达进油基本一致，完成直线行走。

2. 瞬时增力

如图 5-86 所示，主溢流阀具有两级压力调节弹簧，通过操作设定按钮，能够激活大弹簧，在短时间内提高液压系统的安全阀压力（从 31.4MPa 提高至 34.3MPa），时间持续 8s 左右，这就是瞬时增力功能，当挖掘过程中遇到大石块

或树根时可以使用这个功能。

3. 闭锁

液压挖掘机将铲斗举离地面后，由于种种原因，控制动臂或斗杆缸的方向阀暂时回到中位且此时发动机又处于怠速状态，如果方向阀的阀芯与阀体之间的间隙过大，存在泄漏，即使上述液压缸无内漏，工作装置也会在自重作用下自动下降。特别是当铲斗内装满物料或用铲斗上的吊钩吊起重物时，工作装置自动下降往往会酿成事故。为了保证液压挖掘机安全、可靠运行，现代液压挖掘机日益普遍地在动臂缸大腔、斗杆缸小腔与其相应的方向阀之间设置锁定阀（Lock Valve)，且多用一个逻辑阀与一个导阀组合在一起，实现对动臂缸大腔、斗杆缸小腔回油的锁定功能。它们的安装或者是与多路阀分开安装或者以螺纹插装形式与多路阀组成一体。

图5-87所示为动臂阀芯1回路，由于三位六通阀都为滑阀结构，泄漏较大，为了保持工作装置的势态，在动臂液压缸大腔使用了闭锁阀来最小程度地减少泄漏，使得主控阀在中位时能够保持工作装置的势态。该处的闭锁阀采用二通插装阀（HV2）结构。

4. 过载保护及补油

图5-87所示油口溢流阀为单向溢流阀，调定的压力一般为该油路能够承受的最大压力，起保护液压元件和工作装置等部件的作用。另外可以在必要时完成补油功能。

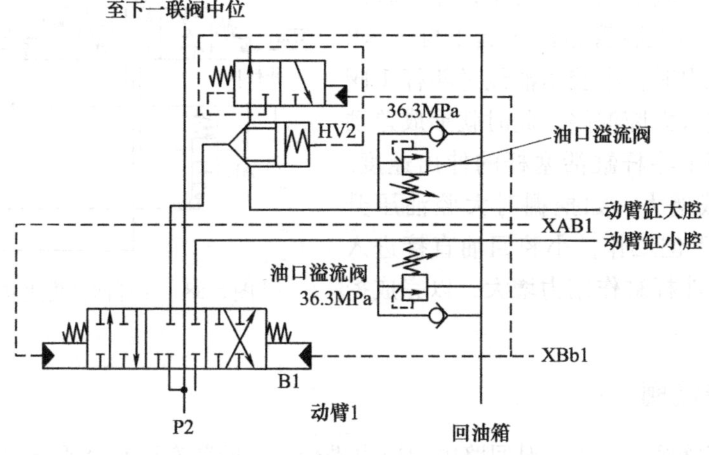

图5-87　锁定功能及油口单向溢流阀

5. 油路合流

如图5-85所示，动臂阀1回路和斗杆阀1回路，都使用了两组方向阀，当其

中一个单独动作时，使双泵合流供油，以便提供动臂和斗杆的速度。

6. 优先

如图 5-85 中动臂 2 阀回路所示，Psp 给油是回转相对动臂合流和斗杆 1 优先功能。即当同时操作回转和动臂或斗杆时，回转马达进油多一些，动臂 2 合流阀或斗杆 1 阀进油少一些。为了提高回转、斗杆伸出的回转优先效率，在斗杆 1 的阀芯端盖上安装了与其他不一样的端盖，这个端盖带有限位阀，使之斗杆 1 的阀芯不能够达到全行程，也就是通过阀芯的行程变小了。

7. 回油再生

液压挖掘机作业过程中工作装置频繁提升和下降，当动臂、斗杆举升时，液压能被转化为工作装置的势能。当它们下降时，该势能又转化为液压能。在传统的多路阀中，往往通过在动臂缸大腔、斗杆缸小腔回油路上设置单向节流阀，限制工作装置因自重造成的超速下降，致使其下降过程由工作装置势能转化成的动能，经动能转化成的液压能因节流发热增加了系统的热负荷，降低了液压系统的效率。现代液压挖掘机的多路阀，通过设置再生回路（Regeneration Circle）回收部分最终转化成的液压能的势能，降低系统发热，既加快了工作装置的下降速度又防止了其超速下降。

再生功能就是将液压缸大小腔管路连接成差动回路，以提高液压缸活塞伸出速度。如图 5-88 所示，在 XAa1 先导信号作用下，斗杆 1 阀芯工作于右位，斗杆缸的大腔进油，当大腔管路油压低于再生 AR 阀调定的压力时，小腔回油经过斗杆 1 阀内单向阀进入大腔油路，此时就形成差动回路，提高了斗杆缸活塞杆的伸出速度。在斗杆负载增大，如挖掘时大腔油压升高，AR 阀下位工作，小腔回油直接进入油箱，此时斗杆缸作用力增大，以完成挖掘工作。

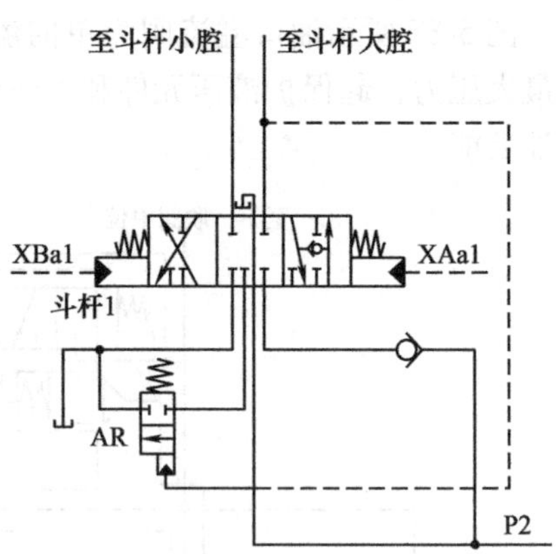

图 5-88 斗杆回油再生功能

5.4.4 溢流阀

在该多路阀上，为了对回路内的压力进行设定而装有两种类型的溢流阀。主溢流阀设定主回路的压力，接口溢流阀起液压缸接口安全阀及液压缸接口防气蚀阀的功能。

1. 主溢流阀

液压泵 P1 和 P2 输出的工作油分别从接口 P1 和 P2 流入控制阀，然后通过单向阀 CMR1 和 CMR2 进入主溢流阀 MR。当通路 E 的压力达到主溢流阀 MR 的设定压力时主溢流阀开始动作，如图 5-89 所示。

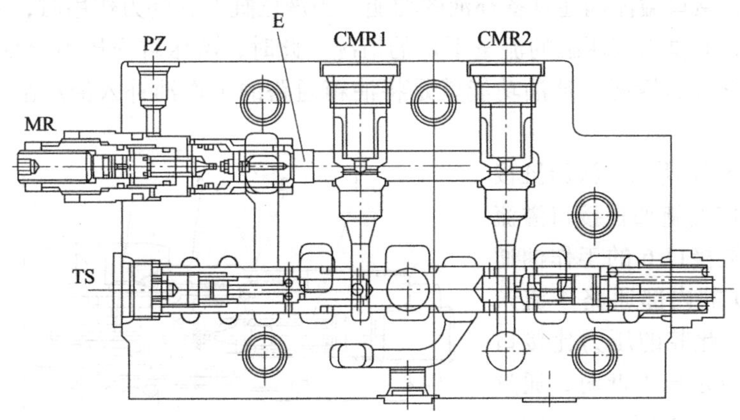

图 5-89　主溢流阀

主溢流阀的动作：如图 5-90 所示，当通路 E 的压力比主溢流阀 MR 的设定压力低时，先导阀阀芯 3 被压在先导阀阀座上，通路 E 的油不能流入油箱通路 F。当通路 E 的压力达到设定压力时，先导阀阀芯 3 克服弹簧 2 的预紧力而被打开。先导阀阀芯 3 打开后，阀腔 11 内的油通过通路 10 流向油箱通路 F。与此同时，通路 E 的油通过阻尼孔 6，流入通路 8。由于先导阀阀芯 3 打开使阀腔 9 内的压力下降，于是主阀芯 5 克服弹簧 4 的预紧力左移，通路 E 的油流入油箱通路 F。因此，通路 E 内的压力保持主溢流阀的设定压力。主溢流阀的设定压力可通过调节螺钉 1 进行调节。

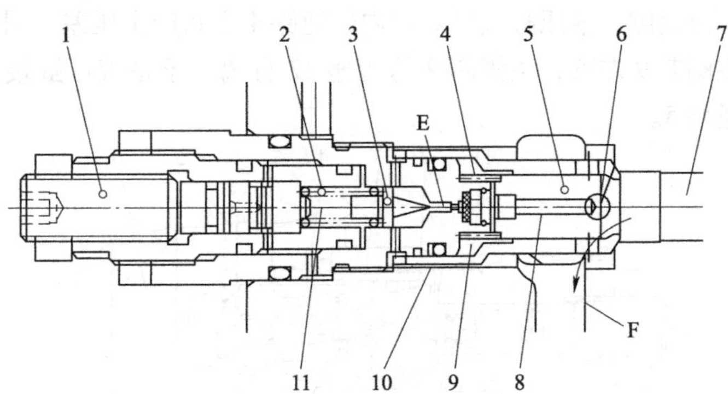

图 5-90　主溢流阀的动作

2. 接口溢流阀

接口溢流阀设置在各装置（动臂、斗杆、铲斗）的液压缸接口处。在阀芯

处于中位时，液压缸的活塞杆侧作用有外力时，液压缸内的压力有过大的情况。接口溢流阀就是使液压缸内的压力不会上升至接口溢流阀设定压力以上的阀。

另外，接口溢流阀还具备补油的功能。当液压缸上有外力作用时，对液压缸速度而言，有供入液压缸的流量不足的情况。此时，液压缸内压力会变成负压，由此引发气蚀的情况。补油功能就是将油箱通路的工作油补入液压缸，以消除负压。

如图 5-91 所示，液压缸接口 6 的工作油施加在接口溢流阀。液压缸接口 6 的工作油通过柱塞 10 的内部通路 4 流入弹簧腔 3。此腔的压力比接口溢流阀的设定压力低时，通过弹簧 1 的预紧力使先导阀阀芯 2 关闭，此时液压缸接口 6 与弹簧腔 3 的压力相同。弹簧腔 3 侧的阀座 8 和主阀芯 9 的承压面积 7 因为比液压缸接口 6 侧的面积大，所以阀座 8 和主阀芯 9 被压在右侧，液压缸接口 6 的工作油与油箱通路 5 不连通（无流动）。

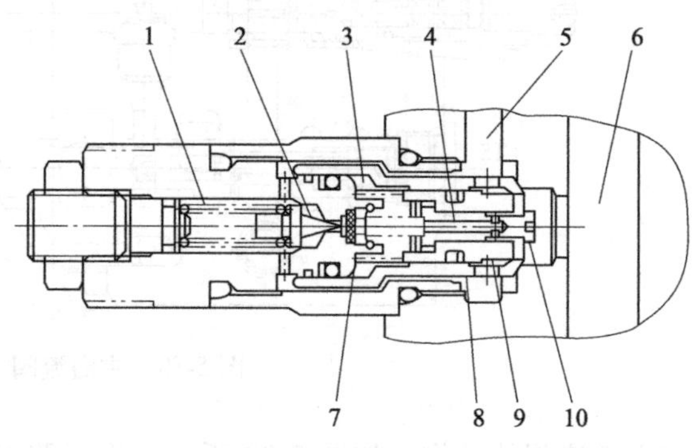

图 5-91　接口溢流阀

（1）接口溢流阀的溢流功能　如图 5-92 所示，当液压缸接口 6 的压力上升，且上升到接口溢流阀的设定压力时，锥阀 2 克服弹簧 1 的预紧力左移。腔 11 内的工作油通过通路 13 流入油箱通路 5。通过液压缸接口 6 的压力，柱塞 10 被推向左侧，直到碰上柱塞 7 为止。工作油通过柱塞 10 端部的外径与主阀芯 9 内径的间隙构成节流缝隙，液压缸接口 6 与内部通路 4 之间产生压差。因弹簧腔 3 的压力下降，主阀芯 9 左移，主阀芯 9 与阀座 12 分离，于是液压缸接口 6 的工作油流向油箱通路 5。

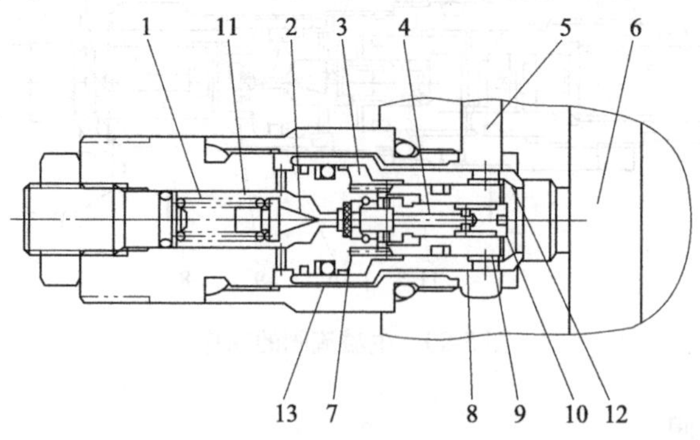

图 5-92　接口溢流阀的溢流功能

(2) 接口溢流阀的补油功能

如图 5-93 所示，当液压缸接口 6 发生负压时，从油箱通路 5 补入工作油。

当液压缸接口 6 变成负压时，弹簧腔 3 也通过通路 4 变成负压。油箱通路 5 的压力作用在阀座 8 上，因为弹簧腔 3 侧有负压，所以阀座 8 在油箱压力的作用下左移，于是油箱通路的工作油补入液压缸接口 6，从而液压缸接口 6 的负压被消除。

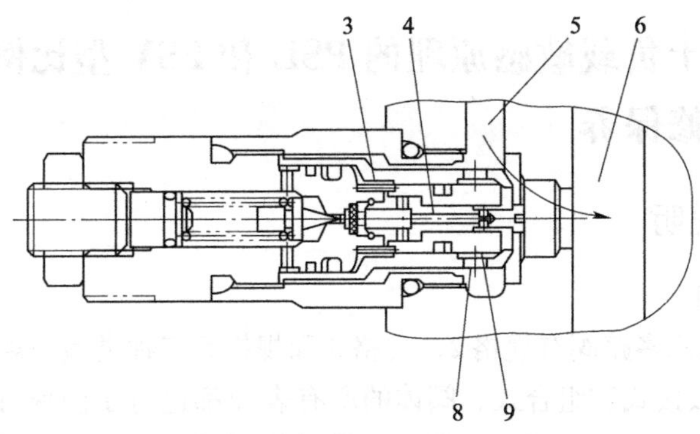

图 5-93　接口溢流阀的补油功能

第6章 多路阀的维护、保养和故障排除

6.1 基于负载敏感原理的 PSL 和 PSV 型比例多路阀维修保养

6.1.1 安装说明

1. 一般说明

PSL/V 型比例多路阀有规格 2、规格 3 和规格 5 三种类型，规格 2 为组合式，规格 3、5 均有板接式和组合式，阀体的所有表面都进行了防腐蚀氮化处理（个别部件为镀锌），电磁铁为橄榄绿处理，手动操纵机构的转轴均为不锈钢，适用于海洋性气候。

外形尺寸由规格、阀的联数和结构形式来决定。阀的安装螺纹孔位于连接块和终端块上。安装螺钉的尺寸有两种，M8×10 和 M10×10，油口连接全部为管螺纹或法兰连接。油口连接形式主要分为两种：DIN 和 SAE，在我国管式连接油口大多使用 DIN 标准。

选用液压油应符合相关标准，黏度范围为 4~1500mm²/s，最佳黏度为 10~500mm²/s。可使用合成介质：聚烷基乙二醇（HEPG）和合成脂（HEES）；其工作温度约至 +70℃，但不适用 HETG 介质，如：菜油。油温控制在 -25~+80℃（防爆结构时为-25~+70℃）。如果在恒定温度中运行可升高 20℃，则起动温度允许最低为-40℃。环境温度：约-40~80℃（防爆结构约-40~+40℃）。液压油被加入油箱时，必须按要求进行过滤，推荐的过滤精度符合 ISO4406 18/14 标准。液压油必须根据使用工况定期更换，或根据液压油的实际污染度进行维护，定期更换过滤器的滤芯，同时对油箱和管道进行必要的清理。

2. 安装说明

安装位置：任意。安装底板要求平整，阀组装上后不能有扭曲力，以免阀组产生扭曲变形而使阀芯运动不灵敏。油口连接时必须注意各油口的标识，严格按要求连接管路。

P 油口：进油口，与泵输出口相连。

A(B) 油口：工作油口，分别接液压缸或马达的两腔。

R 油口：回油口，接油箱。

T 油口：控制油回油口泄漏，接油箱。

M 油口：压力表接口，测 P 口压力。

LS 油口：负载压力反馈信号输出口，通常在 PSV 型时与负载敏感泵相连或与前面另一组 PSL 阀的 Y 口相连。

Y 油口：负载压力信号输入口（位于终端块 E2、E5、E19 和 E20），通常与后一组 PSV 中的 LS 油口相连。

Z 油口：内部控制油口。当 PSL 阀为液控形式时可作为控制油输出口，与液控手柄相连。

U、W 油口：单个阀上的负载压力信号输出口。例如接行程限位阀等。

泄油口 T 的连接：T 口为控制油泄漏口，与弹簧腔相连，其最大压力不可超过 1.0MPa，否则将引起动作失常，弹簧罩变形。因此安装时必须确保其管路畅通，一般要求用单独的管路直接连油箱。如果与 R 油口的管道相接，则必须考虑其可能产生的背压。

当使用焊接管道或在阀组旁进行焊接操作时，必须将阀组的各个油口封住，以免焊渣等进入管道，引起不必要的故障。所有的焊接管道必须经过酸洗、磷化。软管必须清洗干净。

6.1.2　起动和拆装一般说明

1. 安装后开机调试注意事项

管路连接检查：确认各管路连接正确无误，特别注意 P 口与 R 口不可接反。

电磁铁连接检查：电磁铁的插座连接是否有误，开机前最好将每个电操纵动作逐个通电，检查是否正常动作。

管路截止阀检查：如泵的进出油口安装了管路截止阀，则在开机前必须检查是否已开启此阀。

卸荷回路检查：泵起动后，观察泄荷状态下泵出口处（M 口处）压力表的压力值，若泵的循环泄荷压力过高（一般≤2.0MPa，阀的本身压降为 0.9MPa），则可能泵出油管路或回油管路背压过高（如管子太细、太长，或弯头过多造成局部损失过大等），应考虑改善措施，以避免过多能耗使系统发热，或产生不必要的故障。

漏油检查：如开机后未起压（卸荷状态）就发生滴状或线状漏油，则检查二次限压阀或手柄座上的螺塞是否松动。起压后，阀片之间有潮湿状渗油，则一般是由于阀片间的原有存油，在振动或螺栓受力微观拉伸后向下流动而产生的，对系统工作没有影响，经过一段时间后会自动消失。

2. 拆装要点

由于PSL系列比例多路阀的功能多、结构复杂、加工及配合精度高，一般情况下不建议用户自行对阀体进行拆装。但对于某些简单的故障排除或简单的配件更换（如O形密封圈的更换等），可以自行对PSL或PSV系列阀进行必要的拆装工作。

阀组联接方式：管式阀以三根螺栓串联，板式阀（PS. F型）用两根螺栓，每根都需以规定的转矩拧紧。

多路阀安装转矩：为保证多路阀组的受力均匀和密封性能，装配时必须严格按规定的转矩要求将螺栓拧紧。

装配场地：为防止沙尘等脏物进入阀体，要求安装应该在无尘、整洁的室内场地进行，禁止在建筑工地或其他环境条件较差的场合进行拆装，并要求在安装前将拆开的阀体、零件等用煤油进行认真清洗。

装配后运输：阀组在进行清洗装配后，如不准备立即安装或者至安装现场需经过一段较长距离的运输，则必须将阀组的各个油口封住，以免灰尘进入。

6.1.3 液压系统常见问题

1. 压力失控问题

PSL阀的压力失控问题是最常见的故障。主要表现为：系统无压力，压力不可调，压力波动与不稳定，以及卸荷失控等。

（1）整体系统无压力　现象：每一组换向阀皆无法建压，系统全部处于低压或无压状态。

整体系统的安全压力设定来自于主限压阀（主安全阀），规格3及规格2新型的主限压阀为直动式溢流阀，规格2老型和规格5为先导溢流阀，主安全阀如被污物卡死或磨损系统也无法建压。

如果PSL阀安装有WN1F/D的卸荷电磁阀，应检查电磁铁是否烧坏，电路是否断路或电信号未发出。

整体系统的建压来源于三通流量控制器（简称：三通阀），多数情况下整体系统无法建压可以首先查找三通阀的问题：如三通阀损坏，或被污物卡死。

PSL阀为负载反馈原理，一旦LS信号受阻也会造成系统无法建压，LS信号受阻的原因有可能是：

梭阀卡死，LS信号油路受阻。检查LS通路，曾经出现过在自行拆装阀件时未按工作章程操作，LS油路的O形密封圈堵住了负载反馈信号。在自行组装PSL阀时一定按操作规程执行。

如果使用的规格3尾板为E2或E5型，则检查LS油路和T油路截断的螺塞（见图6-1件号1的位置）是否未拧紧或未安装螺塞。

(2) 某执行器无压力或压力较低　现象：如果就某一片换向阀无法建压，而其他阀阻可以正常使用。

检查二次限压阀是否设定于正常的压力值，是否在二次拆装时压力已有变动。

检查二次限压阀内部阀芯是否有污物卡死，及其阀芯和基座是否有磨损。二次限压阀的阀芯较小，安装时注意操作规范。

检查该阀片的梭阀是否被污物卡死。

检查二次卸荷电磁阀是否工作正常，连接线是否牢靠。

(3) 现象：系统压力居高不下，且调节无效　中位卸荷压力一直保持在 2.0MPa 以上，中位损失严重并伴有大量发热。

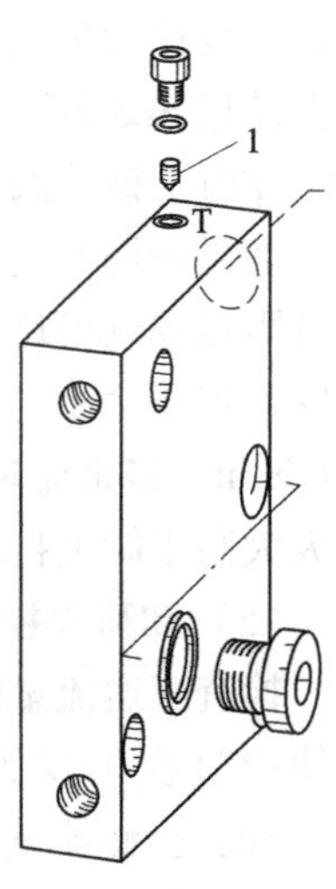

图 6-1　SL3-E5 尾板

检查回油压力是否太高，回油是否通畅。如有必要可将回油管加粗。

LS 负载反馈信号油路回油不畅，回油有背压，检测 LS 油口中位回油压力，将尾板（尾联）处的 T 油口完全打开，处于完全卸荷状态，检查系统中位卸荷压力是否依然存在。

如果 LS 负载反馈信号油路回油依然有背压，检查连接板上的阻尼阀芯是否被污物阻塞并清洗。

如果是 PSL... U 型机能，应检查卸荷阀。

如果 LS 负载反馈信号油路回油依然有背压，检查方向阀阀芯中间小孔是否被污物阻塞并清洗，如图 6-2 所示。

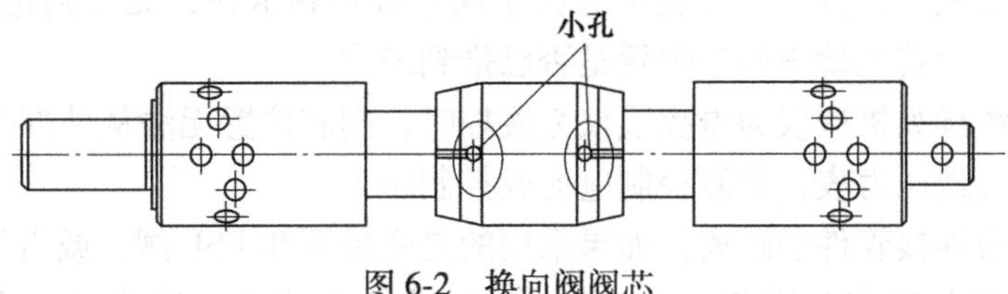

图 6-2　换向阀阀芯

如果 LS 负载反馈信号油路并无回油背压，检查三通流量控制阀是否有磨损或污物，如果 PSL 阀是使用较长一段时间的产品，磨损可能来自于阀座，需要更换整个连接板。

如果使用的是 PSV 阀和变量泵连接，检查变量控制器是否有问题。

(4) 压力无法调节　现象：在操作过程中系统总保持最高压力，不能按负载的压力变化而变化。

在两片阀同时工作时，其中一片阀总处于最大工作压力（可能是执行器运动到最终位置，也可能是方向阀出口被堵死），相当于控制油达到无穷大的负载压

力。造成这种情况大部分的原因是由于某油路的误动作；连接油管的错误连接，如在使用 SL3-38L 的阀芯时，将 A、B 油口接反了，造成该片阀与其他片组阀同时工作时，该片阀的压力为无穷大，系统建立的压力即为最大值。

如果选用的是 PSV5...-3 的连接板，配合负载反馈控制变量泵，变量泵一定要有限压控制模块，并且泵上的主溢流阀设定压力一定要比 PSV 阀上的接口溢流阀设定压力高。因为 PSV 阀上的接口溢流阀为直动式溢流阀，可通流量为 80L/min，多余流量只能通过提高溢流压力来实现，这种情况下的实际溢流压力要大大高于阀上接口溢流阀设定压力。

（5）卸荷失控　现象：系统无法卸荷并有高压冲击。

检查三通流量阀运动是否平滑。注意：出厂设定压力即标牌上的标定压力，在使用过程中仅为参考值，由于出厂检测试验台和实际使用设备的工况不同（如：检测流量，环境温度等），所以在实际使用设备上的测量压力有误差属于正常现象。

2. 速度失控问题

PSL 阀的速度失控问题主要表现为：速度过快或过慢；速度不可调，速度不稳定。

（1）流量输出不符　现象：速度过快或过慢，输出流量与额定流量不符。

检查外接平衡阀是否和比例阀匹配，特别是由于 PSL 阀输出流量较小，而匹配的节流阀含有防压力波动的旁通卸荷节流，造成输出流量的明显减少。

PSL 阀手动操纵机构、电磁和液压操纵机构都有限位螺钉，在使用过程中手动操纵机构由于限位螺钉裸露在外面，较容易被外在物体挡住造成手动操纵机构不能完全推到最大位置。另外也可能由于阀芯被污物卡住，无法到达最大位置。流量不足时，应首先检查阀芯位置是否已推到最大。

如果系统操纵机构仅为电控或仅为液控时，阀芯位置无法从外部看出，就需要外接电流表或压力表，检测控制电流或控制压力。

注意安装连接管件的距离，如果采用的是变量泵和 PSL 阀，或者第一组 PSL 阀和第二组 PSV 阀安装距离太远，其中的压力损失太大，造成阀上不能产生足够的压差（0.6MPa/0.9MPa），所以无法达到足够的流量。

如果是两个或多个执行器同时工作，泵的流量小于多个执行器需求流量的总和，压力高的执行器，其流量将会不能按照设定值输出，流量将减少。

如果是两个或多个执行器同时工作，泵的流量大于多个执行器需求流量的总和，但运动速度依然无法按照设定值输出，检查 LS 与变量泵的连接油管管径是否足够大，越多的执行器需要同时工作，越需要大管径。

检查三通阀的弹簧设定 Δp 是否正确，运动是否平滑。可通过检查连接板上的 M 油口和 LS 油口的压力并求其差值即为弹簧设定 Δp 的大小。

（2）输出流量不稳定　现象：执行器的动作忽快忽慢或冲击。

检查主溢流阀是否设定在正确的压力值上，建议该溢流阀的设定压力应高于最大负载压力 20%。

检查三通流量阀的阀芯是否被卡死及阀芯在腔体内运动是否平滑。

在使用 PSL 阀匹配五星马达时，在低速小负载时会出现流量不稳定现象，完全是阀与马达匹配的问题，可以使用二通流量补偿阀减少流量的不稳定。

（3）单一阀片无流量输出　现象：当某一方向阀片阀芯朝一个或两个方向换向时不动作。

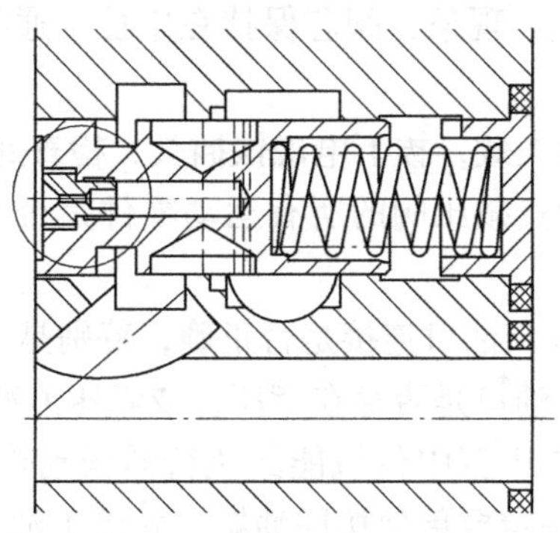

图 6-3　二通流量补偿阀

在两侧都没有响应时，检查二通流量补偿阀内的节流孔是否被污物堵住了，节流孔位置如图 6-3 所示。

更换阀芯之后，阀芯被掉转了 180°，信号油孔应面向尾板，特别是阀芯规格小于 25（规格 2）、40（规格 3）和 80（规格 5）时。

如果该阀再次拆装过，检查换向阀芯的复位弹簧座是否装反或漏装弹簧，装反将会造成阀芯不在中位（A、B 油口尚能密封），这样遮盖量大的一边在给小电流的情况下就不动作。

（4）整套阀电控无流量输出　现象：所有阀片的电液控制都没有动作，而手动操作可以。

检查装在接口 M 中的精过滤器，拆下并清洗。如果连接块中的大过滤器被脏物堵住了，应拆下先导减压阀，检查所有的运动零件是否有污物，动作是否正常，以及是否有变形。

检查电气控制部分（电源，比例放大器的端子，控制元件，插头等）。

检查 T 管（无压地返回油箱），此处有一个油口（例如 E1. E2），检查终端板中的单向阀是否平滑动作（此处有内部回油通路），终端块处的回油（外泄或

内泄）可能堵住了。

（5）单一阀片电控无流量输出　现象：某一阀片的电液控制没有动作。

检查端子的接线是否正确。

检查支架处比例放大板的接线是否正确。

更换比例放大板。

核查控制装置的功能是否正确。

拆下双联电磁铁，检查减压阀的所有运动零件是否有污物，动作是否平滑，以及是否有变形。

检查管路连接是否正确。

（6）中位流量未停止　现象：阀芯保持在中位，通往执行器的液流未停止，或执行器依然动作。

双联电磁铁是否控制失效，拔下电磁铁插头，检查此现象是否依然存在。

拆下双联电磁铁，检查减压阀的所有运动零件是否有污物，动作是否平滑，以及是否有变形。

检查连接板上 P 口和 R 油口连接是否正确，特别是 PSL3 规格产品。

检查阀组尾板上的 T 油口是否存在背压，或者压力冲击。由于 T 油口的背压特别是压力冲击可能造成 H 型中位机能的执行器误动作，所以强烈建议，如果使用 E1 类尾板，T 油口一定要单独接回油箱，确保 T 油路零压回油。

3. 系统稳定性问题

PSL 阀的稳定性问题主要表现在：抖动，压力冲击，低频振动，动作滞后等。稳定性问题是一较为广泛的现象，由于系统的不稳定即可能表现为压力方面，也可能表现为流量方面，甚至机械方面。如果一旦出现系统不稳定现象，维修人员在检查设备液压系统时应遵循从简到繁的原则。

安装有 PSL 阀的液压系统，如果一旦出现稳定性问题，首先应检查 PSL 阀至液压缸间的其他阀件是否会造成流量或压力的不稳定，如平衡阀是调节系统稳定的最直接环节，相对开启比大的更容易使系统产生不稳定的流量或压力波动，同时还需检查平衡阀的通流量是否与 PSL 阀匹配。当然小的开启比会造成更大的压力损失和发热。同时管路上的液压锁、管路防爆阀、缓冲阀和分流阀等都有可能由于系统匹配原因造成波动。

检查 PSL 阀的控制电流。

检查油箱中的油是否充足。

检查液压系统中是否已充分排气。

更换不同的连接板上的 LS 油路的阻尼形式，HAWE 公司的 PSL 阀提供多种的控制阻尼，在样本中可以找到三种不同形式的阻尼形式。

在变量泵和 PSV 阀配合使用过程中，应注意 PSL 阀和变量泵连接的 LS 油管内的容积应为阀到变量泵油管容积的 10%～15%，其比例取决同时工作阀组的数量和总过流量，阀组数量越多管径越大。

对于电液控制比例多路阀，检查电器控制系统中输入控制电流是否稳定合适。

检查执行器中是否是由于马达的脉动造成了系统的波动，具体解决办法见流量问题。

4. 机械电器问题

（1）方向阀阀芯无法运动　现象：无论电控、液控还是手动操纵都无法换向。

检查手柄座或弹簧组件是否卡住，拆下操纵机构，检查所有的运动零件是否动作平滑，是否有变形。

检查 A、B 油口连接管接头是否过长，将阀芯卡住。

检查油温，PSL 阀对于低温使用没有任何问题，在低温至零下 40℃依然可以正常使用，但在高温状态使用时应注意使用的介质。

检查阀芯表面是否有磨损，可能是由于油路中的污物造成阀芯损坏，可以进行简单的研磨处理，如损伤严重就需更换阀芯。

（2）阀片连接面漏油　检查阀片间密封是否损坏。建议选用 HAWE 原厂配置密封圈，特别是在使用压力较高的工作场合（如工作压力为：30MPa 以上时）。

检查安装 PSL 阀时，阀体是否承受扭曲力，如安装时安装面与多路阀底面并不在一个平面。重新组装 PSL 阀时，连接螺栓安装力矩不能过大或过小，注意过大或过小都有可能造成片间漏油，应严格按安装使用说明样本组装，安装力矩应符合规定的要求。

（3）换向阀阀体与定位弹簧罩间漏油　在老版本 PSL 阀上弹簧罩使用的是冲压元件，壳体承受压力为 5MPa，如果 R 或 T 油口回油背压超过该压力，壳体将产生变形。在新版本中（2008 年后使用的产品），弹簧罩为铸铝元件，壳体承受压力为 10MPa。检查回油管路特别是 T 油口的背压是否超过该值。

连接板上的减压阀功能失效，系统压力未经减压就直接进入比例方向先导阀，造成 PSL 阀的换向控制腔的压力过高，使弹簧罩崩开。

（4）手柄座漏油　由于受到外力的影响，如违规操作，搬运阀件时受力点在阀座上，或者由于外力的影响手柄座会产生漏油，手柄座的主要元件为铆接，无法更换每一零件，一旦漏油需要整体更换手柄座。

手柄转轴由于外力的影响较容易产生变形造成漏油，所以在使用和安装 PSL 阀时应注意尽量不要让转轴受到径向力。

5. 电磁铁插头处漏油

电磁铁已经损坏，需要更换比例电磁铁。

6. 整体系统问题

（1）系统发热问题　如果是 PSV 阀配合变量泵，阀的设定压力应高于泵的设定压力 20%左右，以确保变量泵的及时工作。

检查 PSL 阀的主溢流阀是否处于开启状态。

检查确认没有明显的泄漏。

检查内部元件是否有磨损，特别是三通流量阀。三通流量阀的磨损可能造成系统中位压力居高不下，而使整个系统发热十分严重。

（2）阀组安装问题　HAWE 公司的产品设计一直遵循紧凑原则，所以在安装 PSL 阀组时需注意空间是否局促，比如在选择 PSL4...-3 阀组时，如果每片阀皆为 SL4，那么每个油口皆为 G3/4，在安装时管接头将会产生干涉，建议在每片方向阀片间增加 ZPL33/5 空间过渡片。

6.2　M9 多路阀的维修

6.2.1　维护和修理

1. 检查和维护

检查和维护的目的是，保持所有系统功能以及系统的初始参数，确保系统的持续可用性，检测暴露出的弱点，确保系统达到所需的使用寿命。如果使用中遵循指定的操作和环境条件，多路阀块是免维护的。因此，不需要定期维修和维护工作。只需要每三年至少检查一次（从多路阀块制造之日起）。

多路阀块接触面的外部泄漏可在现场进行及时的处理。拆下方向阀，检查多路阀块连接表面上的密封凹槽是否清洁和损坏，然后安装新密封件。其他类型的泄漏必须由专业人员进行处理。

确信所有螺钉和连接管接头均已正确拧紧并连接。

所有连接管接头都有可能损坏。如果有任何明显的损坏，请更换连接管接头。

2. 修理

修理工作应在满足一定条件的车间进行。需使用原装备件维修产品。经过测试和预组装的原装装配组件可实现成功的维修，而且仅需很少的时间。有缺陷的部件只能由原质量的，新的，可互换的，经过测试的部件替换。

拆卸前清洁联轴器/管接头和设备的外部环境，不要使用清洁毛织物。使用保护帽密封所有的开口。

3. 备件

由于备件故障可能会导致人员和财产损坏，不符合规定技术要求的备件可能会对人员或财产造成损害。需使用原装备件。

6.2.2　维修说明

1. 多路阀组描述

M9-1028-00 多路阀组外形如图 6-4 所示。其主要由整体式多路阀 M9-20，方向阀 M4-15 构成。

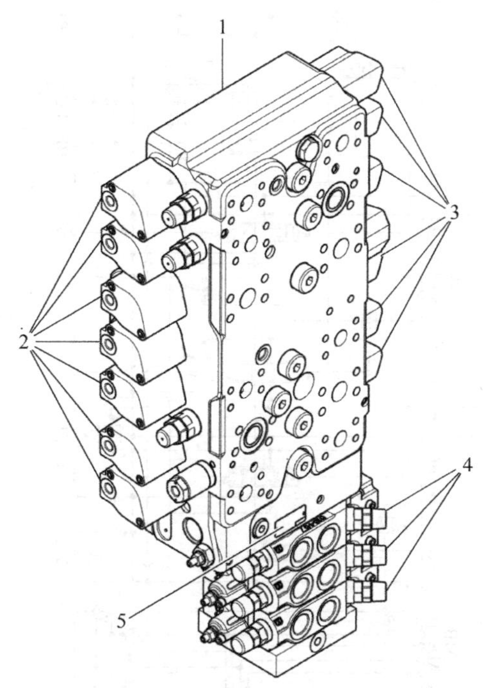

图 6-4　多路阀组 M9-1028-00 外形

1—整体式 M9-20　2—盖侧 A　3—盖侧 B　4—方向阀 M4-15　5—铭牌

M9-1028-00 多路阀组用于工程机械小型挖掘机的液压原理图如图 6-5 所示。

2. 零件清单

参考图 6-6 和图 6-7，多路阀组 M9-1028-00 的零件清单见表 6-1 和表 6-2。

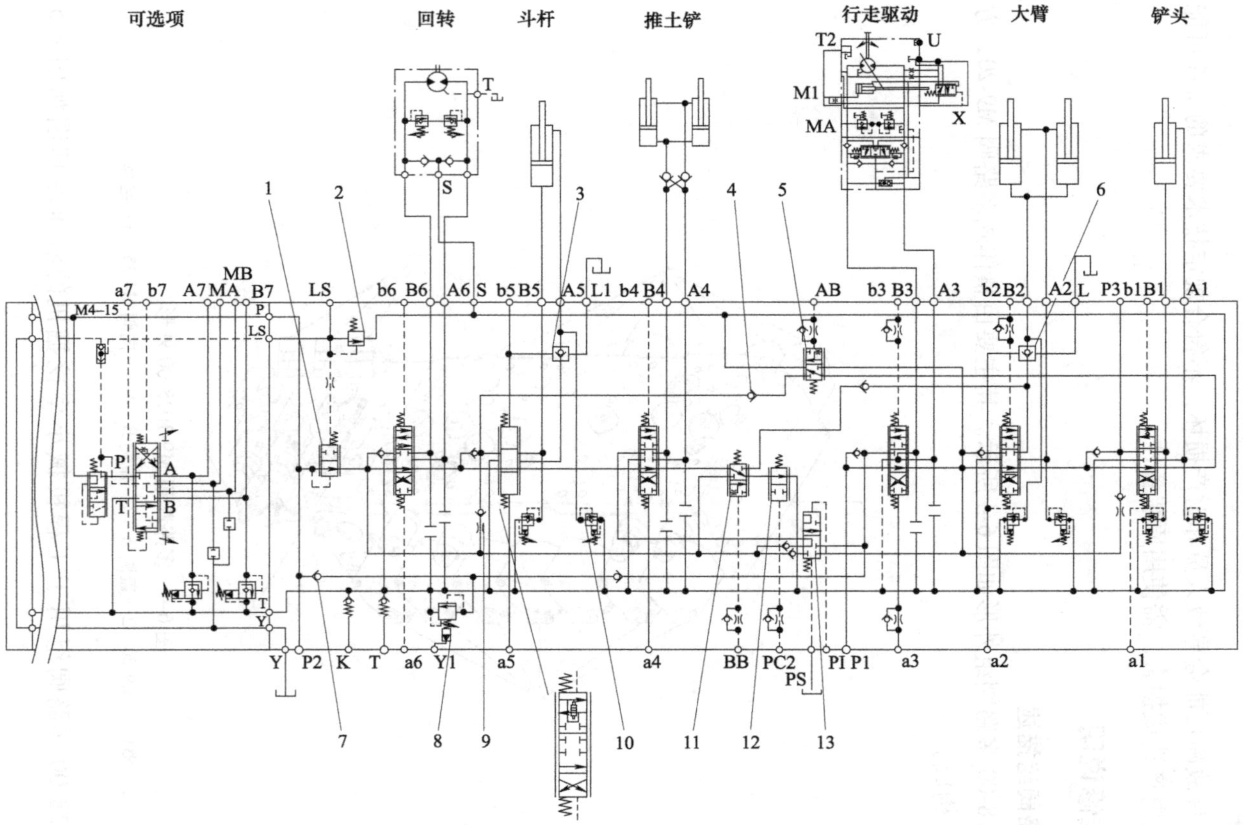

图 6-5 液压原理图

1—开中心压力补偿器 2—用于 LS 压力切断的溢流阀 3—防漂移阀 4、9—单向阀 5—合流阀
6—防漂移阀和防气蚀阀 7—用于与主溢流阀配合使用的单向阀 8—主溢流阀 10—溢流阀
11—动臂合流阀 12—切断阀 13—直线行走阀

表 6-1　多路阀块 M9-1028-00 的零件清单

件号	说明	部件号	DIN	尺寸	数量
100	壳体	不单独提供			1
130	负载保持阀 MHSV22 KB1-1X/8M	R900450849			8
132	螺塞	R900544345		M27×1.5×46	51
135	单向阀	R901162069		D184×1.5 M24×1.5	1
136	单向阀	R901176555			1
140	防漂移阀	R901093623		D23-0.08 MPa G1	2
202	MHDBN 22 K2-3X/420VFC 油口防气蚀溢流阀	R901162378			6
205	MHDBVZ 22 K9-2X/310-330VFC01 主溢流阀	R901206508			1
210	MHSL 02 K10 防气蚀阀	R901093153		M30×1.5	2
220	单向阀	R901200962		D20-0.5MPa	1
221	单向阀	R901200964		D20-0.3 MPa	1
225	溢流阀	R901104099			1
256	螺塞	R900014364		9/16-18UNF	1
257	LS 阻尼器	R900157934		0.6-7 M6×6	1
300	阀片 M4-15	R901173178			1
400	阀片 M4-15				1
500	阀片 M4-15				1
601	尾联 LA				1
690	螺柱	R913000249	835	M10×190-8.8	3
691	六角螺母	R900003752	4032	M10	3
密封套件，元件不单独提供，包括 R901212518				1	
150	O 形密封圈			40.94×2.62	1
180	O 形密封圈			25.07×2.62	1
3005	O 形密封圈			6.07×1.78	4
3006	O 形密封圈				3
密封套件，元件不单独提供，包括 R900854327				1	
3005	O 形密封圈			6.07×1.78	4
3006	O 形密封圈			20.29×2.62	3

注：132、150、180、3005、3006 在零件拆卸中找到。

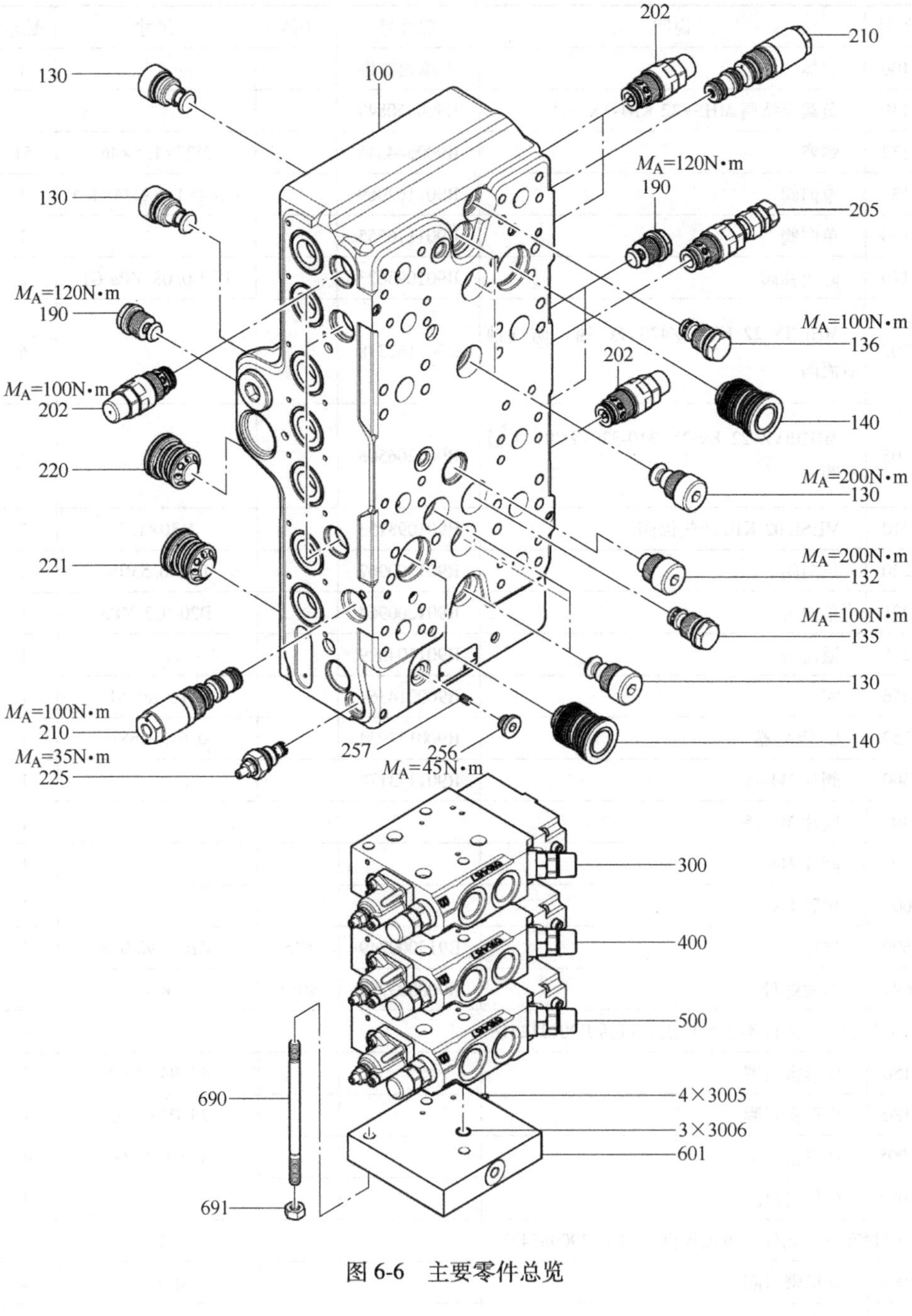

202
210
130
100
M_A=120N·m
190
205
130
M_A=120N·m
190
M_A=100N·m
136
M_A=100N·m
202
202
140
220
M_A=200N·m
130
221
M_A=200N·m
132
M_A=100N·m
135
130
M_A=100N·m
210
140
M_A=35N·m
225
257
256
M_A=45N·m
300
400
500
4×3005
690
3×3006
601
691

图 6-6 主要零件总览

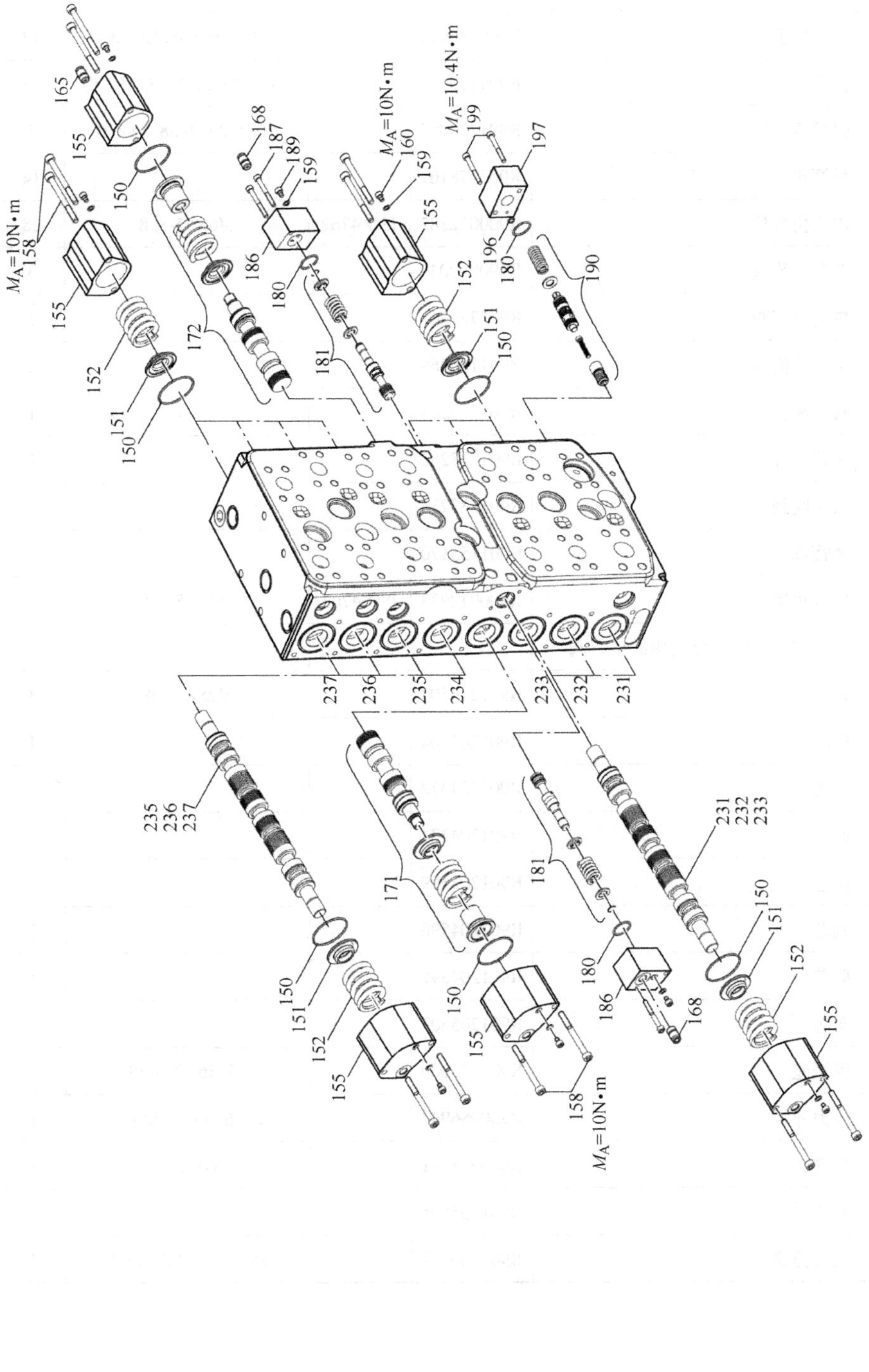

图 6-6　主要零件总览（续）

表 6-2 多路阀块 M9-1028-00 工作部分零件清单

件号	说明	部件号	DIN	尺寸	数量
151	弹簧座	R900876260		22. 5/36×7/3-18. 5	12
152	压力弹簧	R900986942		29. 6/6×53. 5/4. 5	12
153	弹簧座	R901119735		23. 5/38. 3×40. 3/3. 0-17	11
154	弹簧座	R901209057		23. 5-20. 0/38. 3×8. 0	1
155	弹簧罩	R901178161			14
158	内六角螺栓	R900012382	ISO 4762	M6×65-8. 8	28
165	单向节流阀	R900899039			3
166	单向节流阀	R900730248			1
168	单向节流阀	R901106269			2
170	阀芯配件	R901233263			1
171	阀芯配件	R901233262			1
182	切断阀阀芯	R901233236			1
186	弹簧罩	R901155170			1
187	内六角螺栓	R900012973	ISO 4762	M5×55-8. 8	2
190	用于与主溢阀配合使用的单向阀				
195	螺塞	R901212507		M28×1×38	3
231	阀芯	R901204004			1
232	阀芯	R901204372			1
233	阀芯	R901204371			1
234	阀芯	R901204589			1
235	阀芯	R901204596			1
236	阀芯	R901204591			1
240	阀芯	R901205507			1
241	弹簧座	R900876260		22. 5/36×7/3-18. 5	1
242	压力弹簧	R900986942		29. 6/6×53. 5/4. 5	1
243	螺塞	R900023541		G1 1/4	1
245	阀芯	R901205505			1
246	压力弹簧	R901200377		18. 9/4. 6×88/10. 5	1

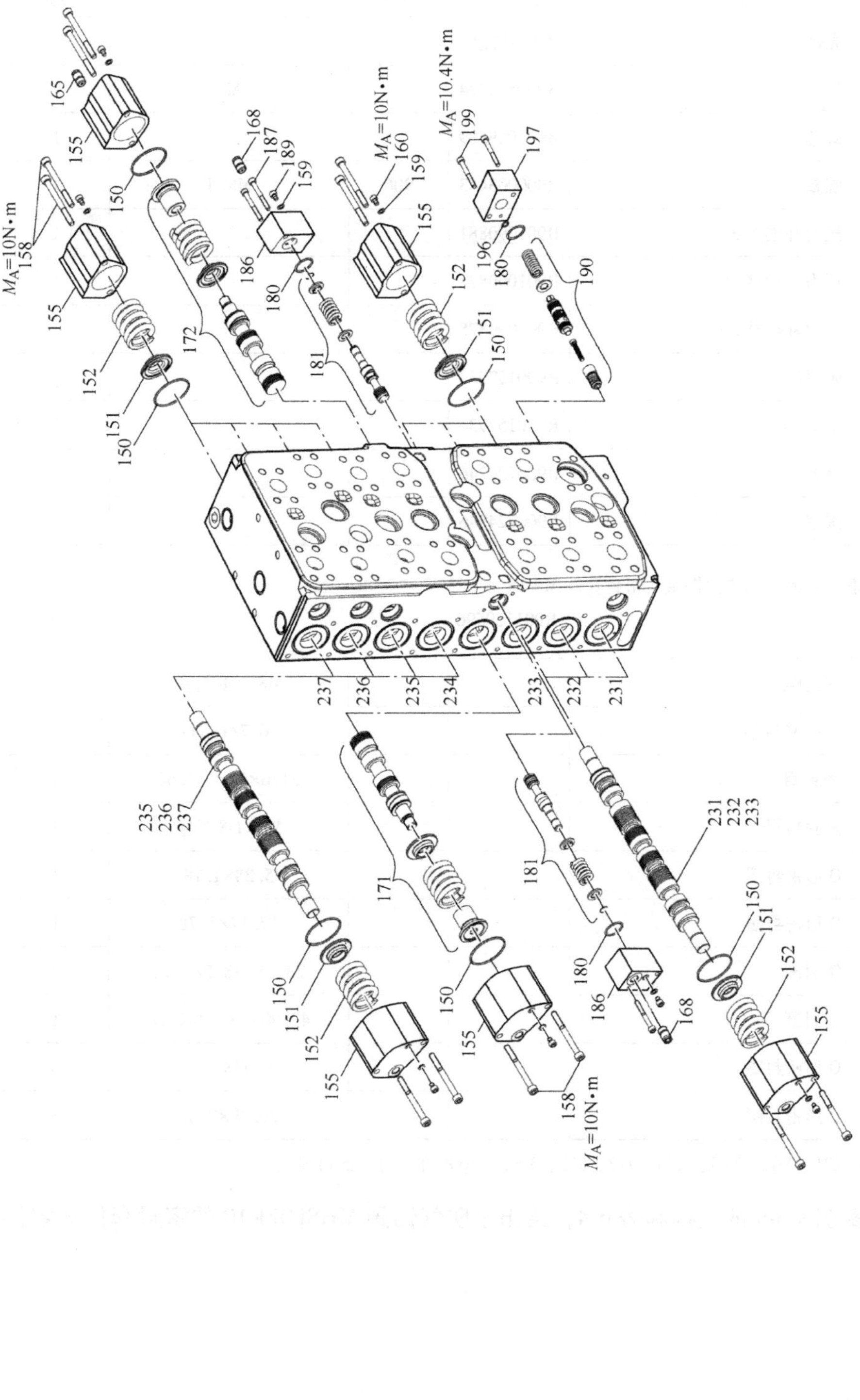

图 6-7　工作部分备件总览

参考图 6-8 的爆炸图，方向阀 M4-15 的零件清单见表 6-3。

表 6-3 换向元件 M4-15 的零件清单

件号	说　明	部件号	DIN	尺寸	数量
X01	壳体	不单独提供			1
X02	梭阀	R900895374		M6	1
X05	阀芯	R901069509			1
X08	螺塞	R900003443	906	M8×1	1
312	压力补偿器 S2	R901090881			1
412	压力补偿器 S0	R901090878			1
512	压力补偿器 S0	R901090878			1
313	阻尼器	R900157934			1
513	阻尼器	R900157934			1
360	螺塞	R900724246			
361	螺塞	R900724246			
密封套件，元件不单独提供，密封套件 M4-15 包括：		R901169596			1
S303	密封螺母			M8×1-8 封塞	1
S307	金属密封垫			6. 7/10×1	1
S313	密封圈			51. 6×32. 8×2. 62	1
S403	密封螺母			M8×1-8 封塞	1
S420	O 形密封圈			5. 28×1. 78	1
S421	O 形密封圈			17. 17×1. 78	1
S422	密封圈			23. 35×18. 5×1. 78	2
S423	密封圈			47. 90×28. 80×1. 78	1
3005	O 形密封圈			6. 07×1. 78	6
3006	O 形密封圈			20. 29×2. 62	3

注：X01、X02、X05、X08、412、512、3005、3006 在零件拆卸可找到。

参考图 6-9 的结构和表 6-4，给出了防气蚀阀 MHSL02K10 的密封套件的零件清单。

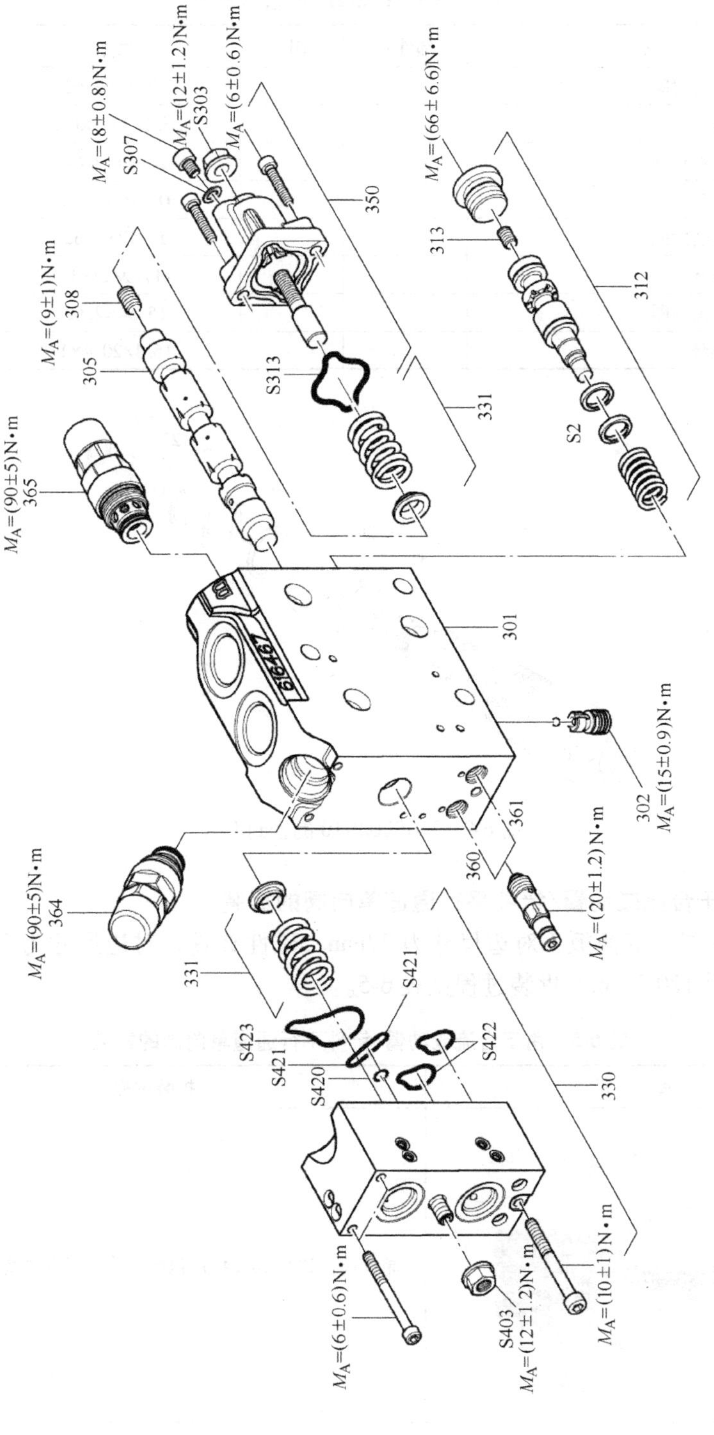

图 6-8　方向阀 M4-15 的备件总览

表 6-4 MHSL02K10 的密封套件

件号	说　明	部件号	DIN	尺寸	数量
20	O 形密封圈			20. 29×2. 62	1
21	止推环			26. 1/30. 3×0. 5	1
23	O 形密封圈			20. 29×2. 62	1
24	止推环			18. 3/22. 5×1	1
25	O 形密封圈			17. 12×2. 62	1
26	止推环			17. 9/22×1	1
27	O 形密封圈			15. 54×2. 62	1
28	止推环			16. 1/20. 4×1	1

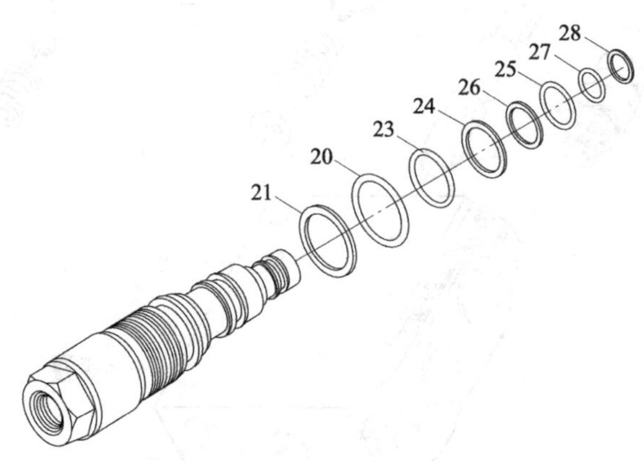

图 6-9 MHSL02K10 的密封套件

3. 用于合流或动臂/铲斗平行通道单向阀的拆装

所需工具：套筒扳手对边尺寸为 27mm，磁性夹具，对边尺寸为 27mm 的扭矩套筒扳手 120N · m。拆装过程见表 6-5。

表 6-5 用于合流或动臂/铲斗平行通道单向阀的拆装

图　示	拆装过程
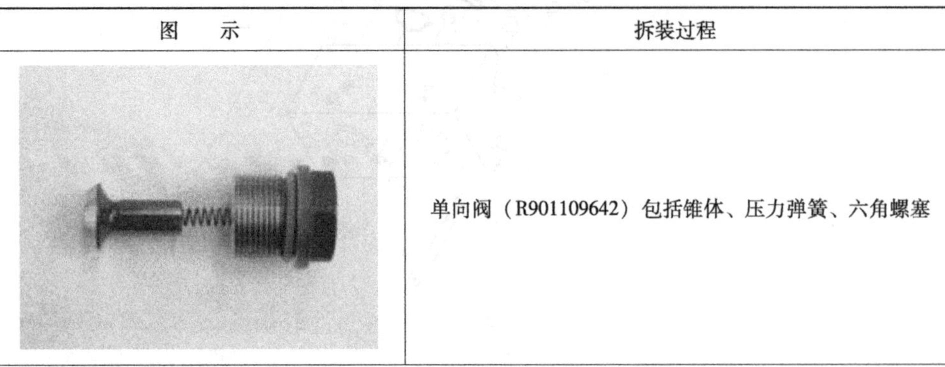	单向阀（R901109642）包括锥体、压力弹簧、六角螺塞

（续）

图　示	拆装过程
	拆下单向阀 逆时针方向旋转套筒扳手，拧下六角螺塞 用磁性夹具拆下压力弹簧和锥体 整理已拆除的单向阀部件 确保没有灰尘进入单向阀的安装孔
	安装单向阀 检查六角螺塞处的密封，表面必须干净且完好无损 检查壳体中单向阀的安装孔，如果该孔有损坏，则必须更换整个多路阀块 用手将单向阀安装到单向阀的安装孔中。注意，弹簧在锥体和六角螺塞孔内的位置应正确。顺时针拧入六角螺塞
	用扭矩扳手顺时针拧紧六角螺塞 拧紧扭矩 $M_T = 120\text{N}\cdot\text{m}$

4. 与主溢流阀配套使用的单向阀的拆装

所需工具：对边尺寸 27mm 的套筒扳手，磁性夹具，对边尺寸 27mm 套筒型扭矩扳手 120N · m，拆装过程见表 6-6。

表 6-6 与主溢流阀配套的单向阀的拆装

图 示	拆装过程
	单向阀（R901109642）包括 锥体 压力弹簧 六角螺塞
	拆下单向阀 逆时针旋转套筒扳手，拧下六角螺塞 用磁性夹具拆下压力弹簧和锥体 处理已拆除的单向阀部件 确保没有灰尘进入单向阀的安装孔
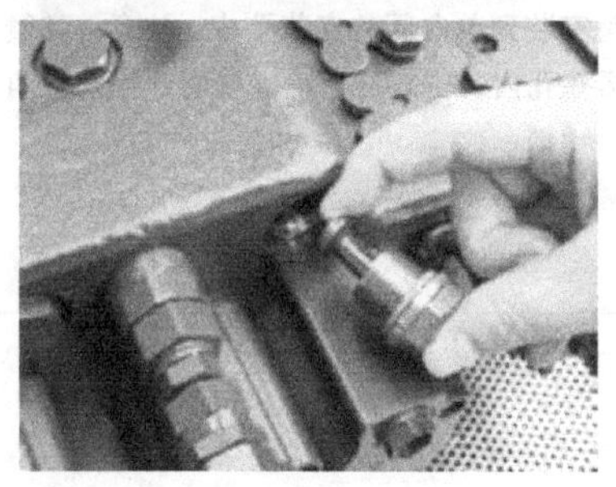	安装单向阀 检查六角螺钉处的密封，表面必须干净且完好无损 检查壳体中单向阀的安装孔，如果孔损坏，则必须更换整个多路阀块 用手将单向阀安装到该孔中。注意，弹簧在锥体和六角螺塞孔内的位置应正确。顺时针拧入六角螺塞
	用扭矩扳手顺时针拧紧六角螺塞 拧紧扭矩 $M_A = 120\text{N} \cdot \text{m}$

5. 用于油箱管路和冷却器的预加压单向阀的拆装

所需工具：M6 螺杆，拆装过程见表 6-7。

表 6-7　预加压单向阀的拆装

图　示	拆装过程
	拆下单向阀 用 M6 螺杆顺时针拧松并卸下单向阀 处理已拆下的单向阀部件 确保没有灰尘进入单向阀安装孔
	安装单向阀 检查单向阀处的密封，表面必须干净且完好无损 检查壳体中的钻孔。如果钻孔损坏，则必须替换整个多路阀块 手动安装单向阀

6. 用于动臂合流的单向阀的拆装

所需工具：尺寸 10mm 的内六角扳手，磁性夹具，尺寸 10mm 的内六角扭矩扳手（200N · m），拆装过程见表 6-8。

表 6-8　动臂合流单向阀的拆装

图　示	拆装过程
	单向阀包括 锥体 压力弹簧 螺塞

（续）

图　　示	拆装过程
	拆下单向阀： 用内六角扳手逆时针拧松并拧下螺塞 用磁性夹子拆下压力弹簧和锥体 处理已拆下的止回阀部件 确保没有灰尘进入钻孔
	安装单向阀 检查单向阀插头螺钉处的密封。表面必须干净且完好无损 检查壳体中的单向阀安装孔。如果单向阀安装孔损坏，则必须更换整个多路阀块 用手将单向阀安装到单向阀安装孔中。注意，弹簧在锥体和六角螺塞孔内的位置应正确。顺时针拧入螺塞
	用扭矩扳手以顺时针拧紧螺塞 拧紧扭矩 $M_T = 200\text{N}\cdot\text{m}$

7. 用于 LS 压力切断溢流阀（件号 225）的拆装

所需工具：尺寸 24mm 的开口（板）扳手，尺寸 24mm 开口扭矩扳手(35N・m)，拆装过程见表 6-9。

表 6-9　LS 压力切断溢流阀的拆装

图　示	拆装过程
	溢流阀外形
	卸下溢流阀 逆时针旋转开口扳手，拧松并卸下溢流阀 清洗处理已卸下的溢流阀 确保没有灰尘进入溢流阀安装孔
	安装溢流阀 检查溢流阀的密封，表面必须干净且完好无损 检查壳体中的溢流阀安装孔。如果钻孔损坏，则必须更换整个多路阀块 用手将压力溢流阀安装到溢流阀安装孔中。沿顺时针拧入溢流阀 用扭矩扳手顺时针拧紧溢流阀，拧紧扭矩 $M_T=35N \cdot m$

8. LS 阻尼器的拆装

所需工具：尺寸 8mm 的内六角扳手，尺寸 3mm 的内六角扳手，尺寸 8mm 的内六角扭矩扳手（45N · m），尺寸 3mm 的内六角扭矩扳手，适用扭矩 3.5N · m，拆装过程见表 6-10。

表 6-10 LS 阻尼器的拆装

图　示	拆装过程
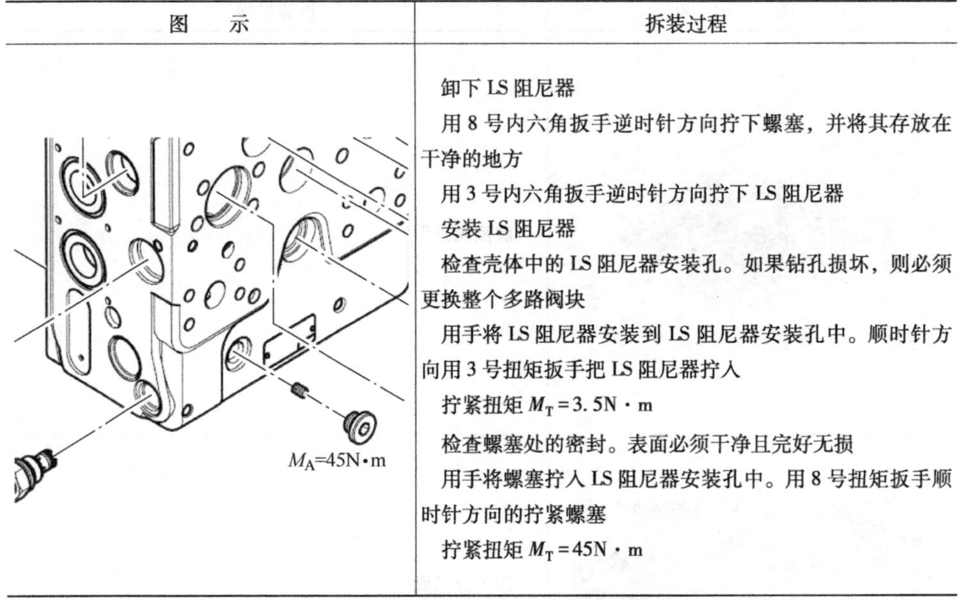 	卸下 LS 阻尼器 用 8 号内六角扳手逆时针方向拧下螺塞，并将其存放在干净的地方 用 3 号内六角扳手逆时针方向拧下 LS 阻尼器 安装 LS 阻尼器 检查壳体中的 LS 阻尼器安装孔。如果钻孔损坏，则必须更换整个多路阀块 用手将 LS 阻尼器安装到 LS 阻尼器安装孔中。顺时针方向用 3 号扭矩扳手把 LS 阻尼器拧入 拧紧扭矩 M_T = 3. 5N · m 检查螺塞处的密封。表面必须干净且完好无损 用手将螺塞拧入 LS 阻尼器安装孔中。用 8 号扭矩扳手顺时针方向的拧紧螺塞 拧紧扭矩 M_T = 45N · m

9. 开中心二通压力补偿器的拆装

所需工具：尺寸 27mm 的套筒扳手，磁性夹具，尺寸为 27mm 的套筒扭矩扳手，扭矩为 150N · m，拆装过程见表 6-11。

表 6-11 开中心二通压力补偿器的拆装

图　示	拆装过程
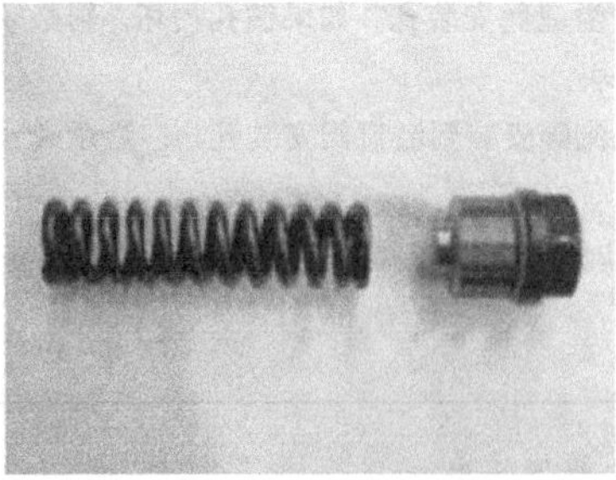	开中心二通压力补偿器包括： 压力弹簧 螺塞 阀芯

（续）

图　示	拆装过程
	拆卸开中心二通压力补偿器 用套筒扳手逆时针方向拆下 B 侧的螺塞 取下阀芯 用磁性夹子拆下压力弹簧 替代方案：拧下 A 侧的螺塞并拉出弹簧 确保没有灰尘进入二通压力补偿器安装孔
	安装开中心二通压力补偿器 检查螺塞处的密封，表面必须干净且完好无损 检查壳体中的安装孔。如果安装孔损坏，则必须更换整个多路阀块 在 B 侧手动安装压力弹簧和阀芯，不得倾斜 用手将螺塞拧入安装孔中 用扭矩扳手顺时针拧紧螺塞 拧紧扭矩 $M_T = 150N \cdot m$

10. 用于主溢流阀功能带先导级溢流阀的拆装

所需工具：尺寸 27mm 的开口扳手，尺寸 27mm 的开口扭矩扳手，扭矩100N · m，拆装过程见表 6-12。

表 6-12　带先导级溢流阀的拆装

图　示	拆装过程
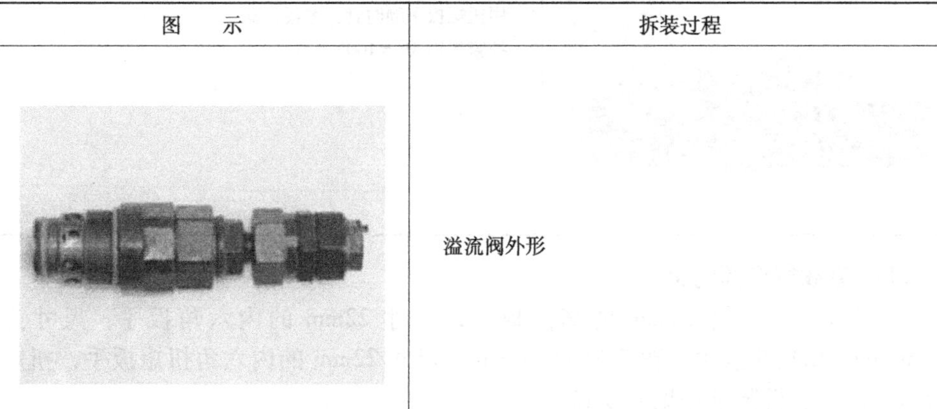	溢流阀外形

（续）

图　示	拆装过程
	卸下溢流阀 用开口扳手逆时针方向拧下溢流阀 清洗处理已卸下的溢流阀 确保没有灰尘进入安装孔
	安装溢流阀 检查溢流阀的密封，表面必须干净且完好无损 检查壳体中的安装孔。如果安装孔损坏，则必须更换整个多路阀阀块 用手将溢流阀安装到安装孔中
	用扭矩扳手顺时针拧紧溢流阀 拧紧扭矩 $M_T = 100\text{N} \cdot \text{m}$

11. 直线行走阀的拆装

所需工具：尺寸 27mm 的套筒扳手，尺寸 22mm 的内六角扳手，尺寸为 27mm 的套筒扭矩扳手，扭矩为 150N · m，尺寸 22mm 的内六角扭矩扳手，扭矩为 300N · m，拆装过程见表 6-13。

表 6-13　直线行走阀的拆装

图　　示	拆装过程
	直线行走阀包括 螺塞 压力弹簧 弹簧座 阀芯 螺塞
	拆卸直线行走阀 用套筒扳手逆时针拧下 B 侧的螺塞 用内六角扳手逆时针拧下 A 侧的螺塞 无需倾斜即可拆下压力弹簧、弹簧座和阀芯 确保没有灰尘进入安装孔
	安装直线行走阀 检查螺堵处的密封，表面必须干净且完好无损 检查壳体中的安装孔。如果安装孔损坏，则必须更换整个多路阀块 用手将螺塞装入 B 侧的安装孔中 用扭矩扳手顺时针拧紧螺塞 拧紧扭矩 $M_T=150$N · m
	用手将阀芯、弹簧座和压力弹簧装入 A 侧的安装孔中

（续）

图　示	拆装过程
	用手在 A 侧安装螺塞
	用扭矩扳手顺时针拧紧螺塞 拧紧扭矩 $M_T=300N \cdot m$

12. 动臂合流阀，类似于斗杆合流阀的拆装

所需工具：尺寸 5mm 的内六角扳手，拆装过程见表 6-14。

表 6-14　动臂合流阀的拆装

图　示	拆装过程
	阀芯套件包括 阀芯 弹簧座 压力弹簧

（续）

图　　示	拆装过程
	先拆除罩盖 用内六角扳手逆时针方向拧下 B 侧盖板（件号 155）上的圆柱螺钉 需小心不让盖子掉下 取下盖子并将其存放在干净的地方 保护盖子，确保安装孔免受灰尘和湿气的影响
	卸下阀芯套件 无需倾斜即可拆下压力弹簧、弹簧座和阀芯
	安装阀芯套件 用手将压力弹簧、弹簧座和阀芯装入安装孔中 用内六角扳手安装罩盖 拧紧扭矩 $M_T = 10.4\text{N} \cdot \text{m}$

13. 主阀芯的拆装

所需工具：尺寸 5mm 的内六角扳手，拆装过程见表 6-15。

表 6-15　主阀芯的拆装

图　　示	拆装过程
	卸下罩盖 用内六角扳手逆时针方向拧松并拆下 A 侧和 B 侧盖板上的圆柱螺钉 需小心不让盖子掉下 取下盖子并将其存放在干净的地方 保护盖子确保安装孔免受灰尘和湿气的影响

（续）

图　示	拆装过程
	拆下主阀芯 拆下弹簧套件，弹簧套件包括弹簧座（阀芯轴5中的）、压力弹簧和弹簧座 拆卸主阀芯时不要倾斜 处理已卸下的阀芯 确保没有灰尘进入安装孔
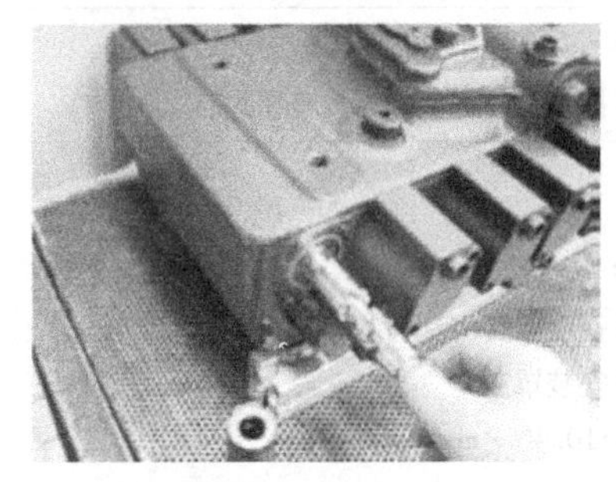	安装主阀芯 用手将主阀芯装入安装孔中，不要倾斜 安装弹簧套件 用内六角扳手安装罩盖 拧紧扭矩 $M_T = 10.4\text{N}\cdot\text{m}$

14. 单向节流阀的拆装

所需工具：丝锥的公称直径为3mm或4mm，磁性夹具。

拆卸单向节流阀：将丝锥拧入单向节流阀并将其拉出。根据安装位置，选择使用3mm或4mm的丝锥。在拆卸过程中，单向节流阀将被破坏，必须更换。小心取下单向阀的所有部件。

安装单向节流阀：用手将单向节流阀安装到安装孔中，然后安装罩子。注意安装位置，主阀芯的安装位置是单向节流阀的节流方向是从壳体到油口，如图6-10所示。

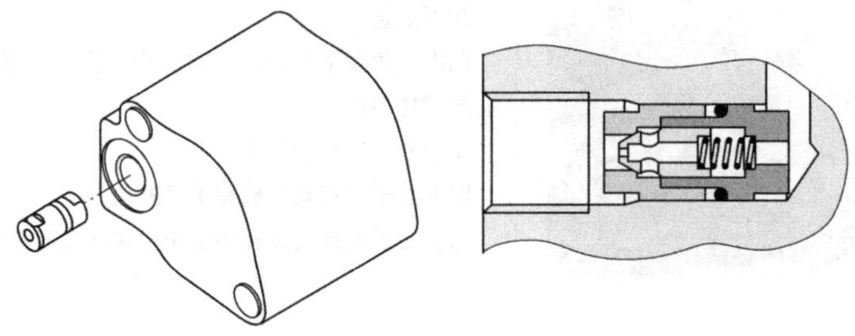

图6-10　单向节流阀的节流方向

对于动臂合流阀，斗杆合流阀或单向节流阀的安装位置：单向节流阀的节流方向是从油口到壳体，如图 6-11 所示。

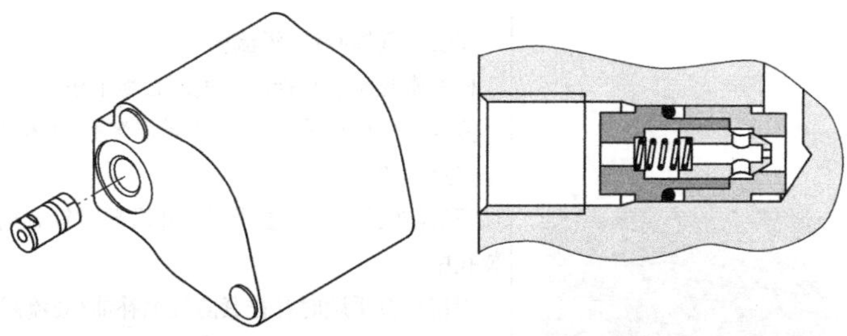

图 6-11　单向节流阀的节流方向（动臂合流或斗杆合流）

15. 防气蚀补油/溢流阀的拆装

所需工具：尺寸 27mm 的开口扳手，尺寸 27mm 开口扭矩扳手，扭矩为100N · m，拆装过程见表 6-16。

表 6-16　防气蚀补油/溢流阀的拆装

图　　示	拆装过程
	防气蚀补油/溢流阀外形
	拆卸防气蚀补油/溢流阀 用开口扳手逆时针方向拧松并拆下防气蚀补油/溢流阀 清洗处理已卸下的防气蚀补油/溢流阀 确保没有灰尘进入安装孔

（续）

图　示	拆装过程
	安装防气蚀补油/溢流阀 检查密封圈和止推环，表面必须干净且完好无损 检查壳体中的安装孔。如果安装孔损坏，则必须更换整个多路阀块 润滑防气蚀补油/溢流阀，并沿顺时针方向将其旋入至安装孔中 用扭矩扳手顺时针拧紧防气蚀补油/溢流阀 拧紧扭矩 $M_T = 100N \cdot m \pm 6N \cdot m$

16. 截止阀阀芯的拆装

所需工具：尺寸4mm的内六角扳手，拆装过程见表6-17。

表6-17　截止阀阀芯的拆装

图　示	拆装过程
	截止阀阀芯包括 阀芯 弹簧 弹簧座 卡簧
	拆下轴PC2上的盖子 用内六角扳手逆时针拧下并拆下盖子（件号186）上的圆柱螺钉（件号187） 需小心不让盖子掉下 取下盖子并将其存放在干净的地方 确保盖子和安装孔免受灰尘和湿气的影响

（续）

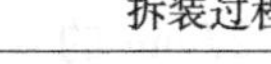

图　　示	拆装过程
	拆下截止阀阀芯 小心地拆下截止阀阀芯 清洗处理已拆下的截止阀阀芯 确保没有灰尘进入安装孔
	安装截止阀阀芯 用手将阀安装到安装孔中。手动安装截止阀阀芯，不要倾斜 使用扭矩扳手安装盖子 拧紧扭矩 $M_T = 10.4 N \cdot m$

17. 防漂移阀的拆装

所需工具：M6 的螺杆，拆装过程见表 6-18。

表 6-18　防漂移阀的拆装

图　　示	拆装过程
	拆下防漂移阀 用 M6 螺杆顺时针方向旋转拆下防漂移阀
	清洗处理已拆下的防漂移阀 确保没有灰尘进入安装孔 检查防漂移阀处的密封，表面必须干净且完好无损 检查壳体中的安装孔。如果安装孔损坏，则必须更换整个多路阀块 用手将防漂移阀安装到安装孔中

18. 先导控制插件（防漂移阀）的拆装

所需工具：尺寸 27mm 的开口扳手，尺寸 27mm 的开口扭矩扳手，拧紧扭矩为 100N · m，拆装过程见表 6-19。

表 6-19 先导控制插件（防漂移阀）的拆装

图 示	拆装过程
	先导控制插件（防漂移阀）的外形
	卸下先导控制插件（防漂移阀） 用开口扳手逆时针方向拧下并拆下先导控制插件（防漂移阀） 处理已卸下的先导控制插件（防漂移阀） 确保没有灰尘进入安装孔
	安装先导控制插件（防漂移阀） 检查先导控制插件（防漂移阀）上的密封件，表面必须干净且完好无损 检查壳体中的安装孔。如果安装孔损坏，则必须更换整个多路阀块 用手将先导控制插件（防漂移阀）装入安装孔中 用扭矩扳手顺时针拧紧先导控制插件（防漂移阀） 拧紧扭矩 M_T = 100N · m

19. 单向阀（R901162069）的拆装

所需工具：尺寸 24mm 的开口扳手，磁性夹具，尺寸 24mm 的开口扭矩扳手，拧紧扭矩为 100N · m，拆装过程见表 6-20。

表 6-20　单向阀（R901162069）的拆装

图　　示	拆装过程
	单向阀（R901162069）包括 锥体 弹簧 螺塞
	拆下单向阀 用开口扳手逆时针方向拧下螺塞 用磁性夹具拆下压力弹簧和锥体 处理已拆除的单向阀部件 确保没有灰尘进入安装孔
	安装单向阀 检查螺塞处的密封，其表面必须干净且完好无损 检查壳体中的安装孔。如果安装孔损坏，则必须更换整个多路阀块 用手将单向阀安装到孔中。注意，弹簧在锥体和螺塞孔内的位置需正确。顺时针方向拧入螺塞 用扭矩扳手顺时针方向拧紧螺塞 拧紧扭矩 $M_T = 100$N · m

20. 主阀芯负载保持阀的拆装

所需工具：尺寸 10mm 的内六角扳手，磁性夹具，尺寸 10mm 的内六角扭矩扳手，拧紧扭矩为 200N · m，拆装过程见表 6-21。

表 6-21　主阀芯负载保持阀的拆装

图　　示	拆装过程
	负载保持阀包括 锥体 压力弹簧 螺塞

（续）

图　示	拆装过程
	卸下负载保持阀 用内六角扳手逆时针方向拧下螺塞 用磁性夹具拆下压力弹簧和锥体 清洗处理已拆下的负载保持阀 确保没有灰尘进入安装孔
	安装负载保持阀 检查螺塞处的密封，其表面必须干净且完好无损 检查壳体中的安装孔。如果安装孔损坏，则必须更换整个多路阀块 用手将负载保持阀安装到安装孔中。注意，弹簧在锥体和螺塞孔内的位置需正确。顺时针方向拧入螺塞 用扭矩扳手顺时针方向拧紧螺塞 拧紧扭矩 M_T = 200N · m

21. 方向阀组件 M4-15 的拆装

所需工具：尺寸 10mm 的开口扳手，尺寸 16mm 的套筒扭矩扳手，拧紧扭矩为 40N · m，油性布，油石。

所需材料：方向阀组件 M4-15 的密封套件；尾板元件密封套件包括：①O 形密封圈 6.07×1.78，4 件；②O 形密封圈 17.12×2.62，3 件；螺柱；拆装过程见表 6-22。

表 6-22　方向阀组件 M4-15 的拆装

图　示	拆装过程
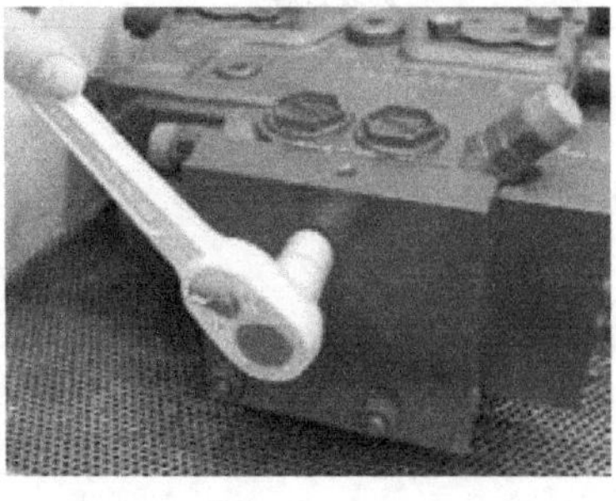	拆卸尾板元件和方向阀元件 沿逆时针方向拧下螺柱上的螺母并将其拆下 如果在拧下螺母时，一个或多个螺柱松动，则必须移出所有方向阀元件才能重新安装

（续）

图　示	拆装过程
	通过拆下螺柱上的螺母并拆下尾板元件和方向阀元件 法兰面之间可能会出现黏合胶 从油口上卸下O形密封圈 如果被污染，用油石清洁尾板元件和方向阀元件的所有法兰面，并用油布擦拭。确保在清理过程中没有灰尘进入安装孔
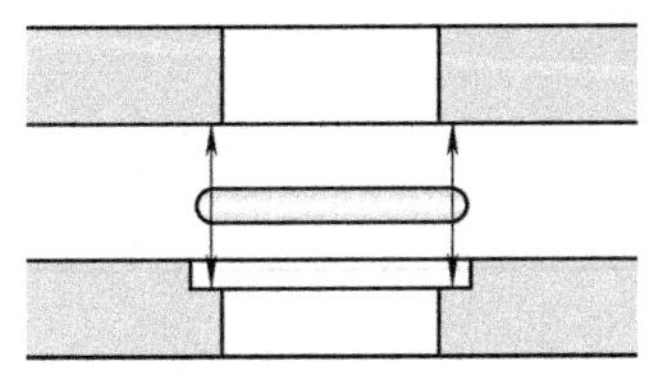	法兰面和法兰面凹槽上的密封面以及密封件必须清洁，干燥且无损坏。如果方向阀元件损坏，则必须更换 沿逆时针方向拧下螺柱并将其拆下。由于螺柱是涂胶的，因此需要使用较大的扭矩才能将它们拆下 必要时去除残留的胶水
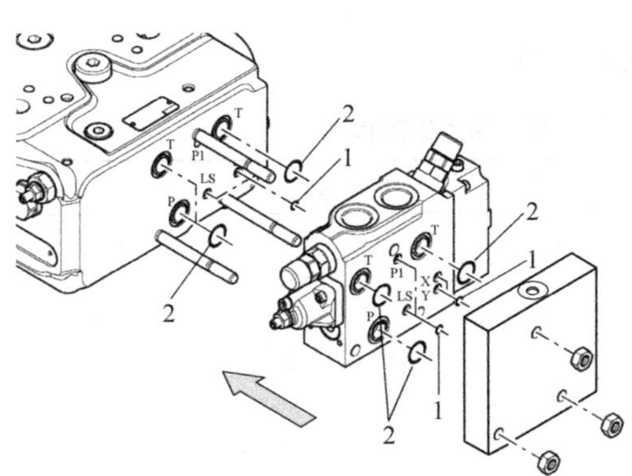	安装方向阀元件和尾板元件 每个方向阀元件（包括尾板元件）都需要一套密封套件 将螺柱短螺纹长度部分完全拧入多路阀块M9内，并用乐泰胶243固定。拧紧扭矩 $M_T=10N\cdot m+2N\cdot m$ 假如必要时去除残留的胶水 确保所有密封面和密封件清洁，干燥且无损坏 安装密封件 在油口LS、X、Y和P1中装入O形密封圈1 在T口装入O形密封圈2
	安装方向阀件 安装密封件 在油口LS、X、Y和P1中装入O形密封圈1 在T口插入O形密封圈2 手动安装尾板元件和螺母

（续）

图　示	拆装过程
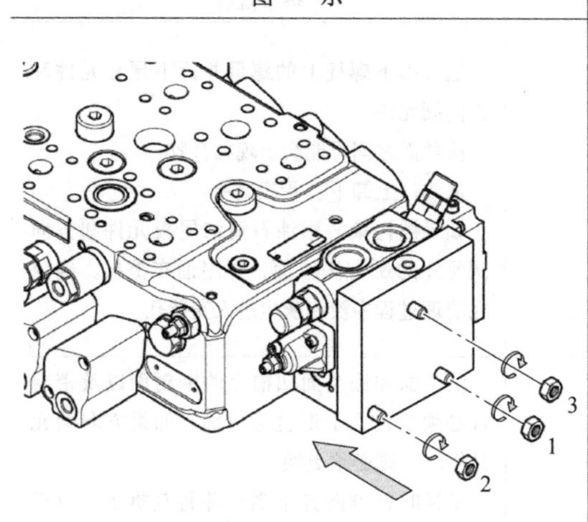	顺时针方向拧紧螺母，拧紧扭矩 M_T = 20N · m（注意，顺序为 1，2，3）。之后，以 30N · m 的扭矩相同的顺序拧紧螺母，最后以 M_T = 40N · m ± 2N · m 的扭矩结束拧紧

22. 方向阀元件 M4-15A 侧盖板的拆装

所需工具：尺寸 4mm 的内六角扭矩扳手，拧紧扭矩 6N · m；尺寸 5mm 的内六角扭矩扳手，拧紧扭矩 10N · m。

所需材料：密封套件，拆装过程见表 6-23。

表 6-23　方向阀元件 M4-15A 侧盖板的拆装

图　示	拆装过程
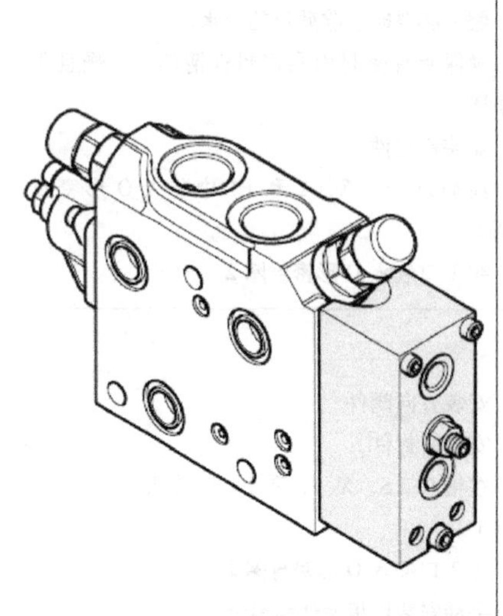	卸下盖板 逆时针方向拧下盖板的螺钉。需小心不使盖板掉落

（续）

图　示	拆装过程
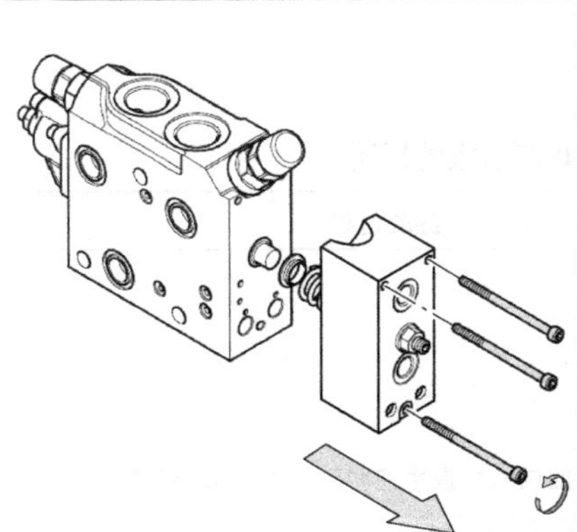	确保没有灰尘进入安装孔 如果盖板损坏，必须更换新盖板
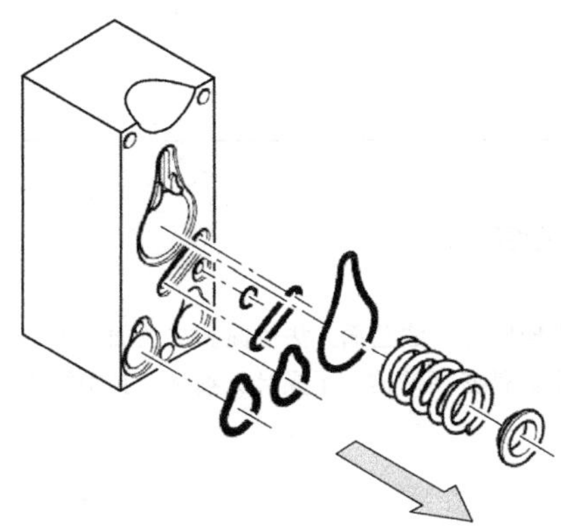	盖板、密封件的更换 取下密封件。检查盖板和方向阀元件的法兰面。法兰面和法兰面凹槽上的密封面以及密封件必须清洁、干燥且无损坏。必须更换损坏的部件 装入新的密封件
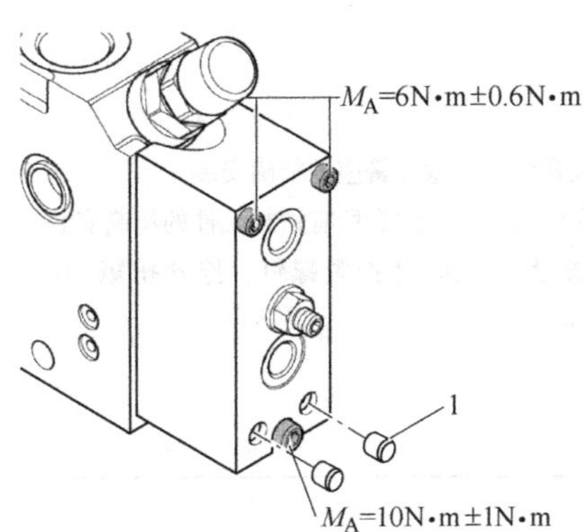 	安装盖板 将弹簧座压入弹簧。注意弹簧座的正确安装 安装方向阀元件的盖板，注意密封件的正确安装 用尺寸 4mm 内六角扳手顺时针方向拧紧上部螺钉，拧紧扭矩 M_A = 6N · m±0. 6N · m 用尺寸 5mm 内六角扳手顺时针方向拧紧下部螺钉，拧紧扭矩 M_A = 10N · m±1N · m 使用正确的拧紧扭矩拧紧螺钉
	在维护后，必须用新的塑料保护帽 1 塞住盖板的安装孔

23. 方向阀元件 M4-15B 侧盖板的拆装

所需工具：尺寸 4mm 的内六角扳手，尺寸 4mm 的内六角扭矩扳手，拧紧扭矩 6N · m。

所需材料：密封套件，拆装过程见表 6-24。

表 6-24　方向控制元件 M4-15B 侧盖板的拆装

图　示	拆装过程
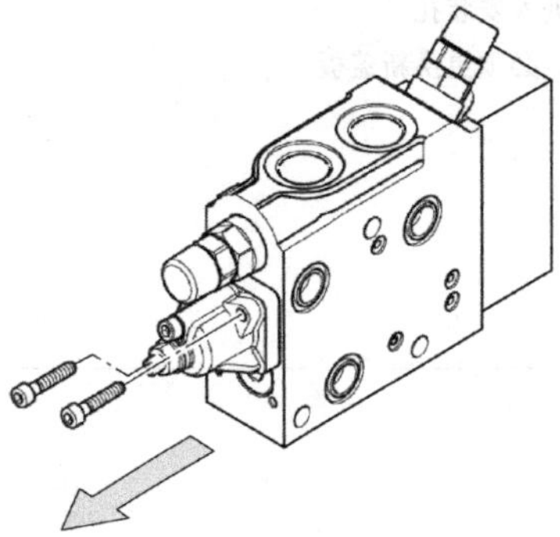	卸下盖板 用尺寸 4mm 的内六角扳手逆时针拧下盖板的螺钉 确保没有灰尘进入安装孔 如果盖板损坏，必须更换新的盖板
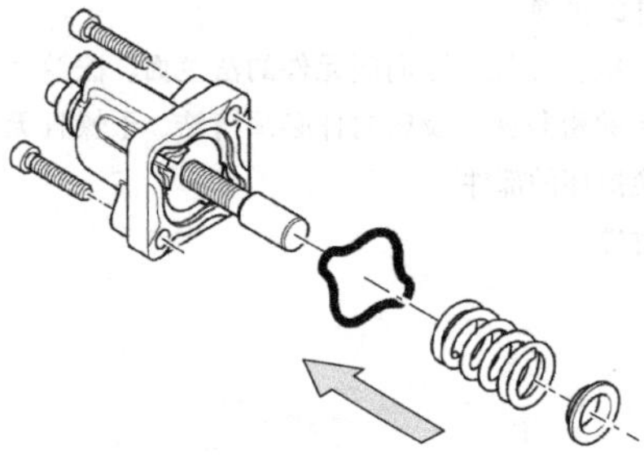	盖板-密封件的更换 取下密封件 检查盖板和方向阀件的法兰面。法兰面和法兰面凹槽上的密封面以及密封件必须清洁、干燥且无损坏。必须更换损坏的部件 装入新的密封件
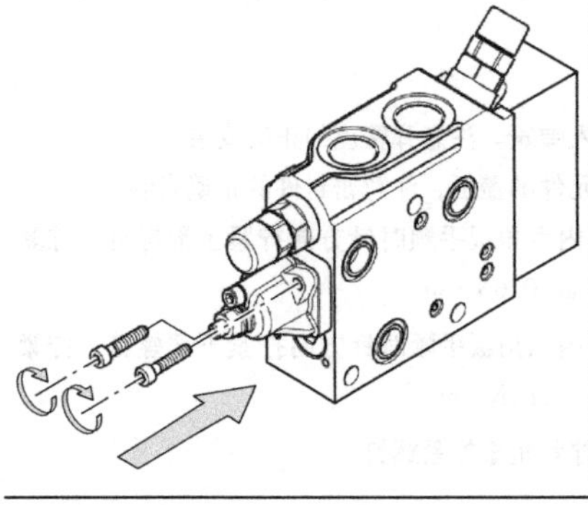	安装盖板 将弹簧座压入弹簧。注意弹簧座的精确安装 安装方向阀元件的盖板。注意所有密封元件的精确安装 用内六角扭矩扳手顺时针拧紧螺钉，拧紧扭矩 M_T = 6N · m±0.6N · m

24. 方向阀元件 M4-15 主阀芯的拆装

所需工具：夹钳直径 18mm。

所需材料：密封套件，拆装过程见表 6-25。

表 6-25　M4-15 主阀芯的拆装

图　示	拆装过程
	拆下主阀芯 取下 B 侧盖板，请参阅“拆卸盖板”部分 在不倾斜的情况下将主阀芯从安装孔中取出 检查主阀芯和安装孔。必须更换损坏的部件 确保没有灰尘进入安装孔
	安装主阀芯 检查新的主阀芯。不允许使用损坏的主阀芯 用夹钳夹住主阀芯并将其夹入台钳 将弹簧座压入弹簧并将它们安装在主阀芯上 小心地安装主阀芯，将主阀芯轻轻旋入安装孔内，不要倾斜，检查主阀芯是否能平滑移动 安装盖板，请参见“安装盖板”部分 对液压系统进行排气

25. 方向阀元件 M4-15 压力补偿器的拆装

所需工具：尺寸 10mm 的六角扳手，尺寸 4mm 的内六角扳手，尺寸 4mm 的内六角扭矩扳手，拧紧扭矩 6N · m，尺寸 4mm 内六角扭矩扳手，适用于拧紧扭矩 3. 5N · m，尺寸 10mm 的内六角扭矩扳手，拧紧扭矩 66N · m，尺寸 6mm 的开口扭矩扳手，拧紧扭矩 8N · m，夹钳直径 18mm。

所需材料：密封套件 R901169596，拆装过程见表 6-26。

表 6-26　M4-15 压力补偿器的拆装

图　示	拆装过程
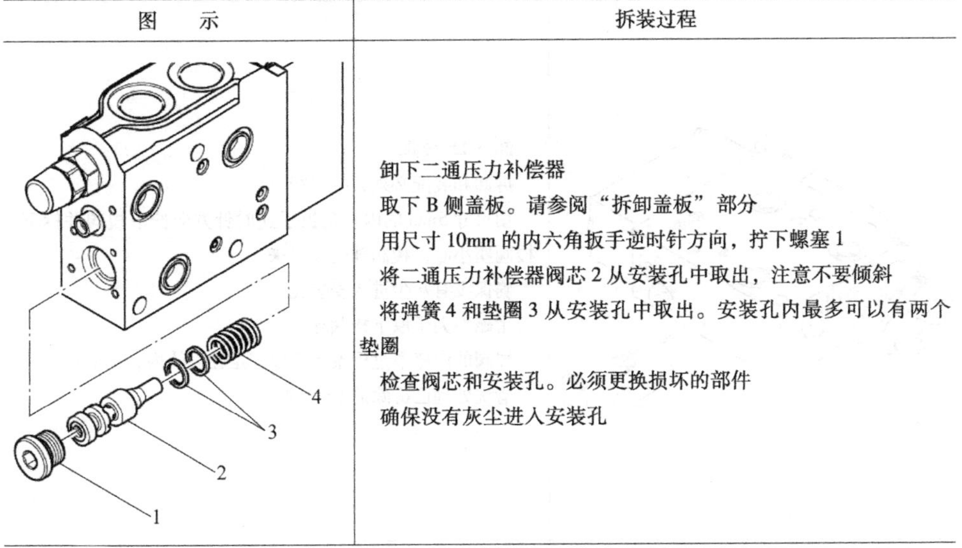	卸下二通压力补偿器 取下 B 侧盖板。请参阅“拆卸盖板”部分 用尺寸 10mm 的内六角扳手逆时针方向，拧下螺塞 1 将二通压力补偿器阀芯 2 从安装孔中取出，注意不要倾斜 将弹簧 4 和垫圈 3 从安装孔中取出。安装孔内最多可以有两个垫圈 检查阀芯和安装孔。必须更换损坏的部件 确保没有灰尘进入安装孔

（续）

图　　示	拆装过程
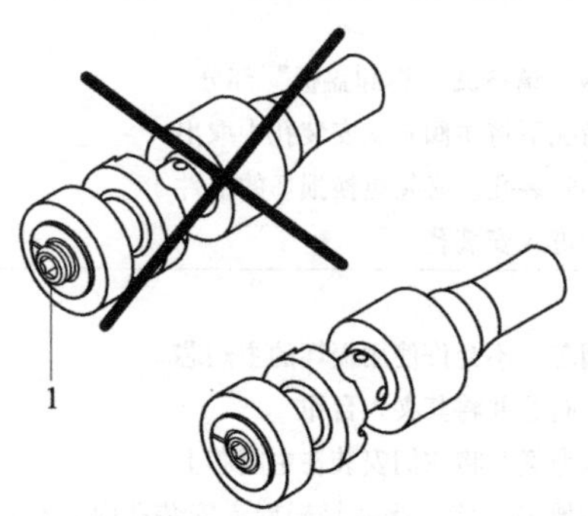 在阻尼器处有损坏的危险 阻尼器与二通压力补偿器阀芯的端面若没有完全旋进有突出的部分，二通压力补偿器控制范围将减小或不再保证负载保持功能	更换阻尼器 在压力补偿器阀芯端面的一侧拧入阻尼器 使用夹钳夹紧压力补偿器阀芯 阻尼器必须被完全地旋进阀芯 用扭矩扳手沿顺时针方向将阻尼孔拧入压力补偿器阀芯。拧紧扭矩 M_T = 3.5N · m±0.2N · m 安装二通压力补偿器 检查二通压力补偿器阀芯 2。不允许使用损坏的阀芯 将弹簧 4 安装到壳体的钻孔中 将二通压力补偿器安装所需数量的垫圈 3，轻轻旋转，不要倾斜小心地安装到钻孔内。检查是否可以顺利移动 用扭矩扳手顺时针旋转拧紧螺塞 1 拧紧扭矩 M_T = 66N · m±6.6N · m 安装盖板，请参见“安装盖板”部分 对液压系统进行排气

26. 方向阀元件 M4-15 LS 梭阀的拆装

所需工具：尺寸 5mm 的内六角扭矩扳手，拧紧扭矩 15N · m，磁性夹具，拆装过程见表 6-27。

表 6-27　M4-15 LS 梭阀的拆装

图　　示	拆装过程
	卸下 LS 梭阀 拆卸和装配必须架空进行 用尺寸 5mm 的内六角扳手逆时针方向拧下梭阀并拆下梭阀座小心，梭阀球会掉出来 确保没有灰尘进入安装孔 用磁性夹子取下梭阀球 梭阀的内座通过乐泰 603 胶固定在壳体内，不能拧出 清洗处理已拆除的 LS 梭阀

（续）

图　示	拆装过程
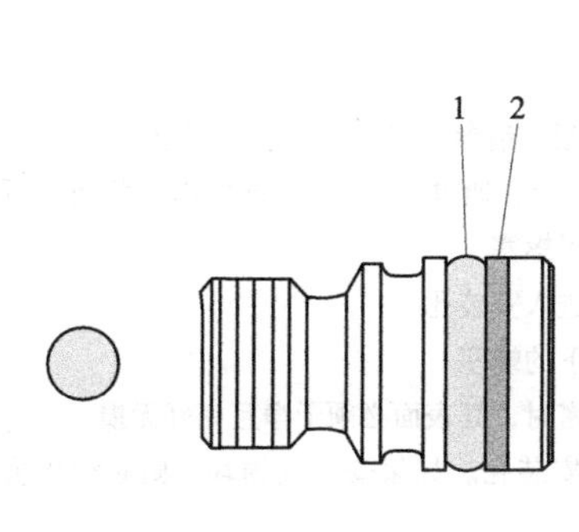	安装 LS 梭阀 检查梭阀座的密封圈 1 和止推环 2。两者的表面必须干净且完好无损 检查壳体中的安装孔。如果安装孔损坏，则必须更换方向阀元件 检查梭阀的内座，必要时去除污垢 将钢球插入安装孔中。注意钢球在孔内的位置，正确地安装 润滑梭阀的阀座 用内六角扭矩扳手顺时针拧紧梭阀座，拧紧扭矩 M_T = 15N · m±0. 9N · m

27. 方向阀元件 M4-15 二级溢流阀的拆装

所需工具：尺寸 24mm 的开口扳手，尺寸 24mm 的开口扭矩扳手，拧紧扭矩 90N · m，拆装过程见表 6-28。

表 6-28　M4-15 二级溢流阀的拆装

图　示	拆装过程
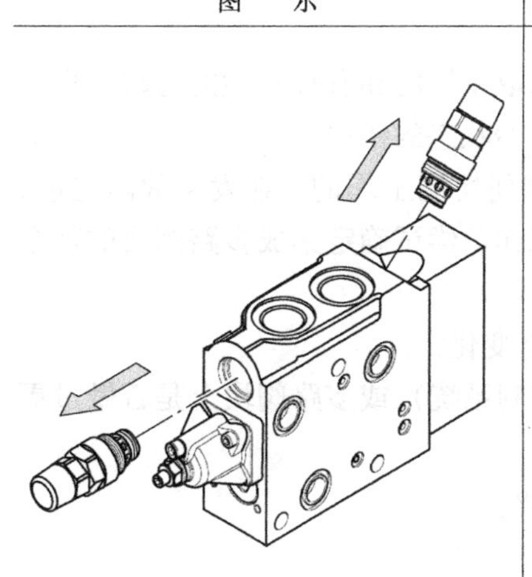	卸下二级溢流阀 用开口扳手逆时针方向旋转，拧下二级溢流阀 处理已移除的二级溢流阀 确保没有灰尘进入安装孔 安装二级溢流阀 检查溢流阀的密封，其表面必须干净且完好无损 检查壳体中的安装孔。如果安装孔损坏，则必须更换方向阀元件 将二级溢流阀（PRV）插入安装孔中。注意准确安装 用内六角扭矩扳手顺时针拧紧溢流阀。拧紧扭矩 M_T = 90 N · m±5N · m 对液压系统进行排气

28. 方向阀组件 M4-15 LS 螺塞的拆装

所需工具：尺寸 4mm 的内六角扭矩扳手，拧紧扭矩 6N · m，尺寸 5mm 的内六角扭矩扳手，拧紧扭矩 10N · m，尺寸 11mm 的内六角扭矩扳手，拧紧扭矩 20N · m，尺寸 4mm 的内六角扳手。

所需材料：密封套件，拆装过程见表 6-29。

表 6-29 M4-15LS 螺塞的拆装

图　示	拆装过程
	更换 LS 螺塞 取下 A 侧的盖板。请参阅“拆卸盖板”部分 在六角头（A）上，通过用尺寸 11mm 的内六角扭矩扳手逆时针方向拧下螺塞 确保没有灰尘进入安装孔 清洗处理已卸下的螺塞 检查新螺塞的密封，其表面必须干净且完好无损 检查壳体中的安装孔。如果安装孔损坏，则必须更换方向阀元件 用 11 内六角扭矩扳手按顺时针方向拧紧螺塞 拧紧扭矩 $M_T=20N\cdot m\pm1.2N\cdot m$ 在 A 侧安装盖板。请参阅“安装盖板”部分

6.2.3 故障排除

1. 如何进行故障排除

即使在有时间要求的压力下，也要始终采取系统的和有针对性的行动。盲目动手拆卸和重新调整设置可能导致无法恢复原始状态的错误。

首先，要大致了解多路阀与整个系统是如何协同工作的。在发生故障之前，尝试找出多路阀块是否与整个系统一起正常工作。尝试确定集成多路阀块的整个系统出现了哪些变化：

- 多路阀块的运行条件或工作范围是否有变化？
- 整个系统（机器/车辆，电气设备，控制系统）或多路阀块上是否做过更改或维修工作？如果是的话：是哪些？
- 多路阀块或机器/车辆是否按预期使用？
- 故障是如何出现的？

尽量清楚地了解错误原因，可直接询问（机器）操作人员。

2. 故障原因与对策

只要符合规定的使用条件，多路阀块就不容易出现故障，特别是油的质量满足要求时。探寻故障的原因和采取的必要解决措施请参考表 6-30。

在由于污染导致故障发生后，必须检查油品质量，并在必要时通过适当的方法对其进行改进，例如冲洗或过滤器的额外构建。

表 6-30　M9-20 故障原因与对策

故障	可能的原因	补救措施
压力流体从多路阀块逸出	多路阀块壳体在活塞处泄漏	检查密封，必要时更新，检查紧固扭矩
	螺塞泄漏	拧紧螺塞，必要时更换铜密封圈 对于O形密封圈，不要重新拧紧螺塞，更换密封件并以规定的扭矩拧紧螺塞
	多路阀块壳体泄漏	取下多路阀块并更换新的多路阀块
	导致执行器泄漏的连接（螺钉插孔，螺钉连接）	检查密封，必要时更新。检查紧固扭矩
压力流体从管道或软管中逸出	管道或软管损坏	更换管道或软管
	管道或软管工作时松动	根据适用于配件的装配说明拧紧螺钉连接和配件 相应的装配说明可从制造商处获得
压力流体在多路阀块模块之间泄漏	法兰表面密封件损坏	更换新密封件
	组装多路阀块时进入污垢	拆卸多路阀块，清洁法兰表面
	多路阀块壳体在法兰表面泄漏	更换损坏的多路阀块模块
	拉杆的紧固扭矩过低	检查紧固扭矩
液压功能紊乱	压力流体中进入空气	对压力流体进行排气
阀芯不能机械移动	螺柱拧紧过紧，拉紧力矩过大	松开螺柱的螺母并以规定的扭矩拧紧
	油温过高和/或压力流体与多路阀块之间的温差太大，导致阀芯和多路阀块的热膨胀不同导致堵塞	检查冷却器功能，供油和泵压在中间位置 避免温度冲击
	在组装通向执行器的连接件期间引入的污垢或外来颗粒堵塞了阀芯	目视检查执行器的管接头连接件，用磁铁或镊子清除异物。如果有异物堵塞，请更换新的多路阀块模块
阀芯返回太慢或根本无法返回	阀芯卡住	如果发生故障，请参见上面的“阀芯无法机械移动”部分

6.3　川崎 KMX15RA 多路阀的拆装和故障排除

6.3.1　拆卸和装配

1. 一般注意事项

1）液压元件都是经过精密加工的零件，在进行拆卸、装配时必须选择特别清洁的场所。

2）控制阀在按此处理之上，请予以充分注意的是不要使尘埃，土砂等侵入内部。

3）控制阀从主机上拆下时，要将各接口用盖封好，在拆卸前再确认此盖是否能全部装上，并洗净整个部件总成的外部。另外，作业要在适当的作业台上进行，在作业台上铺上干净的纸，橡胶垫板，然后请再进行作业。

4）控制阀的搬运、移动等的受力支撑需放在主体的结实处，决不要支撑在弹簧盖和溢流阀等突出的部位上，要小心谨慎地操作。

5）元件的拆卸、装配后，虽希望能实施各种试验（如溢流特性、泄漏试验、流量阻力等），但这些都必须在液压试验装置上进行。受条件的限制，因此，即便从构造上可以拆卸，但在不能进行试验调整等的地方，不要拆卸。事前必须准备好干净的清洗油液、工作油、润滑油等。

2. 拆卸工具

在拆卸控制阀时，要预先准备好表 6-31 中的工具。

表 6-31 拆卸所需工具

工具名	数量	规格（mm）及其他
台钳（软钳口）	1 台	夹紧钳口要装上铜板等软金属
内六角扳手	各 1	5，6，10，12，14
套筒扳手	各 1	27，32，41
开口扳手	各 1	32（主溢流阀），41

3. 拆卸

说明文中零部件名后面的数字表示构造图的零部件号。零部件号参考 KMX15RA 多路阀的产品样本。

1）将控制阀放置在作业台上。注意：在清洁的场所进行拆卸，不要碰伤法兰盘面。

2）拆下直线行走阀块：旋松并拆下内六角螺栓，将直线行走阀块呈组件状拆下。所用工具：14mm 内六角扳手。

3）主溢流阀的拆卸。

① 旋松并拆下内六角螺栓，拆下弹簧盖 201、203、206、207。工具：内六角扳手的尺寸 6mm。

② 将阀芯、弹簧、弹簧座、挡块、螺栓呈组件状态从阀体内取出。注意：阀芯组件从阀体取出时，请注意不要碰伤阀体。

4）盖类的拆卸。先拆下内六角螺栓 273，再取下盖 202、204、205。工具：内六角扳手的尺寸 6mm。

5）油口溢流阀的拆卸。将接口溢流阀 602、603 从阀体上拆下。工具：套筒扳手的尺寸 32mm。

6）螺塞的拆卸（备用部件）。将螺塞 553 从阀体上拆下。工具：套筒扳手的尺寸 27mm。

7）锁紧阀的拆卸。旋松并拆下六角螺栓，拆下锁紧阀组件 252。工具：内六角扳手的尺寸 5mm。

8）负控制溢流阀的拆卸。

① 拆下螺塞 551。工具：内六角扳手的尺寸 12mm。

② 手动拆下负控制溢流阀 611。

9）单向阀的拆卸。

① 先拆下螺塞 551、552，再拆弹簧 521、523 及锥阀 511、515、516。工具：内六角扳手的尺寸 12mm。

② 回转部件的拆卸。旋松并拆下内六角螺栓 272、拆下盖 253，然后再拆下弹簧 521 和锥阀 517。工具：内六角扳手的尺寸 6mm。

③ 带铲斗合流功能模式时，铲斗部件的拆卸。旋松并拆下 554、弹簧 522 和锥阀 513。工具：套筒扳手的尺寸 41mm。

④ 带铲斗合流功能模式时，旁通截止部件的拆卸。拆下单向阀组件 555。工具：扳手 41mm。

10）动臂优先阀的拆卸。旋松并拆下内六角螺栓，拆下动臂优先阀 104。工具：内六角扳手的尺寸 10mm。

11）拆卸后的检查。将拆卸后的全部零部件用干净的矿物油彻底洗净，并用压缩空气干燥后检查，并将各零部件放在干净的纸或布上。

① 控制阀的检查。

a）检查各零部件的整个表面，不可有毛刺毛边、拉伤、刻伤及其他的缺陷。

b）确认阀体及阀块的密封件沟槽面光滑平整，不可有污染物杂质、变形、凹坑、锈蚀等不良情况。

c）在阀体及阀块中单向阀的阀座面上若有变形和凹坑伤，要用研磨的方法将其去除。注意：在阀体及阀块内决不可残留研磨剂。

d）确认滑动、配合的零部件全部用手能灵活地转、移动，另外所有的槽和通道不可有异物。

e）弹簧折坏或变形时，必须更换新品。

f）溢流阀的动作不良时，按照溢流阀的拆卸、装配程序修理。

g）原则上所有油封、O 形密封圈应更换新品。

② 溢流阀的检查。

a）确认各锥阀及阀座头部的阀座面上有无缺陷，配合面是否均匀接触。

b）确认主锥阀与阀座能用手灵活的旋转、移动。

c）确认主锥阀外周面及阀座内周面上不能有拉伤等不良缺陷。

d）确认弹簧不能有折坏、变形、磨损。

e）确认在主锥阀，阀座部的阻尼小孔上不能有异物堵塞。

f）O形密封圈需要全部更换新品。

g）在以上的检查中如有较轻微伤时，要用研磨的方法将其去除。

h）若有异常的零部件时，要更换溢流阀组件。

4. 装配

1）相关图与照片参照相对应的拆卸项目。

2）说明书中零部件后的数字表示构造图的零部件号（参考 KMX15RA 多路阀的产品样本）。

3）密封件类在装配时的注意事项：

① 注意，密封件类不能有成型上的缺陷和使用时产生的伤痕。

② 在密封件类和装密封件的地方必须涂抹润滑脂或工作油等，以保证充分润滑。

③ 不要把密封件类拉伸到使其无法恢复到原始状态的程度。

④ 装入O形密封圈时，不要转动地装入O形密封圈。另外，拧紧的O形密封圈装入后很难自然恢复，是引起漏油的原因。

⑤ 各部分的安装螺栓，要使用扭矩扳手等工具，按维修保养基准所示的旋紧扭矩旋紧。

6.3.2 维修保养

零部件的检查项目、判定基准及处理见表 6-32。

表 6-32 零部件的检查项目、判定基准及处理

零件名	检查项目	判定基准及处理
阀体	有无划伤或磨痕、锈蚀、腐蚀	下列零部件若有损坏时要更换该零部件： 阀孔与阀芯的滑动部，特别关系到保压阀台阶的外表面部 与O形密封圈接触的接口密封部 各主、接口溢流阀的密封部 其他认为有损正常功能的损坏零部件
阀芯	有无划伤或磨痕、锈蚀、腐蚀 两端的O形密封圈的密封部分 将阀芯插入阀孔，观察其边转动边移动行程的情形	在外周的滑动部上有卡住的伤痕时，要更换（特别是与密封接触的部分） 在滑动部上有伤的话要更换 如O形密封圈有损伤或阀芯的动作不圆滑时，要修正或更换

（续）

零件名	检查项目	判定基准及处理
锥阀	锥阀、弹簧的损坏 将锥阀插入阀孔，观察其动作	不能完全密封时要修正或更换 无卡住且能自如动作的话为正常
弹簧周围	弹簧、弹簧座、螺塞、盖是否有锈蚀、变形、折坏	更换有显著损坏的零件
阀芯的密封周围	向外部漏油 密封场所有无锈蚀、腐蚀、变形	修整或更换 修整或更换
主溢流阀 接口溢流阀 负控制溢流阀	外观已锈蚀、损坏 阀座的接触面 锥阀的接触面 弹簧异常 O 形密封圈、挡圈、密封件类	更换 有损坏时要更换 有损坏时要更换 更换 原则上全部更换

6.3.3　故障原因和对策

1. 一般的事项

1）当察觉有异常现象时，检查是控制阀的自身故障，还是泵的本体、先导泵、回路上的问题。为此、必须测试先导压力和泵输出压力，以及负载压力等。另外，即便做一部分拆卸检查时，仍需按照前述的拆卸、装配要领进行。

2）因尘土对液压元件危害极大，故要充分进行防尘工作。即便需要做一部分拆卸、检查，仍要进行防尘处理后再进行作业。

3）作业部分的操纵要慎重而细心地进行。即便是很少一点的损伤，也要用油石将其损伤部分修整好。

4）注意不要碰伤放置 O 形密封圈的圆锥面。这些碰伤必会成为漏油的原因。

2. 控制阀的故障原因及对策

控制阀的故障原因及对策见表 6-33。

表 6-33　控制阀的故障原因及对策

现象	原因	处理
行走或回转不动作，动作缓慢（力不足）或响应迟缓	主溢流阀的动作不良	测试主溢流阀的压力
	主溢流阀阀芯与阀座间咬入污染物 主溢流阀阀芯的粘着卡住	拆卸、清洗，损伤较大时更换整个组件

（续）

现象	原因	处理
行走或回转不动作，动作缓慢（力不足）或响应迟缓	弹簧的折坏或弹力减弱	用油石修整粘着卡住部位，更换弹簧
	主溢流阀阀芯阻尼孔被堵塞	除去污染物
	调节螺栓已松弛	再调整后并按规定扭矩将锁紧螺母旋紧固定
	控制阀先导通路上的阻尼孔已堵塞	除去污染物
阀芯在中位时，液压缸的自重落下量较大	阀体与阀芯的配合间隙过大	更换阀芯
	阀芯没有完全返回中位	测试先导二次压力
	阀体与阀芯间咬入污染物或粘着卡住	拆卸、清洗，用油石修整粘着卡住部位
	弹簧断坏或弹力减弱	更换弹簧
	先导回路有污染物堵塞	除去污染物
	主溢流阀的动作不良	测试主溢流阀的压力
	接口溢流阀的动作不良	测试接口溢流阀的压力
	锁紧阀的动作不良（斗杆、动臂）	更换锁紧阀
	锁紧阀阀芯动作不良	拆卸、清洗锁紧阀阀芯
	阀体与锁紧阀阀芯间咬入污染物 锁紧阀阀芯粘着卡住	用油石修整粘着卡住部位
	弹簧断坏或弹力减弱	更换弹簧
操作液压缸上升时，动作刚开始液压缸就往相反方向下降	通道单向阀的动作不良 通道单向阀与阀体间咬入污染物	拆卸、清洗，不良伤痕处较大时要更换阀体
	通道单向阀粘着卡住	用油石修整粘着卡住部分
	弹簧折坏或弹力减弱	更换弹簧
仅铲斗、动臂、斗杆不动作，动作缓慢（力不足）或响应迟缓	主阀芯的动作不良	测试先导二次压力
	阀体与主阀芯的间隙过大	更主换阀芯或阀体
	阀体与主阀芯间咬入污染物	拆卸、清洗
	主阀芯粘着卡住	用油石修整粘着卡住部位
	回程弹簧折坏或弹簧的弹力减弱	更换回程弹簧
	先导回路有污染物堵塞	除去污染物
	主溢流阀的动作不良	测试主溢流阀的压力
	接口溢流阀的动作不良	测试接口溢流阀的压力
动臂、斗杆的合流不动作	各合流阀芯的动作不良	测试先导二次压力
	合流阀芯与阀体的间隙过大	更换合流阀芯或阀体
	合流阀芯粘着卡住	用油石修整粘着卡住部位
	回程弹簧折损或弹簧的弹力减弱	更换弹簧

（续）

现象	原因	处理
操纵杆在中位时，负控制不起作用，变不成最小流量	负控制溢流阀的动作不良	测试负控制溢流阀的压力
	锥阀与阀座间咬入污染物	拆卸、清洗，伤痕不良处大时要更换组件
	弹簧折坏或弹簧的弹力减弱	更换弹簧
	锥阀的阻尼孔已堵塞	拆卸、清洗，去除污染物
	过滤器已损坏	更换组件

3. 溢流阀的故障原因及对策

溢流阀的故障原因及对策见表 6-34。

表 6-34　溢流阀的故障原因及对策

现象	原因	处理
压力完全不上升	各溢流阀的主锥阀或先导锥阀粘着卡住，一直呈打开状或在阀的阀座部位咬入污染物	确认各锥阀的配合部位是否咬入了异物 各零部件要能轻松自如滑动 将全部零部件彻底清洗干净
压力不稳定	各溢流阀的先导锥阀的阀座有损坏	更换损坏的零部件 将全部零部件彻底清洗干净 除去表面的伤
设定压力不正确	由于污染物而磨损	拆卸、清洗
	锁紧螺母及调节螺钉已松弛	调整压力
漏油	各阀座部已损坏 O 形密封圈已磨损 污染物各零部件有粘着卡住	更换损坏或磨损的零部件 确认各零部件动作灵活顺畅后，再装配 确认没有拉伤、碰伤或异物后进行装配

6.4　多路阀的试验

6.4.1　多路阀试验相关标准

为了能够提高国内多路阀的质量水平和技术水平，国家对多路阀测试制定了相应的测试标准和技术条件，测试标准中对多路阀的测试项目、测试方法以及测试工况等进行了规范。工业和信息化部在 2013 年 4 月 25 日正式发布了液压多路换向阀的 JB/T 8729—2013 技术标准，取代了 1998 年颁布的液压多路换向阀技术条件（JB/T 8729. 1—1998）和试验方法（JB/T 8729. 2—1998），成为新的通用

多路阀测试标准。结合液压挖掘机用整体多路阀技术条件（JB/T 11303—2013）、GB/T 7935—2005 液压元件通用技术条件和 JB/T 7033—2007 液压传动测量技术通则，则可确定多路阀试验台的结构。

6.4.2 试验类型及试验项目

根据相关测试标准和技术条件，多路阀的测试试验类型分为出厂试验和型式试验两大类。其中出厂试验是产品在出厂前必须进行的最终检验，是为了产品的质量稳定性而进行的试验，用于产品出厂检验，修复产品认可等场合。型式试验是根据技术标准对产品的各项质量指标进行全面试验和检验，用以评定产品的质量是否全部符合标准和达到设计要求，并对产品的可靠性、安全性、外观等进行数据分析和综合评价，通常在新产品的鉴定，科研开发上采用。多路阀的出厂试验和型式试验包含的试验项目如表 6-35 所示。

表 6-35　多路阀的试验项目

	出厂试验		型式试验	
耐压试验	油路型式与滑阀机能	内泄漏	稳态试验	瞬态试验
	其他辅助阀性能	背压试验	操纵力试验	微动特性试验
	安全阀性能	压力损失	高温试验	耐久试验
	负载传感性能	换向性能		

在进行表 6-35 中的出厂试验和型式试验项目之前，都需要对多路阀进行耐压试验。耐压试验是对各承压油口从零开始施加每秒 2%速率的递增压力直至耐压试验压力，并保持 5min，而耐压试验压力是该油口最高工作压为的 1.5 倍。

6.4.3 测试标准中的液压系统原理图

在液压多路换向阀测试标准中给出了测试系统需要必须具备的液压系统原理图，如图 6-12 所示。该液压测试系统包括主测试回路和辅助测试回路，主测试回路包含了液压泵、加载装置和流量、压力等检测装置，为被测多路阀提供动力输入并实时检测多路阀的状态；辅助测试回路除了为先导控制阀提供先导油源外，还为阶跃加载装置提供控制油。

实际的多路阀测试应用系统，应该考虑到实测时需要满足的一些必要的条件，标准中的液压系统仅可作为全电液式多路阀自动测试系统的基础，为多路阀的各项测试试验提供液压回路的支撑，并对测控系统输出的控制电信号做出响应，达到试验项目所需的系统运行状态，从而实现对测试过程的控制。根据测试系统需要完成的功能，可以将图 6-12 所示液压系统划分为动力元件模块、压力控制模块、负载模拟模块、油路切换模块和油温控制模块等功能模块，如图 6-13 所示。

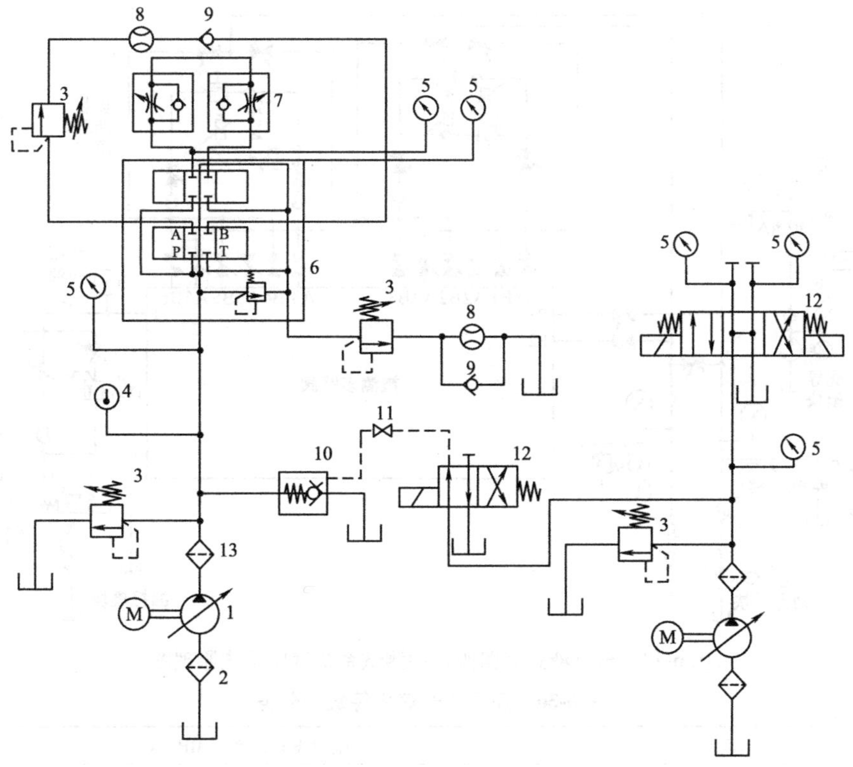

图 6-12　试验液压系统原理图

1—液压泵　2—吸油过滤器　3—溢流阀　4—温度计　5—压力表　6—被测阀　7—单向节流阀　8—流量计　9—单向阀　10—阶跃加载阀　11—截止阀　12—电磁方向阀　13—高压过滤器

6.4.4　瞬态试验装置方案设计

多路阀中的安全阀对于限制系统最高压力，保护系统中其他元件，维护主机液压系统安全有着非常重要的意义，因此，标准要求对其安全阀进行瞬态试验，并对多路阀瞬态试验工况有着严格的规定，要求被试安全阀进口压力变化率（即压力飞升速率）达到 600~800MPa/s，也就是达到 B 级压力飞升速率。ISO 以及 GB 的相关标准对压力飞升速率等级的分类见表 6-36。

瞬态试验装置的主要功能是为被试多路阀提供一个符合瞬态工况要求的压力阶跃信号，能够产生压力阶跃信号的方案如下。

（1）电磁溢流阀方案　电磁溢流阀是在普通的先导式溢流阀与电磁换向阀组合而成的能够实现压力的自动加载和卸荷方案，如图 6-14 所示。其操作方便，但电磁溢流阀的切换时间较长（一般在几十毫秒），而瞬态工况要求阶跃加载时，切换时间最大不超过 10ms。因此，用电磁溢流阀提供的阶跃信号不能满足标准中对压力飞升速率的要求。

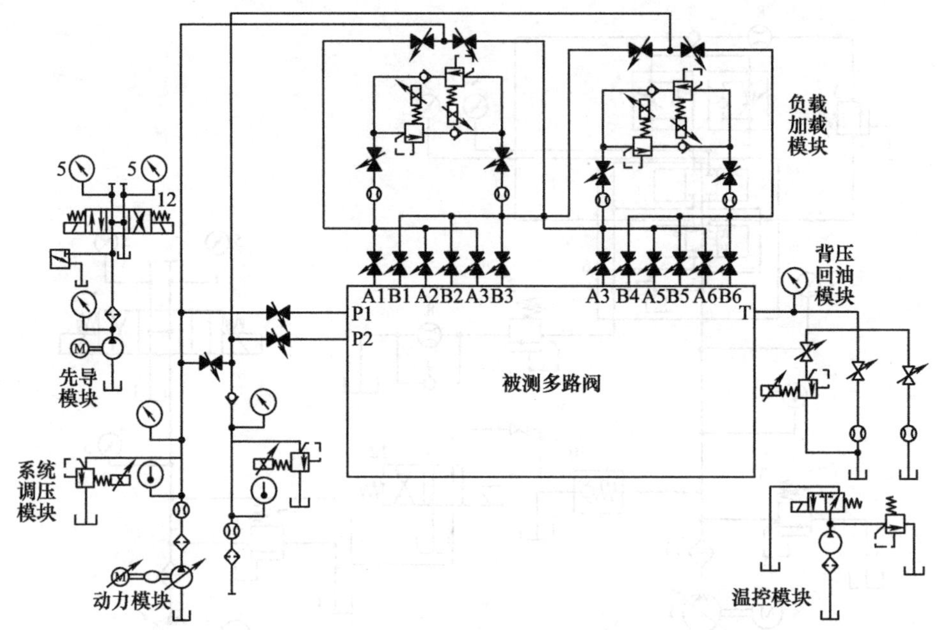

图 6-13 全电液式多路阀自动测试系统液压系统原理图

表 6-36 压力飞升速率等级的分类

等级	压力飞升速率/(MPa/s)
A 级	3000~4000
B 级	600~800
C 级	120~160

(2) 比例溢流阀方案 图 6-15 所示是采用比例溢流阀阶跃加载的方案，直

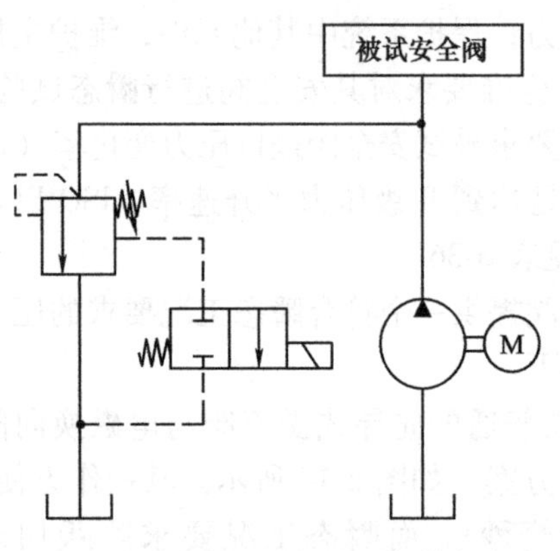

图 6-14 电磁溢流阀阶跃加载方案

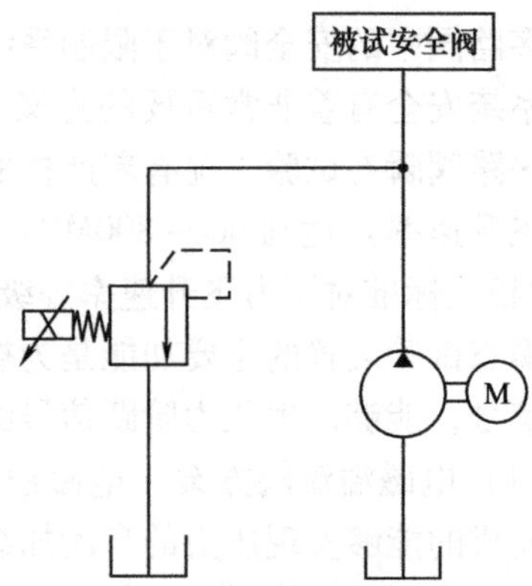

图 6-15 比例溢流阀阶跃加载方案

接通过比例溢流阀输入阶跃电信号来提供被试阀进口压力的压力阶跃信号，但是比例溢流阀的输出压力对输入阶跃电信号响应比较慢（一般为 80~300ms），也不能满足瞬态工况的要求。

（3）快速切换单元方案　通过分析发现电磁溢流阀方案和比例溢流阀方案虽然都能产生阶跃压力信号，但是由于切换时间较长，不能满足相关标准对安全阀瞬态试验工况的要求。可以采用快速切换单元方案实现安全阀瞬态响应性能的测试。

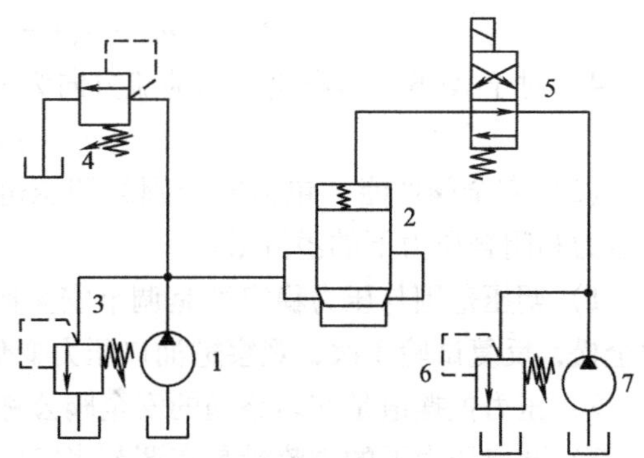

图 6-16　快速切换单元方案的瞬态试验装置液压原理图

1、7—定量泵　2—二通插装式遥控单向阀　3、6—溢流阀　4—安全阀　5—电磁方向阀

采用快速切换单元方案的瞬态试验装置液压原理图如图 6-16 所示，其主要由主系统和辅助供油系统组成，其中，测试主系统由定量泵 1、溢流阀 3、安全阀 4 组成其辅助系统由定量泵 7、溢流阀 6 及电磁方向阀 5 组成；二通插装式液控单向阀和电磁方向阀组合成快速切换阀单元。

6.4.5　出厂试验项目与测试方法

多路阀出厂试验项目包括表 6-35 中的八项，其中的其他辅助阀性能包括过载阀（过载阀带补油阀）性能和补油阀性能。下面介绍各试验项目的测试方法。

（1）油路型式与滑阀机能　通过观察多路阀在不同位时的油口通油情况来确定多路阀的油路型式与滑阀机能。

（2）换向性能　在多路阀的公称压力和公称流量下，手动多路阀通过换向手柄，液动型多路阀通过电磁换向阀先导控制，连续动作 10 次以上，在换向位置停留 10s 以上，检测各联复位、定位情况。

（3）内泄漏（中位和换向位置）　中位内泄漏是多路阀滑阀处于中位，在公称压力下从工作油口进油，并且将安全阀、过载阀全部关闭，然后将各滑阀动作 3 次以上，停留 30s 后，检测泄油口的泄漏量。而换向位置内泄漏是多路阀滑阀处于换向位置，其他与中位内泄漏相同。

（4）压力损失　使多路阀置于各换向位置，在公称流量并且安全阀关闭状态下，检测 P、T、A、B 油口的压力，计算得出压力损失。根据油液流动方向的不同，其压力损失的计算方法也不同，具体计算方法如下。

1）当油流方向为 P 到 T 时，压力损失为：

$$\Delta p = p_P - p_T$$

2）当油流方向为 P 到 A、B 到 T 时，压力损失为：

$$\Delta p=(p_P-p_A)-(p_B-p_T)$$

3）当油流方向为 P 到 B、A 到 T 时，压力损失为：

$$\Delta p=(p_P-p_B)-(p_A-p_T)$$

4）对于 A(B) 型滑阀，当油流方向为 P 到 A(B) 时，压力损失为：

$$\Delta p=p_P-p_{A(B)}$$

（5）安全阀性能　包括安全阀的调压范围与压力稳定性、压力振摆值、开启压力和闭合压力下的溢流量。

1）调压范围与压力稳定性是调节安全阀调节螺钉由全松到全紧，再由全紧到全松，反复试验 3 次，观察进油口压力变化情况。

2）压力振摆值是在多路阀的安全阀公称压力下，测量进油口压力振摆值。

3）开启压力下的溢流量是在调节多路阀的安全阀至公称压力和公称流量后，调节系统压力，使压力升到规定的开启压力值，测量 T 油口 1min 的溢流量。

4）闭合压力下的溢流量是在调节多路阀的安全阀值至公称压力和公称流量后，调节系统压力降至规定的闭合压力值，测量 T 油口 1min 内的溢流量。

（6）过载阀（过载阀带补油阀）性能　包括调压范围与压力稳定性、压力振摆值、密封性能、补油性能。

1）调压范围与压力稳定性是调节过载阀的调节螺钉由全松到全紧，再由全紧到全松，反复试验 3 次，观察进油口压力变化情况。

2）压力振摆值是调节多路阀的过载阀至公称压力，测量进油口压力振摆值。

3）密封性能是使多路阀滑阀处于中立，从 A(B) 油口进油，在系统公称压力试验流量下，滑阀动作 3 次，停留 30s，测量 T 油口泄漏量。

4）补油性能是在多路阀处于中位，从 T 油口通入试验流量，测量并计算得出开始补油的开启压力。补油的开启压力由下式计算得出。

$$p=p_P-p_{A(B)}$$

（7）补油阀性能　包括密封性能和补油性能，试验方法与过载阀性能测试方法相同。

（8）背压试验　使多路阀滑阀处于中位，回油口通入试验流量并保持 2MPa 背压值，滑阀换向 5 次后保压 3min，保证无泄漏、无异常。

（9）负载传感性能　包括负载传感压差恒定值、工作油口流量精度及压力流量特性、复合动作抗干扰性能、欠流量状态复合动作定比分流精度。

1）负载传感压差恒定值是在滑阀换向至工作位置，对 A(B) 油口加载公称压力 25%、50%、75% 的压力下，观察各联不同负载情况下负载传感阀的压差值。

2）工作油口流量精度及压力流量特性是在 P 口进油为饱和流量、滑阀换向工作位置时，A(B）油口加载工作压力25%、50%、75%，100%的压力值，测量对应的工作流量值。

3）复合动作抗干扰性能是在P口进油为饱和流量，多路阀两联或多联加载下，首先使各联A、B油口加载至5MPa，测量工作流量，再将其中一油口继续加载至公称压力的50%、75%、100%，测量两个油口的工作流量值。

4）欠流量状态复合动作定比分流精度是在P口进油为欠流量，即不大于多路阀两联或多联工作时流量的40%，多路阀两联或多联加载，各联A、B油口加载至不同或相同工作压力，再使油口流量按比例缩小，测量油口的工作流量值。

6.4.6　型式试验项目与测试方法

型式试验包括稳态试验、瞬态试验、操纵力试验、微动特性试验、高温试验和耐久试验等六项测试试验项目，下面逐一介绍各测试项目的试验方法。

（1）稳态试验　包括压力损失、内泄漏量和安全阀等压力特性，按照出厂试验项目以及试验方法完成规定的全部试验项目，并绘制压力损失、内泄漏量以及安全阀等压力特性曲线。压力损失及内泄漏量曲线如图6-17和图6-18所示。

（2）瞬态试验　在被测阀A、B油口堵住、滑阀处于换向位置、流量为公称流量、安全阀为公称压力、进口压力为起始压力下，通过阶跃加载阀的动作，使被测阀进口处产生一个满足瞬态条件的压力梯度，检测被测阀进口处的压力变化过程，绘制安全阀瞬态响应曲线。该试验需要满足瞬态工况的要求，即安全阀进口压力变化率应达到600~800MPa/s，如图6-19所示。

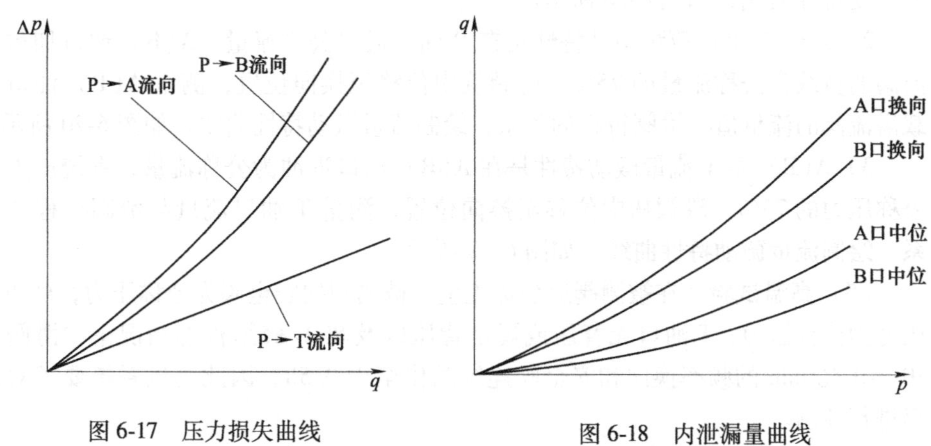

图6-17　压力损失曲线　　图6-18　内泄漏量曲线

（3）操纵力试验　分手动操纵力（矩）试验和液动控制压力试验。

1）手动操纵力试验是使流量为公称流量、压力为公称压力的75%，被测阀T油口无背压或规定背压，将阀芯推或拉至最大行程，测量被测阀换向时的最大

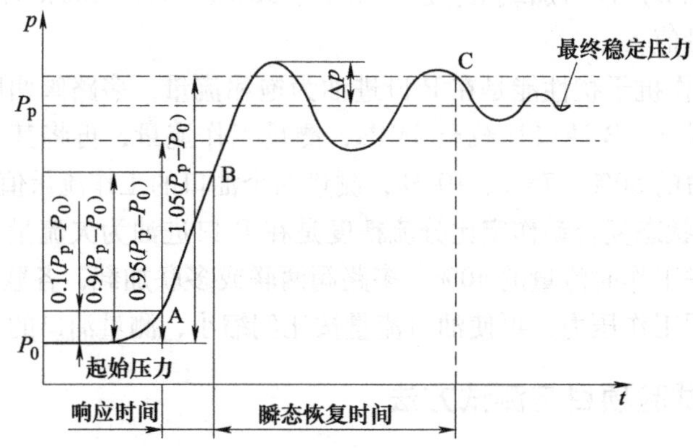

图 6-19 安全阀瞬态响应特性曲线

操纵力（矩）。

2）液动控制压力试验是使流量为公称流量，系统压力分别加载至公称压力的25%、75%、100%，T油口无背压或规定背压，通过先导控制使滑阀移动，测量被测阀换向到规定位置所需的压力。

（4）微动特性试验　包括P至T压力微动特性、P至A(B)流量微动特性和A(B)至T流量微动特性。

1）P至T压力微动特性是在被测阀A、B油口堵住，P口进油为公称流量，滑阀由中位移至各换向位置，测试滑阀行程与P油口压力的关系，绘制P→T压力微动特性曲线，如图6-20所示。

2）P至A(B)流量微动特性是在P油口通以公称流量，A(B)油口加载溢流阀的负载为公称流量的75%，滑阀从中位移至换向位置，测量A(B)油口加载溢流阀的流量值与滑阀行程的关系，绘制流量微动特性曲线，如图6-20所示。

3）A(B)至T流量微动特性是在A(B)油口进油为公称流量，系统压力为公称压力的75%，滑阀从中位移至换向位置，测量T油口流量与滑阀行程的关系，绘制流量微动特性曲线，如图6-20所示。

（5）高温试验　在被测阀通公称流量，被测阀的安全阀为公称压力，P油口压力为公称压力，T油口无背压或规定背压以及80℃±5℃油温情况下，滑阀以20~40次/min的频率换向和安全阀连续动作至少0.5h，因此测试系统要求对油温进行控制。

（6）耐久试验　在安全阀公称流量和试验流量下，被测阀以20~40次/min的频率换向，达到寿命指标的换向次数，检查被测阀的内泄漏增加量、安全阀开启率和零件磨损情况。

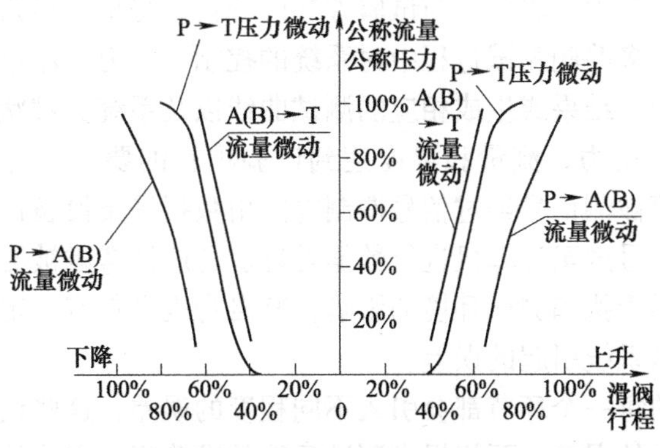

图 6-20　多路阀微动特性曲线

6.4.7　多路阀测试系统精度分析

多路阀测试系统是一个集机、电、液为一体的复杂液压测试系统，在进行多路阀各项试验项目时，由于试验方法不完善，测试系统设备不精确或测试环境恶劣等诸多因素，不可避免地会造成系统得到的数据与真实数据之间存在偏差，导致系统误差的产生，因此在设计多路阀测试系统时精度分析是一项必须要进行的工作，在国家标准中也对多路阀测试参数允许的误差和控制参数的准确度按照不同的准确度进行了等级划分，见表 6-37 和表 6-38。

表 6-37　测量系统的允许系统误差

测量参数	测量准确度		
	A	B	C
压力（表压力<0.2MPa)/kPa	±2.0	±6.0	±10.0
压力（表压力≥0.2MPa)(%)	±0.5	±1.5	±2.5
流量(%)	±0.5	±1.5	±2.5
温度/℃	±0.5	±1.0	±2.0

表 6-38　被控参数平均指示值允许变化范围

测量参数	测量准确度		
	A	B	C
压力（%）	±0.5	±1.5	±2.5
流量（%）	±0.5	±1.5	±2.5
温度（℃）	±1.0	±2.0	±4.0
黏度（%）	±5	±10	±15

通过对多路阀各项试验项目与试验方法的分析，得出了多路阀测试系统需要实现的功能包括：多路阀测试过程中对系统的控制，压力、流量和温度等数据的实时采集并得到测试结果或生成相应的测试曲线以及系统关键状态的监测。通过控制元件调节系统压力、流量和温度达到试验项目的要求。传感器将得到的压力、流量和温度等被测信号经过信号调制电路由数据采集设备进行采集。数据采集设备将采集的信号送至计算机进行数据处理。还应该考虑被测信号在进入传感器之前，由于外界干扰和测试环境的影响，其自身也会带有一定的误差，把这部分误差称为由测试系统引起的误差。

在测试系统的每一个环节都会引入不同程度的误差，这些误差通过一定的传递最终构成系统总的误差。要想提高测试系统的准确度，应该从系统的每个测试环节入手，尽可能减少每个环节的误差，从而降低系统总误差。

被测信号误差是指由多路阀测试系统自身的性能（油温、油压、振动等）引起的在被测信号进入测试仪器之前就存在的误差。为了减小此误差，多路阀测试标准中对压力、温度测试点的位置和测压孔进行了规范。

（1）压力测试点位置　进口测压点应在距离扰动源下游大于 $10d$ 处；在距离被测阀上游为 $5d$ 处；出口测压点在被测阀下游 $10d$ 处。

（2）温度测试点位置：温度测试点应在被测阀测压点上游 $15d$ 处。

（3）测压孔　测压孔直径大于或等于 1mm，小于或等于 6mm；长度大于或等于测压孔直径的 2 倍；测压孔轴线和管道中心线垂直；测压点与测试仪器之间的连接管道内径大于或等于 3mm。

测试系统的振动会对传感器的准确度产生影响，因此在设计多路阀测试系统时要充分考虑各测试量的测试点位置，保证被测信号在进入测试仪器时测试准确度超过国家标准中规定的要求。

在多路阀测试系统中，传感器是将系统压力、流量、温度和电动机的转速、转矩等被测物理量转化为电信号，由后续的设备进行数据采集与处理，起到连接被测物理量与测量装置纽带的作用。因此传感器对于保证测试系统的准确度具有直接的影响。传感器的性能指标包括量程、灵敏度、线性度、重复性误差、回程误差和静态误差等。

（1）灵敏度　传感器输出量与输入量的变化能力，反映了传感器对被测物理量微小变化的响应能力。

（2）线性度　是传感器的重要指标之一，反映了传感器拟合直线与校准曲线的匹配程度。

（3）重复性误差　属于随机误差，反映了传感器在同样的工况下校准数据的离散程度。

（4）回程误差　反映了传感器在正向行程和反向行程，在同一测试条件下输出值的不重合程度。

（5）静态误差　将传感器的全部测量数据拟合后的直线看成随机分布，求取残差的标准差 σ，并将 2σ 或 3σ 作为静态误差。

由于多路阀测试系统存在强烈的电磁干扰信号，因此在选择传感器时要充分考虑电磁干扰以及传感器工作的实际工况要求，并增加抗干扰措施，保证系统的测试准确度，并对传感器重新标定。传感器的标定是根据传感器不同的输入值得到传感器不同的输出值，从而得到传感器的数学模型，并通过直线拟合的方式得到传感器的变换公式。

在多路阀测试系统的数据传输过程中，电磁干扰是影响系统准确度的重要因素。现在多路阀测试系统大多采用变频器驱动变频电动机来为系统提供动力，而变频器以及电液比例技术的大量应用，使测试系统所处的电磁环境非常复杂，尤其是变频器产生的干扰谐波，严重影响系统中的各类传感器、显示设备以及报警装置的正常工作。

从电磁干扰所需具备的电磁干扰源、干扰途径和干扰对象等三个基本要素出发，抑制系统干扰的原则是抑制或消除干扰源、切断干扰对系统祸合通道、增强系统抗干扰性，工程上通过隔离、滤波、屏蔽和接地等方法降低系统电磁干扰。

（1）隔离　是指把干扰源和易受干扰的部分进行电的隔离，在多路阀测试系统中就是各类传感器、数据采集与处理等设备远离干扰源（变频器），且采用不同设备独立供电的方式减少电磁干扰。

（2）滤波　包括电源的滤波和测试数据的滤波，通过 EMI 电源滤波器阻止变频器对测试设备的电源影响。通过硬件或软件的方式去除测试数据中的高频噪声信号。

（3）屏蔽　用高电导率材料封闭并接地能有效减少电磁干扰信号。在多路阀测试系统中，变频器与传感器采用屏蔽罩隔离，数据传输采用屏蔽线传输。

（4）接地　主要是为了消除外界和其他设备对本设备的干扰，不同的设备应该单独接地。在多路阀测试系统中，由于存在多个传感器，不可避免地会出现多个传感器共地的情况，应该将容易受干扰的传感器放在前面、抗干扰能力强的传感器放在后面的接地方式。

针对计算机数据采集与处理系统，数据采集是将模拟量信号通过信号调制后由数据采集模块转化为数字信号输入至计算机，数据采集过程涉及多路模拟开关、采样保持电路以及 A/D 转换电路等环节，多路模拟开关用于采集通道的切换；采样保持电路是保证在一次 A/D 转换周期中输入端的电压保持不变；ADC 是数据采集的核心，主要性能指标包括：分辨率、转换速度和时间[27]。因此要保证数据采集的准确度，最主要的是保证 ADC 转换准确度和减少转换时间。

数据处理误差主要是，计算机在处理数据时由于截断而带来的舍入误差以及

由于采集设备采样频率的不同而引起的数据显示误差。由于计算机的限制，很难提高采集数据的截断误差；但是显示误差可以通过增加采样频率而减小，采样频率越高，对计算机采集设备的性能要求也越高，因此需要根据系统实际情况设定合理的采样频率。

6.4.8 多路阀测试流程

针对多路阀的单个试验项目，测试流程如图 6-21 所示，在开始测试之前，配置好测试项目的液压回路，配置或选择测试项目需要实时显示的曲线和测试过程需要输出的控制信号。

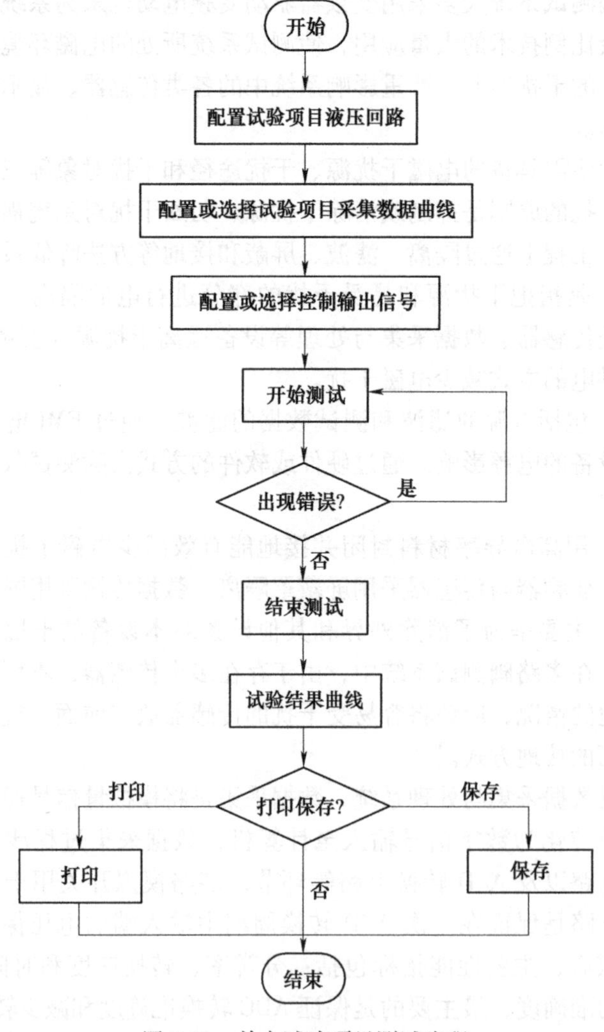

图 6-21 单个试验项目测试流程

对于整个多路阀测试过程，由于其测试项目较多，因此需要规划一套合理的多路阀测试项目试验流程，才能进一步提高测试的效率。出厂试验主要是对多路阀出厂前的性能进行检验，规划的多路阀的出厂试验流程如图 6-22 所示；型式

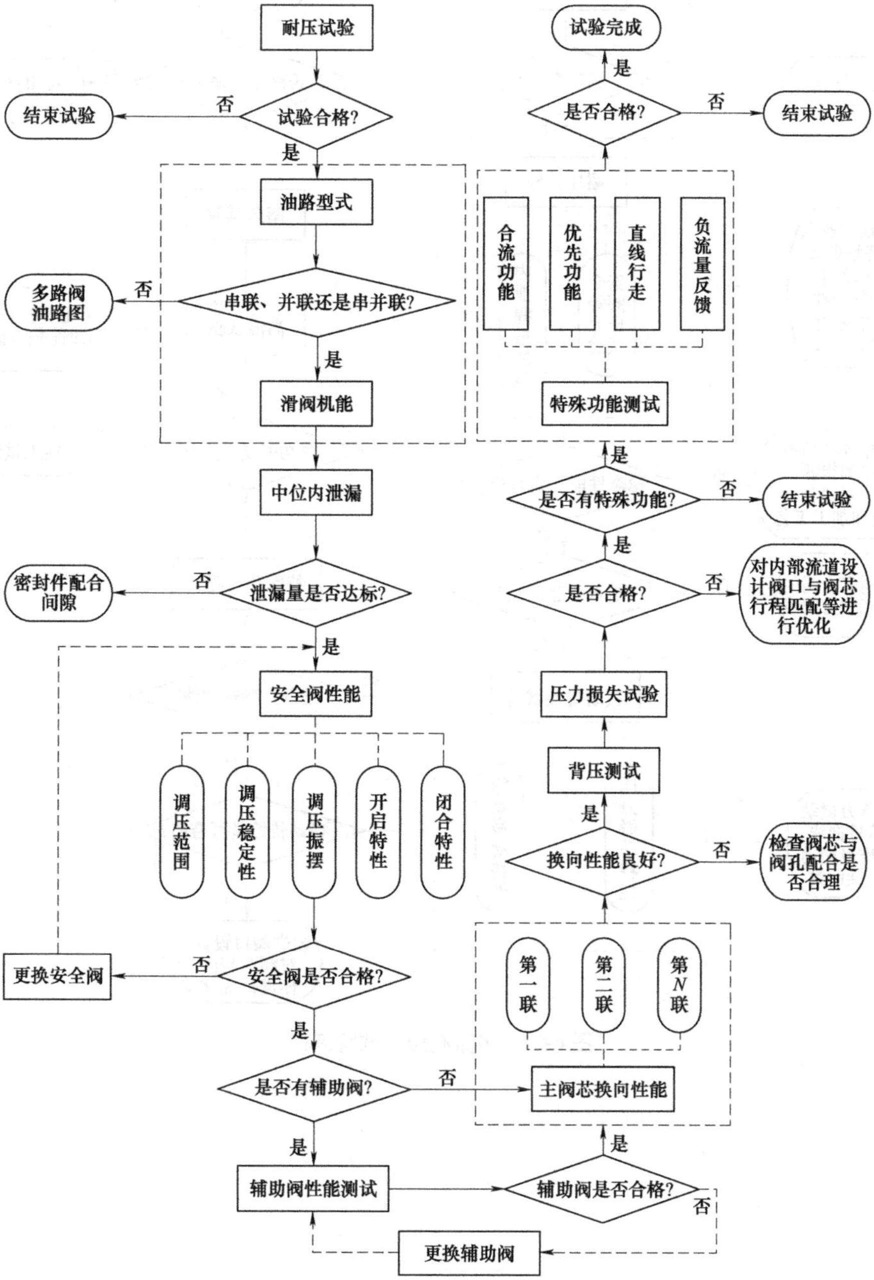

耐压试验
试验合格?
否
结束试验
是
油路型式
串联、并联还是串并联?
否
多路阀油路图
是
滑阀机能
中位内泄漏
泄漏量是否达标?
否
密封件配合间隙
是
安全阀性能
调压范围
调压稳定性
调压振摆
开启特性
闭合特性
安全阀是否合格?
否
更换安全阀
是
是否有辅助阀?
否
是
辅助阀性能测试
辅助阀是否合格?
否
更换辅助阀
是
主阀芯换向性能
第一联
第二联
第N联
换向性能良好?
否
检查阀芯与阀孔配合是否合理
是
背压测试
压力损失试验
是否合格?
否
对内部流道设计阀口与阀芯行程匹配等进行优化
是
是否有特殊功能?
否
结束试验
是
特殊功能测试
合流功能
优先功能
直线行走
负流量反馈
是否合格?
否
结束试验
是
试验完成

图 6-22　出厂试验流程

试验主要针对新产品或原多路阀在材料、工艺等方面有较大改动或相关部门提出要求时进行的测试试验项目。规划的多路阀型式试验流程如图 6-23 所示。

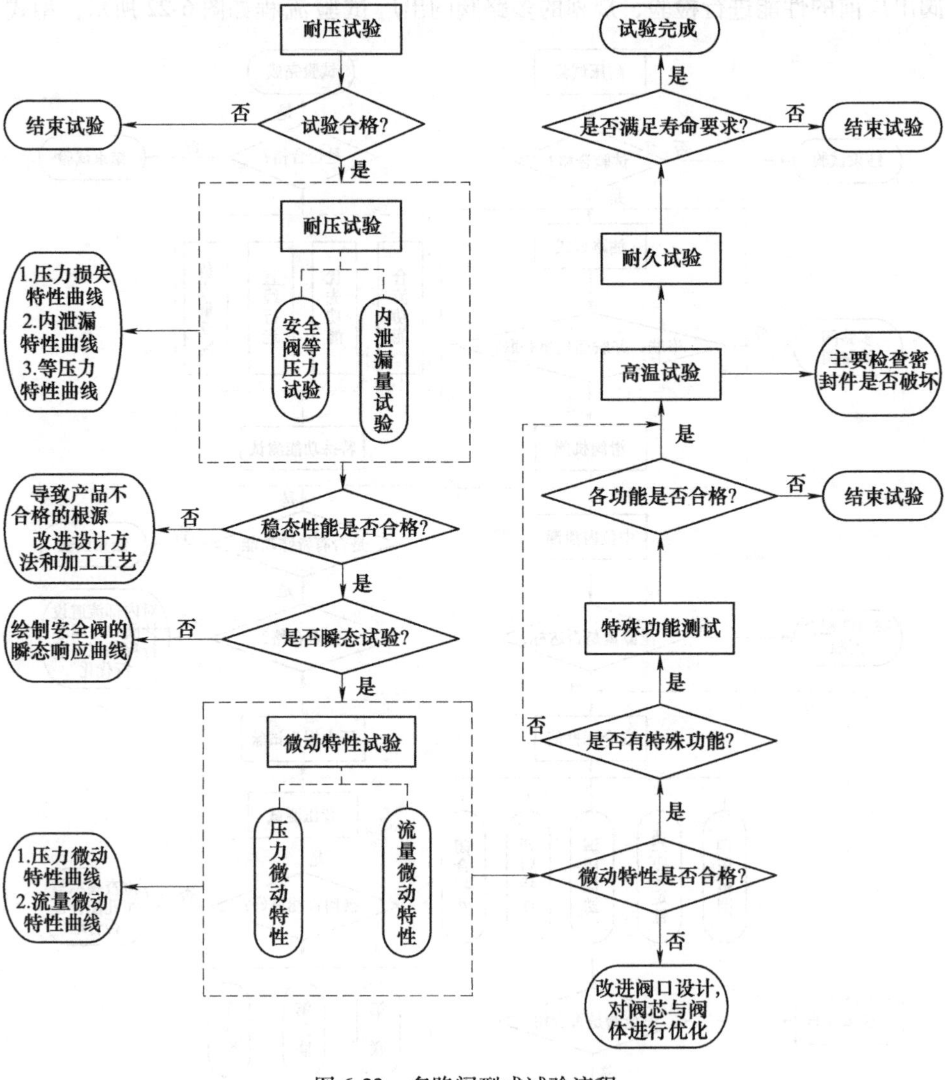

耐压试验
试验合格?
否 → 结束试验
是
耐压试验
安全阀等压力试验
内泄漏量试验
1.压力损失特性曲线
2.内泄漏特性曲线
3.等压力特性曲线
稳态性能是否合格?
否 → 导致产品不合格的根源 改进设计方法和加工工艺
是
是否瞬态试验?
否 → 绘制安全阀的瞬态响应曲线
是
微动特性试验
压力微动特性
流量微动特性
1.压力微动特性曲线
2.流量微动特性曲线
微动特性是否合格?
否 → 改进阀口设计，对阀芯与阀体进行优化
是
是否有特殊功能?
否
是
特殊功能测试
各功能是否合格?
否 → 结束试验
是
高温试验 → 主要检查密封件是否破坏
耐久试验
是否满足寿命要求?
否 → 结束试验
是
试验完成

图 6-23　多路阀型式试验流程

第7章 多路阀在液压挖掘机上的应用

7.1 M9-25型多路阀在液压挖掘机上的应用

M9-25是一种基于三位六通开式阀原理，其主要用于双油路正流量控制（不能实现定量泵操作）液压挖掘机的一款整体式多路方向阀。其由主阀块和进油块组成，主阀芯与二次溢流阀、制动阀、节流阀以及防漂移阀都安装在主阀块上，进油块含有：泵、油箱和冷却器的油口、主溢流阀和直线行走阀，其中S油口可用于为回转马达补油。

德国力士乐公司研发的液控正流量控制液压系统原理图如图7-1a所示。整体式M9-25多路阀具有七联结构，包含七个主阀芯，分别是动臂联、斗杆联、铲斗联、回转联以及左右行走联和一备用联，备用联可用来安装冲击钻等备用工作装置。同时该阀还设置了由油口AB和BB先导控制的动臂和斗杆合流阀11、12，合流阀用于在动臂提升以及斗杆缩回动作时实现双泵的合流供油。

该多路阀采用双泵双回路供油，其中左行走联、动臂联以及铲斗联由P2泵供油，右行走联、斗杆联以及回转联由P1泵供油。左行走联、动臂联以及铲斗联组成串联油路，右行走联、回转联以及斗杆联组成串联油路，在动臂联、斗杆联和铲斗联进油口处设置有负载保持防沉降阀4。

动臂联以及斗杆联油路中都设置有再生油路，再生形式为阀内再生。当操作动臂进行动臂下放动作时，由动臂缸无杆腔回油箱的油液将通过阀内再生油路全部进入动臂缸有杆腔，从而实现油液的全再生，使得动臂下放速度提升，同时提高系统的节能效果。同理，当操作斗杆进行斗杆内收动作时，由斗杆缸有杆腔回油箱的油液一部分经由阀内再生油路进入斗杆缸无杆腔，实现油液再生，加速斗杆内收动作，提高挖掘机的工作效率，实现系统能量的再利用。

此外，当操作手柄动作，控制挖掘机进行动臂提升动作时，动臂提升先导控制信号在传递给动臂联阀芯压力控制端的同时还会传递给合流阀11，使合流阀11动作，P1泵油液经由合流阀11进入动臂联，实现动臂提升动作的双泵合流供油。同理，当操作控制手柄，使得挖掘机产生斗杆缩回动作时，由梭阀组生成的斗杆合流控制信号传递至合流阀12，此时，P2泵油液将经由合流阀12进入斗杆联，完成斗杆双泵合流控制。动臂提升合流以及斗杆内收合流控制的存在，能使

挖掘机在挖掘机作业过程中，动臂的提升和斗杆的内收达到更高速度，从而能大大提高挖掘机的工作效率。

该阀还具有回转与斗杆同时动作时的回转半优先功能，动臂与铲斗同时动作时的动臂半优先功能，可实现铲斗、回转和动臂在复合运动时的最佳供油。斗杆缸有杆腔和动臂缸无杆腔油口集成有防漂移阀，可通过带有防气蚀功能的先导式插装溢流阀来实现一次和二次压力保护。

7.2 液控正流量挖掘机液压系统分析

7.2.1 系统组成

系统中主泵 P1 和主泵 P2 采用的是交叉功率控制方式组成的主泵系统，单泵的变量同时受两个主泵出口负载压力的影响，保证两个液压泵输出的总功率恒定，工作原理参见力士乐 A8VO 恒功率变量双泵。区别于负流量控制系统，正流量控制系统在控制手柄下游设置有梭阀阀组，所有手柄先导控制信号经由梭阀组之后生成主泵以及多路阀等动作的先导控制信号，主泵、多路阀以及先导控制系统共同构成了正流量控制系统的主要部分。

7.2.2 控制逻辑（梭阀组合）

如图 7-1b 所示，梭阀组由 19 个梭阀组成，19 个梭阀分层次布置于同一个阀体中，梭阀在梭阀组阀体中主要分为三层。最底层有 12 个梭阀，分别与操作手柄中的减压阀控制油路端直接连接，第二层由 4 个梭阀组成，用于产生部分控制信号，其余梭阀分布于上层，所有控制信号经由这部分梭阀后将产生主泵排量调节控制信号以及双泵合流控制信号等控制信号。梭阀组对主泵排量调节的基本原理是选择出多个进入梭阀组的先导压力信号中的最大压力信号，并将此输出信号作为最终主泵排量调节控制信号，实现对挖掘机主泵排量及各种动作的控制。

图 7-1b 中油口 P1 和 P2，用来控制泵的斜盘摆角。BB 和 AB 控制求和功能，SB 接压力开关，用于实现回转的电制动，PI 和 PT 控制直线行走阀，X 油口可以被用于改变泵的排量。

7.2.3 系统分析

挖掘机一般需要以下控制动作：

1）中位冲洗。

2）直线行走（行走速度及轨迹控制）。

3）回转操作回转转矩控制（加速和减速）和速度控制。

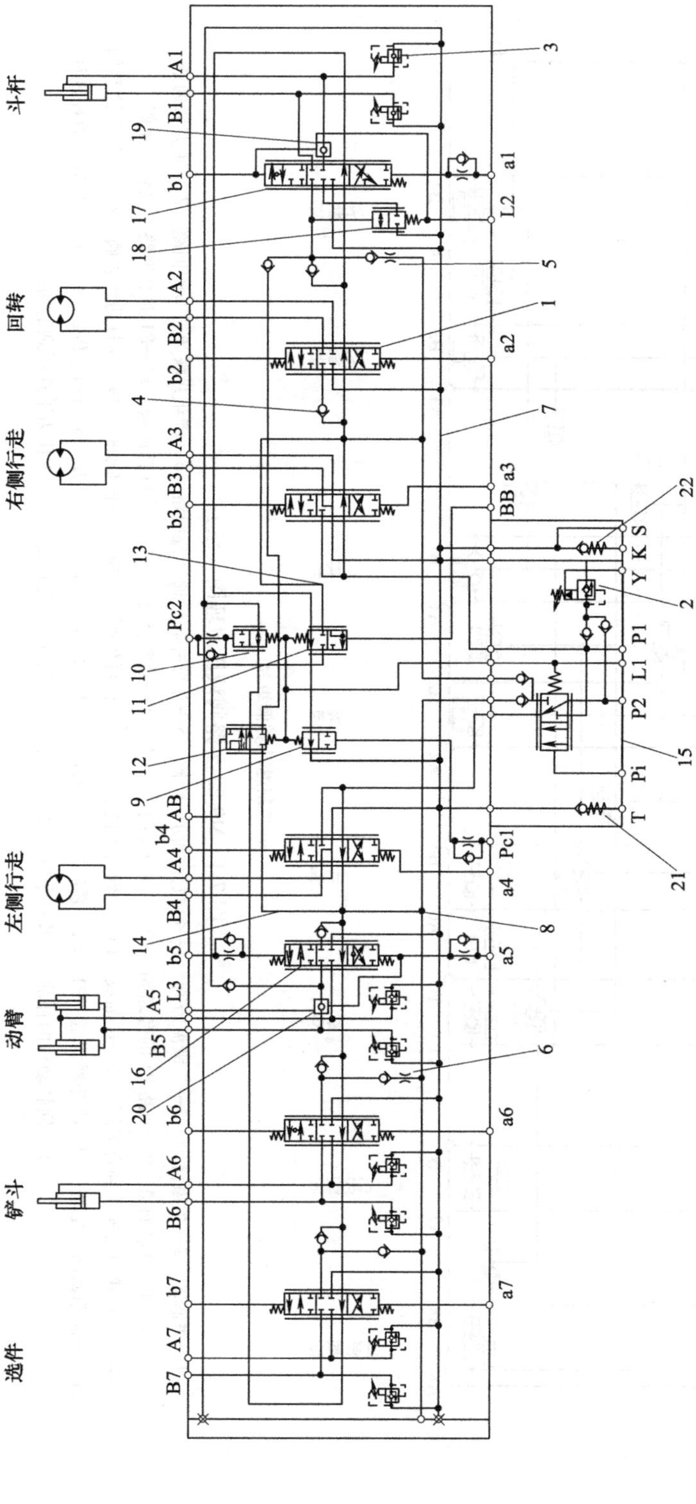

a) 液控正流量控制挖掘机液压系统原理图

图 7-1　M9-25 多路阀液压原理图

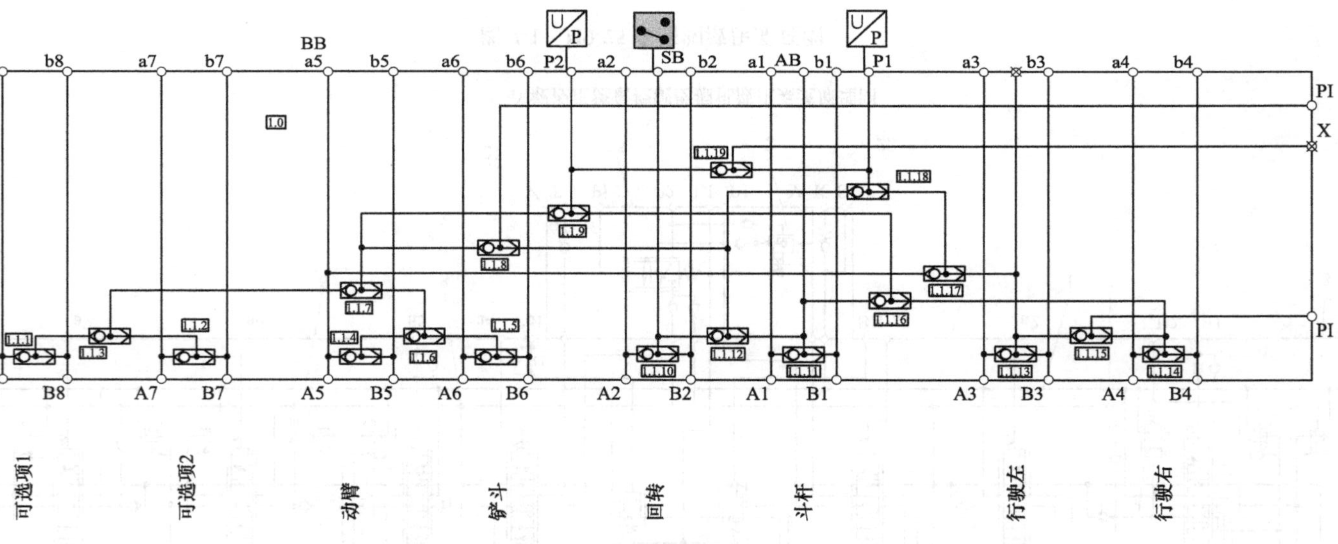

b) 控制逻辑(梭阀组合)

图 7-1 M9-25 多路阀液压原理图（续）

1—主阀芯 2—主溢流阀 3—二级溢流阀 4—负载保持防沉降阀 5—斗杆并联旁通节流回路 6—铲斗并联旁通节流回路 7—P1 并联通道 8—P2 并联通道 9—回路 P1 的旁通阀 10—回路 P2 的旁通阀 11—动臂合流阀 12—斗杆合流阀 13—P1 并联回路连接到合流阀 14—P2 并联回路连接到合流阀 15—进油块 16—动臂再生阀芯 17—斗杆再生阀芯 18—斗杆制动阀 19—斗杆防漂移阀 20—动臂防漂移阀 21—回油箱回路背压阀 22—冷却器背压 P1、P2—泵油口 T—回油口 A、B—执行器油口 a、b、Pi、Pc1、Pc2、AB、BB—先导压力控制油口 S—回转动作的补油口 K—冷却器油口 Y、L1、L2、L3—泄漏油口（在零压力下连接到油箱）

4）动臂提升（双泵合流）。

5）斗杆缩回（合流+再生）。

6）斗杆伸出（双泵合流）。

7）回转与斗杆伸出及动臂提升+铲斗缩回（双泵合流+半优先并联）。

8）拉平：①拉平起动（动臂全速提升+斗杆全速缩回），②拉平（动臂提升精确控制+斗杆全速缩回）。

9）挖掘：动臂提升+斗杆缩回+铲斗缩回（双泵分别控制+半优先并联控制）。

10）装载：①动臂提升+回转（动臂合流），②动臂提升+回转+斗杆伸出校准（双向合流+半优先并联控制），③动臂提升+回转+斗杆伸出+铲斗校准（双向合流+双回路并联控制）。

下面将予以详细介绍。

1. 中位冲洗

为了实现快速响应，设定了泵的最小排量，用于在待机和起动时冲洗和预热系统。如图 7-2a 所示，在多路阀阀芯上开有冲洗沟槽，沟槽与先导油路连通，使泵的一部分油液通过先导油路流回到油箱，以冲洗先导系统。冲洗先导油路可防止油黏滞性带来的运动滞缓并实现排气。这是由于油箱和冷却器都装有预载阀，总是将油箱中的油从主阀芯中的冲洗沟槽移至先导阀盖中，然后通过手柄操纵杆（未移动时）送至油箱，这会使先导系统保持恒定的油液温度，并消除了遥控阀对黏度的依赖性，中位冲洗油路走向参见液压系统原理图 7-2b。

在试车时，中位冲洗功能也用于排除系统中的空气，并保证先导系统油液具有恒定的温度。

2. 直线行驶

双泵双回路系统完成了挖掘机直线行走的动作，每台单泵为一台马达供油。这样两台泵的高压相同，可以保证在无其他执行器操作时双泵分别给各自的马达供油，能确保直线行走。

在左、右两个直线行走控制阀芯的中位有旁路通道，采用了马达用 Y 型阀芯的中位机能，在中位实现了两个负载口 A、B 互通，这可消除两个回路中的流量差异，能保证直线行走，直线行走控制液压系统原理图如图 7-3 所示。

行走和其他执行器复合运动时，借助进油块 15（见图 7-1a）来确定流量分配。通过该进油块，在行走和其他执行器复合运动时，一方面泵 P1 会被切换连通到两个行走马达，另一方面泵 P2 通过两个回路的并联通道连接到其他执行器。

有作业工作时，单泵供油双行走马达能保证直线行走，即在行驶中施加附加功能（例如铲斗动作）时，直线行驶按比例降速，一台泵通过并联通道向铲斗

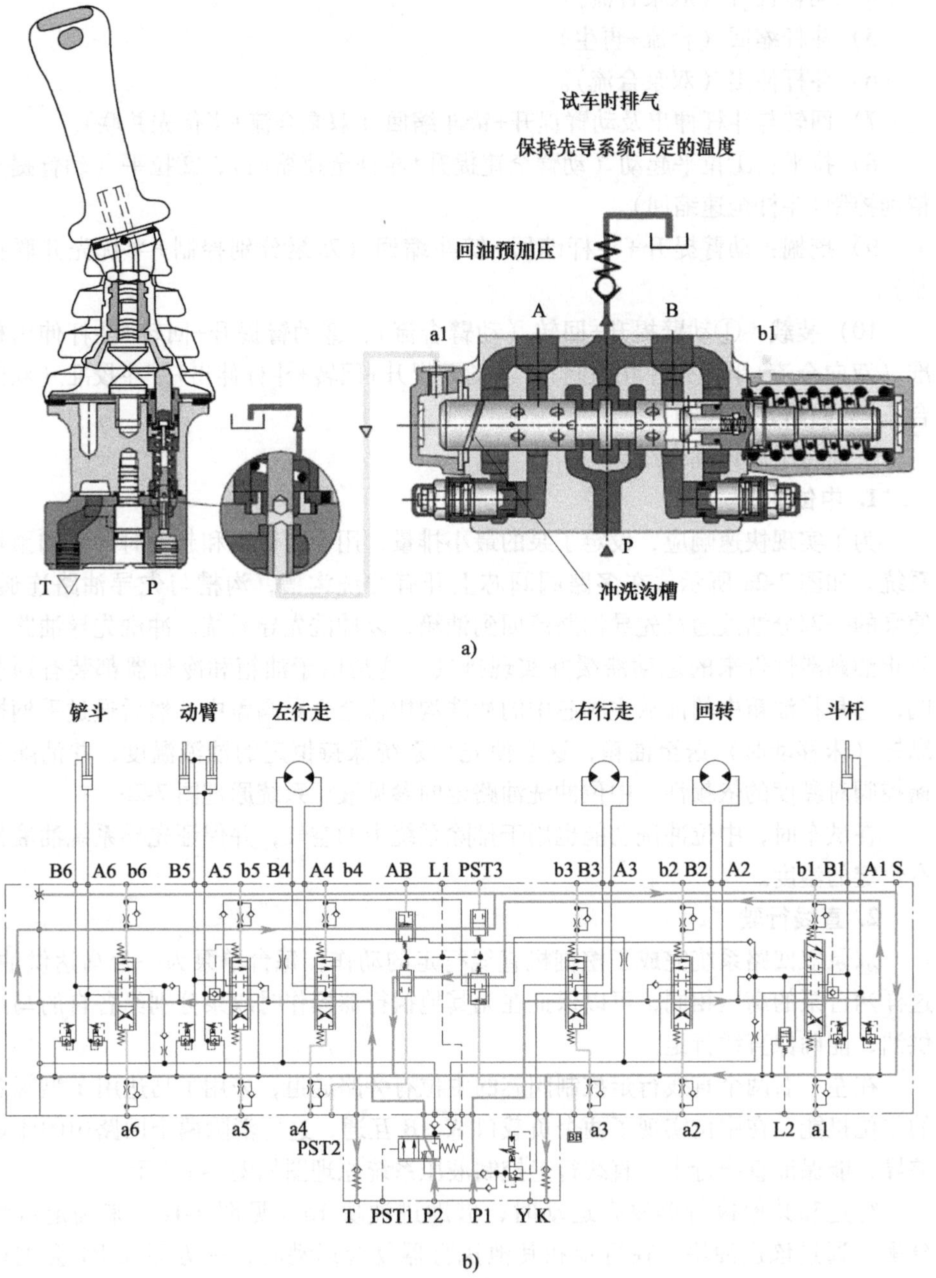

试车时排气
保持先导系统恒定的温度
回油预加压
冲洗沟槽

a)

铲斗 动臂 左行走 右行走 回转 斗杆

b)

图 7-2 中位冲洗液压系统原理图

缸提供压力油，而另一台泵则为两台马达供油，液压系统原理图如图 7-4 所示。

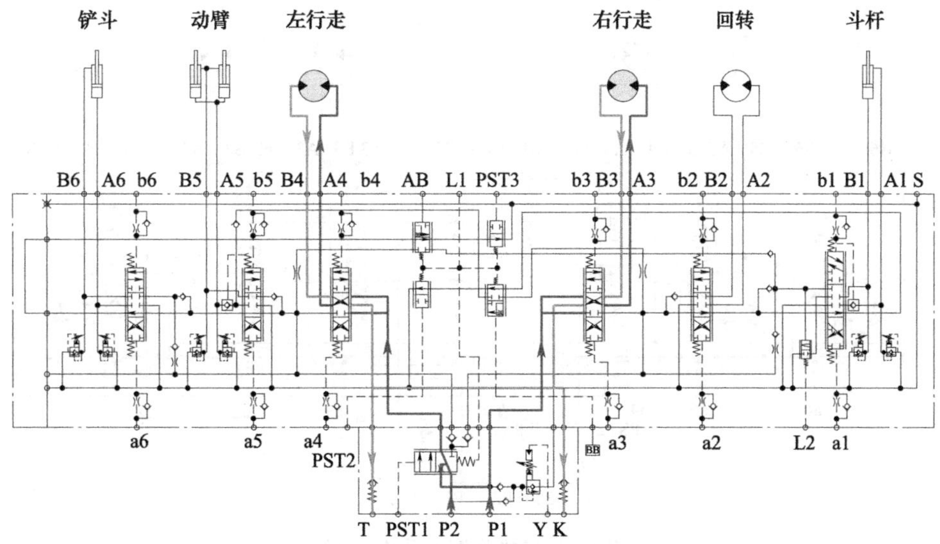

图 7-3 直线行走液压系统原理图

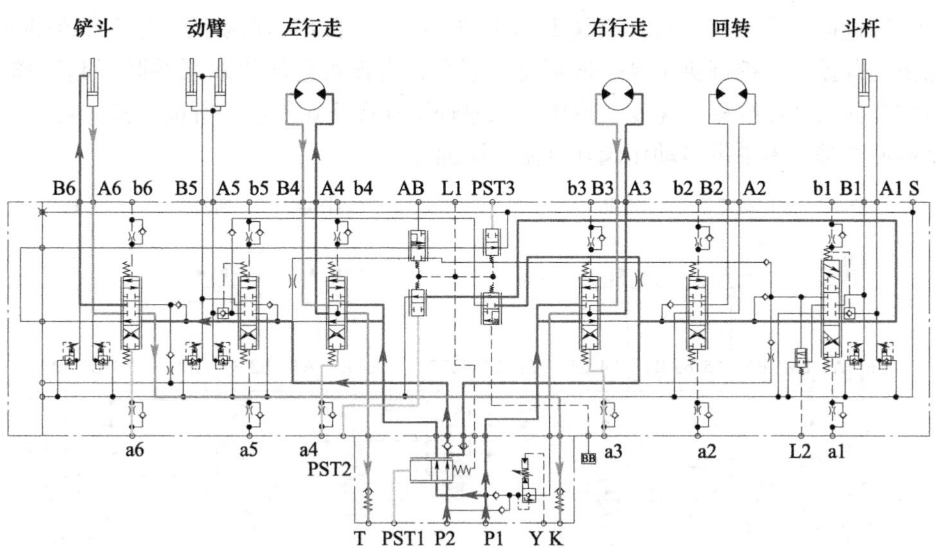

图 7-4 直线行走+铲斗挖掘液压系统原理图

3. 回转操作

泵 1 提供回转的油液，泵 2 没有得到回转信号。回转操作液压系统保持在最小流量 $q_{\min}$，并沿图 7-5 所示的路径中位循环冲洗。

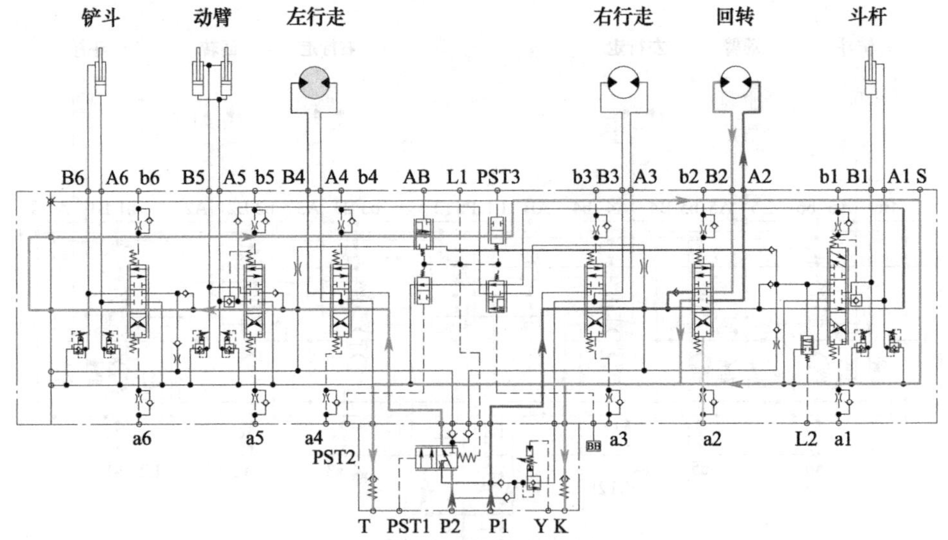

图 7-5　回转操作液压系统原理图

4. 动臂提升

通过提供控制信号给合流阀 11（见图 7-1），可以实现两个泵内部合流供油加快动臂提升，挖掘机主泵一般都是两联泵，合流可理解为双泵并联一起工作，目的是提高液压缸移动速度，液压系统原理图如图 7-6 所示。所谓合流，对于挖掘机而言都是多泵供多动作阀外合流，即加速。

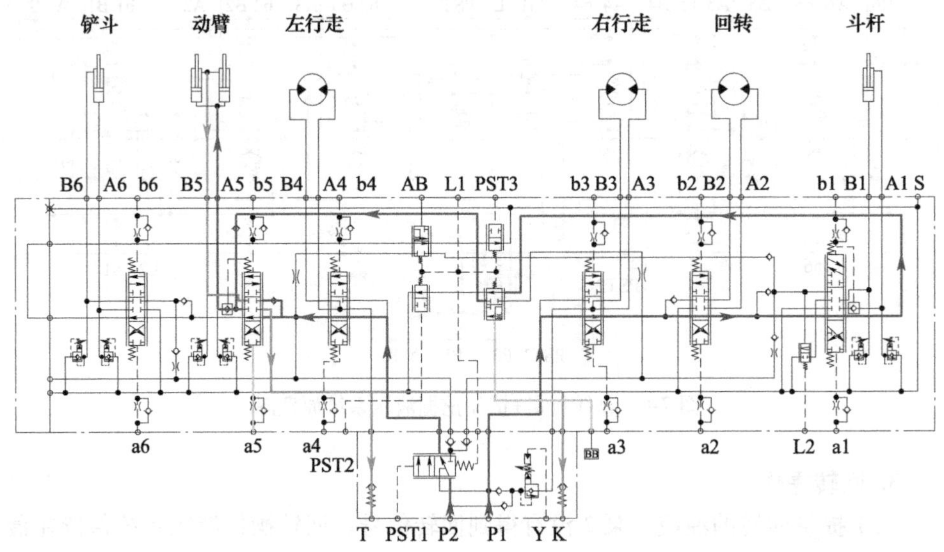

图 7-6　动臂合流提升液压系统原理图

5. 斗杆伸出

斗杆伸出同样是两泵合流，其中P1的油液直接通过中间通道到达斗杆。P2的油液通过中间通道经AB先导压力信号控制的合流阀12（见图7-1）与P1的油液合流后到达斗杆，液压系统原理图如图7-7所示。

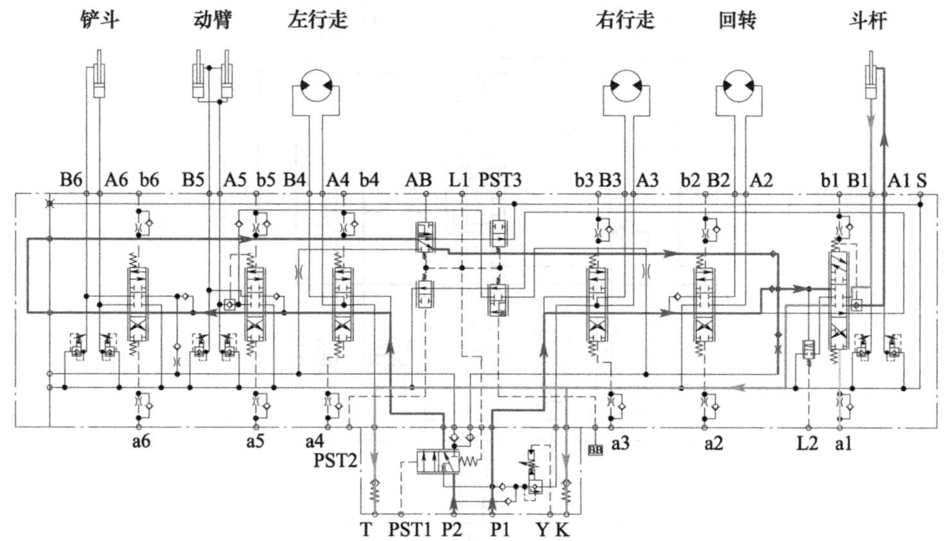

图7-7　斗杆伸出液压系统原理图

6. 斗杆缩回

与斗杆伸出相同，斗杆缩回作为单一动作由两台泵同时提供液压油，把控制斗杆的那一联液压系统原理图单独表示，如图7-8所示，其中防漂移阀可确保斗杆无泄漏。能量再生功能集成在主阀芯中。所谓“再生回路”，就是“差动回路”，即液压缸有杆腔与无杆腔接通，回油变进油。再生即该动作在回路油上控制回油量，将部分回油引回另一腔，实现小循环，加速该动作速度。斗杆能量再生是由进油节流压力控制的，当进口压力低于斗杆缸返回压力时，制动阀处于图示位置，实现阀内流量再生。使用制动阀可以根据进油压力的大小，决定制动阀阀口开度，这可以避免气穴现象；同时斗杆缸回油腔油液通过阀内能量再生通道进入进油腔，从而加快工作装置动作速度，达到油液二次利用，实现节能的效果，斗杆缩回控制液压系统原理图如图7-9所示。在挖掘工况下，进口压力使制动阀上位工作，回油联通油箱管线，不会有动力损失。

7. 回转与斗杆伸出及动臂提升与铲斗缩回

（1）回转与斗杆伸出　连接到泵P1的通常是右侧行走（阀芯3）、回转（阀芯2）和斗杆（阀芯1）。与并联回路相比，斗杆运动对回转运动具有较

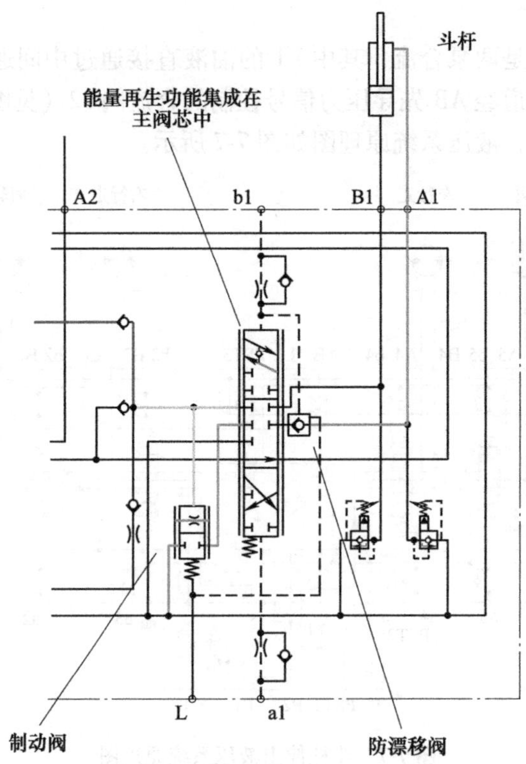

图 7-8 斗杆能量再生控制液压系统原理图

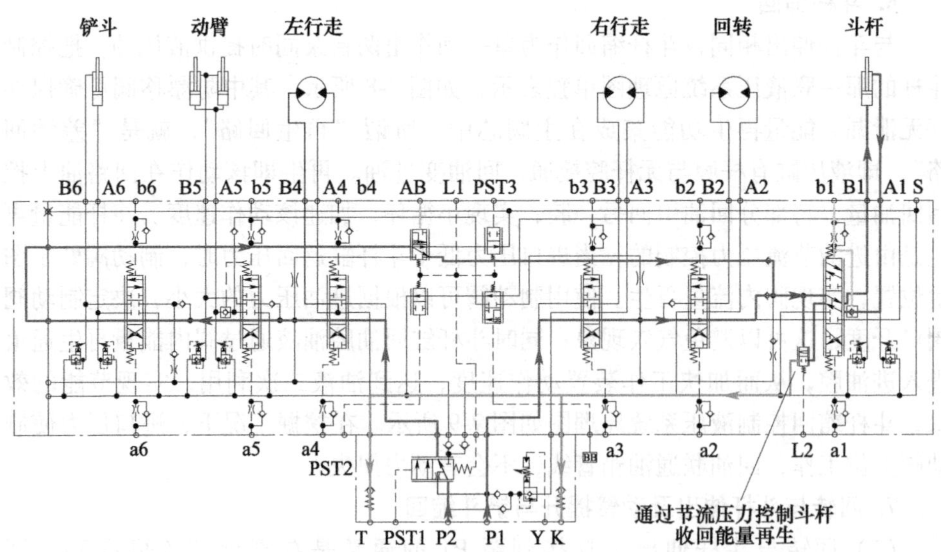

图 7-9 斗杆缩回控制液压系统原理图

小的影响。通过回转联和斗杆联的这种回路连接可以达到回转的半优先权。让驾驶人感到不适的由复合运动所导致的回转流量的波动会被减小。

所谓回转半优先，是因为回转方向阀和斗杆方向阀共用一台泵油源，回转动作的工作压力通常远远高于斗杆。为了使回转、斗杆能同时工作，有意识地在斗杆方向阀进油前加节流阀，以提高斗杆方向阀进油压力，从而促使回转与斗杆伸出两个动作协调工作。回转半优先即回转与其他动作复合时，在先满足回转的情况下，再分流一部分油液给别的动作。

回转优先于斗杆，当操控回转和斗杆动作时，来自 P1 的油液进入回转马达，回转控制方向阀中间通道开关。但在并联的旁路上，仍有一部分油液进入斗杆，而在该旁路上的节流阀则限制并阻止了所有的油液全部进入到斗杆，这可避免回转运动停止。P2 的油液则通过合流阀 12（见图 7-1）与 P1 合流到达斗杆缸，这属于带有限制的旁通回路的回转半优先，液压系统原理图如图 7-10 所示。

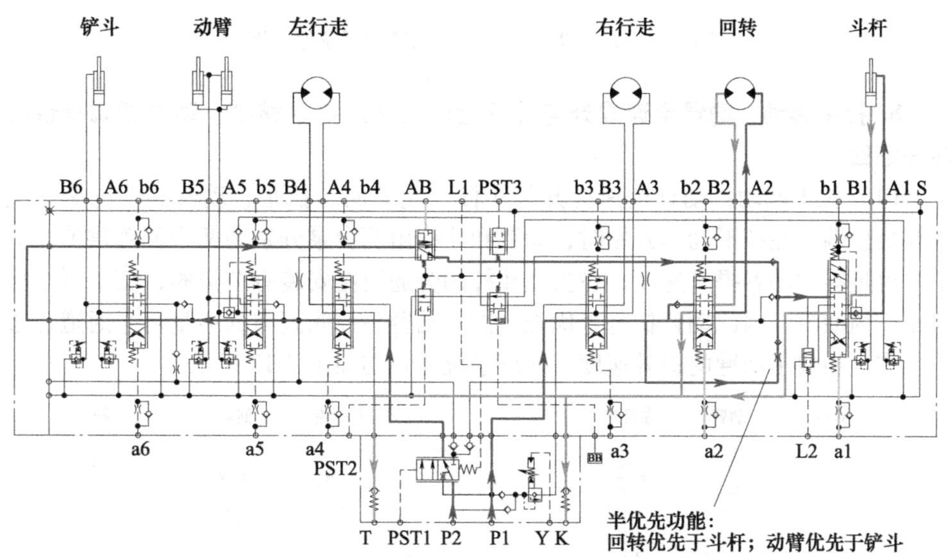

图 7-10　回转与斗杆伸出液压系统原理图

（2）动臂提升与铲斗缩回　当动臂提升与铲斗缩回复合动作时，由于控制动臂的方向阀的中间通道关闭，油液通过旁路通道去往铲斗的流量被箭头所指的节流阀限制，因此动臂优先提升。如同回转优先于斗杆，在这里有相同的半优先级。通俗地讲，动臂优先，就是利用节流阀让别人后吃，自己先吃饱，液压系统原理图如图 7-11 所示。

同样，若当动臂提升与斗杆复合动作时，在斗杆主控阀前的节流阀增加了其负载，这样就保证了动臂能够优先提升。

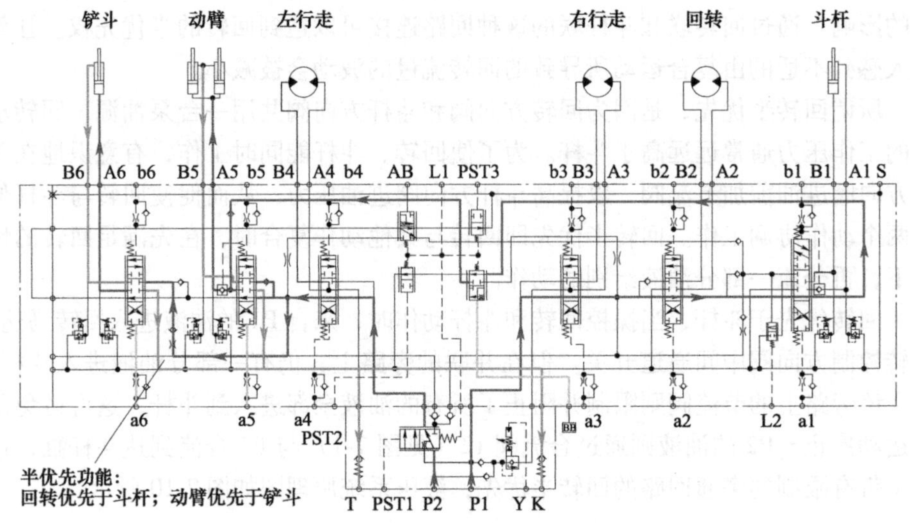

图 7-11 动臂提升与铲斗缩回液压系统原理图

8. 拉平起动：动臂全速提升与斗杆全速缩回及拉平继续：动臂微调提供与斗杆缩回

(1) 拉平起动：动臂全速提升与斗杆全速缩回 拉平，动臂和斗杆全速上升到最顶端。在拉平动作开始时，动臂和斗杆由两台泵分别为两个回路供油。为了取得足够的动臂提升速度，在去往斗杆的旁通通路安装有节流阀，其节制了去往斗杆的油液，因此动臂提升半优先。同时动臂主控阀阀内的能量再生通道也参与工作，加快了动臂的提升速度，液压系统原理图如图 7-12 所示。

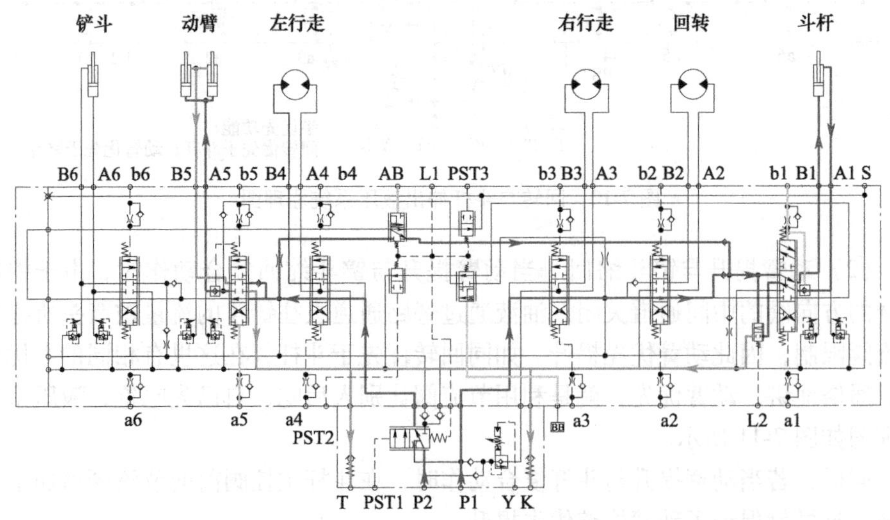

图 7-12 拉平开始：动臂全速提升与斗杆全速缩回液压系统原理图

（2）拉平继续：动臂微调提升与斗杆缩回　拉平，动臂微调提升-斗杆快速缩回。当拉平连续进行时，动臂上升的速度变得越来越小，而斗杆通过合流阀得到额外的流量，实现了快速缩回，液压系统原理图如图 7-13 所示。

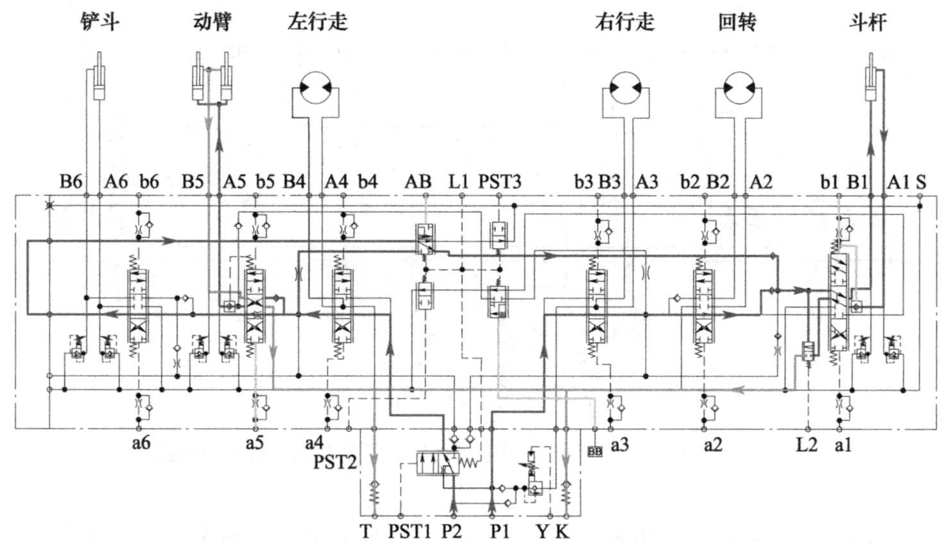

图 7-13　动臂微调提升与斗杆缩回液压系统原理图

9. 挖掘：斗杆缩回、铲斗缩回与动臂提升

在挖掘的工况下，由泵 P2 控制的两执行器动臂提升较斗杆缩回有半优先权，动臂优先于斗杆。泵 P1 输出的油液进入斗杆，由于有比较高的进油压力，该压力使制动阀上位工作，斗杆缸的回油不在经由阀内能量再生通道而直接经制动阀回油箱，斗杆的能量再生动作被停止，液压系统原理图如图 7-14 所示。

10. 装载

（1）动臂提升+回转　当挖掘机完成挖掘进入装载工况时，由两台泵组成的双回路供油系统提供液压油使动臂提升和回转一起工作。为了使动臂缸获得更多的油液，泵 P1 的油液会通过图中的节流阀所在的油路送出一部分油液供给动臂，但这会影响两台泵原本均衡的 50/50 的流量比例，液压系统原理图如图 7-15 所示。

（2）动臂提升+回转+斗杆伸出校准　在做与上述动臂提升+回转相同动作的同时，运行斗杆伸出进行校准是完全必要的。泵 P2 的一部分油液通过左侧节流阀 1，经合流阀 12（见图 7-1）进入斗杆，由于受节流阀节制，斗杆慢速伸出。泵 P1 的一部分油液进入斗杆，一部分油液则分别通过右侧的两台节流阀 2、3，经合流阀 11 与 12 进入动臂（见图 7-1），液压系统原理图如图 7-16 所示。

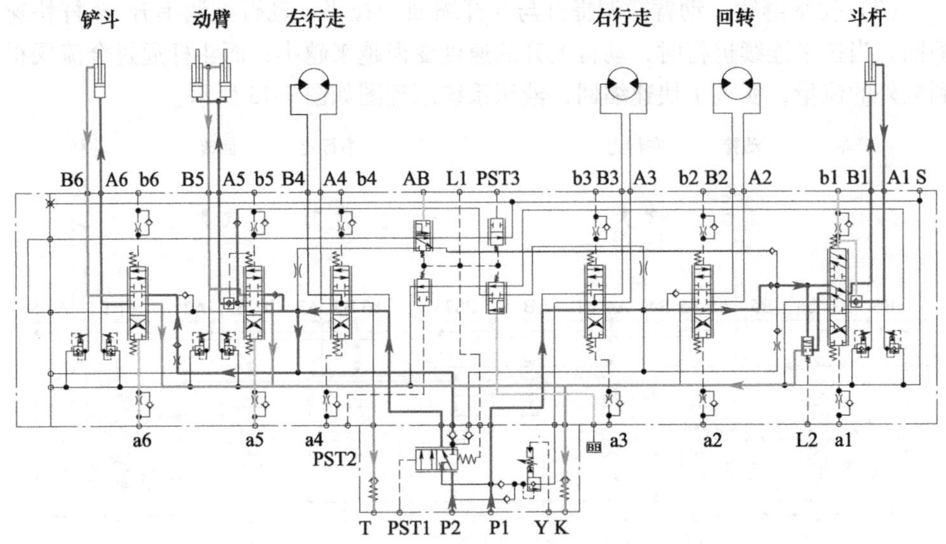

图 7-14 挖掘：斗杆缩回、铲斗缩回与动臂提升液压系统原理图

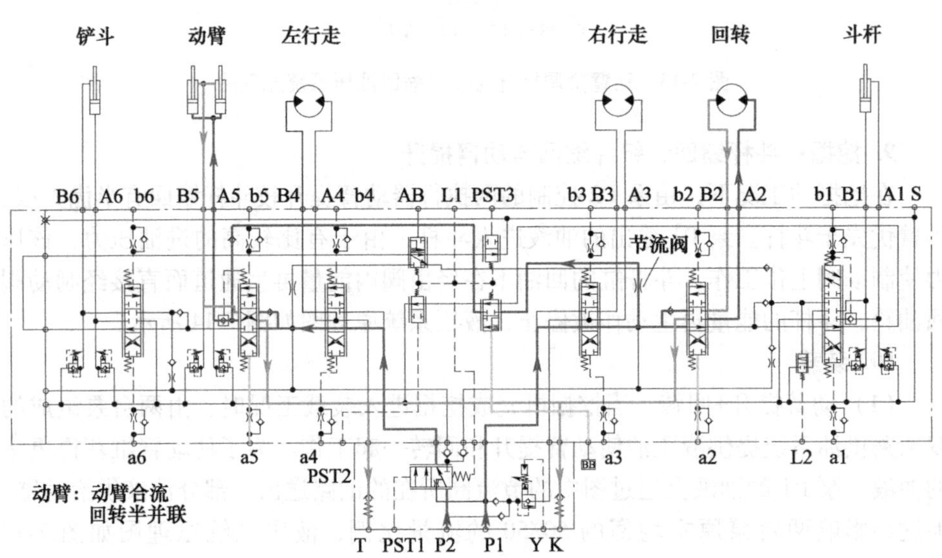

图 7-15 动臂提升+回转液压系统原理图

（3）动臂提升+回转+斗杆伸出+铲斗校准　此外，还有必要对铲斗动作进行校准。同样，铲斗缸通过受节流节制的旁通油路得到油液，因此铲斗动作没有动臂动作优先，其液压系统原理图如图 7-17 所示。

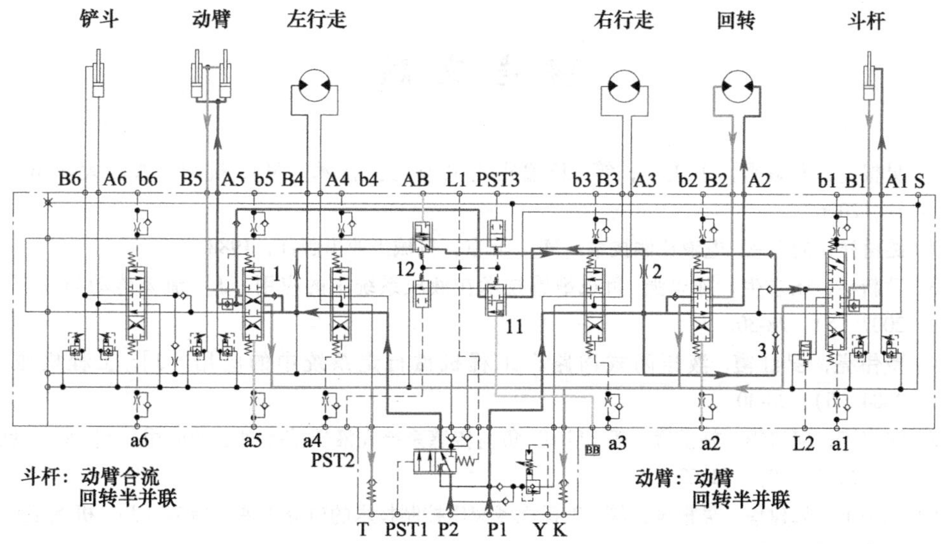

图 7-16　装载：动臂提升+回转+斗杆伸出校准液压系统原理图

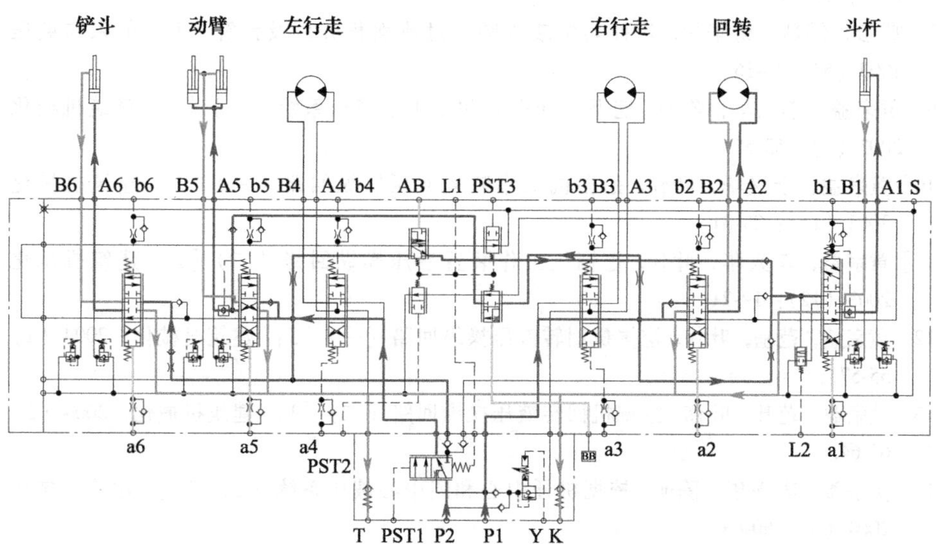

图 7-17　装载：动臂提升+回转+斗杆伸出+铲斗校准液压系统原理图

参 考 文 献

[1] 吴根茂，邱敏秀，王庆丰，等. 新编实用电液比例技术［M］. 杭州：浙江大学出版社，2006.

[2] 路甬祥，胡大纮. 电液比例技术［M］. 北京：机械工业出版社，1988.

[3] 黄新年，张志生，陈忠强. 负载敏感技术在液压系统中的应用［J］. 流体传动与控制，2007（5）：28-30.

[4] 董伟亮，罗红霞. 液压闭式回路在工程机械行走系统中的应用［J］. 工程机械，2004（5）：38-40.

[5] 张海涛，何清华，施圣贤，等. LUDV负荷传感系统在液压挖掘机上的应用［J］. 设计制造，2004（10）：61-63.

[6] 王庆丰，魏建华，吴根茂，等. 工程机械液压控制技术的研究进展与展望［J］. 机械工程学报，2003，39（12）：51-56.

[7] 杨华勇，曹剑，徐兵，等. 多路换向阀的发展历程与研究展望［J］. 机械工程学报，2005，41（10）：1-5.

[8] 冀宏，傅新，杨华勇. 几种典型液压阀口过流面积分析及计算［J］. 机床与液压，2003（5）：14-16.

[9] 黄宗益，李兴华，陈明. 挖掘机开中心和闭中心液压系统（一）［J］. 建筑机械化，2003（6）：53-55.

[10] 黄宗益，李兴华，叶伟. 挖掘机工作装置液压操纵回路（一）［J］. 建筑机械化，2003（11）：29-31.

[11] 黄宗益，李兴华，叶伟. 挖掘机工作装置液压操纵回路（二）［J］. 建筑机械化，2003（12）：19-21.

[12] 黄宗益，范基，叶伟. 挖掘机回转液压操纵回路（一）［J］. 建筑机械化，2004（1）：55-57.

[13] 黄宗益，范基，叶伟. 挖掘机回转液压操纵回路（二）［J］. 建筑机械化，2004（2）：62-64.

[14] 黄宗益，李兴华，陈明. 挖掘机开中心和闭中心液压系统（二）［J］. 建筑机械化，2004（5）：60-63.

[15] 黄宗益，李兴华，叶伟. 挖掘机多路阀液压系统（一）［J］. 建筑机械化，2004（4）：62-65.

[16] 黄宗益，李兴华，叶伟. 挖掘机多路阀液压系统（二）［J］. 建筑机械化，2004（5）：60-63.

[17] 李运华. 对定差减压阀和压力补偿器的注释［J］. 液压气动与密封，2011（10）：23-24.

[18] 张海平. 定压差阀［J］. 液压气动与密封，2011（10）：19-22.

[19] 卜庆锋，石高亮. TORO1400E电动地下铲运机卷缆系统分析［J］. 煤矿机械，2015，

36（10）：53~54.

[20] 顾临怡，谢英俊. 多执行器负载敏感系统的分流控制发展综述 [J]. 机床与液压，2001（3）：3-6.

[21] 陈世教，洪昌银，刘琛. 现代全液压挖掘机多路阀的功能 [J]. 重庆建筑大学学报，1999，21（3）：24-28.

[22] 陈世教，樊万锁. 川崎 KMX15R 挖掘多路阀的功能与结构 [J]. 建筑机械，1996（6）：50-54.

[23] 王成虎. 小松 PC-5 型多路阀的功能与结构 [J]. 建筑机械，2005（10）：90-92.

[24] 郭勇，陈勇，何华清，等. 小型液压挖掘机节流系统主阀芯节流口计算 [J]. 建筑机械，2006（9）：80-83.

[25] 杨承先，白宝贵. KMX15R 型多路换向阀 [J]. 工程机械，2000（9）：28-31.

[26] 黄宗益，李兴华，陈明. 挖掘机力士乐液压系统分析 [J]. 建筑机械化，2004（12）：49-54.

[27] 黄宗益，杨颖子. 东芝负载敏感压力补偿挖掘机液压系统 [J]. 建筑机械化，2005（5）：29-31.

[28] 尹国会，赵向阳，景军清，等. 负荷传感转向系统 [J]. 流体传动与控制，2005（1）：44-45.

[29] 徐为松，甘中南. 液压挖掘机系统分析与应用指南（一）[J]. 工程机械与维修，2012（3）：144-146.

[30] 徐为松，甘中南. 液压挖掘机系统分析与应用指南（二）[J]. 工程机械与维修，2012（4）：163-165.

[31] 徐为松，甘中南. 液压挖掘机系统分析与应用指南（三）[J]. 工程机械与维修，2012（5）：152-154.

[32] 彭玉洁，曹玉平，阎祥安，等. 液压系统负载感应控制与节能 [J]. 工程机械，1999（9）：35-37.

[33] 冀宏，王东升，刘小平，等. 滑阀节流槽阀口的流量控制特性 [J]. 农业机械学报，2009，40（1）：198-202.

[34] 孔晓武. 多路换向阀的基本特性与新发展（一） [J]. 矿山机械，2005，33（8）：144-148.

[35] 黄宗益，李兴华，陈明. 液压传动的负载敏感和压力补偿 [J]. 建筑机械化，2004（4）：52-55，58.

[36] 黄宗益，李兴华，陈明. 分流比负载敏感阀系统 [J]. 建筑机械，2004（5）：63-66.

[37] 俞浙青，吴根茂，路甬祥，等. 多路阀的控制形式与控制性能 [J]. 工程机械，1995（8）：18-21.

[38] 马恒强，王宏义，王金和. 矿用掘进机闭中心负载敏感压力补偿技术 [J]. 山东煤炭科技，2012（6）：75-77.

[39] 杨京山，晋民杰，刘文武，等. 折臂式随车起重机 LSPC 液压控制系统仿真研究 [J]. 煤矿机械，2016，37（4）：171-174.

[40] 焦宗夏，彭传龙，吴帅. 工程机械多路阀研究进展与发展展望 [J]. 液压与气动，2013 (11)：1-6.

[41] 李中复，唐剑锋，吴友义. 博世力士乐 M7 多路阀中定流量阀与差压式顺序阀分析 [J]. 机床与液压，2010，38 (9)：46-47，50.

[42] 景俊华. 负载敏感系统的原理及其应用 [J]. 流体传动与控制，2010 (11)：21-24.

[43] 吕超，阎季常，高峰. 日本 (NACHI) 挖掘机负荷敏感液压系统分析 [J]. 建筑机械化，2008 (07)：35-39.

[44] 邓江涛，杨发虎. PVG32 多路阀之应用 [J]. 工程机械，2012，43 (9)：56-58.

[45] 张海平. 液压速度控制技术 [M]. 北京：机械工业出版社，2014.

[46] 吴晓明. A11VDRS 负载敏感变量泵与 PVG32 比例多路阀组合的设定和调整 [J]. 液压与气动，2014 (10)：117-123.

[47] 吴晓明，高殿荣. 液压变量泵 (马达) 变量调节原理与应用 [M]. 北京：机械工业出版社，2012.

[48] 吴晓明，高殿荣. 液压变量泵 (马达) 变量调节原理与应用. 2 版 [M]. 北京：机械工业出版社，2018.

[49] 陈扬，陈忱，王猛. 节流系统与负载敏感系统的比较分析 [J]. 起重运输机械，2018 (8)：107-120.

[50] 吴晓明，郑树伟. 阻尼参数对 PSD 型负载敏感比例多路阀性能影响的研究 [C]. 第九届全国流体传动与控制学术会议 (9th FPTC-2016)，杭州，2016.

[51] 吴晓明. 能量再生回路及其应用 [J]. 液压与气动，2013 (11)：19-24.

[52] 吴晓明，龚勋，袁超峰. 基于 Pro/E 喷浆机喷射臂的虚拟样机分析 [J]. 机械设计与制造，2013 (4)：117-120.

[53] 吴晓明. 几种轴向柱塞式液压马达的变量调节原理 [J]. 液压与气动，2012 (11)：110-113.

[54] 吴晓明，赵燕. 液压凿岩台车钻臂变幅系统的联合仿真 [J]. 液压气动与密封，2012 (9)：13-17.

[55] 吴晓明，要继业，李伟，等. U+K 节流槽滑阀的数值模拟 [J]. 流体传动与控制，2010，9 (5)：13-15.

[56] 秦积峰，吴晓明. 关键设备液压系统的维护 [J]. 液压与气动，2003 (1)，47-49.

[57] 吴晓明，高明，孙红梅. 一种新型的液压阀的设计与分析 [J]. 机床与液压，2004 (10)：197-198.

[58] 吴晓明，赵燕，翟瑞超，等. 基于 AMESim 的凿岩台车支腿伸缩回路特性分析 [J]. 流体传动与控制，2010 (5)，1-3.

[59] 吴晓明，秦积峰. Simbah252 全液压采矿钻车液压系统分析 [J]. 中国机械工程，2006，4 (3)：276-281.

[60] 李洪元，钟炜华，吴晓明. 一种新型多级压力源装载机液压系统仿真研究 [J]. 液压与气动，2018 (10)，98-102.

[61] 吴晓明，罗星，骆倩，等. 新型防管道破裂阀在液压系统中的应用 [J]. 机床与液压，

2016 (7), 64-66.

[62] Hubertus Murrenhoff. Fundamentals of Fluid Power Part1: Hydraulics [M]. Aachen: Deutsche Nationalbibiothek, 2014.

[63] 李壮云. 液压元件与系统 [M]. 北京: 机械工业出版社, 2005.

[64] 吉林工业大学. 工程机械液压与液力传动 [M]. 北京: 机械工业出版社, 1979.

[65] 孔德文, 赵克利, 徐宁生, 等. 液压挖掘机 [M]. 北京: 化学工业出版社, 2007.

[66] 刘剑. 挖掘机正流量控制系统的研究 [D]. 杭州: 浙江大学, 2011.

[67] 王东升. 节流槽滑阀阀口流量系数及稳态液动力计算方法的研究 [D]. 兰州: 兰州理工大学, 2008.

[68] 曾定荣. 多路阀综合试验系统设计及试验研究 [D]. 杭州: 浙江大学, 2010.

[69] 姜昊宇. TORO400E 铲运机液压系统及工作装置分析与仿真研究 [D]. 秦皇岛: 燕山大学, 2014.

[70] 马玉良. TLK21 型高空作业车电液控制系统研究 [D]. 秦皇岛: 燕山大学, 2007.

[71] 王晓娟. 小型液压挖掘机多路阀阀芯节流槽研究及应用 [D]. 成都: 西南交通大学, 2010.

[72] 胡引弟. M4 系列负载敏感比例多路阀中压力补偿阀的静动态特性研究 [D]. 兰州: 兰州理工大学, 2017.

[73] 陈冠桦. 川崎液压系统的设计原理分析 [J]. 工业技术, 2016 (12), 131.

[74] 鲁健敏, 周德俭, 冯志君, 等. 典型节流阀口的过流面积与水力直径计算与分析 [J]. 液压气动与密封, 2016 (9): 44-46.

[75] 沈锋, 张立新. 全液压旋挖钻机液压系统设计与分析 [J]. 建筑机械, 2005 (4): 78-79.

[76] 唐剑锋, 殷国防, 赵鑫拓, 等. 负载敏感阀反馈通道实现方式 [J]. 液压气动与密封, 2018 (8): 46-47.

[77] 武超, 张玮. 试论挖掘机液压系统流量的控制方式 [J]. 机电设备管护, 2017 (9): 89, 94.

[78] 仉志强, 宋建丽, 刘志奇, 等. 中型挖掘机正流量控制特性的分析与改进 [J]. 液压气动与密封, 2012 (9): 71-74.

[79] 仉志强. 中型挖掘机正流量控制技术的研究 [D]. 太原: 太原科技大学, 2011.

[80] 陈桂芳. 挖掘机负流量控制液压系统建模仿真及能耗分析研究 [D]. 长沙: 中南大学, 2011.

[81] 杨京山, 晋民杰, 刘文武, 等. 折臂式随车起重机 LSPC 液压控制系统仿真研究 [J]. 煤矿机械, 2016, 37 (4): 171-174.

[82] 叶伟, 黄宗益, 李兴华. 挖掘机液压系统泵阀组合 [J]. 建筑机械化, 2003 (10): 26-27, 30.

[83] 李现友. LS 和 LUDV 系统流量分配特性分析 [J]. 煤矿机械, 2014, 35 (2): 82-83.

[84] 秦彦凯. 掘进机负载敏感系统流量分配特性分析 [J]. 煤矿机械, 2015, 36 (3): 116-119.